U0303672

人类学在中国

从过去寻找未来

王铭铭 著

商务印书馆
The Commercial Press

目　录

序　/ 1

致谢　/ 9

上　先哲剪影

蔡元培，远在的民族学丰碑　/ 13

吴文藻与"中国化"　/ 27

从江村到禄村：青年费孝通的"心史"　/ 47

魁阁的过客　/ 56

鸡足山与凉山　/ 69

新中国人类学的"林氏建议"　/ 77

从潘光旦土家研究看学科的 1950 年代　/ 90

中　知识地理

"三圈说"：中国人类学汉人、少数民族、海外研究的学术遗产　/ 163

村庄：从人类学调查到文明史探索　/ 202

"中间圈"：民族的人类学研究与文明史　/ 240

所谓"海外民族志"　/ 281

下　反思与继承

反思二十五年（1980—2005）来的中国人类学　/ 309

1990 年代文化研究的内在困境：对有关论述的质疑　/ 323

从关系主义角度看：《中国新人类学》后记　/ 338

从地理-宇宙形态、历史时间性看学术体系构建　/ 363

"家园"何以成为方法？　/ 372

作为世界的地方　/ 396

人类学与区域国别研究　/ 436

从文化翻译看"母语"的地位问题　/ 460

附录：从世界观看人类学的历史　/ 479

参考文献　/ 516

序

完成了《西学"中国化"的历史困境》一书[1]收录的那几篇论文后，我又写了不少学术史类的文章。文章有些杂，写时没有明确计划，而只是在"跟着感觉走"。我花大部分工作时间关注具体"事实"及与之相关的理论解释；人类学史，仅是我的业余爱好。不是行家（他们现在已有不少），我没能做档案收集、归类、分析工作，而仅能借助前辈发表的作品（经典）来探入历史。我对史的感知严重受限。不过，我也相对少受拘束，"跟着感觉走"更随缘，也更有可能带来把史的求知转化为论的想象的自由。

我自以为，这样的想象有其益处，它使人能在回望昔日时光中看到未来，在所感知到的历史困境中摸索出路。

我从二十年来发表的相关文章中选出十九篇，分上、中、下编放在这里供参考。

收在上编的七篇，有些（前五篇）是顺着人物的辈分（蔡元培、吴文藻、费孝通、林耀华）来编排的，而有些（后两篇）则并非如此（它们述及林惠祥的人类学和潘光旦的民族学，二者都比先在书中出现的费孝通和林耀华长一辈，但鉴于所述之事发生得比较晚，我将他们的故事放在后面）。排序的标准前后不一，是因编收这些文章的意图本非为了排辈。我想要做的，是把学科史上几位开基祖的

---

[1] 王铭铭：《西学"中国化"的历史困境》，桂林：广西师范大学出版社2005年版。

个别事迹和思想作为颜料（我述及的几位前辈都是先哲，其人生本是史诗，此处我之所以用"颜料"来形容其个别事迹和思想，绝对不是因为我不了解这点），绘制出一幅百年中国人类学的图画。

一个世纪前，我们的前辈从思想界转身而出，致力于营造经验社会科学。他们身在不同地理和观念方位，在共同追求知识世界化和中国化（在他们的理解里，二者往往是不矛盾的，是同时展开的）的过程中，形成了一些重要的意趣和风格差异。更重视历史文化的"中研院派"（他们中有些自称"民族学家"），以及更重视社会现实的"燕大派"（自称"社会学家"）等，构成这一差异的主要表现。

1940年代，不同学派已开始互动，到了1950年代，它们碰撞出了火花，汇成了一种时至今日仍旧悄然影响着我们的"问题学术"。

我对中国人类学开基祖之事迹和思想的叙述有类碎片，而我则以"先哲剪影"来形容它们。

接着这些"剪影"被纳入中编里的文章，都是关于二十年来我反复讨论的"三圈说"的。

谈论"三圈说"之初，我想要处理的问题是：如何更整体地把握中国人类学汉人、少数民族、海外研究的学术遗产？此后再论及此说时，我则加以延伸，更建设性地把对这一问题的思考与对传承学术遗产的主张联系起来。为此，我关注了知识与区域（包括作为经验对象的区域和作为"学术区"的区域）之间的关系。

我用"知识地理"来概括中编的内容。

这编收录的第一篇文章是概述性的，后面三篇则分别对汉族社区研究、民族学和域外社会研究展开更为专题化的讨论。我希望以这些文字表明，我们若是非要给学科一定的对象区域界定（这本无必要，因为无论是人文学还是社会科学，其对象只有一个，即，人与他们的作为和创造，以及这些作为和创造产生的条件），那么，我们便要认识到，此意义上的区域并不是单一的，它既包括由汉人社区研究和民族学分别关注的东西部所组成的家国，又包括由域外社会研究代表的天下，与人文学和社会科学本应有的世界性是一致的。

如我在编作为本书附录的那篇文章中指出的，这一"三合一"的对象区域组合，以及它构成的世界性，是西方人类学之初心的东方转化版。在自我-他者二元对立化[1]之前，西方人类学坚持通过综合哲学、民族志、民俗学、古典学、考古学、东方学等，来整理来自原始、古式、现代三个世界（这三个世界既是地理性的也是历史性的）的证据，借以实证有关人类史的假设。我们的转化版也包含三个世界。所不同的是，其"核心圈"（及自我身在的文明板块）并不是西方人类学初心里的历史终结处（人类文明抵达定点之处），而是古今（传统-现代）之变的过渡阶段和地带，由此，其"中间圈"和"外圈"及其历史性与社会性之所指也随之有别。

"三圈说"旨在表明，我们学科的对象区域之归宿为：它的世界是三分的，但三个世界不过是一个世界的内在组成部分，其各自的特殊性主要与研究主体所在的方位相关。

因在研究的对象区域上各有侧重，不同前辈曾给予学科不同的名号，如，社会学、民俗学、民族学、文化或社会人类学等。我能理解这些各异的名号选择的考量，但我也坚信，为了知识的返璞归真，我们最好放弃以特定对象区域界定学者归属的画地为牢习性，以这些众多"学"的综合和有专业特殊性的"思"为主干，构建知识大厦。

---

1 由于这一二元对立化，时下人类学的"他者"概念一直是"大写"的、不可数的 other。这显然有悖事实。事实上，所谓"非西方"与"西方"一样是多样的、可数的，最好写成"others"。

　　构想这一多种"学"的综合和别样的"思"之时，我再追求整全，也必然带个人倾向。我景仰古典人类学的大视野，但现代派社会人类学才是我界定这一学思形态的主要根据。对于那些沿着其他学统的脉络来理解同一知识系统的同行而言，我所做的综合存在着违背人类学"神圣四门"（体质／生物、语言、考古、社会）传统的问题。他们的判断无误。我在本书里致力于复原的学科史，同曾经排斥有"历史臆想"嫌疑的史前考古学、民族学、语言学的社会人类学一样，以其观点概括学科的一切，自身却难以避免以偏概全。比如，我的叙述，漏掉了体质／生物人类学的前辈（如，吴定良）的"剪影"，也没有涉及"古脊椎动物与古人类研究"里的化石人类学、分子人类学等方面的成果。又如，在解释汇通"燕大派"和"中研院派"学统的必要性时，我突出了史语研究在考古学、语文学、民族学、博物馆学上的贡献，但对这些贡献的具体内涵和意义，我并没有给出充分说明。

　　如此界定人类学，主要是职业训练（我是社会人类学专业的博士）使然，与个人所处的工作环境（我长期在社会科学中工作）相关，本非"真理"的自然显现。

　　我虽为社会人类学者，但我学习过"神圣四门"，一向羡慕其交叉学科的境界。我也晓得，这些知识门类都曾深刻影响过那些为了说明自己学问的特殊优势而排斥它们的社会人类学前辈。[1]将视野限定在社会人类学，目的不应是否定整体人类学的价值。

1　现代派社会人类学家对于"神圣四门"中其他门的排斥，主要是出于其对"第一手材料"的要求。这一要求具体包括了对田野工作的时间长度、观察角度（这门学科要求其从业者从内部而不是从外部观察被研究共同体的生活，为此也要求其从业者住在当地，学习当地语言）及认识方式（对被研究共同体的整个社会生活之"学习"）的规定。

一方面，"神圣四门"界定有着深厚学术史基础，对这一基础，我不应视而不见，更不应随意否定。

在人类学这门学问兴起之初，其奠基者泰勒（Edward Tylor）对它的界定，恰是"神圣四门"。在这位英国大师看来，人类学家要研究的主要是作为现代人的祖先的"古代人"，包括"古代人"的身体特征，其与其他动物的关系，其语言文字，及包括技术、文艺、科学、历史和神话、社会组织等在内的文化创造。[1]这一界定与泰勒时代的美国人类学相比，后者更侧重物质文化和社会结构的转型史研究。

但 20 世纪初，经博厄斯（Franz Boas）的消化，它转化成了美式学科形态。

在 20 世纪中后期，同样的界定也继续被不少英法社会人类学教学机构当作基础教育的蓝图。在英法，人类学研究与社会思想关系确实更紧密，但其基础教育也曾以体质人类学、民族学、史前考古学、一般语言学和人类地理学的综合为理想[2]，这为过去几十年中社会人类学对其他门类知识的吸收做了铺垫。[3]

另一方面，人类学之所以有其知识综合的理想，是因为它的从业者大多怀有贯通文（社会人）质（自然人）、古（原始）今（现代性）的使命感。对这一使命感，我们不应轻易舍弃。应看到，对于割裂自然与文化的二元论时代（人类学固然也不能超脱于这个时代，

---

1 爱德华·B.泰勒：《人类学：人及其文化研究》，连树声译，桂林：广西师范大学出版社 2004 年版。

2 E. E. Evans-Pritchard, *Social Anthropology and Other Essays*, New York: The Free Press, 1962, pp. 1–134.

3 著名的例子，包括年鉴派社会学对德国民族学文化区系理论的借鉴，结构人类学对于结构语言学的吸收，及晚近对原始游群和部落与其周边大型考古遗址之间关系的社会人类学与考古学综合分析等。

因为也常犯二元论的错误，并因此产生内在分裂 [1]），它弥足珍贵。

当下，这一使命感正重新在体质 / 生物人类学的分子研究和文化 / 社会人类学的自然研究里得以复兴。对这些研究中的某些部分，我保持着警惕：在它们中的一些部分，我看到了"科学迷信"的影子，在另一些部分，我见识了因"过度贯通"而化掉作为外在性和超越性的自然的失误。然而总体而论，我拥抱这一获得新生的使命感和众多从其中生发出来的新成果，我深信它们对于重新理解和处理"天人关系"将起到正面作用。[2]

在当下中国，人类学新旧掺杂，纷繁复杂，分化严重。在社会人类学领域涌现出来的新话题，如历史性、国族主义、迁徙、世界体系和全球化、劳动、疾病与医疗、物质文化与文明、理性与情感、恶与伦理、灾难、本体论、遗产等，频繁由外而内滋生蔓延，让人目不暇接。我们即使尽所能"跟风"，也难以跟上变幻无穷的时代。而与此同时，"我们的学科到底是什么"这一老议题也返回学术舆论场，再度制造着分歧。

我介入过若干新话题的讨论，也持续关注那个导致分歧的老议题。然而在本书里，我无暇顾及所有新话题，在触及那个老议题时，也仅能点到为止（如前述，此处，我主要关注我介入其中的研究领域，特别是其学统的分化与关联的历史图景，及围绕着到底人类学是"村庄故事"，是"民族关系学"，还是"海外民族志"这个问题展开的争论）。

我之所以"不求甚解"，或许是因为，相比于其他，自己更加关

1　Philippe Descola, *The Ecology of Others*, Genevieve Godbout and Benjamin Puley (transl.), Chicago: Prickly Paradigm Press, 2013.

2　王铭铭：《人文生境：文明、生活与宇宙观》，北京：生活·读书·新知三联书店 2021 年版。

注"我们的人类学到底可不可以有（或者说，要不要有）自己的解释和解释体系"这一问题。

有关此一问题，我这些年写了一些文章，我把它们编在以"反思与继承"为题的下编。这编的文章计有八篇。前三篇，可视作对当代中国人类学四十年史（我是这段历史的参与观察者）的回顾，后五篇之焦点显然放在展望上。

在这编中，我直面了"在中国的人类学"对于世界人类学智慧库会有何种贡献这一问题。如我相信的，与其他领域的学者一样，我们的贡献是必需的。可要真的有贡献，要真有对人类学的世界智慧库的增添或替代，我们先要解决文化自识和认识起点（行读之旅的出发点）缺失的问题（这一问题长期存在，为学之无历史感、自言自语乃至失语、"跟风"、以他化己、误把他者当自我、自觉或不自觉地在本土或域外研究里充当"支配范式"的传播者，都是这一问题的表现[1]）。而要解决这个问题，便要试着为"我们的人类学"寻找其解释的立足点或方位感，求知这些解释的存在理由和可能性。由此，"学科时期"（1920年代以来）的知识及"前学科时期"（1920年代以前）的智慧，都重新成为必要的资源。对它们，我们固然不应迷信，但我们必须加以反思地继承或继承地反思。舍弃文化自识绝对不是学习或包容他者智慧的必要代价，但欣赏来自其他文明的智慧，却是与他者共荣的必要条件。

时下，我们迈进了一个呼唤着"自己的解释"的时代。如我在

---

1 1960年代，法国人类学大师列维-斯特劳斯（Claude Lévi-Strauss）已预测到，随着西方主义和国族主义的全球化，第三世界知识分子将普遍产生这类心态、遇到这类问题（克洛德·列维-斯特劳斯:《人类学讲演集》，张毅声、张祖建、杨珊译，北京：中国人民大学出版社2007年版，第3—20页）。

收录于下编的几篇文章里表明的，在我看来，这样的时代确实到来了。以人类学为例，它确实经模仿"进化"到了对创造的企求，到了有志于以关系、地理-宇宙形态和历史时间性、家国天下等"母语"意象来构想有特色的知识体系的时候了。然而，探入知识的历史长河中，我也认识到，若是我们自居为这项事业的首创者，那就大错特错了。先哲们在启动其知识世界化和中国化的工程之时，业已瞭望了它的未来并为之付出了史诗般的努力。与此同时，我们应进一步认识到，做"自己的解释"不应等于闭门造车。个中原因是：为此，我们仍需多多汲取身在其他国度的同道所可能给予我们的养分和启迪，缺了这些，我们会犯"天下为私"和"自闭"的毛病，更会遇到无以定位自身、不能与他者共处、难以立足于世的问题，而这些毛病和问题，都将会阻碍我们对知识世界做出本应做出的贡献。

王铭铭

2023 年 10 月 17 日于五道口

致　谢

　　除个别例外，出现在本书中的文章都已发表。刊登它们的杂志和辑刊，包括《读书》《书城》《中国社会科学辑刊》《中国人类学评论》《江西社会科学》《南方文坛》《人类学研究》《中国社会科学评价》《开放时代》《文艺理论与批评》《广西民族大学学报》，以及 *cArgo: Revue Internationale d'Anthropologie Culturelle & Sociale* 等，文集包括《中国深度研究高级论坛讲演录》第 1 辑（邓正来主编，北京：商务印书馆 2010 年版）、《当代社会人类学发展》（费孝通主编，北京：北京大学出版社 2013 年版）等，互联网平台有《三联生活周刊》的三联中读等。我要感谢这些杂志、辑刊、文集和平台的编辑们，他们不仅给了我发文的机会，而且还帮我订正了不少文字。

　　此书属于学术史类。在此，我十分感怀同好胡鸿保、王建民、渠敬东诸学友在这方面给过的启发。

　　此书是在北京大学社会科学学部的支持下编出的，我应感谢张静主任的关照。书中有三篇出自讲座，讲座主持人为程远、贺桂梅、昝涛等。在构思此书初期，我曾向浙江大学梁永佳、北京大学张帆等讨论到相关于中国人类学史的诸多问题。在书稿形成过程中，我得到了北京大学博士后张力生、王燕彬等的相助。我应借此机会，向这些支持出版、主持讲座、启发构思及协助修订的学友和学弟致以谢忱。

上　先哲剪影

蔡元培，远在的民族学丰碑

一

1934年在国立中央大学演讲时，蔡元培讲述了他的民族学研究经历：

> 我向来是研究哲学的，后来到德国留学，觉得哲学范围太广，想把研究的范围缩小一点，乃专攻实验心理学。当时有一位德国教授，他于研究实验心理学之外，同时更研究实验的美学，我看那些德国人所著的美学书，也非常欢喜，因此我就研究美学。但是美学的理论人各一说，尚无定论，欲于美学得一彻底的了解，还须从美术史的研究下手，要研究美术史，须从未开化的民族的美术考察起。适值美洲原始民族学会在荷兰瑞典开会，教育部命我去参加，从此我对于民族学更发生兴趣，最近几年常在这方面从事研究。[1]

浸染于儒学和现代哲学文献中，这位先贤本是能自然过渡到康德式哲学人类学的，但他将目光投向了有"形而下"形象的民族学（当年在英文学界，已开始有了今日更常用的"社会人类学""文化

1　蔡元培：《民族学上之进化观》，载《蔡元培民族学论著》，台北：中华书局1962年版，第17页。

人类学"等新叫法,而蔡氏因袭旧称)。这部分出于偶然:假如他不是在第一次留德期间(1908—1911年)在莱比锡大学接触到了这门叫作"民族学"的学问,那他兴许会坚守在其既已谙熟的领域里。他1924年才去汉堡大学专修民族学,此前其所见闻之民族学是作为因素分散在心理学、哲学史、文明和文学史中的。然而,民族学之"史"的气质,给原本重"经"的他留下了深刻印象。而此间,他也业已形成了美学旨趣——如其在《自写年谱》中所言,"我于讲堂上既常听美学、美术史、文学史的讲〔演〕,于环境上又常受音乐、美术的熏习,不知不觉的渐集中心力于美学方面"。[1]

蔡元培的民族学转向也出于选择。1910年代中期,为提出"以美育代宗教"的主张,他已诉诸民族学。这门学问"是一种考察各民族的文化而从事于记录或比较的学问"[2],它与"以动物学的眼光观察人类全体"的(体质)人类学不同,特别"注意于各民族文化的异同"[3],这对实现"美育"理想至为关键。如其所言,"美术"(指"艺术")是内在于人及其物质、社会和精神生活的,不了解人的文化整体及其历史演变历程,我们便无以解释"美感",而民族学正是研究文化整体及其历史演变历程的学问,本是"美术史"(指"艺术史")的文化学基础。

1926年,鉴于民族学对于"美育"至关重要,他开始集中精力于这一园地中耕耘。后来,他受命组建中央研究院并出任院长,期间,亲任民族学组组长兼研究员,组织并从事大量研究,成为民族学"华文版本"的主要制作人。

1　蔡元培:《蔡元培选集》下卷,杭州:浙江教育出版社1993年版,第1394页。
2　蔡元培:《说民族学》,载《蔡元培民族学论著》,台北:中华书局1962年版,第1页。
3　蔡元培:《说民族学》,载《蔡元培民族学论著》,台北:中华书局1962年版,第7页。

二

蔡元培笔下的民族学，"记录性"部分与我们更了解的"燕大派"所崇尚的"社区研究"接近，但其对象范围比后者要广得多，不仅包括了"社区"（他称其为"地方"），而且也包括了民族、器物、"事件"（如，家屋和宗教）、"普通文化"，乃至各大洲的民族文化整体状况。[1] 蔡氏特别推崇田野工作和民族志描述，但他不主张民族学止步于此，认为它应有历史地理上的比较、联想和概括。[2] "举各民族物质上行为上各种形态而比较他们的异同"，可成"比较的民族学"，但找出文化间的异同也不是"比较的民族学"的最终目的，这门学问还担负着对文化异同加以地理环境、交通、文化借用、进化等进行解释的使命。

以"美育"的文化史奠基为己任的蔡元培，既有某种"好古癖"，又将这一癖好视作其学术的内核，将之与"学理"结合，塑造了一门有别于将现代社会之研究视作志业的社会学的学问。在《社会学与民族学》（1930 年）中，他对社会学家们表示，"我们要知道现代社会的真相，必要知道他所以成为这样的经过"，而要知道这个"经过"，便要"一步步的推上去"，推到古典文明上，再推到"最简单形式上去"。[3]

这一"推"的主张，与英国斯宾塞和法国涂尔干的社会学所持看法一致。在《说民族学》（1926 年）中，蔡元培提到，这两位现

1　蔡元培：《说民族学》，载《蔡元培民族学论著》，台北：中华书局 1962 年版，第 4 页。

2　蔡元培：《说民族学》，载《蔡元培民族学论著》，台北：中华书局 1962 年版，第 4 页。

3　蔡元培：《社会学与民族学》，载《蔡元培民族学论著》，台北：中华书局 1962 年版，第 12 页。

代社会学先驱通过诉诸民族学而拓展了社会学的历史时间性界限。

同文中，蔡元培还论述了民族学对文字史和考古学具有重要补充作用的看法。他指出，"文明人的历史"（文字史）对于"未开化时代的社会"（史前）的记录"很不详细"，使我们无法单凭它们来了解"初民"（即"原始人"）的文化面貌，而只能诉诸"未开化民族"的民族志研究。考古发现对历史文献是重要的补充，但它们本身"是不能贯串的"，若没有民族学提供的有关现生"初民"遗留的古老物质、社会、精神生活形态的知识，便很难串联成有整体意义的历史认识。蔡元培举出中国古代文献上仅留下片言只语的钻木生火、结绳记事、母系制、图腾制等史事，借以表明，要看到文化的本来面目，我们便有必要借助民族学对于现生"初民"的记述。[1]

蔡氏尤其重视研究人及其文化的"起原"。他既谙熟西方现代学者积累的相关知识，又亲力亲为，做自己的专门研究（集中于结绳记事、原始文字和艺术史）。他还利用主持中央研究院民族学组工作之机，派遣颜复礼、商承祖、林惠祥、凌纯声、芮逸夫、勇士衡、史图博、刘咸、陶云逵等一代训练有素的学者前往广西、台湾、黑龙江、湘西、浙江、海南岛、云南等"边疆"从事民族学研究工作。

他对博物馆事业也特别重视，早在 1921 年，已刊文提出创建包括"人类学博物院"在内的"五院"（即，科学博物院、自然历史博物院、历史博物院、人类学博物院、美术博物院），十年后，他更加确信民族志研究所得材料应得到妥善收藏和展示，于是又倡议建立"中华民族博物馆"（1932 年，他还聘任一位德国民族学家来华协助规划设计该博物馆，此馆即为后来的"中研院"民族学陈列馆的前身）。

1　蔡元培：《社会学与民族学》，载《蔡元培民族学论著》，台北：中华书局 1962 年版，第 13 页。

三

在蔡元培看来，民族学既可成为一种"通古今之变"的新方法，又可起到将本民族传统放在世界诸文明中审视的作用，特别有助于推进中华民族的文化史溯源和展示工作。这项工作，一方面是"文明之消化"的一部分（他认为这古已有之），另一方面，则是国族融入世界、形成"大我"（即，包容我与非我成分的"我"）的进程之一环节（他认为这是近代中国的新使命）。如其在《中华民族与中庸之道》（1930 年）中强调的，"大我"国族应是"国家主义与世界主义的折中"，为谋求"本民族的独立"，它追求知识和智慧，用以重新激活民族的文明，为谋求"各民族的平等"。[1]

为了复原和呈现国族文明，蔡元培诉诸进化论。该理论曾在欧美盛行将近半个世纪，也深刻影响过"帝制晚期"的华夏士人。然而，如"燕大派"吴文藻、李安宅、费孝通等 1930 年代起通过功能主义人类学的译释所表明的，"一战"前后，它已连同它的对立主张（传播论）被丢入了"历史垃圾箱"。从 1920 年代起开始研究民族学的蔡元培，对当时爆发的这一"思想革命"必有认知，但他还是将进化论当作民族学的思想主干。

这一选择有其考虑。在蔡元培看来，进化论那一"民族的文化随时代而进步"[2] 的观点，有益于国人认识自己的过去。而进化论含有的"遗俗"或"文化遗存"等观点，有益于国人理解科学发达时代其同

1　蔡元培：《中华民族与中庸之道》，载《蔡元培民族学论著》，台北：中华书局 1962 年版，第 61 页。
2　蔡元培：《说民族学》，载《蔡元培民族学论著》，台北：中华书局 1962 年版，第 8 页。

胞"乡愚"仍旧"保存迷信"[1]的原因。在"鄙薄"巫术和宗教的时代，国人对"他者"（对蔡氏而论，他们都并非"外在"，而是"内在的他者"）应保持一种超越时代和文化界限的"同情"。这种"同情"，乃是我们可称之为"包容性国族文明"的心理基础，而对它的社会实现，蔡元培有很高期待，他称之为一种良善的"世道人心"。[2]

蔡元培开拓着兼具进步文明观与跨时代、跨文化同情观的人文价值视野，这一组合型的视野对他如此重要，以至于他将写过的仅有的三篇民族学文章之一，献给了对它的创造性解释。

在《民族学上之进化观》（1934 年）开篇，蔡元培说，"民族学上的进化问题，是我平日最感兴趣的"。[3]于他，进化并不是空泛的，而是与生活的诸层面紧密勾连着的，其"公例"与文化事物与人本身之间的距离远近都相关："人类进化的公例，有由近及远的一条，即人类的目光和手段，都是自近处而逐渐及于远处的"。[4]他举的第一个例子，是他最感兴趣的"美术"，他说，"人类爱美的装饰，先表示于自己身上，然而及于所用的器物，再及于建筑，最后则进化为都市设计"。[5]他还将这种文化进化的一般法则推及人类生活的众多方面，包括交通由人力经由畜力到汽力和电力的进化，食品由动物到植物的转变，算术由手指计数经由石子、木枝计数到笔算、机算的进步，币制由实物经由锦书钱币再到"钞票"的变化，语文文字由手势语经由声音语再到文字的演进，音乐由人声到器乐的转变，

1　蔡元培：《说民族学》，载《蔡元培民族学论著》，台北：中华书局 1962 年版，第 9 页。

2　蔡元培：《说民族学》，载《蔡元培民族学论著》，台北：中华书局 1962 年版，第 10 页。

3　蔡元培：《民族学上之进化观》，载《蔡元培民族学论著》，台北：中华书局 1962 年版，第 17 页。

4　蔡元培：《民族学上之进化观》，载《蔡元培民族学论著》，台北：中华书局 1962 年版，第 17—18 页。

5　蔡元培：《民族学上之进化观》，载《蔡元培民族学论著》，台北：中华书局 1962 年版，第 18 页。

宗教由"低级"宗教的人牲到"进化的宗教"的"戒杀"。[1] 凡此种种，均"由近及远，逐渐推广"，表明进化是广泛发生的。

然而，蔡元培指出，"此种进化之结果，并非以新物全代旧物"，"旧物并不因新物产生而全归消灭"。在生物界，人类进化成非动物了，并不意味着动物的消亡。在文化界，道理也是一样的："文明民族已进至机器制造时代，未开化之民族，在亚、非、美、澳诸洲均尚有保持其旧习惯者。"[2]

"不因新物产生而全归消灭"的"旧物"中，除了传统的物质文化和习俗之外，还有知识传统，而在中国，知识传统包括了民族学的"根"。蔡元培相信，古代中国与古代欧洲一样，有民族学之根。于是，在述及海内外民族志研究成果时，他提到一系列中国古代的"专书"，包括《礼记》《山海经》《史记》《匈奴列传》《西南夷列传》，及中古时期的《诸蕃志》《真腊风土记》《赤雅》等[3]。他没有把它们看作材料，而是致力于挖掘其认识论启示。在《说民族学》一文中，他引用了《小戴礼记·王制篇》的"五方说"，勾勒出了一幅文明中心为"野蛮"的四方所环绕的世界图式。[4] 比对蔡氏为民族学组布置的实地考察地理范围与这个世界图式的样式，可以发现，在其心目中，中华民族文化的源流，首先应通过对古书记载的"四方"之研究来把握。

《王制篇》的"性不可移"之说的确与民族学大相径庭，但如蔡元培紧接着说的，这并不表明古人缺乏跨文化智慧。蔡元培指出，

1　蔡元培：《民族学上之进化观》，载《蔡元培民族学论著》，台北：中华书局1962年版，第20—21页。

2　蔡元培：《民族学上之进化观》，载《蔡元培民族学论著》，台北：中华书局1962年版，第22页。

3　蔡元培：《说民族学》，载《蔡元培民族学论著》，台北：中华书局1962年版，第3页。

4　蔡元培：《说民族学》，载《蔡元培民族学论著》，台北：中华书局1962年版，第5页。

古人"已知道用寄译等作达志通欲的工具"[1]，并且，这类"工具"已可以构成沟通中心与四方的中间环节（"五方之民，言语不通，嗜饮不同。达其志，通其欲，东方曰寄，南方曰象，西方曰狄鞮，北方曰译"），古代的"通达"环节与致力于在"文野之间"展开历史关联构想的民族学是相通的。另外，他还指出，《礼记》时代的古代圣贤"于修齐政治教育而外，不主张易其宜俗"，这种古代的观点"可算是很有见地"，与现代民族学拒绝成为非包容性"文明进程"之推手的知识自觉相一致。[2]

四

蔡元培的民族学与"燕大派"社会学之间，并非毫无相通叠合之处。"燕大派"导师吴文藻 1938 年发表的《论文化表格》，论述了文化的物质、社会、精神"三因子"[3]，其实，对此，蔡氏早已在 1926 年予以指明。"燕大派"也并非丝毫没有受到蔡先生民族学的影响。比如，蔡元培在中研院民族学组引领的民族学调查，后来也为吴文藻所重视，后者在 1936 年发表的《社区的意义与社区研究的近今趋势》[4]中将这些调查纳入边疆民族志和"民族社会学"中。

然而，吴、蔡在"学风"上却还是存在着鲜明差异：吴文藻将"叙述的社会学"当作"现代史"，相信做"现代史"是社会学研究的基本工作；而蔡元培则将民族学当作一门历史的学问，对于文明史溯源倍加关注。

1　蔡元培：《说民族学》，载《蔡元培民族学论著》，台北：中华书局 1962 年版，第 6 页。

2　蔡元培：《说民族学》，载《蔡元培民族学论著》，台北：中华书局 1962 年版，第 6 页。

3　吴文藻：《论文化表格》，载《论社会学中国化》，北京：商务印书馆 2010 年版。

4　吴文藻：《社区的意义与社区研究的近今趋势》，载《吴文藻人类学社会学研究文集》，王庆仁、索文清编，北京：民族出版社 1990 年版，第 151—158 页。

与此相关，两位先贤之间也存在着学术价值观方面的分歧。相比而论，"后生"吴文藻更希望学术直接来源并作用于现实（传统的现代转型），而蔡元培则更愿意沉浸于"学究式求索"中。

蔡元培似乎不愿划清"学科学术"与"问题学术"之间的界线，这很可能是因为他主张在"学科学术"内展开"问题学术"。他一向关注现实，但他相信，解决现实问题，先要达成时间和空间上的超越，而这需要有学术之道。对他而言，民族学便是这样的学术之道。民族学本身是一个综合性的知识体系，既有自身的立足之地，又是考古学和文明史研究的必备方法，而这门学问若有何用途，那么，它并不是浅显的，其发挥作用的方式是思想性的，其走向大众的方式，是我们可称之为"典范的确立"（如，通过人类学博物院或中华民族博物院的展示确立文化史修养的典范）的东西，而这些都与"美育"相关。

一如其在《以美育代宗教说》（1915 年）表明的，进化观能给他一种判断力，使其比宗教家——基督教还是孔教宣扬者——更能了解知识、意志（含道德）及情感（以美感为主）等宗教"三作用"的不同历史命运。宗教本兼具知识、意志及情感作用。文艺复兴之前，宗教与初民的心智一样，以"浑"为特征，是整体主义的；文艺复兴之后，其一体性瓦解了，宗教的"知识"被证伪，"德性"和社会团结的老方式也不复被视为可欲，所剩下的起作用的东西，便主要是其"情感作用"了。在蔡元培看来，基于错误的知识来引诱信众的做法，既是不合理的又是不现实的，而囿于各自道德成见，运用"美感"来"刺激感情"、培育排他的"社会"，历史上引致了无数人我之间的不和与冲突。"情感作用"本是美感，是普遍性的，只因在漫长的历史中，"宗教之为累"，而局限于发挥"刺激感情"

的作用，其潜在的陶冶高尚情操、克服"人我之见"、消除"利己损人之思想"的作用等待着发扬光大。[1]

蔡元培认为，人的基本需求之满足，必然是自我主义的和人我相分的，而美感是普遍性和人我不分的，"进步"最终应意味着普遍的美感超越特殊的功利。从文艺复兴、启蒙和科学，他看到了这一美好未来的端倪，也深信，人要达至真正的幸福，便需进一步追求"纯粹之美育"，而"美育"的生成条件，必然与宗教之"浑"的瓦解相关。

以上进化观，听起来像与"燕大派"信奉的功能主义主张相对立。然而，蔡元培没有那么极端，他不认为"纯粹之美育"的成长必须以曾经起满足基本需要和"刺激感情"作用的古老"美术"之衰亡为代价。他畅想着各种今日被称为"文化遗产"的事物焕发其普遍"美育"价值的可能。

蔡文《美术的起原》（1920年）形同于一幅世界民族志学术区的总图，其中分布着的欧洲、亚洲、非洲、大洋洲等地的民族学发现，它们色彩斑斓、相互辉映，构成一幅"广义的美术"——除了"建筑造像（雕刻）、图画与工艺美术（包括装饰品等）"这些"狭义的美术"之外，又"包括文学、音乐、舞蹈等"[2]——共生的壮丽图景。蔡元培总结说，"初民美术的开始，差不多都含有一种实际上的目的"。有"实际上的目的"的"美术"，本被他归在有待纯粹化的"浑"的一类。然而，此处，他非但没有用进步论的话语来鞭挞"落后"，而且还用"落后文化"的"浑"——今日人类学所谓的"整体性"——的一面，来反思文明时代分工发达以后"美术与工艺的

1　蔡元培：《以美育代宗教说》，载《蔡元培民族学论著》，台北：中华书局1962年版，第26页。
2　蔡元培：《美术的起源》，载《蔡元培民族学论著》，台北：中华书局1962年版，第30页。

隔离"的误区。由此，他展望了"艺术化的劳动"从"初民美术的境象"获得启迪的可能。[1]

一面欣赏文明"进步"，一面拒绝"鄙薄落后"，蔡元培提出一种审慎的人文价值主张。在西学原典里，我们能找到部分解释这一主张的"影子"——比如，被后世归入进化人类学经典加以批判的《原始文化》（1871年）一书，除了论述文化进步之外，还常常述及"衰落""遗留""复兴""调适"，在不少段落里，也透露出作者（人类学奠基人泰勒）对渊博的对立派（传播论）民族学家心怀的向往。然而，蔡元培本人兴许更愿意在古代中国的"道"中找到解释自己的心态双重性的理由。在《中华民族与中庸之道》里，他指出，近代西方思想"不是托尔斯泰的极端不抵抗主义，便是尼采的极端强权主义；不是卢梭的极端放任论，便是霍布斯的极端干预论"；比较近代西方，他接着说，"独我中华民族，凡持极端说的，一经试验，辄失败；而惟中庸之道，常为多数人所赞同，而且较为持久"。[2]可见，蔡元培在人文价值方面的审慎，与其说是一种"双重／矛盾心态"，毋宁说是在其所向往的中庸之道浸染下形成的。

五

蔡元培从哲学转向了美学，再从美学转向了民族学，但没有消灭"过去的自己"。1936年2月上海各界举办了庆祝蔡元培七旬（虚岁）寿庆宴会，寿星致"答词"，他说，"假我数年"（所憾者，四年后，蔡元培即过早辞世），想写一本关于"以美育代宗教"主张的

1　蔡元培：《美术的起源》，载《蔡元培民族学论著》，台北：中华书局1962年版，第57页。
2　蔡元培：《中华民族与中庸之道》，载《蔡元培民族学论著》，台北：中华书局1962年版，第59页。

专著，此外"还想编一本美学，编一本比较民族学，编一本'乌托邦'"。[1]他将比较民族学列在"三部曲"中间，表明这门学问在他心目中有特殊地位，但他对写作的总体构想却依旧是多学科的、有"以美育代宗教"等超越境界的。这对当下关注"学科问题"的同人而言是有特殊意涵的。然而，作为学科后来者，我却难以不立足于学科来做学术史回溯。

于我，首要的事实是，中外民族学/人类学史一词的"中"字所指的一个大局部是蔡元培塑造的：如果说比他小三十多岁的吴文藻所写"社会学中国化"著述对于"燕大派"而言是开创性的，那么也可以认为，蔡元培于同时期发表的数量有限的民族学文章对于另一学派（一般称为"南派"）的"传统发明"而言则是奠基性的。

二十多年前，品读蔡元培《说民族学》这篇与吴文藻《民族与国家》[2]一文同年发表的文章，我深有感触。该文勾勒出了西方民族学的研究层次组合轮廓（特别是西欧民族志和比较-历史民族学的二重合一组合轮廓），揭示出了中国古代志书与现代民族学之间的绵续与断裂。在文中，蔡元培贯通中西，为国人基于所在文明传统畅想"兼容并蓄"的知识前景指明了方向。

我对蔡元培学思的兴趣渐浓，于是从图书馆借来《蔡元培民族学论著》。此书（仅为一本小册子）编者为"中国民族学会"（台湾），作为"中国民族学会丛刊之一"出版，《代序》（主题为《蔡孑民先生对民族学之贡献》）作者为何联奎先生（何氏与蔡氏一样祖籍浙江，1920年代赴巴黎和伦敦学习社会学和民族学，归国后曾

1　蔡元培：《蔡元培选集》下卷，杭州：浙江教育出版社1993年版，第1344页。

2　吴文藻：《民族与国家》，载《吴文藻人类学社会学研究文集》，北京：民族出版社1990年版，第19—36页。

任职于北平大学和国立中央大学，1949 年随国民政府迁台，先后任职于"行政院"及台北"国立"故宫博物院）。该书正文部分篇幅仅六十余页，为蔡元培所著六篇文章所构成。这六篇文章，前三篇与民族学直接相关，它们便是上文述及的《说民族学》《社会学与民族学》及《民族学上之进化观》。何氏在《代序》中说，尽管"以先生的笃学，其心所蕴而未发的，还不知有多少"[1]，但蔡元培发表过的集中于民族学的论述，却确仅有此三篇。书中编入的其他三篇，包括了两篇美学文章和一篇哲学文章，即，上文亦论及的《以美育代宗教说》《美术的起原》及《中华民族与中庸之道》。编者将此三篇文章收录于一部民族学文集中，绝非为了"凑数"，因为，这三篇文章中，两篇将民族学知识融进了宗教史、艺术史问题的论述中，一篇对中国思想的文化气质进行了富有民族学气质的复原，它们从不同侧面展现了蔡元培民族学的风光。

蔡元培启动他的民族学学科建设计划之后，对内（中研院）一直面对着"国府"的财力不足问题和官僚体制限制，对外遭遇着来自新兴社会科学阵营的挑战（那时燕园上的"后生"已视传播论和进化论为旧思想，并鄙视有"好古癖"的民族学）。然而，其学科正是在问题和压力下成型的，并没有因为它们的"在场"而"退出"。在蔡元培身边形成了一个"民族学圈"，成员包括"史语所"民族学组和多个大学的学者，其成果丰硕，有不少成为经典，其培养的学生，有不少成为不同区域性学派的代表人物。

到《蔡元培民族学论著》出版之日，在台前辈已将民族学从

1　何联奎：《蔡孑民先生对民族学之贡献》，载蔡元培：《蔡元培民族学论著》，台北：中华书局 1962 年版，第 9 页。

"史语研究"中剥离了出来，为其建立了单独的科研机构。他们先是用之以研究"台湾原住民"和"环太平洋圈"，接着，他们"旧瓶装新酒"，在"民族学"这一容器里装填了美式文化人类学、日式民俗学及英法式社会人类学的内容。

同时期，留在大陆的新老民族学家和社会学家则都相继参与到了民族识别和少数民族社会历史调查工作中去了。他们将民族学改造成可供"民族识别"和"少数民族社会历史调查"之用的"方法"。在界定所研究民族的社会形态时，他们诉诸"阶段论"，为避免"中庸主义"嫌疑，他们在话语上舍弃了民族学的"同情"。然而那时"蔡元培幽灵"仍在，不少得其潜移默化者还是给被研究的文化留下了相当可观的"表述空间"。

蔡元培民族学的真正"隐去"，似乎是过去这三四十年间的事。此间，两岸人类学"崇新弃旧"，绕过"新（现代）人类学"，跃进到"新新（后现代）人类学"时代。理论的"大跃进"是近期发生的，然而，它在历史上是有了"苗头"的。有理由相信，这一"苗头"，可以在与民族学同时出席的新兴社会科学中找到。可以认为，"新新"时代，本是排斥古史、博物馆和"美育"（这些正是蔡元培民族学的突出特征）的功利主义社会科学复兴的阶段。在这个阶段，国人连回到"燕大派"都难，更谈不上对其"反好古主义的当下主义"能有何反思了。在此情况下，蔡元培式民族学还有没有复兴的机会？不得而知！然而有一点可以确信：远在的这座丰碑，已化成凝视我们的"遥远的目光"，一面我们赖以自识的"镜子"，它也成了一本《指路经》，我们可以借助于它，返回精神迁徙的出发点。

（本文曾发表于《读书》2022 年第 2 期）

吴文藻与"中国化"

一、学术史上的枢纽性人物吴文藻先生

三联中读的朋友们，很高兴能和大家一道，重温吴文藻先生的旧著。

吴先生是中国社会学百年历程中，最重要的人物之一。他不是第一个介绍这门西学的学者。在他之前，作为思想体系的近代西方社会学，对中国思想界已经产生了影响，得到了严复、康有为、梁启超、章太炎、刘师培等的重视。不过，在作为学科的"中国社会学"中，吴先生所起的作用很关键。他是个承前启后的枢纽性人物，他的贡献，具体表现在以下两大方面：

其一，在中国，推动了作为思想的社会学，向作为学科的社会学转化；

其二，立足于所在的文明传统，选择和综合了多门西学和多种理论，突破了社会学的界限，赋予了这门学科中国气质。

吴先生最杰出的弟子费孝通先生曾说，他的老师的事业，是"开风气，育人才"[1]。吴先生"身教胜于言传"，不求"在文坛上独占鳌头"[2]，因而，没有著作等身。然而，他的数量有限的论著，在他在

1　费孝通：《开风气，育人才》，《北京大学学报》(哲学社会科学版) 1996 年第 1 期，第 14—19 页。

2　费孝通：《开风气，育人才》，《北京大学学报》(哲学社会科学版) 1996 年第 1 期，第 14 页。

世时，影响深刻，引导了一大批学术青年，在他过世三十多年后的今天，读起来仍旧新意满满。

一个学者，思想的形成和发展，往往以人生时序为节奏。吴先生当然不是例外。要把握他的心路历程，我觉得比较方便而有效的办法，是把这个时序作为线索。

二、"乱世"、战争赔款与吴文藻的学业

首先，我们从他的成长经历说起。

吴文藻是江苏江阴人。1901年4月，他出生在一个平民家庭中。那个年代，可谓是个"乱世"。在他出生前一年，义和团运动爆发，列强侵入京城，清朝内外交困，在惨败于列国后，与其签订了《辛丑条约》。这个条约有个巨额战争赔款的专项，这也就是"庚子赔款"。条约签订时，吴先生不满周岁，但在他的成长过程中，这个条约对他的影响与日俱增。

吴先生天资聪颖，本可以走"学而优则仕"那条路，不过，他进入学龄之前，科举制度已废除。

他上小学期间，美国政府决定将其所得"庚子赔款"用来对华输出西式教育。这个做法后来得到了列强的仿效，"庚子赔款"从此作了一个华丽转身。

1917年，吴先生在完成小学学业一年后考入清华学堂。这所学堂便是用"庚子赔款"资助创办的留美预科学校。六年后，吴先生赴美留学，先在达特茅斯学院社会学系获得本科学位，接着他去了纽约，在哥伦比亚大学社会学系做研究生。他得到的这一系列西式教育，都与变身为"奖学金"的战争赔款相关。

这当中，兼杂着掠夺、慈善、文化支配的深刻矛盾，对此，吴先生内心感受必定五味杂陈。

他在清华时加入五四运动。留美期间的本科阶段，他对马列思想很感兴趣。研究生阶段，他学习的是西方专门研究白种人社会的社会学，但他对专门研究有色人种或"落后民族"的人类学，感到更加亲切。那时美国文化相对主义人类学的奠基者波亚士在哥伦比亚大学影响很大，有个卓越的师门，吴先生很受吸引，喜欢上他们的课，读他们的书。吴先生写的硕士论文是关于孙中山的三民主义学说的，写的博士论文，主题是英国舆论和行动中的"中国鸦片问题"，都具有高度现实关怀。[1] 他学生时代的这些行动和思想，表现了他波澜起伏的内心活动。

三、《民族与国家》：文明国家的特质在于文化

吴先生思想早熟。他的妻子冰心先生在一篇回忆文章[2]中透露，她与文藻是在赴美留学的船上结识的，留下的第一印象特别好，他直率而博学，很快成为她的"净友、畏友"。冰心先生还说，那时吴先生虽还是本科生，但已懂得很多，也已下了决心，投身社会科学事业，是个有思想的青年。

冰心先生所言不虚。留美三年后，1926 年，吴先生年仅二十五岁，便在《留美学生季报》发表了《民族与国家》一文。[3] 这篇文章

1　林耀华、陈永龄、王庆仁：《吴文藻传略》，载吴文藻：《吴文藻人类学社会学研究文集》，北京：民族出版社 1990 年版，第 337—349 页。

2　冰心：《我的老伴——吴文藻》，载吴文藻：《吴文藻人类学社会学研究文集》，北京：民族出版社 1990 年版，第 1—18 页。

3　吴文藻：《民族与国家》，载《吴文藻人类学社会学研究文集》，北京：民族出版社 1990 年版，第 19—36 页。

分量很重，内容堪比一部巨著，它表明，那时的吴文藻，已学贯中西、志向高远。

我认为吴先生一生的事业，从来没有脱离这篇文章表达的想法。所以，关于它，要多说几句。

文章主旨在于辨明"民族与国家之真谛，及二者应有之区别，与相互间应有之关系"。[1]

这是一个与中国的现代命运息息相关的问题。

20世纪初，近代西方的"民族""国家"等概念，给中国引来了"破裂现代性"。有人说，中国是"被诅咒而进入现代化"的，其中的"诅咒"，即主要来自近代"民族国家"话语。吴先生还是少年，这个话语导致了帝制"朝代政邦"向共和"民族政邦"的巨变。然而，到吴先生写作《民族与国家》一文时，理论家和政治家对"民族政邦"到底指什么，理解依旧很模糊。他们急于发表起政治作用的言论，于是乎不在意概念理解的准确性。吴先生担心"理论界混淆"持续制造历史的破裂，决心下功夫澄清这些概念的原意。

他在人类学、社会学、政治学和国家法学、政治学和政治哲学的书海中摸索，引用了大量原典，考据了种族、民族、国家、政邦（政治的制度形态）等概念，指明了这些"关键词"的概念边界和语义变化。

吴先生指出，19世纪末以后，在将中国推向现代"民族政邦"的过程中，不少理论家和政治学家误将民族与国家视作两相对称的，殊不知，这个对称本是在特殊历史条件下出现的。

1　吴文藻：《民族与国家》，载《吴文藻人类学社会学研究文集》，北京：民族出版社1990年版，第19页。

"一族一国"诉求，起初与美国的独立建国事业有关，接着，又与巴尔干半岛诸民族争取权益的斗争有关。吴先生认为，民族国家主义的这一反殖民、反霸道倾向，本是可以同情的。但后来，包括列强在内的各国也纷纷兴起民族建国运动，这里头有"奥秘"，应引起警惕。这些运动，形式各异，口号不同，但其本质可谓是"争霸"，其结果是"欧战"（第一次世界大战）。

战后，有政治家提出解决"争霸"问题的方案，遗憾的是，这个方案的基础，还是作为战争起因的"一族一国"观念。

"一族一国"方案最终没有付诸实施，却持续影响着世界。在它成为主导观念的过程中，在西方有过多民族国家主张，也持续存在多民族国家的现实，即使那些自称"一族一国"的民族国家，亦是如此，但这些都被人们忘记了。

在亚洲，无论是政界还是学界，都依赖"一族一国"来呼风唤雨。

"一族一国"理论"变态竟且视作常情，此乃思想界混淆之所由起"。[1]为揭露"思想界混淆"，防止其继续祸害生民，吴先生追溯了"民族政邦"的由来。他以文化人类学，重新定义了民族的本质。他指出，创建现代国家是必要的，但要创建这种国家，首先应要知道，"今日之国家，立于文化之基础上"[2]，其内在本质是文化，而不是政治。间接从留法学者李璜那里借用法国社会学年鉴派的观点，他说，真正的"民族政邦"，是"文明团体"，对这种团体而言，语文特殊性、历史形态与文明成就是灵魂。[3]

---

1 吴文藻:《民族与国家》，载《吴文藻人类学社会学研究文集》，北京：民族出版社1990年版，第35页。

2 吴文藻:《民族与国家》，载《吴文藻人类学社会学研究文集》，北京：民族出版社1990年版，第35页。

3 吴文藻:《民族与国家》，载《吴文藻人类学社会学研究文集》，北京：民族出版社1990年版，第34页。

吴先生坚信，学者不应唯西方观念是从，而应"兼有中外之特长"。他一面梳理西学概念的源流，一面从其对传统中国的认识出发，重新定义民族与国家之间的关系。他指出：

> 诚以数个民族自由联合而结成大一统之多民族国家，倘其文明生活之密度，合作精神之强度，并不减于单民族国家。[1]

四、社会科学如何贯通中西？

《民族与国家》指出，"一族一国"观念，不符合西方各国自身实际存在的多民族思想和现实，更不适用文化与政治不对称的大一统中国。

这篇宏文，现实关怀和学术关怀并重，其在社会科学上的要点可总结如下：

（1）近代以来，民族和国家，及与其纠缠在一起的社会科学关键词，对现实世界产生着深刻影响。学界若对它们不求甚解，人云亦云，那后果将十分严重。因而，学界有责任认真研究这些概念的谱系。

（2）做西学观念的谱系梳理，不等于迷信西学，而是旨在说明，与其他观念一样，西方社会科学关键词是在特定时间和空间里产生的，有它们的特殊性。

（3）对本国国情进行社会科学研究，为时所急需，但研究者不应套用有其区域文明特殊性的西来理论，而应对这些理论加以调整，使它们适应于所在社会的历史与现实状况。

---

1 吴文藻：《民族与国家》，载《吴文藻人类学社会学研究文集》，北京：民族出版社1990年版，第35页。

五、燕大十年：包容性的"中国化"

在《民族与国家》一文里，吴先生指出了当时中国学界面对的两大学术任务：其一，进行西学关键概念的意义复原和观念源流的时空特殊性研究，其二，以本文化，"消化"外来话语。

吴先生 1928 年底获得博士学位，随即启程回国，肩负以上看似矛盾的双重使命，他于次年加盟燕京大学社会学系，进入了大学教授生涯。

燕京大学，校园即现在北大校本部所在地，它是 1919 年成立的教会大学，1922 年，组建社会学系，创业者是美国教会学者步济时（John Burgess）及他周围的中外同人。这个系 1926 年起曾由华人学者许仕廉先生担任主任。在他的领导下，这个系教学上取得了良好成绩，也有了发表科研成果的学刊（《社会学界》）和调查研究基地（如清河实验区）。

对燕大社会学的创业者，吴先生尊敬有加。然而，在教学过程中，他也发现，其不愿看到的问题在燕大存在着。当年燕大，老师教书时照抄欧美模式，没有把中国国情结合到知识传授中，所用的教材多为外文原版。环顾校外，他发现问题更加严重。社会科学研究者大多数信仰西方理论而不知其所以然，有对西来理论饥不择食的倾向，往往在不加选择乃至曲解的情况下，充当各种"主义"的在华代言人。

吴先生将以上问题概括为"思想公式化"[1]。他指出，要解决"思

1　吴文藻：《〈社会学丛刊〉总序》，载《论社会学中国化》，北京：商务印书馆 2010 年版，第 1—7 页。

想公式化”问题，唯有采取“中国化”这个办法。

“中国化”，意味着用中国语文系统来解释和传授社会科学，建立语文主体性。它也意味着“思想系统化”，这是指，在系统把握西学理论的基础上，找寻适合国情和国情研究的框架。

六、迈向“彻底的现实主义”：
对芝加哥学派社会学的部分选择

在燕大，吴先生一面用华语授课，用华文编写讲义，一面博览群书，系统梳理了西方诸人类学和社会学体系的脉络。在此期间的早期阶段，为“思想系统化”，他发表了大量述评之作，论及社会主义（包括费边派社会主义）、美国文化人类学、欧陆诸系统的社会学。

1932 年秋，芝加哥学派社会学领袖派克（Robert Park）先生受燕大聘请来华讲学，吴先生与学生一道听了他的课，还于次年支持印制了《派克社会学论文集》。他为论文集写了导言[1]，阐明了他对芝加哥学派的认识。

据吴先生，首先，芝加哥学派的学术领袖派克有述而不作的倾向，特别重视培养研究团队。其次，它的理论工作，做法很有成效：这个学派择取各国优秀学说，加以新综合，形成了一套有自身特色的主要概念，包括人格、共生-协和、社会化、集合行为、文物制度等。再次，这个学派倡导“彻底的现实主义”，使社会学研究高度务实。最后，为将其“彻底的现实主义”落到实处，这个学派在城市社会学园地里深耕，提出了人文区位学观点与社区研究法。

1　吴文藻：《〈派克社会学论文集〉导言》，载《论社会学中国化》，北京：商务印书馆 2010 年版，第 189—199 页。

以上这四个方面的前两个，引起吴先生强烈共鸣，原因显而易见：他自己也是把教学看作比著述重要的老师，也致力于选择和综合各国优秀学说，构建一门新社会学。芝加哥学派的"彻底的现实主义"，也正是吴先生眼中新社会学的本质特征，这更是他所认同的。此外，吴先生有保留地接受芝加哥学派将美国当作现代文明之代表的看法，对其现代都市研究倾向深表理解，对其社区研究法特别看重，认为这是"彻底的现实主义"的生成条件。

不过，对芝加哥学派，吴先生并不盲从。他委婉地说，人文区位学表面上新颖，其实不然。比如，从孟德斯鸠到涂尔干和哈布瓦赫（Maurice Halbwachs），乃至英国的霍布豪斯（Leonard Hobhouse），社会学前辈有过精彩的社会形态学论述。芝加哥学派本可深究其人文区位学与社会形态学的差异与关联，可惜他们没有做这项工作，这就使他们的研究缺了思想灵性。

吴先生还从中国国情研究的要求出发，点评了芝加哥学派运用的社区研究法。他认为，这个研究法，固然是"彻底的现实主义"的方法基石，但要在中国用它，便应先使它适应中国国情。

何为中国国情？吴先生的答案是，这就是与美国社会形成对比的非都市性。那么，从美国都市社区的研究成长起来的芝加哥学派能满足中国非都市性国情之研究的需要吗？吴先生表明，光靠它是不够的，中国学者应进行更广泛的综合。其中，一项重要的工作就是吸收民族学的已有成就。虽然研究乡村的社会学尽可以与都市社会学区分开来，自称"乡村社会学"，但是，乡村社会学如不兼具民族学的内涵，那就会有严重缺陷了。民族学是专门研究"初民社会"的学问，这一学问对我们把握非现代社会极其重要，中国本来也是一个非现代社会，因而，这一学问对中国国情的研究也极其重要。

七、社区研究法与功能论社会人类学

对吴先生，所谓"非现代都市社会"，实指多民族历史文明的具体"时空坐落"。

在《民族与国家》一文中，吴先生已经表明，这种文明在历史的分合辩证法中生成。各民族有各自的语文、历史和文明系统，但这些系统之差异，并没妨碍它们进行有高度"合作密度"的互动，也没有妨碍一种超民族层次的一体化文明的生成和绵续。

在吴先生看来，这种多民族国家的分合辩证法，无论是对中国文明的绵续，还是对于构建新世界秩序，都有着极其重要的启迪。

在提出多民族国家观点时，吴先生并不了解"欧战"（第一次世界大战）前后法国社会学年鉴派对文明的"超社会的社会"形容。[1]但他笔下的中国，与年鉴派的文明十分相近。也因他对"超社会的中国"早有思考，在评介派克社会学时，才十分关注这位大师所写的《论中国》。[2]大家知道，派克既是美国城市人类学研究的领导者，又是"同化"理论的倡导人，在临退休前，他对中国民族关系的历史和现实，产生了浓厚兴趣，认为这里头存有古老的"同化"智慧。在《论中国》一文中，他表达了自己的认识，指出，"传统、习俗和文化是个有机体……中国就是这样一个有机体。在它悠久的历史中，逐渐生长，并逐渐扩大其疆域。在此历程中，它慢慢地、断然地，将和它

---

[1]　王铭铭：《人文生境：文明、生活与宇宙观》，北京：生活·读书·新知三联书店2021年版，第224—267页。

[2]　派克：《论中国》，载北京大学社会学人类学研究所编：《社区与功能——派克、布朗社会学文集及学记》，北京：北京大学出版社2002年版，第17—21页。

所接触的种种文化比较落后的初民民族归入它的怀抱，改变他们，同化他们，最后把他们纳入这广大的中国文化和文明的复合体中"。[1]

假如当年吴先生没有肩负教书育人的重任，那么，他一定会有充裕时间，将他的多民族国家观点，与法国社会学年鉴派文明论及派克的文明复合体论相结合，搭建一个有关"超社会的社会"的社会学理论框架。

然而，1930年代初，刚入而立之年，吴先生已成为大学老师，他急于为学生找到适合国情研究的方法，急于将他们培养成能娴熟运用这个方法的人才，于是，不无遗憾地暂时搁置了这一理论创新的机会，将几乎所有精力投入到搭建方法框架这项工作上。

1935年至1938年，吴先生写了一系列有关社区研究法和功能派社会人类学的文章。此间他的写作，都旨在说明，"以一地方为社会调查的基础，乃实地考察社会最便利的方法"。[2]

吴先生将"地方"界定为社区，用社区来指一地之人民及其居住的地域和生活方式。他对社区没有进行地理和人口规模的限定，认为小到邻里、村落，大到城市、国家、世界，都可以叫作社区。但他主张社会学家要研究社区，应先对它进行时间和空间的定位。在时间上，他主张应以现代社区为主，而"现代"主要指鸦片战争爆发以后的历史时间（吴先生说，这固然可以追溯到明末清初中西文化接触时代，但再往前就属于历史社会学的领域了，不是他主要关心的）。在空间上，据其社会演化程度，吴先生将社区分为（1）部落社区（指

1　派克：《论中国》，载北京大学社会学人类学研究所编：《社区与功能——派克、布朗社会学文集及学记》，北京：北京大学出版社2002年版，第18页。
2　吴文藻：《〈派克社会学论文集〉导言》，载北京大学社会学人类学研究所编：《社区与功能——派克、布朗社会学文集及学记》，北京：北京大学出版社2002年版，第15页。

以游猎和畜牧为主要生业的人民及其文化），（2）乡村社区（指以农业和家庭手工业为主要生业的人民及其文化），及（3）都市社区（指以工商制造业为主要生业的人民及其文化，论及诸类中国社区时，吴先生往往也将这类社区与华侨社区联系看待）。[1]

在吴先生看来，中国文明，传统上是由众多部落社区和乡村社区构成的，这些社区正在经历现代化的影响，将迎来都市社区这种文化新形态的冲击。研究所谓"现代社区"，便是研究一个多民族国家之传统及其对现代情境的适应。

到他论述社区研究法之时，国内外民族学已在部落社区的实地研究领域积累了丰厚的成果，而社会学对城市和乡村的研究也成绩斐然。在《社区的意义与社区研究的近今趋势》一文[2]的第三节，吴先生总结了燕京大学社会学系、北平社会调查所、中研院社会科学所城乡社区调查的成就，继而也用相当篇幅叙述了白俄人类学家史禄国（Sergei Shirokogorov）、日本民族学家鸟居龙藏及中央研究院民族学家的边疆民族志研究。到行文接近尾声时，吴先生介绍了传教士社会学家葛学溥（Daniel Kulp）1925年出版的《华南的乡村生活》，称其畅想的社区研究与葛氏的"静态社区""动态社区"的综合研究法相一致。

吴先生强调，要发展一门有用于认识整体中国国情的社会学，便应采用对民族学和社会学的既有成就进行新综合，而最有助于打通这两门学科的，是英国功能派社会人类学。[3]至1930年代，这派人

1　吴文藻：《现代社区研究的意义与功用》，载《吴文藻人类学社会学研究文集》，北京：民族出版社1990年版，第144—150页。

2　吴文藻：《社区的意义与社区研究的近今趋势》，载《吴文藻人类学社会学研究文集》，北京：民族出版社1990年版，第151—158页。

3　费孝通：《开风气，育人才》，《北京大学学报》（哲学社会科学版）1996年第1期，第19页。

类学，已经借助功能和结构概念，进行民族学和社会学的综合，很有新意，吴先生认为，这很值得中国社会学借鉴。

1935年，他发表《功能派社会人类学的由来与现状》一文[1]，并邀请这派的代表人物之一布朗（Alfred Radcliffe-Brown）来燕大讲学，随后，在《社会学界》刊登的《纪念布朗教授来华讲学特辑》里，他又发表了宏文《布朗教授的思想背景与其在学术上的贡献》[2]。在这两篇文章里，他全面评介了功能派社会人类学的学术体系。在谈作为研究方法的社区研究时，他大量引据马林诺夫斯基物质、制度、精神文化三层次的观点和对参与式民族志实地考察方法的论述，在谈民族学和社会学结合对现代中国社区实地研究的重要性时，他也常常征引布朗有关社会人类学等于"比较社会学"的看法。

比较吴文藻对于社区的时间性和空间性的界定，与芝加哥学派的社会人类学奠基者、派克的女婿雷德菲尔德（Robert Redfield）在相近阶段展开的墨西哥尤卡坦区域研究，可以发现，二者十分相似。吴先生的部落、乡村、都市，只缺了雷德菲尔德的部落、村落、乡镇、城市连续统中"乡镇"这个环节。[3]在《中国社区研究计划的商榷》一文[4]中，吴先生还直接表明，雷德菲尔德和他的团队所做的尤卡坦区域研究，是社会变迁和城市化研究的典范，"我们研究中国的绝好的前例"[5]。

---

1 吴文藻：《功能派社会人类学的由来与现状》，载《吴文藻人类学社会学研究文集》，北京：民族出版社1990年版，第122—143页。

2 吴文藻：《布朗教授的思想背景与其在学术上的贡献》，载《吴文藻人类学社会学研究文集》，北京：民族出版社1990年版，第159—189页。

3 Robert Redfield, *The Folk Culture of Yucatan*, Chicago: The University of Chicago Press, 1941.

4 吴文藻：《中国社区研究计划的商榷》，载《论社会学中国化》，北京：商务印书馆2010年版，第462—478页。

5 吴文藻：《中国社区研究计划的商榷》，载《论社会学中国化》，北京：商务印书馆2010年版，第473页。

雷德菲尔德致力于用文明社会的民间文化研究突破社会人类学的部落研究传统。吴先生所做的工作，客观上与雷氏所做的相通，但主观上却有所不同。他对人类学自身的革新改造兴趣不大，他心心念念的是中国国情的社会学研究。

对吴先生，作为多民族国家的中国，本是由部落社会和乡村社会构成的，这两种社会一种主要分布在"内地"或西部，一种主要分布在东部。完整的中国社会学，应在两个方向上同时展开。

而中国也不是西方社会学通常研究的现代社会，而是向现代过渡的传统社会。研究中国，首先要在实地中研究传统社会，对传统社会起码要形成感知，才能研究它的变迁。与此同时，变迁也含有不良的后果，如，受新文化吸收的青年一代与文明的断裂，因而，在传统尚未彻底流失的情境下，现代社区实地研究也为青年研究者提供了在部落和乡间接触传统的机遇。

八、"人才，人才，还是人才"

对吴先生而言，要将中国化社会学理论框架运用到中国国情的研究中，最重要的是"人才，人才，还是人才"。[1]他二十八岁到燕大教书，很快吸收了一大批青年学子为徒。这些年轻人的主体，是四位小他十岁的青年，费孝通、林耀华、瞿同祖、黄迪，他们都属狗，师母冰心戏称他们是"吴门四狗"。

此外，吴先生身边不乏有拜他为师的同代人，如大他一岁的李安宅先生和同龄的黄华节先生，也不乏有比"四狗"小些的，如

---

1 费孝通：《开风气，育人才》，《北京大学学报》(哲学社会科学版) 1996 年第 1 期，第 14 页。

生于 1912 年的李有义先生和生于 1918 年的陈永龄先生。燕大十年，这批才俊同他一道，将他搭建起来的理论框架，运用于研究实践中。

吴先生 1933 年起担任燕大社会学系主任，担纲着学科建设的使命，他很重视争取社会科学研究经费和组织科研团队，但他总是将人才培养列为第一要务。他将人才分为专才和通才。据他 1941 年发表的《如何建立中国社会科学的基础》，相比专才，他对通才更重视。[1] 他认为培养专攻某个领域的专才比较容易，培养通才则比较困难。青年人要成为通才，必须"博约兼长"，既对自己专研的方面了如指掌，又要对科学有大体了解，并在其基础上，对哲学、史学、文学这些"一民族文化之所寄托"的遗产有继承。鉴于中国历史文明在新世界有其特殊价值，吴先生希望，"中国社会科学通才，应负一种特殊使命，就是如何促进西洋科学受中国人文化"。[2]

吴先生教的学生，是社会学系的，但他所做的，是通才教育，而这种教育富有高度的人文特征。以"吴门四狗"为例，在他的指导下，费孝通先生做过古史上的"亲迎"礼俗的研究，林耀华先生做过社会思想史研究，而瞿同祖则专门从事中国社会史研究，这些研究都与吴先生在高年级本科生中开设的《先秦社会政治思想史》和《近现代社会政治思想史》两门课形成密切呼应的关系，具有浓厚的人文色彩。

1　吴文藻：《如何建立中国社会科学的基础》，载《吴文藻人类学社会学研究文集》，北京：民族出版社 1990 年版，第 254—262 页。

2　吴文藻：《如何建立中国社会科学的基础》，载《吴文藻人类学社会学研究文集》，北京：民族出版社 1990 年版，第 255 页。

对吴先生来说，社会科学"中国人文化"，与娴熟掌握和运用所选择的西学不相矛盾。他的"中国化"，指的是，用中国人文传统来"化"社会科学。但它并不是指排外；正相反，它的所指，包括了对广阔的国际视野和学术借鉴的要求。

对吴先生而言，学术的特殊出发点与普遍系统性，两者不仅不矛盾，而且相得益彰。因而，在指导学生时，他同样重视让学生们直接接触西方大师。他让学生们跟随来华讲学的派克、布朗学习，试着用他们的思想去研究中国社会。在"吴门四狗"中，林耀华先生与布朗交往较多，还用他的理论去研究福建乡间的宗族组织，黄迪更多继承派克的人文区位学，他与赵承信一道以清河为例，深究了乡镇环节的社区在中国社会中的重要性。另外，吴先生也特别重视做国际学术外交。为了让徒弟去他们身边拜师学艺，他派费孝通去伦敦政治经济学院，派林耀华去哈佛大学，派黄迪去芝加哥大学，推荐李安宅去加州大学伯克利分校。

九、社会学如何肩负多民族的历史文明进入新时代？

在燕大，"吴门"一面深入钻研"中国人文化"社会科学，一面在面对现代工业和都市文明冲击的乡村社区做实地研究，已无精力顾及边疆"部落社区"研究了。在同一个阶段，在蔡元培先生引领下，中央研究院及南方一些大学的民族学家们深入到边疆民族中去，做了许多文献和实地调查研究。[1]与他们相比，在边疆民族研究方面，当时"燕京学派"确实处于弱势。但此后，情况产生了不小改变。

1　何联奎:《蔡孑民先生对于民族学之贡献》，载蔡元培:《蔡元培民族学论著》，台北:中华书局1962年版，第1—19页。

1938 年夏，吴先生举家南下，加入抗战一方，进入西南区域。他在云南大学担任教授，并筹建社会学系，创办了"魁阁"实地调查工作站（燕大与云大合办）。不久费先生从英伦回国，到云大任教，接任了工作站负责工作，接续了吴先生的事业，带动了内地农村调查研究，也启动了多民族社区的研究。[1] 吴先生于 1940 年底到重庆，转任国民政府国防委员会，负责边疆、宗教和教育，兼任蒙藏委员会顾问，得到机会发挥其多民族国家观点的作用。他发表了名篇《边政学发凡》，从文化的边疆和政治的边疆两方面入手，揭示了边政学的丰富内涵。[2]

"中国应与整个欧洲来比，才能明了中国文化悠久的意义。"[3] 吴先生深信，"中国以民族协和而统一，欧洲以民族冲突而分裂"[4]，对边疆民族文化加以深入研究，价值超过中国的自我认识，有着重要的世界意义。

带着对中外民族与宗教问题的关切，此期间吴先生亲自去过印度和中国西北考察。如费先生回忆的，他"到了重庆后，又着手支持李安宅和林耀华在成都的燕大分校成立了一个社会学系和开展研究工作的据点，并适应当时和当地的条件，在'边政学'的名义下，展开对西南少数民族的社会学调查和研究"。[5] 李安宅先生从美国回国后，1938 年对藏地展开了深入的历史和民族志实地调查，对边政

1　潘乃谷、王铭铭编：《重归"魁阁"》，北京：社会科学文献出版社 2005 年版。

2　吴文藻：《边政学发凡》，载《吴文藻人类学社会学研究文集》，北京：民族出版社 1990 年版，第 263—281 页。

3　吴文藻：《边政学发凡》，载《吴文藻人类学社会学研究文集》，北京：民族出版社 1990 年版，第 273 页。

4　吴文藻：《边政学发凡》，载《吴文藻人类学社会学研究文集》，北京：民族出版社 1990 年版，第 273 页。

5　费孝通：《开风气，育人才》，《北京大学学报》（哲学社会科学版）1996 年第 1 期，第 17 页。

学做出了巨大贡献。"吴门四狗"之一的林耀华先生则于 1940 年代初起在凉山、康区、嘉绒等地考察边疆民族,写下了一系列堪称社会人类学式民族学典范的著述。此外,在吴先生建议下,还有陈永龄等去新疆边教书边做研究,李有义到拉萨研究政教合一制度。

战争告终之际,吴先生的社会学中国化思想已相继在东西部得以运用。此后,吴先生自己的学术生涯经历了一些起伏。他 1946 年赴日担任国民政府驻日代表,直到 1951 年秋才回京。他 1953 年到新成立的中央民族学院研究部工作。

研究部 1952 年成立,由费先生主持工作,主要成员是燕大和清华的社会学精英,若不是吴门弟子,便是他的挚友。吴先生在研究部担任教研室主任,与他的学生和挚友一道,作为主力,参与到"民族大调查"工作中去了。原本这给了社会学中国学派一个创造多民族国家社会学的机遇。遗憾的是,1957 年,未能迎来社会学的第二个春天,吴先生便与他的不少同仁被划成"右派"。他自己直到 1979 年才得以恢复名誉,重返学界,六年后不幸因病辞世。

在吴先生最后的日子里,他在中央民族学院指导了两届民族学研究生,并在助手的协助下,系统研究了战后英国功能派人类学及包括新进化论和结构主义在内的西方人类学理论变化。

吴先生逝世十年后,1995 年 10 月底,由费先生倡建的北京大学社会学人类学研究所举办十年所庆活动,费先生在讲话(该讲话两个月后整理成《开风气,育人才》发表)中明确表明,他创办的这个研究所为的是接续吴文藻先生开创的"改革社会学"事业,他坚信,这是社会科学的中国道路。

十年所庆,我刚从东南沿海乡村调查回京,参与了这个庆典,感慨万千。

记得 1980 年代后期，我在伦敦亚非学院图书馆看了不少前人著述。其中，汉学人类学家弗里德曼（Maurice Freedman）1960 年代初写的《社会人类学的中国时代》一文 [1]，给我留下的印象最深。文章既高度赞誉了这个学派开创的"时代"，又对其所运用的方法有所保留。与杰出的英国结构人类学家利奇一样 [2]，弗里德曼先生不相信通过在不同区域重复做社区研究能"堆积出一个中国来"。他主张将社会人类学视野转向作为宇宙观整体的中国上。[3]

必须承认，弗里德曼所做的工作极其重要，但必须指出，他为了展望西方人类学的中国学未来而对社会学中国学派提出的批评是片面的。他不了解吴先生早在 1926—1945 年之间已阐述过"整体中国"的观点。吴先生的中国是一个"多民族国家"，数千年来由生活在东西部的不同民族共同构成，其一体性是在纵横交错中生成的，既有政治文化的上下关系成分，又有不同"族性"的朝代用以筹边治边的横向文明关联智慧。这不同于弗里德曼先生的中国，后者仅限定在"汉"这个字特指的那部分，大体上说，是华夏礼俗背后的宇宙论体系。吴先生的中国是有其自身语文、历史、文明主体性的。这也不同于弗里德曼先生的中国，后者仅是一个被西方人类学家研究的对象。

我深信，吴先生的中国才是完整的中国，弗里德曼的不是。

然而，在中国社会科学界"参与观察"，我看到，四十年来，诸

---

1 Maurice Freedman, "A Chinese Phase in Social Anthropology", in *The Study of Chinese Society: Essays by Maurice Freedman*, William G. Skinner (ed.), Stanford: Stanford University Press, 1979, pp. 370–379.

2 Edmund Leach, *Social Anthropology*, Glasgow: Fontana Press, 1982, pp. 122–148.

3 Maurice Freedman, "On the Sociological Study of Chinese Religion", William G. Skinnerc (ed.), *The Study of Chinese Society*, Stanford: Standford University Pross, 1979, pp. 351–369.

学科是得以恢复和优化了，但出于吴先生在近一个世纪前早已揭示的原因，它们仍将一族一国模式这一"变态"视作"常情"。由于"思想界混淆"，社会科学主导学科的"中国形象"一直更像弗里德曼的那种民族单一、对象化的中国。

我认为，正是因为意识到问题的严重，1995年的费先生才在提出"中华民族多元一体格局"之说多年后，借助对吴先生的"饮水思源"，对晚辈们提出了他的劝说：在一个多民族的文明中展开社会科学研究，应要同时以这个文明为对象客体和认识主体，应要复原这个客体不同于单一民族国家的原貌，也应要借助它的原有智慧，结合民族学、社会学、人类学，突破"民族政邦"局限，在东西部同时展开研究，重新构建社会科学。

（本文曾发表于三联中读APP
《社会学看中国：开启现实问题的十把钥匙》精品课程）

从江村到禄村：青年费孝通的"心史"

大师到了他的耄耋之年，积累了丰厚的学术成就，著作等身，成为难以割裂的整体，与老者形象结合，给人误解，使人以为，是大师晚年创造了所有一切。费孝通先生的《江村经济》和《禄村农田》这两部名著，便总是使人想起这位大师晚年慈祥的面庞。著作固然是他老人家创作的；可我们切不可忘记，大师也有他的青春。生于1910年的费先生，完成这两部著作时，在"而立之年"前后，他还年轻。《江村经济》出版于1939年，那时，费先生才29岁；《禄村农田》出版于1943年，那时费先生才33岁。我宁愿说，是一位风华正茂的青年，以他的激情，回应了一个时代，以他的书写，留下了他的脚印。

不能因为《江村经济》是世界人类学的里程碑而否认，这本书的书写，在必然中有它的偶然。

1935年12月16日，大瑶山的向导若非失引，费先生便不会误踏捕虎陷阱；费先生若非误踏捕虎陷阱，王同惠便不会遇难于山涧；王同惠若非遇难于山涧，费先生便不会回家养伤；费先生若非回家养伤，《江村经济》一书的素材便不一定会那么快捷地"合成"一部厚重的书。

令人悲悯的偶然，与史诗般的事迹融合，成为后世传诵的故事，易于使人忘记去追寻一串偶然中蕴涵着的必然。

作为体系化地梳理乡土重建观点的著作，《江村经济》是初始

的。不过,《江村经济》,不是费先生观点的"原始"。他早已于 21
岁时始,对乡土社会之现代命运展开讨论。关于"乡村事业",1933
年,费先生已提出自己的观点;而即使是将我们的眼界缩小到缫丝
业,我们也能发现,1934 年,费先生早已在《大公报》发表过《复
兴丝业的先声》一文。[1]

在费先生才二十出头的年代里,功能主义虽已在吴文藻先生的
"导游"下闯入了他的视野,但在这位青年心中汹涌澎湃的,却是
"乡土事业"的中国经验。

不必讳言,《江村经济》的行文格式特别功能主义(著作完成于
伦敦政治经济学院,不可能不带有当时伦敦政治经济学院的色彩)。
但品味形式之下的内容,我们不难发现,这部质朴的"方志"(费先
生经常如此形容人类学描述),表露出费先生的学术探索的初衷。这
个初衷,是基于"在地经验"来提炼一种有助于"在地经验"之改
善的"在地知识"。这个"在地知识"并不复杂,它一样质朴地呈现
出文化变迁的"在地面貌"。

如何理解文化变迁的"在地面貌"? 梳理费先生与功能主义之
间存在的微妙差异是必要的。

为了抵制之前流行于西方学界的"进化论",功能派耗费大量精
力去批判它的"伪历史",在将"伪历史"放进历史的垃圾箱后,功
能主义自身,遭到了变迁的挑战。一个没有历史观念的理论,何以
解释 20 世纪变动的历史? 幸亏功能主义在抛弃前人的理论时,给传
播主义留了一点情面。也就是这一点情面,免去了功能主义的不少
尴尬。"土著文化"的变迁是怎么导致的? 重视研究文化的内核和坚

1　费孝通:《复兴丝业的先声》,《大公报》1934 年 5 月 10 日,引自《费孝通文集》第一卷,北京:
群言出版社 1999 年版,第 238—249 页。

固的外壳的功能主义者，在无法真正回答问题的情况下，诉诸传播主义，将任何文化的变迁，视作是由外来文化的输入引起的内部文化的改变。

如果说功能主义的文化变迁论是传播主义的，那么，我们便可以说，《江村经济》不是功能主义的篇章。费先生并不否认外来文化所可能起的作用。然而，他没有因为这一文化存在巨大冲击力而相信，历史的缔造者是功能主义者笔下的殖民英雄。《江村经济》一书着力叙述的引进外来技术的乡绅，仿佛与他导师马林诺夫斯基笔下的英国殖民地"酋长"可以比拟。然而，重点是二者之间的区别。"酋长"无非是被用来实施殖民地间接统治的"代表"，而乡绅那一群有着承继古老文明、发扬知识自主性的人，在面对强大的外来挑战时，既不忘本，又不排外，他们包括了费先生时常充满感恩之情地谈到的姐姐费达生。

在分析文化变迁的动力时，引入不同于"酋长"的中国乡绅概念，使费先生的《江村经济》成为一种不同于功能主义的现代化"内发论"。[1]"内发论"，是对变迁的一种解释，不同于功能主义继承的传播主义，它不主张"传播"这个概念所描绘的高级文化因素从文明中心向边缘的"扩散"（单向传播）。"内发论"注重的是发自内心的"变通"愿望，这更像是潘光旦先生的"位育"。

《江村经济》出版十年之后，1948 年，费先生发表《皇权与绅权》一书[2]中的几篇文章，讴歌士大夫精神。十年时间不短，但并没有改变费先生的初衷。要求士大夫对新社会的建设起关键作用，与

---

1 费孝通：《江村经济：中国农民的生活》，戴可景译，北京：商务印书馆 2001 年版。
2 费孝通、吴晗等：《皇权与绅权》，北京：生活·读书·新知三联书店 2013 年版。

关注乡绅对于乡土工业和文化变迁的贡献，前后连贯，体现出费先生对于现代化的"在地面貌"背后的"在地知识"的关怀。

海洋世界，及在其上航行的轮船，将《江村经济》与《禄村农田》连接起来，使之成为费先生乡土中国论述的两个前后贯通的阶段。1936年初，费先生在广州疗伤期间，写下《花篮瑶社会组织》（与王同惠合著）[1]，6月回江苏吴江修养，9月乘坐轮船，从上海去伦敦留学。可能是船上的日子漫长，费先生在上头完成了《江村经济》的初稿。参与伦敦政治经济学院的人类学席明纳，受到讨论风气的熏陶，在导师的指导下，费先生修订出他的博士论文，1938年春答辩，即准备踏上回归国难当头的中国的路。从伦敦到西贡，费先生与温州小商贩度过了难忘的日子；从西贡到昆明，他到底漫步了多少里程，当中的意味多么深长，却不易得知。费先生带着导师给他的《江村经济》五十英镑的序言稿酬一路走，10月抵达昆明，11月便去往禄村。如此匆忙，是为了去那里实现他的另一个宏愿，以一笔小钱，开辟中国人类学的一片新天地。

连接上海、伦敦、西贡的海洋，连接了费先生对乡土中国的种种思绪：是所谓"海洋帝国"的世界性，对于扎根乡土的"天下"的挑战，使费先生带着沉重的负担去旅行。这当中的偶然，也不乏可以猜测之处——比如，日本空军若非轰炸昆明，费先生的"魁阁时代"也就不会到来。一样地，偶然中的必然，也再度可以猜测——比如，在"魁阁社会学工作站"正式建立的1940年之前，费先生已在禄村开展起他的比较社会学研究。

在《乡土中国》[2]一书开始给人一种过于浓烈的泥土气息之前，

1　费孝通、王同惠：《花篮瑶社会组织》，南京：江苏人民出版社1988年版。

2　费孝通：《乡土中国》，北京：生活·读书·新知三联书店1985年版。

费先生理解的中国，是一个农业、手工业、小商品经济及新引进的工业的"多元一体格局"，其中，农业无非是一个"基本面貌"。然而，对费先生而言，相对纯粹的"被土地围绕的"[1]社区，代表着传统中国的经济，正是禄村农田，塑造着中国农民的形象。江村表露的是费先生对于较开放地区乡绅在现代化过程中的积极动向的肯定，而禄村则从借用现代经济学框架，在封闭的乡土寻找纯粹的可供比较的"类型"。在禄村这个"类型"中，土地的耕作不必与"当地人"有关系，土地的占有与耕作，象征地作为集体的外来"流动农民人口"与作为集体的"当地定居者"（禄村人）之间的二元对立统一结构。禄村人拥有土地，但他们多数不耕作，耕作者是从外地来的雇佣"流动农民人口"，他们散居在村落的边缘，耕作着围绕着禄村分布的土地。为了生存，"流动农民人口"的实践是理智的，如同功能主义者笔下的一般人民，"文化"对他们而言，是满足基本需要的工具。而禄村人则与他们不同，他们与"流动农民人口"之间的关系，有些接近剥削者与被剥削者之间的关系——他们能从后者的产出提取"剩余价值"。然而，他们与先进的资本家之间有重要的不同，那就是，他们的"剩余价值"不同于资本主义的剩余价值，因为这些"剩余价值"没有被用来再生产，而是在满足生活所需的基础上，大量投入于当地的"消暇活动"——诸如洞经会这样的地方性公共仪式活动。在这些活动中，费先生找到了相对于资本家而言的"非理性农民"，禄村农民将物力、财力、人力大量耗费在公共仪式活动上，所以，他们不是"先进性"的。也就是说，《禄村农田》[2]

1　Fei Hsiao-Tung and Chang Chih-I, *Earthbound China: A Study of the Rural Economy of Yunnan*, London: Routledge, 1949.

2　费孝通：《禄村农田》，北京：生活·读书·新知三联书店 2021 年版。

更像是对"道义经济"的研究——不过，这种经济体系当中外来的"流动农民人口"，更像是"理性农民"。

费先生对于经济学个体理性与农民的社会理性的比较，给人的印象是：作为朝气蓬勃的青年，他像是一位经济学家，在寻找中国出路的道路中，他对于现代经济模式的效率投去"遥远的目光"，对于近处的传统"消暇经济"，他保留着高度警惕。

恰是在这一点上，青年费孝通不同于英国人类学的一个重要局部。

在"魁阁时代"所指的阶段，英国人类学以牛津大学为中心，从法国年鉴派那里得到了启发，往社会学化的方向行进。到了《禄村农田》发表的那年，马林诺夫斯基的文化论，已不再是英国人类学舞台上的主角；取而代之的比较社会学这个主流，它激励学者在不同社会中寻找集体生活的形态。

从伦敦到昆明，费先生带着比较社会学的期待。然而，在将比较社会学改造成"农村经济类型比较"的过程中，费先生将社会人类学的新号召改造成了中国乡村经济学的思考前提。费先生并非从未在中国寻找法国年鉴派定义下的"社会"。《禄村农田》中的"消暇经济"，其实就是作为公共生活意义上的"社会"；而在费先生指导下展开"摆夷"（傣族）宗教社会学研究的田汝康先生，1946年发表其《芒市边民的摆》[1]，从费先生为之写的序言来看，费先生已受到了涂尔干社会理论的影响。[2]田汝康的研究，有更多尊重"消暇经济"的成分。"摆夷"节庆活动中人的此生，与融通于神灵世界中的来生之间的交换，是田先生关注的。从社会学层次上，这种与禄村的"消暇经济"内涵完全一致的仪式，一样的是非个体主义的。如同费先生，田

1　田汝康：《芒市边民的摆》，重庆：商务印书馆1946年版。

2　费孝通：《序》，载田汝康：《芒市边民的摆》，重庆：商务印书馆1946年版。

先生也关注比较，他从自己的研究中要得出的结论也还是：边民农村社区的基本观念形态，与资本主义的个体理性形成鲜明对照。无论是田先生的书，还是费先生序，对于这一非个体的社会理性，都灌注了不少热情。然而，他们对于非个体的社会理性和个体理性的比较研究，不同于年鉴学派和英国结构功能学派。在他们的眼中，非个体的社会理性，总是与进步的现代经济模式有那么大的不同。

将农民的社会理性与资本主义社会的（经济学）个体理性相比较，不是没有理由，比较的意图在于使新士大夫相信，农民的社会理性是"现代性的敌人"。

费先生而立之年前后的思考，牵扯到某种吊诡。费先生期待在中国涌现出来的，是现代个体理性。作为社会科学家的他，因而对"社会"这一概念，怀有深刻偏见。在诸如禄村之类的地方见识到的接近于"社会"的所有一切（特别是公共仪式活动），被叙述为"现代性的敌人"。矛盾的正是，费先生1930年至1949年间作品之总体，则有处处见到其理解、解释、复兴中国整体社会的强烈要求。

费先生的这个吊诡，也是中国社会科学乡村研究的吊诡。

即使是在时下理论界对于农村问题的讨论中，也同样存在严重的自相矛盾。一方面，大家对于以"大包干"为核心形式的"耕者有其田"或"农地私有化"制度抱有过高期待，以为这是彻底改变农村面貌的"灵丹妙药"。另一方面，有鉴于"改革"依赖乡土中国的"小农经济"，我们中又有不少人试图在西方社会理论的"团体主义"概念中寻找中国农村的出路。

"大包干"的事儿大家熟悉了。可什么是"团体主义"？

在痛恨"小农经济"的学者看来，"团体"两字的对立面，便是乡土中国的"一盘散沙局面"，而"一盘散沙局面"又暗含一种与现代化理论相关的问题；持"团体主义"观点的学者承认，乡民文化含有现代"理性经济人"的因素，但他们又强调指出，这种文化缺乏"团体精神"，带有浓厚的"个体主义"色彩，自身构成一种乡村现代化的障碍。

"新农村"需要什么样的"团体"？最近，理论界对此问题展开着比较激烈辩论。有些人认为，要建设"新农村"，就要借重具有深刻的"团体主义内涵"的东亚（日韩台）"农会模式"，协助农民建立他们自己的非农经济合作体，使他们能够积极、有效地应对都市对于乡村的侵袭。另一些人则针锋相对地认为，50多年来，农村已建立一套带有行政色彩的"共同体制度"，这一制度与有助于维持平等、消除不平等的"社会主义新传统"相联结，自身具备推进"新农村"建设的力量，因而，所谓"农会模式"，无非是"画蛇添足"罢了。

两种解释（方案）之间是对立的，不过，它们都出自对乡土中国文化模式的思考，其前提假设是：乡土中国既是"一盘散沙"，便不可能推动现代化；要"拯救（或重建）乡土"，我们只有两种外在选择——要么靠地方精英、工商机构、知识分子和民间组织的结合，自外而内地帮助农村创造他们"自己的团体"，要么依靠政府（特别是基层政权）的力量，行政和观念，双管齐下，自上而下地推行发展的新方略。

最近，主张用"团体主义"来拯救乡土的学者中有人认定，早在宋代，中国农村已广泛出现乡民的"个体主义""小农经济"，这种倾向发展到如此严重的地步，以至于也是从当时开始，儒家便已开始思索"改革农村"的方案。

"宋儒改革说"如能得到论证，那无疑就是一项重要的学术发现。然而，到底乡土中国是否像理论家说的那样长期停滞于"一盘散沙"的状态中？对此，学界并无共识。

可以猜想，在我落笔七十年前，费先生早已预见到了问题的严重。而对我们而言，更要紧的是怎么理解费先生：禄村围绕着庙宇等公共空间产生的聚合是不是"社会"？如果非得不是，那么，对于费先生而言，什么才是"社会"？

《禄村农田》表面上与《江村经济》形成对照，实际上二者前后连贯，都在论述费先生眼中作为进步力量的士大夫的历史创造力。在费先生看来，不是诸如禄村那样的"消暇农民"，而是具备士大夫气质的乡绅，才是历史的动力，因为只有他们能继承古代中国士大夫的进取心，能迎接一个古老文明面对的外来挑战。禄村的公共生活之所以不被他当成"社会"，原因得以明了：一个小地方的公共性，对于"大社会"的公共性而言，无非如同非洲努尔部落的"裂变"，充其量，只能是"一盘散沙"。可是，中国真正的公共生活又来自何处？我们只有在《皇权与绅权》[1]一书中才找得到答案——士绅作为黏合皇权与个体人民的化合剂，是"中国社会"得以形成和维持的关键要素（就这点看，无论是《江村经济》的"内发论"，还是《禄村农田》的"消暇经济"，都是《皇权与绅权》铺陈的知识分子社会学的"注脚"）。

青年费孝通如此思考，暮年的老先生依旧选择以"秀才"（北京大学教授）为自己的最后身份。

我们的想象世界，一直没有超脱他的"心史"。

（本文据 2006 年 11 月 5 日上午在江苏吴江宾馆"纪念费孝通先生江村经济研究 70 年学术研讨会"上的发言整理而成）

1　费孝通、吴晗等：《皇权与绅权》，北京：生活·读书·新知三联书店 2013 年版。

魁阁的过客

　　云南呈贡县魁星阁,从未被列入国家名胜的目录,这座完全谈不上宏伟的古阁,本身的名气小,到访的游人也少。而魁星阁是什么时候建的?经历了多少历史沧桑?史书中更没有详细的说明。

　　二十三年前(2000年7月),我随一队与西南联大有关的前辈参观了那座古阁。魁星阁,简称"魁阁",建筑为叠起的小三层,从大门进去,通过木梯上下连接,其形制显然是传统建筑亭、台、楼、阁等类中的一种。进了庙,出于习惯我先寻找过去留下的石碑旧记。没有让我失望,一入魁星阁的庙门,我看到一方石刻,当时我花了几分钟抄写。翻开还留在书房的那张供抄字的纸条,上面还留有石刻雕琢的年代"民国癸亥年三月朔日"及落款"阖村士庶"。至于其他文字,我则没有全部记下,纸条上留下的只有:"奎也者,文明之瑞气也,非神也。奎者,文星也,亦非二十八宿之奎木……"

　　阁为供奉魁星所建,碑文题目为"重修太古城魁阁记"。既是重修,则呈贡有魁星阁,当是民国以前的事了。魁星阁里的魁星塑像已不存,因而我不能一睹神灵的面目。魁星是什么?明末清初大文人顾炎武在《日知录》卷三十二中说到"魁",指出这一崇拜的大致来历是:"以奎为文章之府,故立庙祀之。乃不能象奎,而改奎为象'魁'。又不能象魁,而取之字形,为鬼举足,而起其斗。不知奎为北方玄武起宿之一。魁为北斗第一星,所主不同,而二字之音

亦异。今以文而祀，乃不于奎而于魁……"¹ 对魁星的信仰，顾炎武
也说"不知始于何年"，只在多线性的考据中隐含了自己的观点。他
认为，古代中国的"文章之府"，有一个从"不能象"而借"北斗第
一星"来象征文祀对象的过程。旧时的学宫多奉祀魁星，它的形象
如鬼，蓝面青发，世人却以之为主文运之神，向它祈求科举的成功，
考中也要来向魁星道谢。旧时人"以奎为文章之府"。如果说孔圣人
是旧时代"大传统"的守护者，那么，魁星的信仰，便可以说是地
方民间的士绅以至底层社会对于进入"大传统"的通道；而魁星既
主宰天下的文章，它的庙堂便是乡绅以至士大夫的汇合所了。

　　古时候进入魁星阁的人数有多少，其实情今天已不能完整把握。
不过，也许我们可以抽象地说，那个时代来魁星阁的人，正好可以
从这个县里求功名的人数与他们家族其他成员的人数相加得出。后
来是不是还有百姓来这里为子女升学求签拜神的？我们一行来到魁
星阁，没有带着进行追究这个问题的答案的任务。可以想见，在魁
星面前求功名的仪式，早已在科举制度取消的近百年前开始，逐步
失去了它的吸引力，过去魁星在"大小传统"之间起的纽带作用，
也已成往事。民国呈贡魁星阁的碑文，说这座楼阁里奉祀的并非神，
而是"文明之瑞气"。将"文章"改成"文明"，其中经历的文化变
迁，需要更多的人来研究。我隐约感到，要加以分析，便要关注这
中间科举制度的废除这关键一环。

　　我们既不是一般的游客，去魁星阁便有自己的目的。在过去的
一些年里，大家不约而同地关心起魁星阁来。我们选择这个机会到
那里去，不是因为关心这座古阁自身的遗产价值，而是因为这座开

1　顾炎武：《日知录》，黄汝成集释，长沙：岳麓书社 1994 年版，第 1155 页。

始被混乱的、披上白色瓷砖外衣的"现代"楼房包围的古阁，隐藏着值得我们寻觅的历史踪影，讲述着魁星被"文明"这个概念浸染之后，现代中国学术史中一个还没有书写完整的篇章。

　　故事总有个开端，1930年代，士大夫的阶级地位经鸦片战争后内外夹击而下降，古代士人的现代变种——知识分子，开始有了"自上而下"莅临呈贡魁星阁的案例。不知道历史学家是否曾在更早的时候来魁星阁抄写碑记，建筑学家是否来这里考察过这座古代建筑的美学风格，只知道在三十年代中期，这里迎来了两三拨人类学家和社会学家。第一拨，是一对年轻的夫妇。1934年，曾在德国柏林大学和汉堡大学学习人类学的陶云逵博士归国，在南京中央研究院历史语言研究所任编辑员，后来这位人类学家在南开大学任教，在云南从事少数民族体质与文化的人类学田野工作。不知道具体是哪天，陶先生发现了呈贡的魁星阁，看到这座四面八角挑檐的阁亭，在周边绿色的松林和农田的围绕下，亭亭玉立。充满浪漫激情的陶先生，决定引领喜爱钢琴的新婚妻子来这里度蜜月。婚后，陶先生夫妇时常住在魁星阁，而文献也表明，后来"隐居"魁星阁的陶先生被逃离昆明的社会学家费孝通先生寻见，他们在这座小小的阁亭里的碰面和共事，留下了一段美好的记忆。

　　我们到访魁星阁的那天，费孝通先生也正好于清晨来到这里。年事已高的他，受到"沉重的肉身"的拖累，但一到魁星阁却满堆笑容，东张西望，谈笑间露出的依旧是精神的青春，给人的印象，是魁星阁的记忆，给了他无尽的乐趣与力量。我们一行中的潘乃谷老师，于访问魁星阁后发表了一篇长文[1]，其中谈到了费先生等前辈

1　潘乃谷：《抗战时期云南的省校合作与社会学人类学研究》，《云南民族学院学报》2001年第5期，第78—82页。

的一段重要的往事，使我们更清晰地了解到，费先生在魁星阁之所以如此愉快的因由。

抗日战争爆发后，燕京大学社会学家、费孝通的老师吴文藻先生到云南大学担任由中英庚款在该校设置的社会人类学讲座课程和研究工作。吴先生 1939 年后创设社会学系，并任系主任和文学院院长。在云南，吴先生进一步倡导注重实地社区研究的精神。同年，受燕京大学委托在昆明建立了燕京大学和云南大学合作的社会学研究室。从 1939 年到 1941 年，费孝通接受了管理中英庚款董事会科学工作人员的微薄津贴，以云南大学教授的名义，主持社会学研究室的工作。1940 年，日军战机对昆明实行日益频繁的轰炸，这个社会学研究室被迫迁出昆明，疏散到位于昆明附近的呈贡县农村里。有一天，空袭警报突发，吴文藻与时任云南大学教授、西南联大兼职教授的费孝通跑上三台山。在三台山上，远望四周，吴先生告诉费先生说，呈贡的城外，有座古庙，叫魁星阁，里面有人类学家陶云逵居住。早在 1934 年已在清华研究院结识陶云逵的费孝通，后来决定租下魁星阁，将这里当成社会学研究室的实地调查基地。"魁阁"社会学的工作基地，从 1940 年到 1945 年，存在了共六年。在那六年里，艰苦的生活有时让费孝通觉得喘不过气来，但后来这却常勾起他的美好回忆。

我们现在看到的魁星阁，没有经过多少维修。而站在这座老旧的阁亭内外，也可以感知有社会学工作站时，魁星阁已不是什么舒适的居所。据说，那时作为建筑主要构件的木板，已松动得如此厉害，以至于风吹都能造成激烈和晃动和声响。即便是这样，在抗战时期艰苦的条件下，这一民间的"祭祀公业"仍然不失为知识分子集中的好去处。在陶云逵的帮助下，费孝通将工作站搬进那里。这座十分陈旧的阁亭，上下三层各有了自己的用途：一楼供工作站成员们做饭；二楼摆着三四张办公桌，是他们读书和讨论的地方；三楼是宿舍。据当时访问过魁星阁的费正清（John King Fairbank）太太费慰梅（Wilma）的记述，那时的顶层还保留着一尊"木佛"，二层还有三个书架，装满书籍和文稿，费孝通有时也在这里召集会议。[1] 这以后的四年里，魁阁工作站的成员，共有十多人，除了费孝通和陶云逵外，还有田汝康、张之毅、史国衡、谷苞、许烺光、李有义、胡庆钧等。

　　上面提到的陶云逵，自 1939 年在西南联大任教，在这批实地调查工作者当中，是最早居住在魁星阁的。抗战时期，他在云南修建石屏至佛海的省内铁路（石佛铁路），约请南开大学文科研究所边疆人文研究室为筑路提供沿线的经济、社会、人种、风俗、语言、地理环境等方面的资料。接受了研究项目，陶云逵领导一批年轻学子经玉溪、峨山、新平、元江，对沿途的哈尼、彝、傣等民族进行人类学调查，绘制出当地的语言分布图，撰写语言手册及社会经济调查报告。陶云逵田野工作的足迹，遍及滇南、滇西，展开了规范的体质人类学测量，获得数千个体质人类学个体测量数据，拍摄了大量照片，作为西南边疆人文研究的先行者，著述丰富，包括《云南摆夷族在历史上及现代与政府之关系》《西南部之鸡骨卜》《大寨黑夷之宗教与图腾制》等。陶云逵把全身心头投入于研究工作中，终因贫困和积劳成疾，仅四十岁即于 1944 年 1 月 29 日逝世，那时魁星阁的社会学工作站也接近了生命史的尾声。

　　相比陶云逵独立的课题研究，费孝通引领的"魁阁社会学工作

1　戴维·阿古什：《费孝通传》，北京：时事出版社 1985 年版。

站"（有时简称"魁阁"），更明显地带有某种我们今天称之为"团队精神"的东西。我们一行中，专门研究过西南联大时期知识分子史的谢泳，此前曾专门撰文提出，"魁阁"象征的"大体可以说是早期中国现代学术集团的一个雏形"。[1] 既是"现代学术集团"，它便与西学东渐有关。关于这一点，在《云南三村》序言中，费孝通说到"魁阁的学风"时承认：

> 魁阁的学风是从伦敦经济学院人类学系传来的，采取理论和实际密切结合的原则，每个研究人员都有自己的专题，到选定的社区里去进行实地调查，然后在"席明纳"里进行集体讨论，个人负责编写论文。这种做研究工作的办法确能发挥个人的创造性和得到集体讨论的启发，效果是显然的。[2]

将这一小小的研究与讨论团体形容成"集团"，恐怕有点言过其实。不过，要说围绕着"魁阁"中国的社会学和人类学的某个局部曾形成过一个接近于"磁场"的学术小群体，却应当说是妥帖的。到访过"魁阁"的美国著名中国学学者费正清说道，"费孝通是头儿和灵魂，他……似乎有把朝气蓬勃的青年吸收到他周围的天才。……他的创造性头脑，热情、好激动的性格，鼓舞和开导他们，这是显而易见的。反过来，他们同志友爱的热情，生气蓬勃的讨论，证实了他们对他的信任与爱戴"。[3] 以魁星阁为中心，曾形成一个"出行"与"会集"的时空场。这个场有一个相对固定的活动节奏，即实地

1　谢泳：《逝去的年代》，北京：文化艺术出版社1999年版。

2　费孝通：《逝者如斯》，苏州：苏州大学出版社1993年版，第189页。

3　戴维·阿古什：《费孝通传》，北京：时事出版社1985年版，第79页。

调查—学术讨论—实地调查。在上面的引文中，费孝通自己说，"魁阁"这一学术空间，代表一种学风，这个学风是从伦敦政治经济学院传来的。对伦敦经济学院人类学系的席明纳制度，费孝通已多次提到，它与其他学科的"席明纳"大体是一致的，而这个系的"席明纳"也有自己浓厚的特征，即强调讨论时针对实地田野工作的资料进行，强调师生之间在田野工作所获资料和知识面前的平等关系。而在营造魁阁的学术氛围时，费孝通基本也是依照这两个方面的特征来展开工作的。

作为多数"魁阁"研究人员的"师傅"，费孝通在对学术晚辈的"传、帮、带"中耗费的精力，与他在伦敦政治经济学院的老师马林诺夫斯基相比，有过之而无不及。"魁阁"的研究人员，大多是费孝通的晚辈。从清华大学社会学系毕业的张之毅，自愿报名参加他主持的社会学研究室；在他的带头下，陆续加盟的还有史国衡、田汝康、谷苞、张宗颖、胡庆钧等。费孝通与他自己的年轻伙伴之间，有"师徒"关系的性质。招纳这些新一代学者，费孝通的目的是"培养新手"，而用他自己的说法，培养的办法是"亲自带着走，亲自带着看"。张之毅参加研究室后上的第一课是跟费孝通下乡，去禄丰县进行社会调查，他们在这个地方一起生活和工作，"随时随地提问题"，进行讨论。"魁阁"时期，他们还进行了玉村的调查，这个村庄离"魁阁"较近，调查后写的报告在"魁阁"的"席明纳"讨论过。[1] 在"魁阁"，费孝通给自己的定位是"魁阁的总助手"，召集讨论，帮研究人员写作，甚至帮助他们抄钢笔板和油印。[2]

1　费孝通：《逝者如斯》，苏州：苏州大学出版社 1993 年版，第 189—190 页。

2　费孝通：《乡土中国》，北京：生活·读书·新知三联书店 1985 年版，第 90 页。

在费孝通的心目中，"魁阁"的存在，与他在伦敦政治经济学院人类学系浸染出来的"席明纳"气质有关。但是，"魁阁"的成立决非简单为了推崇英伦学风。在这里生活和展开学术研究的学者，来自不同学派，特别是在费孝通与陶云逵这两个成熟的学者之间，学派的差异是鲜明的。二人的训练都是欧洲人类学，但陶云逵在德国学习，费孝通在英国学习，前者注重文化与历史的研究，后者注重现实社会的功能和结构。因师承不同，二人间时常发生争论，但相互之间都从争论中获得了深刻的教益。在"魁阁"的同人中，这样的学术讨论是家常便饭，而作为工作主持人的费孝通也特别注重创造一个学术观点上兼收并蓄的团体。[1]"魁阁"研究成员许烺光先生在海外学成后，受费孝通的邀请到云南大学工作，加入了"魁阁"工作站。在许先生的眼里，陶云逵是一个"老派的同事"，而陶云逵又不同意他的学术观点和做法，两人之间时常吵架。对于他们二人的不同人类学观点，费孝通也不能说就都认同。但他总是表示许先生的研究值得欣赏。[2]因陶与许之间的关系难处，后来许决定辞去云南大学的工作，前往华中大学任教。在那里任教一年后，又得到费孝通的热情邀约，回到魁阁。

有着巨大学术创造力的费孝通，为何要花这么多心血来一面鼓励、帮助晚辈成长，一面在同辈学者之间充当"和事佬"？人们也许难以理解这一"矛盾的统一"，而我相信，在"魁阁"营造一个新式的学术团体这份心情，正是解释这一问题的答案。与这点有关，费孝通曾自信地说，那种同时注重"发挥个人的创造性和得到集体

---

1 张冠生：《费孝通传》，北京：群言出版社2000年版，第185页。
2 Francis Hsu, *My Life as a Marginal Man*, Taipei: SMC Publishing, 1999, pp. 103–104.

讨论的启发"的做法，效果是显然的，在这当中"生产"出来的"产品"，也是"经得起后来人的考核的"。[1]"魁阁"的成员，研究的侧重点各有不同，合起来形成了对农村经济生活、基层社区、少数民族历史与文化、城乡关系、农村与工厂之间的关系等现实问题的深入探讨，其中如费孝通的《禄村农田》、史国衡的《昆厂劳工》、谷苞的《化城镇的基层行政》、张之毅的《易村手工业》《玉村农业和商业的研究》及《洱村小农经济的研究》、田汝康的《芒市边民的摆》和《内地女工》，胡庆钧的《呈贡基层权力结构的研究》等，是其主要成果。1943 年，费孝通访美时，据禄村、易村和玉村的调查，编译出 *Earthbound China*（《被土地束缚的中国》）一书，1945年由芝加哥大学出版（中文版 1990 年由天津人民出版社出版，改名《云南三村》）。基于那个时期对中国社会结构的思考，又于 1940 年代后期出版《乡土中国》，于 1953 年出版 *China's Gentry*（《中国士绅》）等作品。曾在"魁阁"工作站工作的人类学家许烺光，则于1948 年发表 *Under the Ancestors' Shadow*（《祖荫下》）一书。这些作品在我们今天来看，是经典，但绝对还没有成为过去，我甚至认为，它们含有的思想与资料深度，为今人所可望而不可及。

　　1950 年开始在伦敦政治经济学院人类学任教的著名汉学人类学家弗里德曼，曾撰文说他自己不同意费孝通在云南所做的"类型比较"的工作，说通过零散的类型比较堆砌不出一个整体的中国来。[2]可是，正是这位高傲的英国人类学家在他一生的教学工作中，不断地与他的学生说，费孝通的《江村经济》、林耀华的《金翼》及"魁

1　费孝通：《逝者如斯》，苏州：苏州大学出版社 1993 年版，第 189 页。

2　Maurice Freedman, "A Chinese Phase in Social Anthropology", *British Journal of Sociology*, 1963, Vol. 14: 1, pp. 1–19.

阁"期间那批中国人类学的田野工作者的作品（如许烺光的《祖荫下》和田汝康的《芒市边民的摆》），是研习汉学人类学的基本读物。后人评说过往了的"魁阁社会学"，也许会模仿弗里德曼说，从这里走出来的学者，终其各自的研究生涯，并未如人们所愿望实现的那样，在实地调查的社区中与历史的想象中构筑出一个"多元一体"的文化中国来。然而，也正是魁阁那一焦聚于乡土社会的研究风范，让诸如《生育制度》《乡土中国》《中国士绅》这样的理论著作，奠基于深刻的深入的人类学实地研究成果之上，对后人理解中国社会结构的"上下关系"、差序格局及士大夫的中间纽带，产生了重要的启发。

在多年后，站在呈贡魁星阁的门前，想象这座破旧了的亭阁目睹的历史，能体会到其中的辛酸，也能洞悉它的动荡。而将魁星阁想象为一个容器，我们或能说，这一容器在它的"生命史"中曾经容纳了不同人群。除了可能存在的庙公和地方祭祀公业的管理群体之外，受魁星护佑天下文章的灵性吸引来的求功名的士绅与乡民，曾是历史上的主要访客。

在西南联大的八年中，有六年这座陈旧的庙堂为一小批脱胎于士绅的知识分子所"占据"。他们不再在魁星老爷面前行跪拜之礼，也不再企求从他老人家那里获得"文运"的保佑。这批年轻的学子，是被日本军队的炸弹逼出昆明城来的，他们离开自己的大学，不得已的一面所占的份额为大。然而，"不得已"三个字后面却隐藏着另一种重要可能：被迫躲藏于乡间的日子里，这批来自中国最高学府的学子在魁星老爷那里重新寻见了书院的精神。像古时的书院那样，这时的魁星阁处于"山水间"，使它容纳的人能在自然界里领悟社会的文化脉络，使那批曾经居住在这里的人们能在一段足够长的时间里，分离于已丧失了书院风度的近代大学之外，重新回归到文化的土壤里，将自己浸染的"山水间"，在乡土中国思考我们生活的基本特质与人文关系。

曾几何时，在魁星阁内部，在这老亭阁的二层上摆放的办公桌周边，新一代的"士人"辩论着他们关注的问题。从后来发表的文章看，他们讨论得最多的，是乡土中国生活方式的多样性，是小农经济、手工业、商品经济的并存，是近代化引起的乡土社会的"工厂化"问题，是"士绅"在过去的日子里在社会结构中处的位置及在近代化中当扮演的角色。更难能可贵的是，除了费孝通那些著名的"从实求知"实践外，在诸如田汝康对"摆夷人"（傣族）的"做摆"的礼仪人类学研究中，这些新一代的知识分子开始接触到了"古代社会"对于现代"物质主义"的潜在反讽。[1]在魁星阁提供的空间里，这批青春的知识分子思想如此"自由"，以至于今天仍然有学者将他们列为"中国自由知识分子"的典范，对他们后来的命运产生"逝者如斯"的感叹。[2]

然而，如果人们理解的"自由"，是指在思想的实践中完全脱离于自己的文化传统，那就不适合魁星阁的这批过客了。当我们说学术史意义上的"魁阁"，是伦敦政治经济学院人类学派蔚然成风的日子里，中国学界主动学习西方文化的结晶，我们同时应当记得，这个意义上的"魁阁"，除了带有书院色彩以外，还是明清文人结社传统的某种延续。明清的内外交困时期，往往与文人结社和中国人文思想最活跃的时期相重叠。在日本飞机的炮轰下，在政统压倒道统却无法抵御"犬羊小国"的冲撞的时代里，魁星阁的这二三拨青

1　田汝康：《芒市边民的摆》，重庆：商务印书馆 1946 年版。

2　谢泳：《逝去的年代》，北京：文化艺术出版社 1999 年版。

年的过客，一样地结成了他们自己的社团，言说着自己的论点，或"以清议格天下"，或以"理会"学问，而"明人心本然之善"（比如明代最后的大儒刘宗周所欲为）。

所以，"魁阁"表达的，与伦敦政治经济学院人类学"席明纳"还是有所不同。为伦敦政治经济学院的同事们所不知，在离开"魁阁"的日子里，费孝通已下决心"多读一点中国历史，而且希望能和实地研究的材料连串配合起来，纠正认为功能主义轻视历史的说法"。[1] 从这一思考延伸出来的，是一场围绕"皇权"与"绅权"的热烈讨论。在发表了的言论中，我们找到了为传统知识分子寻求重新定位的努力。从一个学科化的传统里脱胎出来，重新寻觅于"山水间"，费孝通曾有感而发，对中国的"绅权"展开了深入的历史探讨。在费孝通看来，传统中国的知识分子之"知"，指的主要是"懂得道理"，他们的威权来自人伦规范，他们的身份认同与文字结下了不解之缘。近代中国知识分子并不是不知道西方也有"精神文明"的。可是，可能是历史命运使然，世界格局的变化使他们转变为一批"继承着传统知识阶级的社会地位"的"在上者"，却因只关心"实用的技术知识"，而"没有适合于现在社会的规范知识"的"不健全"的人。他在《皇权与绅权》中这样大胆地质问过："不健全的人物去领导中国的变迁，怎能不成为盲人骑瞎马？"[2] 也许是为了寻回"健全的人物"，也许是为了在知识分子社团的重新建设中，以魁星阁为工作生活场所的早期中国实地社会研究者，才如此沉醉于他们的学术研究中。

---

1 费孝通:《费孝通文集》第五卷，北京：群言出版社1999年版，第500页。
2 费孝通:《费孝通文集》第五卷，北京：群言出版社1999年版，第484页。

在矗立于乡土社会中不知道有多少个春秋的魁星阁面前，魁阁社会学工作站的成员们无非是匆匆的过客。然而，与他们同时出访于"山水间"的人类学家可谓多矣。来自大学的田野工作者，不止有陶云逵和费孝通，也不止有他们的同伴，当时从中央大学（重庆）、华西协和大学（成都）、大夏大学（贵阳）等校园走出来的人类学家、语言学家、历史学家和社会学家，足迹遍及整个中国的大西南，是人类学学科思想和实践领域中"西部探索"的早期实践者。被迫离开原有校园的中山大学、厦门大学等校，也"逼"出了一批批融入"山水间"的学术青年来。六十多年前同事间的学科式"结社"，自然也有它的时代性（值得注意的是，现代学科建设运动与日本侵华，竟同时充当这个时代性的重要组成部分）。那一批批老一辈，没有因丧失谦逊之心，而将自己与清初文人结社的"塔尖人物"顾炎武、黄宗羲、王夫之相提并论。然而，站在魁星阁的三层，从狭隘的木窗眺望远去的乡土，我却不禁想说，在两个时代趋近的地方，前人为今日学风之开启留下了一份不可多得的启发与激励；也正因为此，"魁阁"这个名字应当被载入史册，"魁阁精神"应当引起当今"大学建设者们"的重视。

（本文发表于《读书》2004 年第 2 期）

鸡足山与凉山

1943 年初，费孝通与其师潘光旦赴大理讲学，有次攀登闻名遐迩的鸡足山，留下了名篇《鸡足朝山记》，优美散文中暗藏着以下一段关于历史与神话之别的尖锐说法：

> 我总怀疑自己血液里太缺乏对历史的虔诚，因为我太贪听神话。美和真似乎不是孪生的，现实多少带着一些丑相，于是人创造了神话。神话是美的传说，并不一定是真的历史。我追慕希腊，因为它是个充满着神话的民族，我虽则也喜欢英国，但总嫌它过分着实了一些。我们中国呢，也许是太老大了，对于幻想，对于神话，大概是已经遗忘了。何况近百年来考据之学披靡一时，连仅存的一些孟姜女寻夫，大禹治水等不太荒诞的故事也都历史化了。礼失求之野，除了边地，我们哪里还有动人的神话？[1]

费孝通是个幽默的人，他自嘲说，"我爱好神话也许有一部分原因是出于我本性的懒散。因为转述神话时可以不必过分认真，正不妨顺着自己的好恶，加以填补和剪裁。本来不在求实，依误传误，亦不致引人指责。神话之所以比历史更传播得广，也就靠这缺点"[2]。

1　费孝通：《芳草茵茵——田野笔记选录》，济南：山东画报出版社 1999 年版，第 135 页。
2　费孝通：《芳草茵茵——田野笔记选录》，济南：山东画报出版社 1999 年版，第 135 页。

希腊的神话，英国的实利主义，中国的历史，三个形象跃然纸上，而费孝通此处对神话显露出时常不怎么爱流露的热爱。也正是因其对神话的热爱，在鸡足山上，他对自身此前的社会科学生涯展开了反思："礼失求之野，除了边地，我们哪里还有动人的神话？"其时的费孝通决心已下，想在西陲"大干一场"（这是2003年某月某日他私下告诉我的原话）。

费孝通还别有一番心绪：

> 若是我敢于分析自己对于鸡山所生的那种不满之感，不难找到在心底原是存着那一点对现代文化的畏惧，多少在想逃避。拖了这几年的雪橇，自以为已尝过了工作的鞭子，苛刻的报酬，深夜里，双耳在转动，哪里有我的野性在呼唤？也许，我这样自己和自己很秘密地说，在深山名寺里，人间的烦恼会失去它的威力，淡朴到没有了名利，自可不必在人前装点姿态，反正已不在台前，何须再顾及观众的喝彩。不去文化，人性难绝。拈花微笑，岂不就在此谛？
>
> 我这一点愚妄被这老妪的长命鸡一声啼醒。[1]

用佛教的意境去反省自身，作为现代文化传播者的社会科学家，费孝通透露了他暗藏的真诚。

1943年，费孝通的"魁阁"时代已过去，而此后数年，鸡足朝山时他表露的反思，却似又未产生太大影响，他继续书写了大量乡土研究之作，同时，也穿行于英美著名大学的校园里。

1　费孝通：《芳草茵茵——田野笔记选录》，济南：山东画报出版社1999年版，第141页。

也是在 1943 年，他曾经的同学林耀华借暑假带领考察队进入川、康、滇偏僻的大小凉山地区，耗时八十七天，在彝区穿行，四年之后，写出了名篇《凉山彝家》。林耀华的著作，是民族志式的，但被其民族志式的书写包括进去的内容，却来自一次"探险式"穿越，这次调查的空间跨度，就连时下人类学家为了自我表扬而设的"多点民族志"都比不上。

为了维持民族志式的文本的科学性，《凉山彝家》一书文字不能与费孝通的《鸡足朝山记》媲美。然而，其简朴练达，却实为一种"内涵美"。

《凉山彝家》一书最诱人的部分，是关于"冤家"的那篇。如其所说，"任何人进入彝区，没有不感觉到彝人冤家打杀的普遍现象。冤家的大小恒视敌对群体的大小而定，有家族与家族之间的冤家，有氏族村落间的冤家，也有氏族支系间的冤家。凉山彝家没有一支完全和睦敦邻，不受四围冤家的牵制"[1]。凉山彝人结冤家的原因很复杂；有的属于"旧冤家"，怨恨由先辈结成，祖传于父，父传于子，子又传于孙，经数代或延长数十代，累世互相仇杀，不能和解[2]；有的是"新冤家"。而无论新旧，冤家的形成背后有一个社会原理。在彝人当中，杀人必须偿命，如杀人者不赔偿，被杀者的血族即诉诸武力，杀人的团体团结抵抗，引起两族的血斗，渐渐扩大成为族支间的仇杀报复。[3]另外，娃子跑到另一家，也会引起两族仇怨，妇女遭受夫族虐待，回家哭诉，引起同情，母族则会倾族出动，为其申冤。[4]打冤家属于社会整体现象，"并非单纯的战争或政治，也不是

1　林耀华：《凉山彝家的巨变》，北京：商务印书馆 1995 年版，第 81 页。

2　林耀华：《凉山彝家的巨变》，北京：商务印书馆 1995 年版，第 81 页。

3　林耀华：《凉山彝家的巨变》，北京：商务印书馆 1995 年版，第 82 页。

4　林耀华：《凉山彝家的巨变》，北京：商务印书馆 1995 年版，第 82 页

单纯的经济或法律，罗罗文化的重要枢纽，生活各方面都是互相错综互相关系的连锁，无论生活上哪一点震动，都必影响社会全局"[1]。这牵扯到彝人的内外有别社会观："彝人在氏族亲属之内，勉励团结一致，共负集体的责任，因此族人不打冤家，若杀害族人，必须抵偿性命。若就族外关系而言，打冤家却是社会生活的一个重要机构，因有打冤家的战争模式，历代相沿，青年男子始则学习武艺，继之组成远征队，出击仇人冤家或半路劫掠，至杀人愈多或劫掠愈甚之时，声明愈显著，地位亦增高，渐渐获得保头名目，而为政治上的领袖。"[2]也便是说，冤家须在氏族亲属范围之外，与这个"外"（冤家）打斗，是氏族"内"团结促成的机制，而彝人首领，也是在这个内外"冤家"关系中形成的，其对外的"暴力"程度高低，决定其对内的受承认程度高低。

听来，打冤家是令人生畏的"械斗"，而在彝人当中，这种行动，却具有高度的礼仪色彩。这种常被当作"战争"来研究的现象，如同仪式那样，分准备阶段、展示阶段、结束阶段。出征以前，勇士先要佩戴护身符，取些许小羊的毛，或虎须，或野人的头发，请毕摩念经画符，缝入贴身的衣服之内，隔离女色，此后，便相信它有二十一天"保护期"。[3]临近出征，还得占卜，占卜方式有木卜、骨卜、打鸡、杀猪等。战争胜负，不被认为与双方军事势力大小或战士的勇敢程度高低有关，而被认为是由神冥冥之中安排的。若是大型的打冤家，则牵涉到不同氏族的联盟，各族壮士还得举办联合盟誓之礼。展示阶段，也富有戏剧色彩。偷袭，是彝人战争的作风。

1　林耀华：《凉山彝家》，北京：商务印书馆1995年版，第89页。

2　林耀华：《凉山彝家》，北京：商务印书馆1995年版，第89页。

3　林耀华：《凉山彝家》，北京：商务印书馆1995年版，第84页。

战争不以彻底征服对方为宗旨，"彝人的战争，多不持久，往往死伤一二人多至三五人即行退却或暂时停止"[1]。这种"战争"，似与我们常识中的战争有巨大差别，它的理念不是死而是生，如林耀华所说，"罗罗不重杀戮，视人命很宝贵"[2]。更有兴味的是，打冤家程式中，常还包括一种另类展示：

> 当年罗罗械斗的时候，有黑彝妇女盛装出场，立于两方对阵之中，用以劝告两方停战和议。这等妇女多与双方都有亲属的关系，好比一方为母族，一方为夫族。彝例妇女出场，两方必皆罢兵，如果坚欲一战，妇女则脱裙裸体，羞辱自杀，这么一来，更将牵动亲属族支，扩大冤家的范围，争斗或至不可收拾的地步……[3]

议和是终止冤家关系的手段。而这种手段，也全然沉浸于当地社会关系体系中，亲戚与朋友，是议和的中间人。而要谈和，条件还是人命这种价值昂贵的东西。冤家的结怨，本已与人命有关，一个氏族中一人遭杀，等于是本族丧失了一份财产，如同娃子被抢到别的氏族里去一般。同样地，对于女性的伤害，也是对于人命这种财产的完整性的伤害。而要解冤家，一样也要进行以命抵命的交易。"冤家争斗如经几度抢杀，到和解之日即可用人命对抵。黑彝抵偿黑彝，白彝抵偿白彝，无法抵偿的人命，则出命价赔偿。"[4]

1　林耀华：《凉山彝家》，北京：商务印书馆1995年版，第86页。

2　林耀华：《凉山彝家》，北京：商务印书馆1995年版，第86页。

3　林耀华：《凉山彝家》，北京：商务印书馆1995年版，第86页。

4　林耀华：《凉山彝家》，北京：商务印书馆1995年版，第88页。

直到 1949 年，列维-斯特劳斯（Claude Lévi-Strauss）才开始基于汉学家葛兰言（Marcel Granet）的理论延伸出结构论。其时，中国人类学家们已无暇顾及海外人类学的巨变，此前数年，"东洋帝国"的入侵，又使他们沉浸于国族捍卫当中。也因此，毫不可怪地，林耀华分析彝人战争，只能固守拉德克利夫-布朗从涂尔干那里学来的"整体社会观"。[1] 然而，作为一个有高度知识良知的学者，他却充分尊重见闻中的事实，而在"冤家"这个章节里，竟为我们提供了论证结构论交换之说所需要的证据。

关于彝人的"战争"，林耀华的多数信息，是受访人说的故事。如其所言，20 世纪初，因新武器引进，富有礼仪色彩的"战争"，已渐渐减少。我不以为故事与"事实"毫无关联，林耀华能将之梳理成民族志，说明故事至少在社会意义上实属真切。故事与事实在民族志的合一，形成了如同神话般的"思维结构"：

（1）在"冤家"背后，有个人命作为财富的生命伦理观。

（2）这个观念的存在，使彝人珍惜生命，且视之为可交换之"物"。生命之终结，被视为是一种对于价值极高的集体财富的损害，因而，若不赔偿，便等同于对这个集体价值的彻底颠覆。

（3）"械斗"，乃为一种维护集体价值的手段，因而，其性质不同于现代意义上的"战争"，其"巫术性"、展示性及得到极大限制的伤害程度，都表明，其性质内涵为群体之间的关系互动。

（4）"冤家"，是一种因伤害了人命而伤害了团体之间正常关系

---

[1]　林耀华早已于1930 年代运用拉德克利夫-布朗的理论解释了中国东南的宗族，参见林耀华：《从书斋到田野》，北京：中央民族大学出版社 2000 年版，第 156—170 页。

的关系，它并非绝对的"敌我"，而是受到亲属制度的高度约束的关系，妇女在战斗过程中的表现，及亲戚、朋友在"战后"的活动，都属于这类约束。

在同一年头里，费孝通与林耀华，一个在鸡足山，一个在大小凉山，一个表露着"那一点对现代文化的畏惧"，一个铺陈着一个异族生活对于我们的启示。二者之间因个人关系微妙，而未遥相呼应，但却在国家遭遇不幸的时刻里，各自有如哲人，反省自身。在"他山"上，费孝通听说一段神话："释迦有一件袈裟，藏在鸡足山，派他的大弟子伽叶在山守护。当释伽圆寂的时候，叮嘱伽叶说：'我要你守护这袈裟。从这袈裟上，你要引渡人间的信徒到西天佛国。可是，你得牢牢记着，惟有值得引渡的才配从这件袈裟上升天。'伽叶一直在鸡足山守着。人间很多想上西天的善男信女不断的上山来，可是并没有知道有多少人遇着了伽叶，登上袈裟，也不知道多少失望的人在深山里喂了豺狼。"[1] 停步于人生的一个悲观阶段，费孝通没有叙说他在鸡足山上也见识到的中印文明之间那片广阔地带的缩影。而忘却佛国，依旧带着社会科学理想进入"他山"的林耀华，也无暇顾及从那个被圈定的彝人分布区中走出来，考究入山的前人之故事。

出于微妙的背景，佛教化的鸡足山，"彝人化"的大小凉山，一个被圈入"大理文化区"，一个被圈入"藏彝走廊"。尽管两个地区都与本书的某些局部（特别是第七章）将加以诠释的印度—东南亚—中国西南连续统有密切的关系，且大理文化区也一度进入凉山，但二者之间，却还是有明显的不同。

1　费孝通：《芳草茵茵——田野笔记选录》，济南：山东画报出版社1999年版，第136页。

　　《鸡足朝山记》与《凉山彝家》，不过是两个学术人物之间差异的反映。在凉山所处的"藏彝走廊"地带，林耀华笔下的别样战争，传承着古代的"生"与"财"观念，这些观念兴许依旧解释着战争、礼仪-宗教、贸易的合一，只不过，"冤家"这个词汇，使这一合一，具有了接近于"暴力"的形貌。彝人是否也曾守护过释迦遗留下的袈裟？我一无所知；所能模糊知道的仅是，在其所处的同一个地带上，那个关系的合一，在藏传佛教中被表达为礼仪-宗教对于战争与贸易的涵盖，且随着这一文明的东进，深刻地影响了人们的居住与流动。费孝通、林耀华等汉人们的祖先们呢？开放的"华夏世界"，早已使他们习惯了儒、道、佛的"三教合一"。儒家的道德教诲，本来自游学，到后来却渐渐衍化为"安土重迁"，将其"游"字让渡给道家的"逍遥游"及释家的"游方"。"三教合一"，早已为祖先们所习以为常，以致景仰备至。在"华夏世界"中，彝人的战争、礼仪-宗教、贸易的关系次序，与藏人的礼仪-宗教、战争、贸易的关系次序，与"小资本主义"千年史里透露出来的贸易、礼仪-宗教、战争的关系次序，在历史中彼此相互消长、交替、混合，构成了其自身的特征。带着这样一种相对"混杂"的心态进入"藏彝走廊"，费孝通、林耀华们的祖宗们，大抵都会对在那里居住的人们表现出来的人生观取向深感不解，终于以之为"野"，而未自觉到，"野"，恰为华夏世界的"另一半"。

（本文曾发表于《读书》2008 年第 10 期）

新中国人类学的"林氏建议"

1949年10月17日，驻岛"国军"被解放军肃清，厦门解放，三日前被当作"共匪嫌犯"抓捕入狱的大学教授林惠祥幸免于难。"喜看一夕满江红"，林惠祥热切拥抱新政权，出于高度期待，他匆忙准备了一份旨在说服新政府支持其学术事业的"建议书"——《厦门大学应设立"人类学系""人类学研究所"及"人类博物馆"建议书》（以下简称"林氏建议"或"建议"）。他将文本递交给军管会代表萧同志，恳请其"转呈教育部"……一年后，林惠祥得到时任厦大校长的著名学者王亚南的支持，部分实现了他的愿望，开始筹办起厦门大学人类博物馆；但因人类学当年被认为"有资产阶级色彩"，他建立系、所、馆综合体的理想未能全面实现。

为实现先师遗愿，"改革"之初，时任历史学系教授的陈国强老师（林惠祥曾经的弟子兼助手）便忙碌了起来。他四处奔走，联络人类学界的"遗老遗少"，1981年在"边城"厦门成功召集了"首届全国人类学学术讨论会"，与会者九十多人，来自全国各地。他安排印制了"林氏建议"，将之提交给了讨论会。1983年，他发表一篇题为《上下而求索——林惠祥教授及其人类学研究》的文章[1]，纪念老师，呼唤学科重建。1984年，陈老师如愿以偿，办起了人类学系和研究所。

1　陈国强：《上下而求索——林惠祥教授及其人类学研究》，《读书》1983年第7期，第130—137页。

　　讨论会举办那年，我年方十九，在其结束三个多月后才到了厦大去考古专业读本科（1984年，这个专业从历史系搬到人类学系，我们成为人类学系的第一届本科生）。大学期间，我得以在人类博物馆自由进出，不记得是何时，我"顺手牵羊"，在走道上取了一份没有发完的"建议"。离开厦大前夕，我将这份打印件与杂七杂八的书本物件一同装箱，送回泉州老家。去年暑假回乡，闲着无事，我翻箱倒柜，没想到，那份文献重现在我的眼前！它不是原件（原件藏于厦大图书馆），并且，我手中蒋炳钊老师（林先生1950年代招收的副博士）主编的《林惠祥文集》[1] 已收录"建议"校订版，但我还是如获至宝，带着那叠发黄了的字纸回了北京，多次翻阅，思绪万千。

师祖的人类学

　　林惠祥先生是我的大学老师们的老师，我的师祖。他1901年出生于泉州府晋江县莲埭乡（今之石狮市蚶江镇），又是我的同乡前辈。1958年，师祖年未及花甲便因病过世，我们这些徒孙都没有见过他，只能通过他留下的文字和口碑了解他的人生和创树。

　　年少时，林先生的父亲在台经商，他在福建上学（他上过东瀛学堂、英文私塾，学习成绩优异，又自修古文），1926年成为南洋侨领陈嘉庚创办的厦门大学首份毕业证的获得者。此后，他留校工作一年，接着自费赴菲律宾大学研究院求学。在菲大，他师从美国人类学家拜尔（H. O. Beyer）。这位"洋先生"1883年出生于艾奥

1　林惠祥：《林惠祥文集》，厦门：厦门大学出版社2012年版。

瓦州，1905 年到菲律宾，对该国少数族群文化有浓厚兴趣，后来到哈佛大学攻读人类学博士学位，1909 年回到菲律宾，长期从事伊富高人等族群的研究。1914 年，他创办了菲律宾大学人类学系，并在该系担任教授直至退休（1954 年）。林先生在拜尔那里完成学业后，1928 年他毕业回国，拜见了蔡元培，受其赏识，进入南京中央研究院。次年，他受蔡氏之托前往台湾（日据）从事土著民族田野工作。1930 年起，林先生回到厦大，担任历史社会学系主任，期间在私宅创办人类博物馆筹备处并曾再次赴台做实地考察，又"以当时人类学书籍甚少，乃编写讲义，搜罗中外材料理论，综合编述"，"数年中成《文化人类学》《民俗学》《神话论》《世界人种志》《中国民族史》诸书"[1]。1936 年起，林先生开始在泉州、武平等地开展考古调查，并有所收获。但不久"抗战"爆发，他避往南洋，边教书谋生边在东南亚海岛国家从事研究，又去过印度和尼泊尔访古。1947 年，他回到厦大，担任历史系教授。至此，他已学养丰厚、著作等身。

　　林先生的人类学在两次"世界大战"之间成形。在那个阶段，国内与这门学科相关的学问"百花齐放"，有影响的机构，包括了国民政府支持的"国立"中央研究院的民族学，及"洋学堂"燕京大学的社会学。不同的"学派"有不同风格，其差异与其代表人物的留学区域相关，可分"欧陆派"（中研院）和"英美派"（燕大）。厦大是爱国侨领创办的，属于私立性质，与此二者均有所不同，而林先生的导师毕业于哈佛，其学科观大抵与晚他十年到哈佛读博的李济先生（他是"中国现代考古学第一人"）相似。

　　师祖的人类学可谓是一门"跨学科的学科"，它包括了文化人类

1　林惠祥：《自传》，载《林惠祥文集》上卷，厦门：厦门大学出版社 2012 年版，第 7 页。

学、体质人类学、史前史或史前考古学及专事综合实地考察的叙述性民族学等美式"神圣四门"。这不同于"燕大派"的界定，后者汲取了人类学的不少成分，但核心关怀是社会学。对此派，生物/体质人类学和古史研究索然无味。师祖的人类学兼有自然和人文，既与此派不同，又与中研院民族学有异（此派因袭欧洲传统，将体质/生物人类学单列）。但林先生一生所做学问大抵与蔡元培倡导的民族学接近，其文化人类学即为蔡元培定义的比较民族学，民族志相当于蔡氏的描述性的民族学，史前史或史前考古学则与蔡氏如出一辙。

与蔡氏一样，林先生致力于通过现生"初民"的民族志研究达至对"史前史"的民族学和考古学认识。在"国族营造"旨趣上，他也与蔡氏颇靠近。在所著《中国民族史》中，他"详述我民族数千年来屡遭外族侵凌，而屡次获得最后胜利，为同化入侵之外族，而屡次扩大人口也，自来有亡国而未尝有亡族，而亡我国者不久并已族亡之"[1]。该书同样也带着"进步"和"同情"的双重心态，融合了历史和民族志的知识，考据中国民族各区系的形态、生成和演化，展现"夷夏"的差异与关联。

两次"世界大战"之间，在洛克菲勒基金会的支持下，英美人类学"先进派"从人类学的博物馆阶段跳脱了出来，越来越少在博物馆中就职，而转向大学，在其社会科学机构中求发展，随之，其民族学以往的一体性渐次瓦解，其核心部分被"先进派"扬弃，博物馆人类学事业则逐步衰败。[2]比之于当年的英美"主流"，蔡元培倡导的民族学富有传统韵味，有着古史研究和博物馆人类学气质；

1　林惠祥：《自传》，载《林惠祥文集》上卷，厦门：厦门大学出版社 2012 年版，第 7—8 页。
2　史锋金：《人类学家的魔法：人类学史论集》，赵丙祥译，北京：生活·读书·新知三联书店 2019 年版，第 217—257 页。

林先生倡导的文化人类学亦是如此。他个人的田野工作，有时是民族志式的，有时是考古学式的，而无论他以何种方式展开研究，其研究总是包括标本收集工作。他的学术成果，既表现为著述，又表现为博物馆展示。为了建一所人类学博物馆，1933年，他用节约下来的稿费盈余自建一住屋（位于厦大西边顶澳仔），留前厅为人类学标本陈列室，两年后将之扩充为"厦门市人类博物馆筹备处"。他的理论思想以"杂糅"为特征，而他暗自欣赏进化论，原因之一恐在于，这种理论能为他整理和展示文物提供清晰的线索（进化历史时间性）。

　　林先生的早期著述是民族志类的，其1930年至1936年之间所写书籍则多为通论，但进入"南洋避难"阶段后，他的著译之作再次以民族志为主导形式。除了编撰教材和通论，他持续做原创性研究，田野工作所及之处，主要分布在中国东南沿海与东南亚。这个区域，明代中晚期以来渐渐成为闽南人流动的主要范围，我称之为"闽南语区域世界体系"，其"核心圈"在泉—漳—厦三州，"中间圈"在浙南经台湾至粤东这个地带，"外圈"便是南洋。[1] 林惠祥避居南洋十年间，集中研究东南亚，编译了《菲律宾民族志》《苏门答腊民族志》《婆罗洲民族志》，并撰写《南洋人种总论》《南洋民族志》《南洋民族与华南古民族关系》等书。在其中一些著述中他指出，这个广大的区域中的民族文化是"同源"的[2]，曾经归属于同一个史前文明（在他看来，这一文明亦为过去数百年来跨国网络的形成提供了历史条件）。林先生致力于通过对这个地带分布的各族群的

1　王铭铭：《谈"作为世界体系的闽南"》，《西北民族研究》2014年第2期。

2　叶钟玲编：《林惠祥南洋研究文集》，刘朝晖译，北京：民族出版社2009年版；曾少聪：《林惠祥对南洋马来人的研究》，《世界民族》2011年第6期。

民族学研究，重构广义马来人—华东南古民族之种族和文化一体性面貌，又致力于通过在同一区域展开考古学研究，呈现这一区域世界的历史实在。林氏区域研究，与其身在侨乡和海外华人社会的身份有关，这些研究兼有其"乡土经验"和非凡的先见之明，可谓是"域外民族志"的先驱之作。

"林氏建议"的知识图景

"林氏建议"基于师祖大半生的知识积累写就，可谓是其学术事业的总体表述，内容堪比博厄斯早在四十多年前为美国人类学重组所写的那些"请愿书"。[1]在文本中，师祖首先陈述了在厦门大学建设人类学的理由，他指出，人类学是一门新学问，希望"新政府能提倡新学问"[2]，能理解这门新学问是符合新社会的新思想的。他说，马克思是在"获得了人类学家摩尔根《古代社会》一书，方确实证明了唯物史观的社会发展学说（如原始共产主义社会等）；而恩格斯遵照马克思遗意所写的《家庭、私有财产和国家的起原》也完全是一本人类学的著作"[3]，他表示，"如果人民政府的教育当局"也像"旧社会"那样"不提倡人类学"，"那便不能不说是很可惋惜的"[4]。

1　George Stocking Jr. (ed.), *A Franz Boas Reader: The Shaping of American Anthropology, 1883—1911*, Chicago: The University of Chicago Press, 1974, pp. 283–306.

2　林惠祥:《厦门大学应设立"人类学系""人类学研究所"及"人类博物馆"建议书》，首届全国人类学学术研讨会论文，1981年，第1页。

3　林惠祥:《厦门大学应设立"人类学系""人类学研究所"及"人类博物馆"建议书》，首届全国人类学学术研讨会论文，1981年，第2页。

4　林惠祥:《厦门大学应设立"人类学系""人类学研究所"及"人类博物馆"建议书》，首届全国人类学学术研讨会论文，1981年，第3页。

他接着说，人类学既包含"人类社会全体的发展原则"的研究，也大量从事民族的研究，这些研究曾被帝国主义国家用来统治殖民地，"我们的国家自然不抱这种目的，然而对于国内边疆的少数民族，以及国外的民族，也不能不了解他们的风俗习惯，以便和他们互助合作"[1]。他说，东北、北方、西北、西南诸地设有人类学系的大学，可就近研究附近的边疆民族，至于厦大，他则提议说，此大学位于东南，可集中研究畲族、疍民、黎族、台湾的高山族（现称"原住民"）。

此外，林先生坚称，厦大的人类学应特别重视南洋民族的研究，他解释说，南洋人类学材料极为丰富，而南洋"华侨不但人多，对祖国也很有贡献"，对南洋的史地、人种、风俗及华侨的历史现状展开文化研究，将有助于"我们和南洋民族"之间的"互助合作"。[2]

生长在闽南的林先生，有一种别有区域特色的家国情怀，他生活和心目中的"家"，不是社会学家们一般说的"核心家庭"或"扩大式家庭"，而是关联着乡土与异域的血缘和乡缘网络。在地方上，它常常表现为"宗族"，但"宗族"的含义并不单是"共同体"，而是某种"缘"。这个"缘"，既是地方性的又非如此。林惠祥指出，厦大是南洋华侨出于家国情怀而在侨乡地区设立的，但其地理位置有特殊性，位于东南沿海，这个区位自古便是广义马来人-中国东南古民族区域连续统的环节之一[3]，特别便利于南洋、华侨及中外交通

1　林惠祥：《厦门大学应设立"人类学系""人类学研究所"及"人类博物馆"建议书》，首届全国人类学学术研讨会论文，1981年，第3页。

2　林惠祥：《厦门大学应设立"人类学系""人类学研究所"及"人类博物馆"建议书》，首届全国人类学学术研讨会论文，1981年，第4页。

3　林惠祥：《厦门大学应设立"人类学系""人类学研究所"及"人类博物馆"建议书》，首届全国人类学学术研讨会论文，1981年，第5页。

史研究，而他深信，这样的研究，无需别的名号，亦可自然地有益于新中国的外交事业。

在其"建议"的第二部分，林先生陈述了其对人类学专业教学、研究和展示机构"可望造成的人才"的看法。他指出，厦大设立这一组机构，除了可以培养出人类学的专门人才之外，还可以培养出南洋华侨事业人才、国内少数民族人才、"出使落后国家的外交人才"、社会教育人才、一般职业人才。[1]

林先生既是一位善于讲大道理的前辈，又是一位勤于从具体事务入手的实践家。实践家这点在"林氏建议"的第三部分一览无遗。在这部分，师祖罗列了厦门大学人类学教学、科研、展示，以及机构"开办的方法"。一开始他便说，"我们顾及政府现在的财政状况，决不敢使政府浪费一个钱于无用的事"，于是建议第一年只招收教员一人，由其兼任研究所研究员，此外，只需再聘一名助教，由其协助林先生本人"做研究所和博物馆工作"（这位助教便是青年时期的陈国强老师）。至于"设备"，林先生认为可分二项，即，图书和人类博物馆所需标本。图书方面，除了学校既有的之外，他表示要捐出自藏的人类学和南洋研究书籍，又表示与其关联的厦门私立海疆学术资料馆（1945年由陈盛明先生在泉州创办）也可供使用。博物馆标本也一样，他愿将多年来搜集的文物捐献出来，供陈列展示。林惠祥表示，他个人的收藏足以暂时满足系、所、馆的教学、科研、展示之用，但待时机合适，学校则可在"设备"（如新书、杂志和新标本的搜集）方面给予进一步支持。

1　林惠祥:《厦门大学应设立"人类学系""人类学研究所"及"人类博物馆"建议书》，首届全国人类学学术研讨会论文，1981年，第6—7页。

在第三部分的后面几页[1]，林先生列出了人类学本科生和研究生教育的具体课程设置。除了公共必修课、语文之外，他为本科生"暂拟"的课程，均为人类学通论课。此外，他还建议适应时代新开《社会发展史》和《社会学》等课程，"采用唯物史观以探讨人类社会的性质、种类、成分、变迁原则等"[2]。相比于本科生课程，林先生的研究生课程设置，更侧重原始社会的社会组织、宗教文化、语言文字，也显露出鲜明的区域性特征，侧重于"亚洲史前发现""中国边疆民族现状""南洋国别史""南洋民族专志"等。他建议研究生研究的题目，集中于中国东南部史前研究、民族史研究、边疆少数民族研究、体质人类学研究，及南洋民族研究、史前研究、交通史研究、华侨研究等。

我们时代的学科问题

逝世前林先生圆了创办一所人类学博物馆的梦。1951 年，他捐献了大量图书和藏品，1953 年 3 月 15 日将精心设计和布置了的博物馆正式开放，1956 年，它已具相当规模，拥有三十六个大小陈列室，陈列有早期人类复原模型、华北和东南地区的考古文物，南洋、日本、印度古代文物和民族志标本。[3]师祖生前未能实现其创办人类学系和研究所的理想，然其倡导的南洋研究却在其亲自呵护下得以成长。1950 年，他被校长任命为南洋研究馆馆长，1957 年，又被教

1　林惠祥:《厦门大学应设立"人类学系""人类学研究所"及"人类博物馆"建议书》，首届全国人类学学术研讨会论文，1981 年，第 9—14 页。

2　林惠祥:《厦门大学应设立"人类学系""人类学研究所"及"人类博物馆"建议书》，首届全国人类学学术研讨会论文，1981 年，第 11 页。

3　陈国强:《上下而求索——林惠祥教授及其人类学研究》，《读书》1983 年第 7 期。

育部任命为南洋研究所副所长。该所可谓是我国最早的"区域与国别研究"机构，它于1996年扩大为拥有数十名在职人员的研究院。为了专心筹办人类博物馆，"其志甚坚、其情尤挚"（王亚南语），林惠祥辞去历史学系主任之职，但他继续在东南民族史和考古学研究领域发挥着重要作用。1951年，他参加"土改"工作，关注到惠东地区"长住娘家"婚俗，他加以研究，接着，他在厦门沿海在疍民中从事田野工作。逝世前那几年，林惠祥还经常从事考古调查，期间，他发现大量反映东南沿海"史前"生活面貌的遗址。[1]这些考古工作与其南洋考古学研究相续，其成就在1950年代中期，获得了高度赞誉。

如前述，"林氏建议"中有句话特别耐人寻味："新社会"若是依旧轻视人类学，"那便不能不说是很可惋惜的"。正是这句话解释了我的大学老师们缘何如此执迷于学科重建，也正是它传递的道理，让我的同人们难以满足于现状。

林先生逝世六十多年后，国内多了不少人类学学位点。在厦大，人类学的"神圣四门"各有守护者，其机构大大扩编，它的系、所、馆各领风骚。然而，二十多年来，学科目录有了调整，文化人类学一边保留其在"民族研究"中的地位，一边成为大社会学的"二级学科"。带着这一别致的双重身份，大部分人类学学位点重启了数十年前由洛克菲勒基金会和一代新派学者联合启动的人类学社会科学化进程，结果是，我们中的大多数，离古史越来越远，离"现实问题研究"越来越近。兴许与这一转变有关，在厦大，考古学已搬离

1　蒋炳钊：《前言》，载林惠祥：《林惠祥文集》上卷，厦门：厦门大学出版社2012年版，第1—8页。

人类学系和研究所，民族史则不再是人类学的"主流"。在社会科学化升温一些年后，体质人类学升级为分子人类学，它有如此强大的科学魅惑力，以至于学科架构必然在其"震荡"下而发生改变。

社会科学化和自然科学化，给了人类学整合以新机遇，但也给它带来难题。这个矛盾不单在中国被学者们感受着，在国外亦是如此。比如，在美国，"神圣四门"在不少高校得以保留，但人类学家们长期沿着自然与人文两条不同路线发挥着各自的长处，"自私的基因"与"社会理性"的观念界线，长期将人类学分化为生物与社会两种对立的学问。又比如，在英国，两次"世界大战"之间仅有一所人类学系（伦敦大学学院）抵挡住了社会科学化的冲击，其他院系则在二十多年前体会到了这种"化"的缺陷，于是转向了"生物文化不分论"或"博物馆民族志"，试图借助这些新潮返回整体人类学。然而，此时学界观念分化已产生难以挽回的后果，学科的整体构想正演变成"视角的竞赛"。

在这样一个时代重读 1949 年的"林氏建议"，我深感，林先生当年的洞见与遭际，七十多年后仍旧与我们息息相关。他的人类学观在两个层次上是整体主义的：其一，这是一门由"神圣四门"构成的以"生物文化合一"和"通古今之变"为理想的大学科，其二，其"做学问"的理想方法是教学（系）、研究（所）、标本收藏和展示（馆）并举，如其指出的，"教人类学不能无标本，而教员不能不作研究，研究的结果所得到的标本也一定陈列于博物馆内"[1]。前一个层次，像是我的"洋老师"之一巴大维（David Parkin）的"近

1　林惠祥：《厦门大学应设立"人类学系""人类学研究所"及"人类博物馆"建议书》，首届全国人类学学术研讨会论文，1981 年，第 14 页。

思"——他 1996 年到牛津担任所长之后，一直为式微中且社会科学化的人类学构想着"整体主义"出路[1]；后一个层次，则像是巴氏所在机构今日的"人类学与博物馆民族志学院"之设置。

对师祖的整体主义学科观不应过誉，因为，这毕竟可以说是基于其美国老师的"范式"提出的，不见得能适应中国的水土。然而，师祖早于英国的巴老师半个世纪重申学科整体性的重要性，其不无偶然的"超前"令人感慨：我们这门学科似乎一直在分合轮替的轮回中不断变换身份，因而，"前革命"传统也会以"后革命"形象回归。

一个值得铭记的史实是，林先生最终没能实现他的总体愿景，他的学科整体感是保住了，但这个整体感之下的那种在一个区域世界中"通古今之变"的理想，却为学科分化让了路——1950 年代，他的南洋研究与中国东南民族史研究被依照国界之分划归不同院系，这使他的人类学失去了区域学术根基。同样地，尽管他的"神圣四门"是保住了，但这些重建了的"门"，缺乏相互连接的学理机制，即使能免受肢解，也难以避免内部分化。

而更为麻烦的是，在"后林惠祥时代"的人类学研究者们当中，似乎广泛存在着对"创新"的过高"期待"或过度"自信"。这与上述两种"化"有关；它们中的一个，使吾辈误以为社会科学化可等同于"创新"本身，另一个则通过对自然科学进行"圣化"诱使吾辈抛弃本有的理性。反省其身，我意识到自己可能是前一类误解的"牺牲品"。比如，我曾自以为通过做历史人类学，可对既往"无历史的人类学"加以修正，殊不知我辈做的乡土民族志和"帝制晚期

1　David Parkin and Stanley Ulijaszek (eds.), *Holistic Anthropology: Emergence and Convergence*, New York and Oxford: Berghahn Books, 2007.

史"的综合，以及所谓"当代史"，不过是历史学社会科学化或社会科学历史化的"自然产物"，比起师祖的南洋史前史、考古学和民族学，在历史时间长度上要短许多，在文化层次深度上要浅得多，因缺乏时间和空间的距离感，它在现实的迷雾面前几乎无计可施。又比如，我曾以为背向"乡土中国人类学"——我身在其中，意识到它是"社会科学化"的重要典范——我们可以开创域外文化研究的新时代，殊不知，前辈早已在域外行走，也早已有其"海外民族志视野"——我们之所以还有机会"创新"，原因不过是，其整体人类学的域外（南洋）局部数十年前被"分"走了。

（本文曾发表于《读书》2022 年第 5 期）

从潘光旦土家研究看学科的 1950 年代

> 每一时代中须寻出代表的人物，把种种有关的事变都归纳到他身上。一方面看时势及环境如何影响他的行为，一方面看他的行为如何使时势及环境变化。在政治上有大影响的人如此，在学术界开新发明的人亦然。[1]

——梁启超

一

潘光旦先生是中国现代史上罕见的士人。"在'五四'前后成长起来的学人中，他的形象颇为特别，独树一帜，卓尔不群。闻一多认为他是一个科学家，梁实秋说他的作品体现了'自然科学与社会科学之凝合'，而在费孝通的眼中，潘光旦是一个人文思想家。梁实秋、梅贻琦、闻一多、徐志摩等那一代的学者们，非常喜欢潘光旦的为人，常与他结伴旅行。徐志摩称胡适为'胡圣'，而称潘光旦为'潘仙'，以其与八仙之一的铁拐李相像为由。梁实秋认为潘光旦是一位杰出的人才，学贯中西，头脑清晰，有独立见解，国文根底好。"[2]

1　梁启超：《中国历史研究法》，上海：上海古籍出版社 1998 年版，第 174 页。
2　贺雄飞：《潘光旦：拄着双拐的学者》，《中国民族报》2009 年 8 月 14 日。

品性淳厚、知识饱满的潘先生，为人为学，都有其品格。费孝通先生在《推己及人》一文中谈到：

> 在我和潘先生之间，中国知识分子两代人之间的差距可以看得很清楚。差在哪儿呢？我想说，最关键的差距是在怎么做人。潘先生这一代人的一个特点，是懂得孔子讲的一个字：己，推己及人的己，懂得什么叫做己。己这个字，要讲清楚很难，但这是同人打交道、做事情的基础。
>
> 潘先生这一代知识分子，首先是从己做起，要对得起自己，而不是做给别人看，这可以说是从己里边推出来的一种做人的境界。现在社会上缺乏的就是这样一种做人的风气。年轻的一代人好像找不到自己，自己不知道应当怎么去做。作为学生，我是跟着他走的。可是，我没有跟到关键上。直到现在，我才更清楚地体会到我和他的差距。
>
> 潘先生这一代人不为名，不为利，觉得一心为社会做事情才对得起自己。他们有名气，是人家给他们的，不是自己争取的。他们写文章也不是为了面子，不是做给人家看的，而是要解决实际问题。这是他们自己的"己"之所需。[1]

潘先生主张，教育要包括教学生"做人"与"做士"两个方面。"做人"是指做一个现代公民所必须具有的品格，"做士"则是指卓越人物与表率人物的造就。[2]他自己也是以这两个方面来要求自己的。

1　费孝通：《推己及人——费孝通先生谈潘光旦先生的人格与境界》，《北京日报》2004 年 2 月 28 日。
2　胡伟希：《做人与做士》，载《潘光旦先生百年诞辰纪念文集》，北京：中央民族大学出版社 2000 年版，第 58—67 页。

　　他本是首屈一指的优生学家、性心理学家及有特殊代表性的社会学家。1920 年代初他留学美国，学习生物学与遗传学。1926 年回国后广泛而深入地介入社会科学的研究工作。1934 年开始在北平清华大学和昆明联合大学工作，担任社会学系教授，开设优生学、家庭问题、西洋社会思想史、中国儒家社会思想史、人才论等课程。他发表大量学术与社会思想之作，主张通才教育，崇尚人文史观与学术自由，对个性、社会、家庭制度、科技等问题表达了他的独到见地。[1] 在中国社会学方面，潘先生反对套用西方理论，主张以本文明中"伦"的概念为中心研究中国社会。[2]

　　他的政治态度几经变化。起初，他对民主政治与社会主义取折中态度，后来他曾与张君劢交往甚密，并一度加入后者领导的国家社会党。1941 年，他加入中国民主同盟，开始与学界的"左派"有更多来往。几年后，在建立独立、自由、民主、统一和富强的新中国这点上，他与中国共产党的主张取得了一致。[3] 1948 年 8 月间，他开始对其领导的清华大学社会学系课程进行改制，大量吸收在清华兼课的马克思主义者李达的意见。[4] 当年年底，他又积极参与清华大学师生迎接北平解放的活动。1949 年，中国进入一个给人以希望的年代，此时潘先生年入知天命之年，却不思歇息，他激情澎湃，投身于新中国的建设中。

　　1950 年之后，潘先生日渐认同历史唯物主义，他翻译了恩格斯的《家庭、私有制与国家的起源》一书。他还于 1951 年春对苏南农

1　全慰天：《潘光旦传略》，《中国优生与遗传杂志》1999 年第 1 卷第 4 期，第 1—7 页。

2　潘乃谷：《读潘光旦〈论中国社会学〉的体会》，载《潘光旦先生百年诞辰纪念文集》，北京：中央民族大学出版社 2000 年版，第 290—320 页。

3　全慰天：《潘光旦传略》，《中国优生与遗传杂志》1999 年第 1 卷第 4 期，第 6—7 页。

4　潘乃穆：《回忆父亲潘光旦先生》，《中国优生与遗传杂志》1999 年第 1 卷第 4 期，第 48—66 页。

村的土地改革进行了调查。接着，他参加了知识分子思想改造运动。

二

　　关于"民族"，1949 年前，潘先生曾有过不少论述。不过，那时，他侧重关注的，不是后来说的"民族问题"，而多为"民族性（国民性）问题"。当时他所说的"民族"是"国族"，这与民国期间主流的"大民族观"是一致的。潘先生重视研究民族性的生物学基础，他综合了生物学与社会学，致力于寻求中国民族（国族）的出路。[1]

　　1951 年，潘先生在《文汇报》发表《检讨一下我们历史上的大民族主义》[2]，透露出了一种不同以往的民族观。该文检讨了古代朝贡制度下的"夷夏关系"、唐宋的羁縻制度、元明的土司制度及清的改土归流，对于民国的民族政策进行了如下严厉批评：

> 　　所谓"汉、满、蒙、回、藏，五族共和"，始终只是一个旨在拉拢的口号，并且，汉族自居宗主的地位不必说，许多人数较小的少数民族都被搁过不提。"蒙藏委员会"的范围比此还小，并且事实上等于清代的"理藩院"，换了汤，没有换药。解放前的几年里也曾谈谈所谓边疆教育，但本质上始终没有放弃"文德招徕""用夏变夷"的陈腐的原则。民族自治，也听说过，但更是一句空话。辛亥革命标榜了民族主义，推翻了清朝统治，

1　吕文浩：《中国现代思想史上的潘光旦》，福州：福建教育出版社 2009 年版，第 113—141 页。
2　潘光旦：《检讨一下我们历史上的大民族主义》，载《潘光旦民族研究文集》，潘乃穆、王庆恩编，北京：民族出版社 1995 年版，第 146—159 页。

结果还是陷进了汉族的大民族主义的泥淖，以暴易暴，不知其非；一切不彻底的革命的归宿，本就如此，何况后半又有一大段的反革命的时期呢？[1]

此后，潘光旦先生所做的研究工作越来越带有民族学特征。

从其发表的论著看，1950 年代的潘先生空前重视以民族学式的研究来解释中国历史上华夏父权制度与朝贡体系的形成，他对各种汉文史籍及笔记中关于周边民族的记述尤为重视；从他 1953 年发表的《开封的中国犹太人》[2] 来看，他的民族论述既重视恢复近代被混淆的"民族成分"的本来面目，又强调古代中国长期存在的内部交融及跨族关系。如其挚友吴泽霖先生所言，他有关古代中国的犹太人的研究从一个侧面说明，"中华民族历史是有气魄的。历代王朝在异族人不干预其政治的前提下，基本上都提倡'中外一体'，对异族、异教一般都兼容并蓄，对犹太人集团亦不例外"[3]。

三

潘先生对古代中国犹太人进行的研究，延续了此前的人文史风格，而他的其他类别的民族研究，则发生于一个学术与政治的大变局下。

1949 年之前，与民族相关的学科，体系多元，见解不一。这一

1　潘光旦：《检讨一下我们历史上的大民族主义》，载《潘光旦民族研究文集》，潘乃穆、王庆恩编，北京：民族出版社 1995 年版，第 157—158 页。

2　潘光旦：《开封的犹太人》，载《潘光旦文集》第 7 卷，北京：北京大学出版社 2000 年版，第 123—410 页。

3　吴泽霖：《〈中国境内犹太人的若干历史问题〉序》，载《中和位育：潘光旦百年诞辰纪念》，北京：中国人民大学出版社 1999 年版，第 254 页。

状态到 1949 年之后发生了巨变。

　　此前，被后世人类学著作列为"人类学家"者，除了有些被称为"人类学家"之外，还有不少被称为"社会学家"，更有许多被称为"民族学家"。人类学、社会学、民族学均为西来之学，有其共同点，都以严复所译《群学肆言》为其启蒙，接着又都与 1911 年"辛亥革命"之后的国体之变及该阶段西方教会在华创办现代大学的历程紧密相关。到 1919 年，学科进入自己的"青春期"，渐渐有了各自的"性格"。在这个时期，国内主要大学（如陶孟和引领下的北京大学社会学系）开设了相关课程，相关学者发表了不少介绍学科的著述。随之，对应于欧美诸国别学派的"美国文化学派"（孙本文）、"马克思主义派"（李达、许德珩）、"法国年鉴学派"（崔载阳、胡鉴民、叶法无、杨堃）、美国人文区位学派及英国功能学派（燕京大学），也出现于学术舞台上。到了 1930 年代，随着相应学术研究机构的建立与成熟，社会调查（社会学）、民族学研究（中央研究院）及社区研究（燕京大学社会人类学），成为民国社会科学研究的几种带有学派标志性的方法。[1]

　　有不同学科身份的学者对其经验研究的"方法论地理单位"各自给予定义，有的倾向于社会学量化调查与城乡研究，有的倾向于研究"自然民族"[2]，有的倾向于研究地区文化，有些倾向于研究社区。[3]

1　杨堃：《中国社会学发展史大纲》，《正风》1943 年第 30 卷第 9 期，引自杨堃：《社会学与民族学》，成都：四川民族出版社 1997 年版，第 184—191 页。

2　这一概念，源于 19 世纪德国民族学的"naturvolker"，与古斯塔夫·格利曼（Gustav Glemm）的《自然民族与文化民族》及西奥多·威兹（Theodor Waitz）《自然民族的人类学》（1859—1871）的相关论述有密切关系（参见戴裔煊：《西方民族学史》，北京：社会科学文献出版社 2001 年版，第 73—78 页；王铭铭：《民族地区人类学研究的方法与客体》，《西北民族研究》2010 年第 1 期）。

3　吴文藻：《现代社区实地研究的意义与功用》，载《吴文藻人类学社会学研究文集》，北京：民族出版社 1990 年版，第 144—150 页；王铭铭：《村庄研究法的谱系》，载《经验与心态：历史、世界想象与社会》，桂林：广西师范大学出版社 2007 年版，第 164—193 页。

在对所选择的"天然"地理范围内的历史、社会与文化面貌进行研究时，学者们采取不同路径进入到了不同社会层次。他们中有不少人通过史籍提供的间接经验和实地考察提供的直接经验，接触到了大量不见于政纲本本上的"民族"。对民族的多样性与政纲本本上定义的"民族"格局之间的不对称，学者们有不同的理解，有的认为，只有充分承认中国是一个民族国家，才能认识中国的特殊性，有的认为，民族学研究应在当时的政纲下展开，不应过多强调"五族"框架之外的其他族类。

研究方式与见解的分化是学者之间分歧的主线，分歧又是学派多元化的基础，但它并不影响学者在学术研究中表现出的一致性。无论采取哪种观点，当时学者趋于坚信，妥当的经验研究，应以把握"天然的"地理范围内社会生活与文化面貌的整体性为宗旨。另外，民国学者多数也以少数民族历史文化之叙述衬托作为核心的中华，追求"使包纳汉与非汉的'中华民族'概念更具体，内涵更灿烂"。[1]

1949 年，一些学者跟着中央研究院迁往台岛，带着他们的"学术辎重"漂泊于异乡[2]，而另一些则留在了大陆。无论他们是人文主义者，还是科学主义者，无论是人类学家、社会学家，还是民族学家和民族史家，都被历史带进了一个新时代。

卸去学术的历史负担，一代学人获得"新生"。

1　王明珂：《导读》，载黎光明、王元辉：《川西民俗调查记录，1929》，台北："中央研究院"历史语言研究所 2004 年版，第 14 页。
2　李亦园：《民族志学与社会人类学——从台湾人类学研究说到我国人类学发展的若干趋势》，载《中和位育：潘光旦百年诞辰纪念》，北京：中国人民大学出版社 1999 年版，第 545—566 页。

人民共和国成立前后，不少决心留居或返归大陆的学者（先后如费孝通、李安宅、谷苞、杨成志、冯汉骥、吴文藻等），以不同方式和渠道表露出了其对新政权的热切期望。尔后，他们积极响应政府号召，参与到旨在促进不同民族相互团结、共同拥护新政权的工作中。[1]1950 年，中央开始着力处理其与民族地区的关系，自当年 6 月开始，即组织开始了一系列与少数民族的"礼尚往来"活动。中央先向民族地区派出"访问团"（包括西南、西北、中南等）。这些访问团在所到之处宣传新中国的民族政策。此外，他们还负有一个使命——了解各少数民族名称、人数、语言及文化特征。不少学者成为访问团的领导或主要成员。[2]1951 年这些学者们经过了思想改造，多数已把握了新政权的为政理念。1952 年"院系调整"后，民族研究成为他们工作的重点。1953 年，"全国进入社会主义改造和社会主义建设时期后，针对中国当时民族状况不清、族群认同混乱的现实情况，中央及时提出了明确少数民族成分，进行族别问题研究的任务"。[3]一时间学者们获得了一显身手的机会。

"民族识别工作"成为新时期民族学的新特征。其旨趣为："保障各少数民族实现民族平等，实行民族区域自治，发展少数民族地区的政治、经济、文化事业，促进各民族共同发展繁荣"。[4]以创造大小民族既分又合、既自治又共存的面貌为其初衷，民族识别工作

1　王建民、张海洋、胡鸿保：《中国民族学史》下卷，昆明：云南教育出版社 1998 年版，第 27—36 页。

2　王建民、张海洋、胡鸿保：《中国民族学史》下卷，昆明：云南教育出版社 1998 年版，第 50—56 页。

3　王建民、张海洋、胡鸿保：《中国民族学史》下卷，昆明：云南教育出版社 1998 年版，第 107 页。

4　王建民、张海洋、胡鸿保：《中国民族学史》下卷，昆明：云南教育出版社 1998 年版，第 107 页。

本与之前人类学、社会学与民族学的部分旨趣相符，不过其本质诉求却是新给定的。它在于使作为政治工作对象的民族，在质上得到尊重，在量上得到尽可能贴近其本来面目的承认。

这项工作有两个相辅相成的方面——"分"与"合"。"分"的一面，形成得比较早，与中国共产党建党之初遵循的列宁主义民族理论密切相关。承袭这一理论，中国共产党在建党之初认为汉以外的族类有不少是独立存在过的，因之也应具有"自治权"。"合"的一面，本已有之，但其明确的观点，则大抵形成于中日关系的矛盾阶段中。"甲午"战后，中国民族的研究，已渐渐采用一体民族论。[1]"抗战"时期，这个一体民族论得到了进一步的强调。如，"抗战"爆发后，顾颉刚先生在昆明《益世报》创办《边疆周刊》，并发表文章《中华民族是一个》。文中，顾先生对时局加以解释，号召学界注意避免以"民族"称呼国内非汉共同体。他的观点以傅斯年的主张为背景，得到了傅氏及其他学者的赞同，但费孝通、翦伯赞（1898—1968）等则对其观点提出了质疑。辩论之后，学界依旧保持分歧，但同时也使民族上的"一"与"多"再度得到兼容。这为中国民族的理论探讨作了学术讨论上的铺垫。[2]在同时期，中国共产党方面"分"和"独立权"的观念与统一国家的观念也得到了新结合。[3]

1　黄兴涛：《"民族"一词究竟何时在中文里出现》，《浙江学刊》2002 年第 1 期；罗志田：《天下与世界：清末士人关于人类社会认知的转变——侧重梁启超的观念》，《中国社会科学》2007 年第 5 期。

2　周文玖、张锦鹏：《关于"中华民族是一个"学术论辩的考察》，《民族研究》2000 年第 3 期。

3　从红军长征时期到延安时期，这种分合辩证法已有了区域性实验，这些实验后来成为新中国成立后民族政策的基础（松本真澄：《中国民族政策之研究》，鲁忠慧译，北京：民族出版社 2003 年版）。

　　自 1950 年起，承认此前研究者"发现"的民族政纲之外的"自然民族"，并使之标准化为带有一定区域管理功效的"行政民族"，成为一项政治任务。"民族识别就是对自报族称的、有自我认同的族体进行实地调查并做出科学的甄别，以确定单一民族（或民族支系）的法定地位和正式族称。这样做的主要目的在于，保障中国境内的少数民族充分享受民族平等和实施民族区域自治的权利。"[1]

　　为了展开民族识别工作，政府要求学界进行民族识别研究，其重点在于弄清：（一）要求识别的共同体哪些是汉族的一部分、哪些是少数民族？（二）如果是少数民族，他们系一单独的民族，还是某个民族的一部分？[2]

　　基于对"大民族主义"的批判，一种新民族政策得以建立。

　　政策出台后，自报为民族的申请书纷至沓来，其中不少确是符合学术的"民族"概念的民族，但也有不少并非如此。古老的"四裔"成为民族的热情，空前高涨。在民族识别工作中，苏式民族观得到了借用，但从事民族识别研究的中国学者也深刻地意识到，此一民族观是基于"现代民族"提出的，这一概念并不完全符合 1950 年代的历史处境和中国民族的历史面貌。历史上，中国各民族有其悠久渊源，各群体支系繁衍，族称有诸多复杂性，群体之间的交融关系亦十分重要，要如"现代民族"那样清晰地强加划分，并不容易。

　　于是，民族研究者对苏式的民族概念加以"本土化"，强调民族识别应在重视民族特征时尊重本民族的意愿。有关于此，费孝通和林耀华两位先生 1957 年在《中国民族学当前的任务》一文中说：

1　胡鸿保主编：《中国人类学史》，北京：中国人民大学出版社 2006 年版，第 133 页。

2　胡鸿保主编：《中国人类学史》，北京：中国人民大学出版社 2006 年版，第 135 页。

　　　　我们进行的族别问题的研究并不是代替各族人民来决定应
　　不应当承认为少数民族或应不应当成为单独民族。民族名称是
　　不能强加于人或由别人来改变的，我们的工作只是在从共同体
　　的形成上来加以研究，提供材料和分析，以便帮助已经提出民
　　族名称的单位，通过协商，自己来考虑是否要认为是少数民族
　　或者是否要单独成为一个民族。这些问题的答案是要各族人民
　　自己来做的，这是他们的权利。[1]

　　不过，若是民族识别只凭本民族意愿来展开，那不仅会过于粗
糙，也会使被识别为"单一民族"的共同体数量大大超出人民代表
制度和国家再分配制度的承受能力。1950 年代初，自报为"少数民
族"者数以百计。为了找到一个"平衡"，民族识别工作尚需对"自
报民族"加以深入研究，以便确认到底哪些民族既有成为民族的主
观要求，又有客观依据。政府调动了留在大陆的民族学家以及与这
一领域密切相关的社会学家、历史学家和文化人类学家的积极性，
使他们参与到民族识别工作中来。

　　学者替民族识别展开的研究称为"民族识别研究"，其目标在于
以科学方法复原"民族的原貌"，为政府对民间成为民族的热情与人
民代表制等政纲的理性加以折中提供参考方案。因有民族识别研究
的任务，1950 年代的社会科学家们找到了一个为新社会建设服务的
机会，他们中有不少人参与了"大调查"。

1　费孝通、林耀华：《中国民族学当前的任务》，北京：民族出版社 1957 年版，第 13 页。

四

因工作需要，潘先生曾主导土家民族识别研究工作。为完成使命，他"对土家族民族史、土家民族识别的研究，付出了艰辛的劳动，做出了重大的贡献，为土家族的识别提供宝贵的资料和可靠的依据"。[1]

"土家族"是谁？人们承认，他们是"在国家的民族政策推行以后，才在民族成分上受人注意的一个群体"。[2]

他们原来有一部分自称"比兹卡"，主要分布于湘西州的永顺、龙山、保靖、吉首、古丈、张家界及湖北省恩施州，湖北省宜昌市的五峰、长阳，"比兹卡"意为本地人，这支土家族一般被定义为"北支"；与之相对，有"南支土家族"，他们自称"廪卡"，即始祖廪君的族人，分布在重庆，黔东，湖南凤凰、泸溪、麻阳一带。"土家"这个称呼历史上已存在，其居住地域往往与苗族相邻。

自称为"比兹卡"、与"土"字相联系的族类，本处于汉人与"苗夷"之间，他们处于一个中间地带，既与苗族不同，又与汉族不同。至于这个中间地带的特殊共同体到底是否为"单一民族"，学界原本并不认为有必要刨根问底。

例如，1933 年，中央研究院凌纯声、芮逸夫受蔡元培委托前往湘西考察，1939 年完成《湘西苗族调查报告》。该书提到，在湘西，

---

[1]　施联珠:《潘光旦教授与土家族的识别》，载《潘光旦先生百年诞辰纪念文集》，北京：中央民族大学出版社 2000 年版，第 157 页。

[2]　宋蜀华:《潘光旦先生对中国民族研究的巨大贡献》，载《潘光旦先生百年诞辰纪念文集》，北京：中央民族大学出版社 2000 年版，第 4—12 页。

除了苗人之外，还有非苗人群，而这些非苗人群中，就有生活在永顺、保靖等县的"土人"。[1] 两位前辈运用的调查提纲，出自法国社会学年鉴派民族学导师之手，其调查研究侧重不同于汉人的苗人社会生活形态，民族志描述围绕着苗人的房屋、聚落、婚姻、服饰、宗教、文艺、传说等具体事项展开。他们虽费心寻找苗人不同于汉人的社会生活方式，但在"大民族"观念的影响下，他们却又相信，苗人与汉人为古代华夏人的后裔。关于"土人"，他们猜测，这"或为古代僚族的遗民"。[2]

可见，1930 年代民族学家已认识到这一人群是"非苗"，但并没有给他们明确的"民族身份"。

土家与单一民族概念之间形成直接的关系，最初在新中国成立一年后的一场典礼上得到表达。

1950 年国庆节，中央政府组织大型庆典，邀请各少数民族派代表到北京观礼，土家代表田心桃以苗族的身份参加。田心桃的祖父母是土家，外祖母是苗族，会讲土家语，她利用观礼的机会强调了自己的民族身份的独特性。观礼之后的一段日子里，田心桃在中央民族事务委员会召集的一次座谈会上再次介绍了自己的民族语言，她的介绍引起了中央关注。中央派民族学家杨成志先生对她进行专访。田心桃进一步介绍了土家的语言、风俗、物质文化，这些引起了杨先生的重视。田心桃因由特殊的民族身份，于观礼结束后即被送到中国人民大学学习，她于 1950—1952 年间，频繁参与大型庆典活动，借各种机会向政府反映了承认土家族是一个单一民族的要求。[3]

1　凌纯声、芮逸夫：《湘西苗族调查报告》，北京：民族出版社 2003 版，第 24 页。

2　凌纯声、芮逸夫：《湘西苗族调查报告》，北京：民族出版社 2003 版，第 24 页。

3　田心桃：《我所亲历的确认土家族为单一民族的历史进程》，载《土家女儿田心桃》，北京：民族出版社 2009 版，第 3—33 页。

　　1952 年，中央筹建湘西苗族自治州，土家是否是一个"单一民族"的问题引发了争议。中南民委湘西工作队认为土家族是一个单一民族，而湖南省地方领导则对此有不同意见。其后，中南民委工作队将意见上交中央民委。1953 年 3 月，中央民委开始着手处理这一问题，把土家族民族识别的任务交给了中央民族学院（现中央民族大学）。[1]

　　在土家族识别成为一项"任务"之前，1952 年高校进行院系调整，清华大学社会学系、燕京大学社会学系和北京大学东方语言文学系的民族语文专业相继并入新成立的中央民族学院。该学院设立的宗旨是为国内各少数民族实行区域自治以及发展政治、经济、文化建设培养高级和中级的干部，研究中国少数的语言文字、历史文化、社会经济，介绍各民族的优秀历史文化，组织和领导关于少数民族方面的编辑和翻译工作。为了深入研究少数民族，中央民族学院设立研究部。[2]研究部阵容强大，"集中了当时中国大部分社会学、民族学、人类学、民族语言和民族史学领域的权威人物，真是星光灿烂，盛况空前"。[3]它"最初由中央民族学院副院长费孝通教授负责，原燕京大学代校长翁独健教授任研究部主任兼东北内蒙古研究室主任；原美国国会图书馆研究员冯家升教授任西北研究室主任；后任北京大学副校长的翦伯赞教授任西南研究室主任；原燕京大学民族学系主任林耀华教授任藏族研究室主任；原清华大学教务长、社会

1　施联珠:《潘光旦教授与土家族的识别》，载《潘光旦先生百年诞辰纪念文集》，北京：中央民族大学出版社 2000 年版，第 157—166 页。

2　杨圣敏:《研究部之灵》，载《重归"魁阁"》，北京：社会科学文献出版社 2005 年版，第116—130 页。

3　杨圣敏:《研究部之灵》，载《重归"魁阁"》，北京：社会科学文献出版社 2005 年版，第 119 页。

学系主任潘光旦教授任中东南研究室主任；汪明瑀教授任图书资料室主任。以后又建立了国内少数民族情况研究室，吴文藻教授任主任。民族文物研究室由原中山大学人类学系主任杨成志教授任主任。这些人物，几乎个个都是自己研究领域中的首席权威。吴文藻、潘光旦、费孝通和林耀华还将他们在燕京大学的学生带到了研究部，其中有陈永龄、宋蜀华、施联珠、吴恒、朱宁、王辅仁、王晓义、陈凤贤、沈家驹等人及傅乐焕、马学良、王钟翰、吴泽霖、李森、程溯洛、贾敬颜等名重一时的学者。[1]

土家人所处的地域，本处于西南与中南的交界，而从民族学的定义看，这一人群与"西南"、与西南语言-文化区更接近，但因土家族民族识别问题是在湖南省内先发生的，任务就交由潘光旦所负责的中南民族研究室。

五

1953 年 9 月，研究部派出了调查组，潘光旦腿残不便行走（他在清华学校上学时，因运动致腿伤，后来由于结核菌侵入膝盖而不得不锯去一条腿），未被批准参加这次调查，调查组由汪明瑀（曾是潘光旦的学生）带队。负责土家族民族识别任务的潘光旦先生，在此期间主要进行文献研究。

潘先生一生爱书，从青年时期起，他稍有余钱就用于购书，到1950 年代初，已积累了一堆堆的书籍。调任中央民族学院后，他的宿舍容不下那么多书，学校给予特殊照顾，在研究楼中专给他一间

1　杨圣敏：《研究部之灵》，载《重归"魁阁"》，北京：社会科学文献出版社 2005 年版，第119—120 页。

屋作书房，但书架太长放不进去，暂存过道中的书一度被人瓜分，书架在屋里绕墙摆也摆不过来，只得再往里边摆，最后只剩屋子中央一小块地方放一张红木书桌。[1]

潘先生正是在这间小书房里展开了他的土家族源研究的。他于1955 年 11 月写出《湘西北的"土家"与古代的巴人》，将该文发表于《民族研究集刊》第四辑。[2]

《湘西北的"土家"与古代的巴人》一文，在学术旨趣上已与民国民族学大相径庭。

如果说民国民族学家对于"自然民族"存在着既承认又不承认的矛盾心态的话，而身处新中国的民族研究者，相比而言则消除了这一矛盾心态。他们更真切地从政治上承认"自然民族"的原来身份。这点从潘文中对于凌纯声、芮逸夫湘西调查的评论可见一斑：

> 凌纯声、芮逸夫合著的《湘西苗族调查报告》（页二二）根据了法国人拉古伯瑞（T. de Lacouperre）《汉语形成以前的中国语言》一书中的话，说：永顺保靖等县的土人语言，属于泰掸语系，而藏缅化了的，因此，他们或者是古代"獠族"的逸民。"藏缅化"云云，像是说着了一些，因为"土家"与彝语有接近之处，但应知"土家"语本属藏缅系统，而不是"化"成的。仡佬语尚在研究中，以前有人以为属于侗台语系，现在看来颇有问题，如果终于证明为没有问题，则这话正可以说明"土家"

1　潘乃穆等：《回忆父亲潘光旦先生》，《中国优生与遗传杂志》1999 年第 1 卷第 4 期，第 50 页。
2　在当时研究部出版的权威性学术期刊《民族研究集刊》第 4 辑，亦刊出语言学家王静如先生《关于湘西土家语言的初步意见》、汪明瑀的《湘西土家概况》，加上潘先生的长论《湘西北的"土家"与古代的巴人》，一组科研报告分别从土家文化的诸方面——历史、语言、风俗习惯信仰、社会经济状况等——呈现作为一个单一民族的土家族的风貌。

与"獠"杂居已久,语言中不可能没有"獠"语的影响,但也只是影响而已,有些"泰掸化"而已,不能据此便以为"土家"语属于所谓泰掸语系……凌芮二氏,在这段讨论的上下文里,倒是把"土家"与苗划分清楚了的,到此却又把"土家"与"獠"纠缠在一起了,中南民族成分的难以识别,于此可见一斑。[1]

六

《湘西北的"土家"与古代的巴人》[2]一文长达十四万字,基于传说、历史文献与实地考察所获资料,对古代巴人衍化为土家的历史进行了综合研究,为历史民族学的典范之作。潘先生广搜正史资料及有关巴人、蛮与土家的其他史籍、地志、野史资料,摘抄资料卡片数以万计,共征引史籍五十部、地志五十二部、野史杂记三十部、其他文献五十多部。除了考辨历史文献中有关土家的记录之外,他还对土家自己的传说加以分析,同时,对于严学宭、汪明瑀等人的湘西调研报告善加利用。

这篇杰作正文部分分前论与本论两大部分,有"引语",文后附"直接参考与征引书目"。在"引语"中,潘先生明确表明,他的论文旨在从不同的方面来说明巴人与土家之间的渊源关系,"巴人的历史就是'土家'的古代史"。[3]

1　潘光旦:《湘西北的"土家"与古代的巴人》,载《潘光旦民族研究文集》,北京:民族出版社1995年版,第180页。

2　潘光旦:《湘西北的"土家"与古代的巴人》,载《潘光旦民族研究文集》,北京:民族出版社1995年版,第160—330页。

3　潘光旦:《湘西北的"土家"与古代的巴人》,载《潘光旦民族研究文集》,北京:民族出版社1995年版,第164页。

　　澄清土家的"族源"是潘先生研究巴人的历史的主要目的，但这绝不是他在文章中所做的惟一工作。在"引语"中，潘先生指出，从巴人到土家的演变史自身表明，"族类之间接触、交流与融合的过程是从没有间断过的进行着，发展着"[1]，而土家的生成史，"就是祖国的历史"[2]，也即中国整体历史的一个缩影。在"前论"中，潘先生概述了他展开研究之前关于土家由来的诸种说法，明确表示，在他看来，土家"是另一群非汉族的人民"，不过，这群"非汉族的人民"，既不是绝大部分史料中所说的瑶或苗，也不是近代民族学家所说的"僚"，而自有其自身的历史与认同。在"本论"中，潘先生从自然地理、民族分布的地理特征、传说、历史事实、自称、民间信仰、语言、姓氏等诸多方面说明巴人与土家之间的源流关系。

　　"本论"是《湘西北的"土家"与古代的巴人》一文的核心，该部分共包括十节，其前二节探究巴人的起源与初期发展及地理分布，第三、四节，则集中考察了巴人进入湘西北的历史过程。

　　在潘先生笔下，巴人历史悠久，可以追溯到夏代。后来，巴人从西北不断向东南迁徙，到夏代与中原有了政治上的联系，西周初年建了巴子国，春秋战国时期与中原诸侯国和族类多有接触，巴子国灭后，巴人以鄂西川东为根据地，向四方散布，巴人迁入湘西北后，直到唐末，有些融入汉族，有些一直保留自己的生活方式与认同，文献上对此有直接说明。但是，"唐代以后，从五代起，巴人不见了。至少我们不再见到用'巴人'称呼的记载，只剩下一些气息

1　潘光旦：《湘西北的"土家"与古代的巴人》，载《潘光旦民族研究文集》，北京：民族出版社 1995 年版，第 166 页。

2　潘光旦：《湘西北的"土家"与古代的巴人》，载《潘光旦民族研究文集》，北京：民族出版社 1995 年版，第 166 页。

仅属的传说，代之而起的，在完全同一地区以内，却是被派作'土'司、应募当'土'兵，与被称为'土人'或'土家'的一群人"。"巴与'土'是完全不相干的两群人么？还是前后名称有了不同的一个人群呢？"[1]这成为"本论"后五节要回答的问题。

从第五节到第九节，潘先生分别举了五方面的证据来说明土家是巴人的后裔。证据一，相关于土家的自称。土家自称"比兹卡"，其中，"卡"的意思是"族"或"家"，而"比兹"则是特殊称谓，与古代巴人的称呼相近。古代的"巴"，也有"比"的音节，这反映于巴人曾活动过的区域内的地名。证据二，是"虎与生活"。潘先生认为，巴人和土家族都生活在多虎的环境里，故有白虎神崇拜，这在大量古籍中有记述。证据三延续证据二，涉及白虎神崇拜。巴人自称"白虎后裔"，早已有了白虎神崇拜，而《后汉书》与《华阳国志》，有廪君死后魂魄化为白虎之说及"白虎复夷"之说等。潘先生认为，虎在巴人与"土家"的生活中占有很高地位。巴人以虎皮衣木盾，用虎取名，铸虎于器物上。崇虎的结果，导致了虎与人之间可以互换。在潘先生看来，巴人的虎信仰的演变脉络为：廪君→白虎神崇拜→白帝崇拜→白帝天王崇拜。他认为，"从白虎神到白帝天王是一个整的发展过程，贯串着巴人与'土家'的信仰生活，前后至少已有两三千年之久"[2]。在研究白虎崇拜的演变时，潘先生举出了方志记载的四川、湖北、贵州、湖南白帝寺、帝主宫及天王庙的分布情况，并对这些

1　潘光旦：《湘西北的"土家"与古代的巴人》，载《潘光旦民族研究文集》，北京：民族出版社1995年版，第209页。

2　潘光旦：《湘西北的"土家"与古代的巴人》，载《潘光旦民族研究文集》，北京：民族出版社1995年版，第261页。

庙宇奉祀的诸神加以考证。[1] 证据四是"语言中的两个名词"——虎称"李"、鱼称"姬隅"。潘先生说,巴人和土家族语言中有相同的词汇,二者都将虎称为"李",将鱼称为"姬隅"。证据五,是姓氏。巴人和土家姓氏相近。潘先生考证了巴人五姓与七姓,并将之与土家大姓比较,发现了它们之间的相似性与连续性。

民族自称、图腾与生态、民间信仰(宗教)、语言、姓氏,是潘先生追溯土家语与古代巴人之间关系的五个角度,这五个角度固然是符合 1950 年代官方采用的民族定义的,但它们同时都来自于历史本身。

潘先生的土家研究重源流求索,具有浓厚的考据学和历史民族学色彩,它并不旨在提供一项民族志范例。然而,它并不乏民族志的意味。它的研究不是对一个横切面的"时空坐落"的民族志平面化描述,而是对一个人群的"纵向"的历史演变的追溯,但这个"纵向"的历史所起到的作用,恰又是对土家文化富有意义的描述。

潘先生文本的最后一节题目是"湘西北巴人成了'土家'",它衔接以上的考证,基于更为具体的文献与传说研究,提出了土家为古代巴人后裔的看法。潘先生认为,土家的自称"比兹卡"是古代巴人自称的延续,而作为他称,"土家"则与唐以后中国历史的演变有密切的关系。巴人的自称与土家这个他称之间,存在一种名称上的断裂,但两个名称所指的人群只有一个,如果说土家这个族称是对巴人这个族称的"机械性的衔接"的话,那么,这个"机械性的衔接却把人群本身的有机性的绵续给遮蔽了"。[2]

1　潘光旦:《湘西北的"土家"与古代的巴人》,载《潘光旦民族研究文集》,北京:民族出版社 1995 年版,第 255—261 页。

2　潘光旦:《湘西北的"土家"与古代的巴人》,载《潘光旦民族研究文集》,北京:民族出版社 1995 年版,第 209 页。

是什么造成这个"机械性的衔接"？为了解惑，潘先生对五代史中的"夷夏关系"进行了分析。

唐代与唐代以前，生活湘西北的巴人无论是自称或他称都是巴人，但这个称谓到了五代，则消失了，代之而起的是与"土"字相关的称谓，如土兵、土丁、土人、土军。[1] 潘先生认为这个变化不是偶然的，而是与五代期间从江西前来的彭氏势力有关。关于湘西彭氏的来源，史学界谭其骧先生（1911—1992）提出过"土著说"，认为，彭氏为土家本族人。[2] 潘光旦先生不同意这一看法，他指出，彭氏兴许可能源于江西一带的"蛮"（如畲族），但即使是如此，也早已汉化。他们是吉州庐陵吉水一带的土豪，本想在江西与湖南之间"造成一个局面"，后来江西一方面不行了，投奔了当时称了"楚王"的马氏（五代十国时期十国之一的楚国，史称"马楚""南楚""马楚国""马楚政权"，以长沙府为王都，辖地湖南全境及广东、广西和贵州部分地区，907年建国，951年南唐乘马楚内乱，派军占领长沙，楚灭），以"培植力量，待机而动"。[3] 经一番经略，彭氏在湘西地区获得了支配地位，对内称土王，对外称刺史。

为了巩固其对巴人的统治，彭氏采取了一些手法，例如，对当地的大家族表示"好感"，将其领导人纳入自己的统治机构中。另外，彭氏还从正反两面造作一套"土龙地主"的传说。他们一面将自己宣扬为"土龙地主"，把巴人说成是"土龙"的子孙，另一面对

1　潘光旦：《湘西北的"土家"与古代的巴人》，载《潘光旦民族研究文集》，北京：民族出版社1995年版，第311页。

2　潘光旦：《湘西北的"土家"与古代的巴人》，载《潘光旦民族研究文集》，北京：民族出版社1995年版，第312页。

3　潘光旦：《湘西北的"土家"与古代的巴人》，载《潘光旦民族研究文集》，北京：民族出版社1995年版，第300页。

巴人的虎崇拜进行了"修正"。"首先，彭士愁想把自己安排进这个传统，说他自己是传说中的铜老虎，而他的兄弟，彭士全，是铁老虎……这一类硬套的作法失败以后，他就更进一步的想摧毁这传统，而代之以他自己，作为一个汉人，或接受充分汉化的人，所习惯的传统，就是龙换虎"[1]，将本为巴人图腾的虎说成是有害于人的东西，致使后来的土家地区巫师法术中有了"赶白虎"的仪式。[2]

借用结构-历史人类学的术语，这个"土换巴""龙换虎"的权力与象征的转换过程，可谓是"陌生人-王"生成的过程。[3]这个过程本身是有两面性的，它一方面是潘先生所阐述的外来的势力到巴人地区称王、塑造自己的"土王"身份的过程，而另一方面，则亦可能如后来的人类学家所指出的，是一个"土著"主动接受外来之"王"的过程。

然而，彭氏对内称"土王"，对外称"刺史"，这一统治权的内外之别，还含有另一层意义："刺史"是个大大低于"王"的"级别"。彭氏是对马氏的楚王国称臣的，而马氏政权不过是偌大的天下"乱世"的一个组成部分。从这一点看，彭氏深知自己虽为"土人"的"陌生人-王"，除了其统治领域，便只不过是个"刺史"罢了。

彭氏在政治权威上的双重性，形成于整体中国的大历史背景中。[4]潘先生指出，中国的各个少数民族成分，在和中原族类发生接

1　潘光旦：《湘西北的"土家"与古代的巴人》，载《潘光旦民族研究文集》，北京：民族出版社 1995 年版，第 307 页。

2　潘光旦：《湘西北的"土家"与古代的巴人》，载《潘光旦民族研究文集》，北京：民族出版社 1995 年版，第 308—309 页。

3　马歇尔·萨林斯：《陌生人-王，或者说，政治生活的基本形式》，刘琪译，载王铭铭主编：《中国人类学评论》第 9 辑，北京：世界图书出版公司 2009 年版，第 117—126 页。

4　冈田宏二：《中国华南民族社会史研究》，赵令志、李德龙译，北京：民族出版社 2002 年版，第 276—447 页。

触之前，各有自己的政治组织与领导关系，而因参与组织与处于领导地位的，本都是"他们自己的人"[1]，因而，可以认为，其权威是单层的、本土的。到了"夷夏"有了接触之后，"中原的统治者开始把自己的权力伸展到他们中间去"，此后，权威形态才产生了变化。

在唐宋时期的羁縻制度下，有了土官，这种权威人物依旧是旧有的土生土长的上层人，只不过加上了一些名号，其余是原封不动的。

在滥觞于元代、完成于明清两代的土司制度下，中原统治者对周边民族加强了干涉与控制，对领导人物的产生办法和继承制度也加以干涉，这就使权威形态加进了更多的中原因素。

从清雍正年间开始改土归流，在民族地区设流官，"目的在把少数民族成分的人变成汉人"，把他们中"一部分已接受了中原族类的一些经济与文化影响的分子"视同汉人，一体管理。

从土官到土司，再从土司到改土归流，并没有在所有少数民族地区实行，但在土家地区，则前后都适用过。宋及宋以前，这里任命过土官，元代到清初，湘西北有永顺、保靖两个宣慰司，清初到1949 年以前，这里设过流官。

潘先生认为，土家这个他称，形成于出现土官的阶段中。就中原与少数民族成分之间的关系史的大历史来看，以上三个阶段的变迁，确是大的线索。不过，各阶段、各地区都有其特殊的复杂性。就土官阶段来说，上述由本地人担任土官的情况，只是多种情况中的一类。除此之外，还有其他三种情况。其中，一种是中原族类的人进入少数民族地区，接受他们的语言与风俗习惯，而成为土官；

1　潘光旦：《湘西北的"土家"与古代的巴人》，载《潘光旦民族研究文集》，北京：民族出版社1995 年版，第 206 页。

一种是由中原直接派去；再一种是经过征伐之后留在少数民族地区的小部分军官与士兵，成为当地实际发号施令的人。在以上这些情况下，中原族类的人"大抵起初都未尝不想'用夏变夷'，但终于成为'用夷变夏'的对象"。[1] 因之，诸种情况各别，但实质都为"土官"制度的变异。

唐代末年江西彭氏的"入侵"，对内称王，对外称刺史、宣慰使等，情况持续到清初，前后维持了八百多年，是巴人地区继周代派子爵，东晋派官吏之后的又一种权威形态。这种形态与中国大历史中分治阶段的特殊性有关。潘先生说：

> 当中原干戈扰攘、封建秩序暂时发生混乱的时候，方疆官吏或地方豪绅纠合武力，打进少数民族地区，把领导权劫夺到手，终于成为当地的直接统治者，但为了缓和反抗，同时也接受了当地主要族类的语言风俗，日久也就与土著的土官分不清楚，终于和他们成为同一族类的人。[2]

为解析彭氏的权威形态，潘先生对溪州铜柱进行了研究。溪州铜柱是后晋天福五年（940 年）楚王马希范与溪州刺史彭士愁战后议和所立，镌刻着双方盟词。潘先生根据盟词透露出的有关湘西土家的风俗、权威形态、族类关系、政治组织、土地所有制、兵役劳役、赋税、司法等方面的信息，提炼出了一种有关土家地区上下内外关

1　潘光旦:《湘西北的"土家"与古代的巴人》，载《潘光旦民族研究文集》，北京：民族出版社 1995 年版，第 206 页。

2　潘光旦:《湘西北的"土家"与古代的巴人》，载《潘光旦民族研究文集》，北京：民族出版社 1995 年版，第 297 页。

系的观点。在潘先生看来，在溪州铜柱树立之前，彭氏与楚王马氏之间早已有联姻与政治结盟关系，而被统治的土家则不甘接受这种双重的外来统治。到了彭士愁的年代，外来之"王"与"土著"之间矛盾愈发激烈，于是爆发了战争。彭氏与马氏打仗，是打给"土著"看的，"从彭氏说来，是准备失败的，失败了，才可以教当地人死心塌地的接受他的统治，战争的失败就是彭氏的成功"。[1]潘先生认为，这次战争"是为了达成铜柱上的这份'盟约'而布置出来的一出双簧"，"彭氏的统治，从此以后，成了铁案"。[2]铜柱的"盟约"，一面把彭氏与楚王之间关系拉得更近了些，一面又将彭氏带领"土著"对外作战的事迹镌刻于"土著"的内心中，使其接受了"陌生人-王"的统治，而由于彭氏这个权威群体到了此时已介于我们可称之为"内外"（即"土著"与其"外部"）和"上下"（即超出"土著"范围的等级关系）之间，其统治得到了长期延续。

七

《湘西北的"土家"与古代的巴人》梳理了土家族形成史。在该文中，潘先生指出，土家族有一个"古代史"，有个未有"土家"这一他称之前的巴人（或巴子国）史。唐末以前的巴人，虽亦从异地迁徙而来，但有其自主的政治组织与社会生活形态。当时的巴人，更接近于"自然民族"的情形；到了彭氏进入湘西北地区之后，土

1　潘光旦:《湘西北的"土家"与古代的巴人》，载《潘光旦民族研究文集》，北京：民族出版社1995年版，第306页。

2　潘光旦:《湘西北的"土家"与古代的巴人》，载《潘光旦民族研究文集》，北京：民族出版社1995年版，第206页。

家族就渐渐形成了。此时，土家不再是一群与世隔绝的"土著"，不再是不受人为政治干预的人群；相反，如果说巴人的"古代史"后面又出现了个"土家族"，那么，这个民族是具有某种复合性的。

写作《湘西北的"土家"与古代的巴人》一文时，潘先生承担着民族识别的任务，但他并没有因为有这个政治上的使命而忘却学者本分。

为了实现比旧社会更平等的民族关系，潘先生认为，土家这个民族的确应被认可为一个单一民族，而为了承认其为单一民族，便有必要对于"土家"的"土"字出现以前更为"原始""自主"的巴人史加以考察，说明土家人的祖先在那个阶段有自己的自称、聚居地、信仰、姓氏及政治组织。但与此同时，潘先生指出，在承认其民族的单一性时，我们却又不应忘记，"历史上绝大部分的巴人，今日湘西北'土家'人的一部分祖先也不例外，在发展过程中，变成了各种不同程度的汉人，终于与汉人完全一样，成了汉族的组成部分"。[1]

潘先生认为，巴人渐渐被纳入中原族类的视野，受其影响乃至统治的过程，恰也可以说是巴人成为土家族的历史过程。

潘先生将这一过程与唐末以后历史大势的转型相联系，在大历史的氛围内考察土家认同的生成，这无疑堪称一种民族学的文化复合结构论。

潘先生是在一个特殊年代中书写湘西北的历史的，他不可能完全摆脱心态上的矛盾。他一方面热切呼应着新政府的号召，诚恳接纳土家人成为一个单一民族，并为此将土家的历史上溯到巴人的"古代史"中，另一方面，他却又本着知识分子的良知而充分意识到了这些号召与愿望的特殊历史性。

1　潘光旦：《湘西北的"土家"与古代的巴人》，载《潘光旦民族研究文集》，北京：民族出版社1995 年版，第 165 页。

何以在号召、愿望与学术研究的本分之间找到一个平衡？这一问题必然困扰过潘先生。潘先生无不尽力克服矛盾，将本具有结构关系论色彩的土家族形成史化作对于封建王朝不合理的民族政策的批判，对公正、合理的新民族政策加以展望。

在1951年发表的《检讨一下我们历史上的大民族主义》一文中[1]，潘先生已为此类研究作了理论的铺垫。如上所述，"检讨一下我们历史上的大民族主义"对古代民族关系的政治作了"朝贡的解释"，指出，既往民族政策的历史限度是，"一方面我们责成少数民族向我们'朝贡'，一方面对凡来'朝贡'的人，我们除摆出所谓'上国衣冠'的吓唬人的场面而外，自还有一番回答的礼教"。[2]"辛亥革命以后，'朝贡'政策是没有了，但所以造成'朝贡'政策的大民族主义还留下很多的残余。"[3]

如果说潘先生所说的历史上的"少数民族成分"有各自的政治组织，成其各自的社会，那么，也可以说，整体中国必定是一个超政治组织的政治组织、"超社会的社会"。[4]在这样一个宏大的政治组织和社会中处理诸政治组织与诸社会之间的关系，"旧社会"的王朝积累了一套办法。在潘先生笔下，这套办法都与"朝贡"这两个字有关，是礼教的一种延伸，其本质内容是文化的。从潘先生运用的词汇看，他早已深知，这一"文化体系"与"夷夏"这两个字渊

1　潘光旦：《检讨一下我们历史上的大民族主义》，载《潘光旦民族研究文集》，北京：民族出版社1995年版，第146—159页。

2　潘光旦：《检讨一下我们历史上的大民族主义》，载《潘光旦民族研究文集》，北京：民族出版社1995年版，第156页。

3　潘光旦：《检讨一下我们历史上的大民族主义》，载《潘光旦民族研究文集》，北京：民族出版社1995年版，第157页。

4　王铭铭：《超社会体系——文明人类学的初步探讨》，载王铭铭主编：《中国人类学评论》第15辑，北京：世界图书出版公司2010年版。

源很深："朝贡"是处理"夷夏"关系、确立"文野之别"的方法。1951 年之前，潘先生的政治态度有过多次变化，但到 1951 年，他似乎已全然接受了新的政治价值观，也因此，他才可能对"旧社会"处理民族之间关系的做法进行批判。从现代人类学的伦理准则看，作为一位汉族知识分子，潘先生有此对于本文化偏见的检讨，本是应该的，其由此对其所处的"帝国体系"加以"解构"的努力，本也是可取的。然而，生活在竭力从旧社会转身而出的新社会中，潘先生对于历史的未来怀有美好的想象。在他的脑海中，旧社会种种"大民族主义"的民族政策，在新社会似乎都有希望得到替代，而民族研究者能助力于"万象更新"，是一件难得的幸事。

潘先生一面务实地接受"土家"这个带有大民族主义色彩的他称，一面悉心复原这一族类的"远古史"，悉心认识其在古史上的政治自主性。在他笔下，唐末以后，巴人成为土家的过程获得了双重意义。一方面，从民族识别工作的实务需要看，这一过程造就的"土家"称谓，应当被接受；另一方面，接受这一称谓不应意味着接受称谓背后的历史，因为它背后的历史，与应得到"检讨"的大民族主义紧密相关，是古代王朝将"少数民族成分"或"自然民族"纳入其不平等的"朝贡体系"之下的过程。

生活在那个特殊的年代，富有浪漫激情的潘先生无暇顾及思考他兴许已感觉到的问题：新社会即使能从旧社会的大民族主义中脱胎换骨，也不能改变其命运，因为，它依旧是一个"超政治组织的政治组织""超社会的社会"。舍弃旧社会处理"夷夏关系"的文化方法，意味这新社会必须采取一套非文化的策略来维系这一关系。

舍弃"夷夏关系"的文化内涵，必然致使这一关系空前地获得越来越多的实质的政治经济属性，而这些属性，同样具有难以克服的等级主义本质，甚至可能使之混杂于新国家的政治经济体系中，成为更实质化的体制。

八

在急切地盼望着革新的年代，沉思中的心态矛盾往往难以阻止实践中的急切选择。相信"我们终于有了把握，足以克服我们根深蒂固的大民族主义"[1]，潘先生于1956年夏、冬两季进入了他对于土家的田野考察。

在研究土家期间，潘先生与祖籍湘西溆浦、怀疑自己属于"土著"或"土族"的著名学者向达先生有了交往。

向达先生小潘先生一岁，1930年代致力于敦煌俗文学写卷和中西文化交流等领域的研究，是中西交通史及中国西北史地研究方面的名家。1949年后，向达任北京大学教授、图书馆馆长、中国科学院历史所第二所副所长兼学部委员等职。

1956年下旬，潘、向实现了同去湘西考察的愿望，于5月20日，与时任全国人民代表大会代表田汉、翦伯赞，全国政协委员周凤九、李祖荫先生同行，由京南下。在长沙逗留几日之后，二人结伴前往湘西。

向先生除了关注自己的祖籍为何的问题之外，更关注湘西1950年代的社会经济状况及知识分子状况，在后一方面，与潘先生有诸多共识。

1　潘光旦:《检讨一下我们历史上的大民族主义》，载《潘光旦民族研究文集》，北京：民族出版社1995年版，第158页。

　　6 月 4 日之前，潘、向一起活动。6 月 4 日向达前往溆浦，6 日到麻阳水乡，8 日到怀化，9 日到晃县，10 日到安江，后由安江取道邵阳、湘潭，回到长沙。潘先生则一共访问了湘西七个县（吉首、凤凰、花园、古丈、保靖、永顺、龙山），前后走了四十二天。潘先生计划通过此行"取得一些实践的认识"，结合视察与民族团结工作，促进中央民族学院研究部民族实地考察工作的常规化，解决"土家"是否为单一民族的问题。潘先生在 1956 年 7 月 25 日写出了《访问湘西北"土家"报告》，1956 年 11 月 15 日将之刊登于《政协会刊》第 15 期上。在报告中，潘先生对"土家"人的自称、人口与其聚居程度、语言与其使用程度、汉土关系、"土家"人的民族要求等进行了清晰的说明。关于"土家"的民族成分的问题，他做的结论是，"无论从民族理论、民族政策、客观条件、主观要求等方面的哪一方面来说，'土家'应该被接受为一个兄弟民族，不应再有拖延，拖延便有损党与政府的威信"。鉴于地方干部对于这一问题尚有争议，潘先生建议，"在明令承认'土家'为一少数民族之前，中央必须对湖南省与湘西苗族自治州的领导同志进行教育与说服工作"。[1]

　　《湘西北的"土家"与古代的巴人》一文，展现的是潘先生对于时间的跨越，从土家在 1950 年代的民族识别问题的这一当下时间出发，前往古代史的过去时间，最后又回归于民族识别问题的这一当下时间。而潘先生的湘西北之行，则可以说是一种空间的跨越。他的出发点是此处，即中央民族学院研究部，他的行程是条穿梭于不同地点的线，所穿梭的区域，可谓彼处，即土家人居住的区域，他的终点还是此处。

1　潘光旦：《访问湘西北"土家"报告》，载《潘光旦民族研究文集》，北京：民族出版社 1995 年版，第 160—330 页。

　　若说潘先生的民族史研究与历史学研究的时间穿越规程一致，那么，他的调查则与人类学空间穿越的规程一致。

　　然而，这两种穿越却都是别致的。就潘先生的民族学式调查来看，他的空间穿越也不同于一般的田野工作。

　　潘先生不是人类学所谓的"田野工作者"，他去往土家地区时，身份并不单一。如其在《访问湘西北"土家"报告》[1]中明确表明的，他既是"作为一个科学研究工作者"而去的，又是"作为一个视察人员"而去的。作为一个科学研究工作者，他"想把研究所得和实地考察所得，对证一下，改正其中的错误，补充其中的不足"[2]，作为一个视察人员，其出行的意图是，"去了解一下，'土家'人自己所提出的确定民族成分的要求，究属普遍到什么程度"。[3]作为一个田野工作者兼全国政协民族组的负责人之一，潘先生的调查不单纯是民族志田野工作，而兼有田野工作与视察的双重性。由此，他的调查便有了不同一般的风格。

　　一般的人类学"田野工作"，讲究与被研究者共同居住与作息，通过参与生活，观察所研究地的情景与事件，聆听被研究者的"声音"，学者用被研究者的语言说话、用他们的"逻辑"思考。"田野工作"的宗旨，是为了以被研究者的"思维方式"为基础，理解所研究人群与地方的社会体制的总体面貌。对于"土著"，一般人类学者依然还是居高临下，但他们在所到之地，至少需要虚伪地作平等

1　潘光旦：《访问湘西北"土家"报告》，载《潘光旦民族研究文集》，北京：民族出版社1995年版，第331—352页。

2　潘光旦：《访问湘西北"土家"报告》，载《潘光旦民族研究文集》，北京：民族出版社1995年版，第332页。

3　潘光旦：《访问湘西北"土家"报告》，载《潘光旦民族研究文集》，北京：民族出版社1995年版，第332页。

待人状，即使承认研究者与被研究者之间及被研究者内部有等级区分，也是要"大事化小、小事化了"。而潘先生的调查，因有其使命而并不追求这一人类学的"求全"和"齐平"，而是更现实地承认社会层次的种种差异。

潘先生的文章提供了一段"行程摘要"，对于其空间穿行的过程加以说明，接着，还对自己"访问的方式与方法"加以介绍。潘先生自己把"访问的方式"归纳为如下几类：

（1）听取报告；
（2）小型座谈；
（3）个别叙话；
（4）逢人便问；
（5）转接信件。

"报告"是指下级地方首长和机关负责人对于从中央来的政协民族组负责人的自下而上的"汇报"，有上下等级之分；而"小型座谈会"，主要是与土家师生及从事不同行业的人员交流，是"上对下"，但采取的方式是比较平等的。潘先生在调查和视察中，还约那些曾经给他本人或他负责的单位写过信、要求政府承认土家为单一民族或介绍土家历史传说、风俗习惯者来进行"个别叙话"，从其所列表格看[1]，与他有"个别叙话"者，有十一人，其中仅有一人是农民，其他均为教师与地方干部。潘先生一路经过不少地方，碰见会说土家话的，就与之攀谈，这方面的谈话也是平等交流。"转接信件"也是调

---

[1]　潘光旦：《访问湘西北"土家"报告》，载《潘光旦民族研究文集》，北京：民族出版社 1995 年版，第 336—337 页。

查和视察的一个环节。潘先生自己对此有段说明，他说：

> 此行，特别是在龙山、永顺，我一趟收到了 18 封信，要我带转送给毛泽东主席和刘少奇委员长。写信的人似乎对全国政协还不大熟悉，以为视察人员全都是人民代表，所以一面总是称呼我为代表，一面也没有一封给政协主席周恩来同志的信。在这一点上政协还须做一些宣传。这 18 封信的寄者中有农民、职工、教师、学生，有独自一人署名的，有联合若干人署名的，也有用学校班级或机关部门的全体"土家"人的名义出面而不写具体姓名的。这些信件，我归后便交政协秘书处了。[1]

潘先生有双重身份、双重使命，他的访问所得也是双重的。他的那份当时未刊的"访问所得"，侧重对他的《湘西北的"土家"与古代的巴人》一文提出的有关历史、信仰、形式等方面的看法加以对证和补充，而公开发表的"访问所得"，则侧重说明土家人的自称、人口与聚居程度、语言、汉土关系、土家人的民族要求等此类公务所需的论据。从这几个方面，潘先生都对土家成为单一民族的意见给出了正面的结论。

九

在《访问湘西北"土家"报告》的引言部分，潘先生已说明他的这次考察想达到的目的还有一个，即，"作为一个科学工作者，也

1　潘光旦：《访问湘西北"土家"报告》，载《潘光旦民族研究文集》，北京：民族出版社 1995 年版，第 337 页。

作为一个视察人员，我有权利知道，为什么这问题久悬不决。"[1] 出发之前两三年，潘先生已再三听说，"湖南省与湘西苗族自治州的领导方面不同意对这问题做出肯定的结论来"，这就使他想知道，"这究竟是不是事实？如果是，原因何在？"[2] 潘先生认为，"土家"应该被尽快接受为一个单一民族[3]，他还建议由土家人自己选择到底是用"土家"还是用"比兹卡"为族称，建议建立土家族自治区。但与此同时，潘先生经过调查已经认识到，"湖南省与湘西苗族自治州的领导方面不同意对这问题做出肯定的结论来"此事属实。[4]

潘先生虽主张土家成为一个民族，但对于历史上复杂的族间关系却是有认识的。

1949 年以前，土家把汉人称为"客家"，他们与汉人之间的关系不好，土汉之间也基本不通婚，这些说明土家与汉人不属于同一个共同体。潘先生指出，从东汉到宋元，汉族的历史文献把湘西北的非汉民族统称为"蛮"，宋元以后。名称分化为"土"与"苗"，"蛮"字在文献上少见了。宋代到清初，湘西北有汉（当时称"客家"）、土、苗三个共同体，三者之间的关系大致是，"中原统治者有形无形地利用了'土家'的统治阶层来约束'苗人'"。[5] 在说明其

1　潘光旦：《访问湘西北"土家"报告》，载《潘光旦民族研究文集》，北京：民族出版社 1995 年版，第 332 页。

2　潘光旦：《访问湘西北"土家"报告》，载《潘光旦民族研究文集》，北京：民族出版社 1995 年版，第 332 页。

3　潘光旦：《访问湘西北"土家"报告》，载《潘光旦民族研究文集》，北京：民族出版社 1995 年版，第 349 页。

4　潘光旦：《访问湘西北"土家"报告》，载《潘光旦民族研究文集》，北京：民族出版社 1995 年版，第 350 页。

5　潘光旦：《访问湘西北"土家"报告》，载《潘光旦民族研究文集》，北京：民族出版社 1995 年版，第 344 页。

关于湘西苗族自治州的有关领导不同意土家成为一个单一民族的原因时，潘先生进一步说，"解放前，在很长的一个年代里……苗族确乎是吃过'土家'土司、地主、富农、商人的亏的"。[1] 这些片段的信息兴许意味着，潘先生深知，土家是介于汉与苗之间的一个特殊共同体，其社会内部分化为不同阶级，其"统治阶层"被"中原统治者"利用来治理"苗乱"，维持区域社会秩序。

土家这个共同体，尤其是其上层，似乎可以说构成了中原"边墙"之外的又一道"界线"，是介于汉与苗之间的一个中间层次。这一共同体与社会层次的合一现象，本是历史上中原四周边疆的常态，但到了中央号召建立民族自治区之时，它一时成为问题。一个被我称为"中间圈"的组成部分的"共同体"[2]，固然一方面不同于中原，另一方面有别于被华夏认为是"生蛮"的"少数民族"，而由于这一"圈子"里的人群，仍是共同体，因而亦可视作民族。唐末以后的土家，是典范的中间圈群体，他们的这一中间属性，用简单化的、非此即彼的民族观来解释是不够的。这点可从潘先生后来抄录的《明史》卷三一〇《土司列传·湖广土司》一段加以说明：

> 永顺，汉武陵、隋辰州、唐溪州地也。宋初为永顺州。嘉祐中，溪州刺史彭仕羲叛，临以大兵，仕羲降。熙宁中，筑下溪州城，赐名会溪。元时，彭万潜自改为永顺等处军民安抚司。
>
> 光旦：唐末，彭氏入主溪州，为此族历史上最大关键，不予叙及，是大疏漏。

1　潘光旦：《访问湘西北"土家"报告》，载《潘光旦民族研究文集》，北京：民族出版社1995年版，第550页。

2　王铭铭：《中间圈："藏彝走廊"与人类学的再构思》，北京：社会科学文献出版社2008年版。

洪武五年，永顺宣慰使顺德汪伦、堂崖安抚使月直遣人上其所受伪夏印，诏赐文绮袭衣。遂置永顺等处军民宣慰使司，隶湖广都指挥使司。领州三，曰南渭，曰施溶，曰上䨲；长官司六，曰腊惹洞，曰麦著黄洞，曰驴迟洞，曰施溶溪，曰白崖洞，曰田家洞。

光旦：顺德汪伦、月直，疑俱蒙古化之名字。

光旦：麦著黄，麦著，土家自称，黄，姓，犹云黄姓土家。

［洪武］九年，永顺宣慰彭添保遣其弟义保等贡马及方物，赐衣币有差。自是，每三年一入贡。

永乐十六年，宣慰彭源之子仲率土官部长六百六十七人贡马。

宣德元年，礼部以永顺宣慰彭仲子英朝正后期，请罪之。帝以远人不无风涛疾病之阻，仍赐予如例。总兵官萧绶奏："酉阳宋农里石提洞军民被腊惹洞长谋古赏等连年攻劫，又及后溪，招之不从，乞调兵剿之。"谋古赏等惧，愿罚人马赎罪。乃罢兵。

光旦：施州卫有"刺惹"长官，似属散毛，此与"腊惹"不知是一是二，然施州下于刺惹之所以为一长官司未交代，疑是邻近散毛，而蓝玉于攻克散毛时殃及之者。是则二者或一事也。

光旦：谋古赏之"赏"即它处之"什用""踵"，亦有作"送"者，皆首领之尊称，土家语也。

正统元年，命彭仲子世雄袭职。

天顺二年谕世雄调土兵会剿贵州东苗。

成化三年，兵部尚书程信请调永顺兵征都掌蛮。

［成化］十三年以征苗功，命宣慰彭显英进散官一阶，仍赐敕奖劳。

光旦：此苗何苗，未详（参"［巴］（酉阳）——沿革"成化十三年下，据《宪宗实录》为同一事）。

[成化]十五年免永顺赋。

弘治七年，贵州奏平苗功，以宣慰彭世麒等与有劳，世麒乞升职。兵部言非例，请进世麒阶昭勇将军，仍赐敕褒奖。从之。

[弘治]八年，世麒进马谢恩。

[弘治]十四年，世麒以北边有警，请帅土兵一万赴延绥助讨贼。兵部议不可，赐敕奖谕，并赐奏事人路费钞千贯，免其明年朝觐，以方听调征贼妇米鲁故也。

光旦：一般不以南方土兵北调，明末始调以抵御满洲，乃出于万不得已。

正德元年以世麒从征（米鲁？）有功，赐红织金麒麟服。世麒进马谢恩。

[正德]二年，[世麒]进马贺立中官。命给赏如例。

五年，永顺与保靖争地相攻，累年不决，诉于朝。命各罚米三百石。

六年，四川贼蓝廷瑞、鄢本恕等及其党二十八人倡乱两川，乌合十余万人，僭王号，置四十八营，攻城杀吏，流毒黔、楚。总制尚书洪锺等讨之，不克。已而为官军所遏，乏食，乃佯听抚，劫掠自如。廷瑞以女结婚于永顺土舍彭世麟，冀缓兵。世麟伪许之，因与约期。廷瑞、本恕及王金珠等二十八人皆来会，世麟伏兵擒之，余贼溃渡河，官兵追围之，擒斩及溺死者七百余人。总制、巡抚以捷闻……论者以是役世麟为首功云。

[正德]七年，贼刘三等自遂平趋东皋，宣慰彭明辅及都指挥曹鹏等以土军追击之，贼仓卒渡河，溺死者二千人，斩首

八十余级。巡抚李士实以闻。命永顺宣慰格外加赏，仍给明辅诰命。

十年，致仕宣慰彭世麒献大木三十，次者二百，亲督运至京；子明辅所进如之。赐敕褒谕，赏进奏人钞千贯。

十三年，世麒献大楠木四百七十，子明辅亦进大木备营建。诏世麒升都指挥使，赏蟒衣三袭，仍致仕；明辅授正三品散官（按宣慰使从三品，此逾格矣），赏飞鱼服三袭，赐敕奖励，仍令镇巡官宴劳之。……世麒辞赏，请立坊，赐名曰表劳。会有保靖两宣慰争两江口之议，词连明辅，主者议逮治。明辅乃令蛮民奏其从征功，悉辞香炉山［之役］（是镇压布依者）应得升赏，以赎逮治之辱。部议悉已之。

嘉靖六年，［以］擒岑猛功，免应袭宣慰彭宗汉赴京，而加宗汉父明辅、祖世麒银币。

光旦：岑猛之擒，似为其岳父岑璋之力，何关彭氏，所不解。

［嘉靖］二十一年，巡抚陆杰言："酉阳与永顺以采木仇杀，保靖又煽惑其间，大为地方患。"乃命川、湖抚臣抚戢，勿酿兵端。是年，免永顺秋粮。

三十三年冬，调永顺土兵协剿倭贼于苏、松。

［三十四］年，永顺宣慰彭翼南统兵三千，致仕宣慰彭明辅统兵二千，俱会于松江。时保靖兵败贼于石塘湾。永顺兵邀击，贼奔王江泾，大溃。［论功，］保靖兵最，永顺次之，帝降敕奖励，各赐银币，翼南赐三品服。先是，永顺兵剿新场倭，倭故不出，保靖兵为所诱遽先入，永顺土官田菑、田丰等亦争入，为贼所围，皆死之。议者皆言督抚经略失宜，致永顺兵再战再北。及王江泾之战，保靖犄之，永顺角之，斩获一千九百

余级，倭为夺气，盖东南战功第一云。……翼南遂授昭毅将军。已［而］升右参政管宣慰事，与明辅俱受银币之赐。

时保、永二宣慰破倭后，兵骄，所过皆劫掠，缘江上下苦之。御史请究治，部议以土兵新有功，遽加罚，失远人心，宜谕责之。并令浙、直（南直隶也）练乡勇，嗣后不得轻调土兵。

四十二年以献大木功再论赏，加明辅都指挥使，赐蟒衣，其子掌宣慰司事右参政彭翼南为右布政使，赐飞鱼服，仍赐敕奖励。

［嘉靖］四十四年，永顺复献大木，诏加明辅、翼南二品服。

万历二十五年，东事（朝鲜受日本侵略）棘，调永顺兵万人赴援。宣慰彭元锦请自备衣粮听调，既而支吾，有要挟之迹。命罢之。

三十八年赐元锦都指挥衔，给蟒衣一袭，妻汪氏封夫人。

四十七年，永顺贡马后期，减赏。兵部言："前调宣慰元锦兵三千人援辽（此为御满洲），已半载，到关者仅七百余人。"命究主兵者。

四十八年进元锦都督佥事。先是，元锦以调兵三千为不足立功，愿以万兵往。朝廷嘉其忠，加恩优渥。既而檄调八千，仅以三千塞责，又上疏称病，为巡抚所劾，得旨切责。元锦不得已行，兵抵通州北，闻三路败衄，遂大溃。于是巡抚徐兆魁言："调永顺兵八千，费逾十万，今奔溃，虚縻无益。"罢之。[1]

在抄录史料时，潘先生写了不少批注。从这些批注看，潘先生

1　潘光旦：《中国民族史料汇编：〈明史〉之部》下卷，天津：天津古籍出版社 2007 年版，第 852—855 页。

当年既十分关注土家的"当地性"，又十分关注诸如外来的彭氏对于其"当地性"形成的重要影响，其抄录的文献，则生动地呈现出明代永顺土司的内外上下关系。

永顺自汉有行政设置，宋设永顺州，但其地方长官彭氏，时服时叛，元时，开始设军民安抚司，明初，延续了元代体制，置永顺等处军民宣慰使司，隶湖广都指挥使司。彭氏属下的"共同体"，被皇帝称作"远人"，但又与其他"远人"有所不同。其宣慰使司长官是世袭的，与朝廷有朝贡关系（贡品包括马匹、木材等），但其纳贡并不总是按照朝廷规定行事。例如，宣德元年，"永顺宣慰彭仲子英朝正后期"。另外，宣慰使司下的"洞"这一级地方，相互之间有时会产生斗争，此时，朝廷能起以兵威解决斗争的作用。土司对内起维持秩序的作用，对外，其属下的将士，可被朝廷调用于镇压"苗乱"。如，"天顺二年谕世雄调土兵会剿贵州东苗"，"成化三年，兵部尚书程信请调永顺兵征都掌蛮"。土司所属军队，也被用以勘定周边州县的动乱（如四川"贼"蓝廷瑞等领导的叛乱），甚至用以"远征"。在"远征"方面，嘉靖三十三年冬，"调永顺土兵协剿倭贼于苏、松"；又如万历二十五年，"东事（朝鲜受日本侵略）棘，调永顺兵万人赴援"。

帝制晚期中间共同体与少数民族之别，正是新中国成立之初这一共同体的"民族识别问题"的根源。而潘先生基于彭氏进入之前的状况之考察认为，10世纪之前，巴人是作为一个有自己的社会和政治组织的人群存在的，其上层并未成为中原统治者用以勘定其文化边疆的手段，因之，其本来面目是一个"民族"。有鉴于此，他认为，应充分承认土家的单一民族性。

关于土家"民族识别问题"的由来，潘先生还观察到另一缘由，这便是民族之间的利益之争问题。他看到，湖南地方领导怕承认土家为一个单一民族后"事情不好办"。具体而言：

> 承认以后，自治的问题就来了。自治区必须改组。两个民族联合搞罢，则"土家"知识分子多于苗族，人口可能也多些。人事上的重新安排就不简单。分开搞罢。则北4县的人口（100万）多于南6县（70万），面积也大些，物产也多些，分后的苗族自治州的发展显然受到很大的限制，苗族又要吃亏，这就结合到了第一点的"怕"。[1]

到1956年5月，除潘先生参与的政协民族组之外，中共中央也派出以民委的谢鹤筹为组长的中央土家族别调查组，该组的主要使命是通过交流来统一中央与地方有关部门对土家族民族成分识别的认识与意见。到当年10月，中央已同意土家族为单一民族，并将这一意见通知了湖南地方政府。

十

1956年11月，潘光旦再度以全国政协委员的身份前往鄂西南、川东南的土家地区。在《文汇报》记者杨重野、《新观察》记者张祖道的陪同下，他行走共计六十五天，路线为武汉—宜昌—长阳—奉节—万县—重庆—綦江—武隆—彭水—酉阳—秀山—黔江—恩施—

1　潘光旦：《访问湘西北"土家"报告》，载《潘光旦民族研究文集》，北京：民族出版社1995年版，第351页。

利川—宣恩—咸丰—来凤—建始—巴东—宜昌。[1]潘先生 11 月 26 日抵达湖北,"钻进盘亘在川湘鄂边界的武陵山区,一整天一整天的穿行在绵延不断、起伏不定的高山、深谷、丛林、雪海中,一个县一个县的调查、访问、座谈、寻觅、识别土家人,采集各种资料。直到 1957 年 1 月 31 日方才顺利结束此行"。[2]1956 年底 1957 年初,随潘先生前往鄂西南、川东南的张祖道先生行程中写下了详实的日记,拍摄了大量照片。2008 年,张先生发表了他的这些日记,并有选择地公开了当时他所拍摄的照片,他的《1956,潘光旦调查行脚》详实地记述了调查中的潘先生的风貌,为我们了解 1950 年代民族识别研究的一个重要局部提供了重要的"目击者证据"。

在潘光旦结束旅程之前,中央已于 1 月 3 日正式完成其批准土族为单一民族的文件;而潘先生在鄂西南、川东南之行结束之后不久,1957 年 3 月 18 日,即与向达一道在政协第二届全国委员会第三次全体会议上联合发言,题为《湘西北、鄂西南、川东南的一个兄弟民族——土家》[3],结合 1956 年夏冬两季湘西北、鄂西南、川东南的调查,提出了有关民族工作的建议,涉及民族政策的宣传教育问题、成立"土家"自治区的问题、"土家"与"土家"自治区域应有的正式名称问题及"土家"地区的进一步调查问题。不到一周,1957 年 3 月 24 日,《人民日报》刊登发言全文,且附向、潘二人合影,引起了广泛重视。土家被接受为单一民族,当年 9 月,湘西土家族苗族自治州得以成立。

1　潘乃谷:《情系土家研究》,载张祖道:《1956,潘光旦调查行脚》,上海:上海锦绣文章出版社2008 年版,第 252—257 页。

2　张祖道:《后记》,载《1956,潘光旦调查行脚》,上海:上海锦绣文章出版社 2008 年版,第258—262 页。

3　向达、潘光旦:《湘西北、鄂西南、川东南的一个兄弟民族　土家》,载《潘光旦民族研究文集》,北京:民族出版社 1995 年版,第 353—362 页。

十一

　　潘光旦先生 1953 年接受土家民族识别研究任务，1956 年见证了土家被承认为一个单一民族。几年之间，他写下了一系列关于土家族的族源与文化的著述，主要包括《湘西北的"土家"与古代的巴人》（1955）、《访问湘西北"土家"报告》（1956）及《湘西北、鄂西南、川东南的一个兄弟民族——土家》（1957）。加上 1956 年未刊的《1956 年 6 月实地访问所得》[1]，及潘光旦先生为了研究土家族的历史而抄录的史料卡片，这一系列学术之作，从一个重要的侧面反映了 1950 年代学科的面貌。

　　1950 年代之前，民族志在中国学界或被定义为与"比较的民族学"相对的"描述的民族学"[2]，或被等同于民族学，或被融入于社会学的社区研究[3]。在 1930 年代之后的一个阶段，主张以"自然民族"为研究单位的民族学家与主张以社区为研究单位的社会学家，在关于何为民族志的理想状态这一问题上产生过严重的分歧：以中央研究院为中心的民族学派及受欧陆民族学传统影响的其他民族学家，多倾向于结合历史研究与实地考察来复原所研究的"民族群体"的文化全貌[4]，而以燕京大学为中心的社会学派则相信，只有借助规范的社区研究法，才可能对汉人乡村、少数民族"部落"及海外社会加以比较研究。[5]

1　潘光旦：《1956 年 6 月实地访问所得》，载《潘光旦文集》第 10 卷，北京：北京大学出版社 2000 年版，第 511—518 页。

2　蔡元培：《说民族学》，载《蔡元培民族学论著》，台北：中华书局 1962 年版，第 1—21 页。

3　杨堃：《民族学与社会学》，载《社会学与民族学》，第 44—64 页。

4　凌纯声：《松花江下游的赫哲人》，南京：中央研究院 1934 年版。

5　吴文藻：《现代社区实地研究的意义与功用》，《社会学研究》1935 年第 66 期，引自《吴文藻人类学社会学研究文集》，北京：民族出版社 1990 年版，第 144—150 页。

到了 1950 年代，中国有了杰出的民族学研究机构——中央民族学院研究部。该部的不少历史学方面的成员，早已是坚定的历史唯物主义者，而本来非历史唯物主义者的社会学家、民族学家与语言学家，也在展开民族识别研究之前受过思想改造。如此看来，该部之学术，实有浓厚的马克思主义民族学特征。不过，这一特征也并非研究部学术的全部。这个研究机构的研究亦兼容了以往学界存在的不同学派的风格。在其民族识别研究中，学者们采用的方法，既有社区研究法的因素，又有民国民族学派运用过的方法。

曾对当时的民族工作起到过引领作用的费孝通先生回忆说：

> 在解放初我们可以用作参考的民族理论是当时从苏联传入的。当时苏联流行的民族定义，简单地说就是"人们在历史上形成的一个有共同语言、共同地域、共同经济生活以及表现于共同文化上的共同心理素质的稳定的共同体"。这个定义是根据欧洲资本主义上升时期所形成的民族总结出来的。这里所提出的"在历史上形成"这个限词，就说明定义里提到的四个特征只适用于历史上一定时期的民族，而我们明白我国的少数民族在解放初期大多还处于前资本主义时期，所以这个定义中提出的四个特征在我们的民族识别工作中只能起参考的作用，而不应当生套硬搬。同时我们也应当承认，从苏联引进的理论确曾引导我们从这个定义所提出的，共同语言、共同地域、共同经济生活、共同文化上的心理素质等方面去观察中国各少数民族的实际情况，因而启发我们有关民族理论的一系列思考，从而看到中国民族的特色。[1]

1　费孝通：《简述我的民族研究经历与思考》，载《论人类学与文化自觉》，北京：华夏出版社 2004 年版，第 156 页。

是什么观念更深刻地影响着 1950 年代中国的民族识别研究者？对此，费先生也作了说明：

> 从我在民族地区实地和少数民族接触中体会到，民族不是一个由人们出于某种需要凭空虚构的概念，而是客观存在的，是许多人在世世代代集体生活中形成、在人们的社会生活上发生重要作用的社会实体。[1]

倘若苏式民族学中的民族是指"政治民族"，那么，当年中国民族识别研究更侧重有传统集体生活的"社会实体"，此类社会实体，本可被理解为民国民族学意义上的"自然民族"。

以潘先生的土家民族识别研究为例，这项研究无疑有苏式民族定义的印记。潘先生的研究框架，确由共同语言、共同地域、共同经济生活、共同文化上的心理素质等项目构成，也确重视民族的政治性，但潘先生力求在考察土家的"前身"巴人中，追溯"政治民族"的"自然前身"，且力求务实地依赖汉文文献，对所划定的土家区域文化特征的来龙去脉及内外上下关系加以深入研究。

无论是民国民族学，还是 1950 年代的民族识别研究，都对古代构成民族关系的重要环节的羁縻制度、土司制度有敌意。然而，在这两个阶段中，对此类体制的敌意，却来源于对其政治作用的不同判断。

1950 年代之前，民族学家论及这些古代制度时，多认为这些古代制度因由"分化"的作用，而妨碍中央对"边疆"的直接统治，

1　费孝通：《简述我的民族研究经历与思考》，载《论人类学与文化自觉》，北京：华夏出版社 2004 年版，第 156 页。

因之，不再适宜新世纪的国族建设，应在政治上加以清除。以凌纯声先生的《中国边政之土司制度》为例[1]，该文为中国民族学土司制度研究的经典之作，它全面概括了土司制度的流变史，既集中考察了元明土司制度的内容，还追溯了其起源及清初"改土归流"之后的衰变。尽管凌先生深知，各省土司情形特殊，推行改革，只有因地制宜，但他却明确地提出，"政权必须统一于中央"。[2]对于土司政治的历史，他作了如下判断：

> 夫自明清以来，土司政治向列入于中国之内政，然土司政制实与内政迥异。且在清代又创立流土分治之法，虽以土司隶于流官，在名义上流官与土司有隶属之关系，实则流土各自为政，流官则以其为土司而漠视之，土官亦自以为土司而不受一般法令之管束。其流弊所至……故土司制度演变至今，实已成为部落而封建兼备之制，以土司为虚名，实行部落部酋之统治，较之盟旗之外藩旗制，有过之无不及。目下中国政治统一，此种"不叛不服之臣"，当不能使其继续存在，听其逍遥于政府法令之外，急应加以改革，令其就范。[3]

凌先生视"边政"上的土司制度为不利于统一的分化力量，甚至视改土归流之后的"土流分治"为"部落而封建兼备之制"。

1　关于凌纯声先生的民族学，参见李亦园：《凌纯声先生的民族学》，载《李亦园自选集》，上海：上海教育出版社 2002 年版，430—438 页。

2　凌纯声：《中国边政之土司制度》，载《中国边疆民族与环太平洋文化：凌纯声先生论文集》，台北：联经出版事业股份有限公司 1979 年版，第 138 页。

3　凌纯声：《中国边政之土司制度》，载《中国边疆民族与环太平洋文化：凌纯声先生论文集》，台北：联经出版事业股份有限公司 1979 年版，第 137—138 页。

潘先生也对土官、土司及"改土归流"作了不少研究。不过，与凌纯声先生不同，他认为此类体制不仅不起分化作用，而且是中原为了直接控制"少数民族成分"而设的。

潘先生与凌先生在土家研究上有分歧，二者对于这一共同体的文化特征有不同认识，对于如何处理此一共同体的内外上下关系也有不同认识。潘先生笔下的土家，远比凌先生笔下的"土人"更像一个"民族"，潘先生笔下的土官与土司体制，远比凌先生笔下的土官与土司更像是一种"中央化"的力量。潘先生与凌先生一样，对于土司制度有排斥心态，但二者处置此制度的方式却完全不同：凌先生提供的"方略"，是将起分化作用的土司制度当作"中央化"的历史过去，而潘先生提出的主张，则是恢复"中央化"作用的土司制度实行之前"自然民族"的政治生活状态。

民族识别研究，从"五族共和"政策脱离出来，进入了民族区域自治政策的框架中，更加承认分立民族的历史本原。赞同民族区域自治主张的潘先生，不能不对于土家的历史有矛盾心态。他一面对土家形成的时间作界定，巴人的称呼消失于五代之后，其为与"土"字相关的称呼相联系，与巴人被纳入外来的统治之历程紧密相关。由此，他认为，土家族形成于唐末五代。与此同时，为了论证土家有构成单一民族的理由，潘先生对于唐末五代之前的巴人史给予了大量关注，其笔下的巴人恢宏的迁徙史给人一种史诗的印象，从一个侧面反映出潘先生对于"中原化"之前的巴人史的民族自主性的向往，及对于"旧社会"处理民族关系时显露出的"大民族主义"的严厉批判。

土官、土司，以至被凌纯声认定为名义上虽为流官实质上却依旧是土官的这些"人物类型"，本是帝制时代一种中间形态的

"边疆政治"模式，这一模式介于"合"与"分"之间，一方面的确如潘先生指出的那样，起着"中原化"的作用，另一方面，却亦如凌先生认为的那样，带有相当明显的"分化"作用。如潘先生指出的那样，这一模式来源于朝廷的政治理性，是一种控制古代边疆与"少数民族成分"的手段，但也与时而分裂时而统一的中国历史过程相联系，其形成，大抵为统一阶段的政治产物，其实践，则可能如在武陵山区出现的情况那样，与朝代末的纷乱及"华夏权贵"与分治王国之间的互动关系紧密相关。同时，如凌先生指出的，这一模式虽源于中央朝廷的政治理性，但是与中央朝廷无力全面控制边疆、实现充分的大一统或现代式全能国家之理想的局限性紧密相关的，因此它"事与愿违"，时常沦为"分化"的方式。帝制时代，国家尚未全能化，且并非帝王的最高政治理想（古代的政治理想是"天下"），这就使历史长期摆动于分与合之间，即使是在合的阶段，依然存在分的成分。兴许是因无法实现充分的合，或者是因为并不以近代式全能国家为政治理想，古代中国不仅长期处于分合之间，而且其大一统亦是以分合的互动论为特征的。

如此"分合互动论"，还有其另一面，这一面与不同"族类"本有的"合"以及大一统意义上的"合"之间的分合关系紧密相关。对此，潘先生从"图腾意识形态"的构成方式来进行富有启发的论述：

> 构成祖国的许多兄弟民族，起初是由合而分，各有其图腾与有关图腾的传统意识形态，后来是局部的由分而合，这些彼此矛盾的意识形态传统，也就取得了局部的统一。畲瑶

族类的槃瓠龙犬，是这种统一的一个例子，表示今日的瑶人畬民的祖先原属于犬图腾的一个族类，但在他们的发展期间，和属于蛇图腾族类的人，有过一定时期的接触、融合，由此，单纯的犬图腾成为龙犬图腾了。就我们当前的研究对象与中原族类的关系来说，是一个虎与蛇的矛盾；初期与局部的由分而合，通过伏羲与女娲的关系，通过凤虎云龙并提的说法，通过白虎与白帝的被纳入形而上的宇宙观，这种矛盾算是统一了的。在统一的形势下，青龙好，白虎也好。所以相传"王者仁而不害，则白虎见；白虎者，仁兽也"（陈继儒《虎荟》卷三引，出处待查）。所以白虎的出现是吉祥的，列入符瑞（例如，《宋书》，卷二八）驯至与巴人全不相涉的地方，也未尝不可以有白虎庙（例如广东揭阳县，见乾隆《揭阳县志》，卷一）。

但就后来长时期以内分道扬镳、各自发挥的不同的族类而言，这种有关图腾的意识形态也就各自发展、各自加强；而遇到族类彼此再有接触的时候，因而发生的矛盾也就加深了。同时，由于这时候各族的发展已经越来越不平衡，蛇、龙图腾的族类已成为中原的主要族类，凌驾于其他族类之上，解决矛盾之法，往往趋于漠视蛇、龙图腾以外的其他图腾，或者更硬性的想把前者替换后者。[1]

对于古代跨族关系，潘先生有时倾向于用阶级理论来解释，意

---

[1] 潘光旦：《湘西北的"土家"与古代的巴人》，载《潘光旦民族研究文集》，北京：民族出版社1995年版，第307—308页。

欲淡化民族之间的紧张关系，将之与朝贡体制下的民族关系的不平等联系起来。这点在他对所摘录的《明史》卷二〇〇《张岳传》一段关于"民族冲突"的描述之批注中表现得淋漓尽致：

> ［嘉靖间，张岳讨湘、黔苗，湘西及黔东铜仁一带暂告平息。既而］酉阳宣慰冉元喉［苗首龙］许保、［吴］黑苗突思州，劫执知府李允简。……已而冉元谋露，岳发其奸。元贿严世蕃责岳绝苗党，［藉以自脱］。（参"苗［湘、黔］——与张岳"篇。）

> 光旦：酉阳之土家冉氏，其先应来自北周时之信州（今奉节），至唐代之冉人才，始与中原统治者有联系。亦巴人之后也。

> 光旦：思州本土家与苗旧地，永乐间改土归流后，其人口中之土、苗成分尚多，原宣慰田氏或尚掌握一部分地方势力，冉元此举殆旨在收复土家已失之地盘乎？

> 光旦：冉元贿严世蕃，欲其责成岳"绝苗党"（即擒取在逃之吴黑苗），固为自脱计，然亦于以见民族矛盾，究其极，实乃阶级矛盾。初之喉龙许保、吴黑苗，是以民族矛盾为辞者也；后之通贿世蕃，欲张岳竟灭苗之功，是阶级矛盾之终极表现，所谓图穷匕首见也。元之与世蕃，民族异，而阶级则同；元之与吴黑苗，虽同属非汉族，苗究服属于土家而属于不同阶级者。[1]

1　潘光旦编著：《中国民族史料汇编：〈明史〉之部》下卷，天津：天津古籍出版社 2007 年版，第 862—863 页。

十二

20 世纪的世界是个国族主义时代，映照着这个时代的，除了西方人类学界种种"没有国家的好社会"——如马林诺夫斯基的西太平洋岛民社会[1] 及埃文思–普里查德的"裂变式"（segmentary）部落政治体制[2]之外，还有法国年鉴派社会学于第一次世界大战爆发后开始探究的跨越不同社会的"文明"——如语言、宗教、技术。[3]

传统中国不是英国人类学家笔下的"非集权的简单社会"，它在规模和体制上更接近于法国社会学家笔下的"文明"。传统中国似可定义为一个基于"文明"建立的政体，这个政体即将"国"放在"天下"之内（兼容分合两种形态），又试图实现"天下"在"家"这个意义上的一体化。

不同于全能国家的帝制中国政治形态，先成为民国民族学的"敌人"，后成为新中国怀抱民族区域自治的政治理想的一代学人试图克服的"黑暗史"。无论是民国的凌先生，还是新中国的潘先生，都不同程度地受到了近代国族思想的影响。这种思想的通常表现是将族与国一一对应，但其实质是一种全能国家的理想。在这一理想下，人们或选择以全能国家的"大一统"之实现为历史目的，或浪漫地期盼借强有力的国家来实现自由。

---

1 马凌诺斯基［即马林诺夫斯基］：《西太平洋的航海者》，梁永佳、李绍明译，北京：华夏出版社 2002 年版。

2 E. E. 埃文思–普里查德：《努尔人：对尼罗河畔一个人群的生活方式和政治制度的描述》，褚建芳、阎书昌、赵旭东译，北京：华夏出版社 2002 年版。

3 Marcel Mauss, *Techniques, Technology, and Civilisation*, Nathan Schlanger (ed. and intro.), New York and Oxford: Durkheim Press/Berghahn Books, 2006.

有前一种期待的学者，易于如凌先生那样，认定古代的"封建体制"（如土司制度）为中国政治现代化的障碍；有后一种期待的学者，易于如潘先生那样，在寻求政治现代化的过程中对于未有国家直接控制的古老年代抱有浪漫之情。

潘先生兴许没有充分估计到，他通过关系的过程与体制的形形色色的表现认识到的"分合"问题，到了他所处的年代依旧是一个难以解决的问题，对此一问题的论述，也依旧可能导致矛盾。

认识到湘西土家与苗族在历史上形成了隔阂，潘光旦在其《访问湘西北"土家"报告》中行文慎重，但显示出其土苗分治取向。[1]

1957 年初，土家族已被正式接受为一个单一民族，但土家到底是与苗族联合建州，还是单独建州，不同层级的领导干部却存在着不同看法。1957 年 4 月，湘西已出现了潘先生建议的激烈反对者。湘西苗族自治州副州长龙再宇给《政协会刊》编委会发了对潘先生《访问湘西北"土家"报告》的意见书，该文批评了潘先生的建议。为了在两种意见中做出选择，湖南省自己组织了土家族访问团，于 1957 年 5 月 21 日至 7 月 21 日到湘西访问，经调查与讨论，决定选择"联合自治"的方案。

潘光旦于 4 月下旬在浙赣两省访问畲民（后来，潘先生还与费先生一同考察过畲族。对此，费孝通先生回忆说，"我仿佛记得 60 年代初，潘先生和我曾一起到过罗源、福安等地访问畲族。他对畲族的传说信仰特别感兴趣，因为这种信仰可以从地方志的材料看出

1　潘光旦：《湘西北的"土家"与古代的巴人》，载《潘光旦民族研究文集》，潘乃穆、王庆恩编，北京：民族出版社 1995 年版，第 359—360 页。

它的分布，并推测它的传播路线"。[1]潘先生于 6 月 30 日返京。而此前，《政协会刊》已 6 月 25 日刊登了潘先生的《重点视察与专题视察》一文，又微妙地在《问题讨论》栏中同时刊载龙再宇的批评文章及"潘光旦委员致本刊编辑委员会的信"。当时，潘先生还在畲民调查行程中，但"反右"斗争已开始……1958 年 1 月，潘光旦因"鼓动土家族知识分子和群众找中央要求自治"而判为"右派"。

潘光旦的土家族民族史与实地考察研究，成为一桩"公案"。然而他"在政治上的实际遭遇，并不是幸运的"。[2]潘先生并未停止其学术研究。在 1957 年到 1967 年潘先生生命的最后十年里，他坚持不懈，于 1957 年及 1961 年分别写就《浙赣两省畲民调查报告》及《从徐戎到畲族》（均佚）。潘先生从 1959 年开始读《二十五史》，抄录和圈点其中的民族史料。1961 年 10 月 23 日，他阅迄其全部。此后，鉴于《南史》《北史》前阅本已出版，又重阅一遍，再加圈点，至 1962 年 3 月 23 日完成。紧接着，潘先生开始读《资治通鉴》，从同年 3 月 24 日开始至该年 9 月 9 日阅完全书。同年 5 月起，潘先生开始摘录《史记》中有关民族的史料，将之做成资料卡片，至当年 9 月止，此项工作得以完成。1963 年 3 月至 5 月间，潘先生摘录了《春秋左传》《国语》《战国策》《汲冢周书》《竹书纪年》几种书。其中《春秋左传》的资料对比了顾栋高著《春秋大事表》中的《四裔表》，对顾著也作了一些摘录。1963 年 5 月底，潘先生配合编绘《中国历史地图集》的工作，开始进行摘录《明史》的民族史料，该项工作于 1964 年 12 月 12 日完成。潘先生所做的近万张卡片，前有"总

1　费孝通：《代序：潘光旦先生关于畲族历史问题的设想》，载《潘光旦民族研究文集》，北京：民族出版社 1995 年版，第 2 页。

2　全慰天：《潘光旦传略》，《中国优生与遗传杂志》1999 年第 1 卷第 4 期，第 7 页。

录"部分,其后按民族分类,以族类名称的拼音排序,每张卡片左上角列有片目,右上角以红笔标出所摘书名,每条资料写明所出卷数或章节,每张卡片上抄写资料一条至数条,除摘录了各书正文及部分注释外,在一些资料条文之下还加有署名"光旦"的按语。[1] 这些卡片后由潘乃穆、潘乃和、石炎声、王庆恩诸先生整理校订,分《史记》、《左传》、《国语》、《战国策》、《汲冢周书》、《竹书纪年》、《资治通鉴》之部及《明史》之部,2007 年正式出版。[2]

十三

　　吴文藻先生与谢冰心女士总是双双出门散步,潘光旦与费孝通先生一直形影不离。记得当时面容清癯的吴先生总是西服革履,身材挺拔;谢冰心则常着一身合体的旗袍,显得十分年轻典雅。记得那时候吴先生夫妇好像只是默默地走路,不怎么说话,也较少笑容。而潘先生和费先生则好像边走路,边谈笑从容。那时候只是觉得他们有一点与众不同,有一点另类……[3]

　　吴文藻与冰心自 1920 年代留美的日子延伸到中央民族学院的那一段浪漫史,兴许是不可思议的,但它却是实在的。潘光旦、费孝通师徒的"谈笑从容",似乎亦不容易理解,而那道风景也确实有过。遗憾的只是,中央民族学院校园上的这两道风景已不再。

1　潘乃谷:《潘光旦先生和他的〈中国民族史料汇编〉》,《历史档案》2005 年第 3 期。

2　潘光旦编著:《中国民族史料汇编:〈史记〉〈左传〉〈国语〉〈战国策〉〈汲冢周书〉〈竹书纪年〉〈资治通鉴〉之部》,天津:天津古籍出版社 2005 年版;潘光旦编著:《中国民族史料汇编:〈明史〉之部》上、下卷,天津:天津古籍出版社 2007 年版。

3　杨圣敏:《研究部之灵》,载潘乃谷、王铭铭编:《重归"魁阁"》,北京:社会科学文献出版社 2005 年版,第 121 页。

作为"燕京学派"的传人，费先生在"民主教授""英美派""功能派"等等方面，接续了吴文藻、马林诺夫斯基、派克等等前辈的事业，但他从民族学派的史禄国，甚至从与他主张不同的顾颉刚先生那里也获得了不少启发。关于其与潘先生的关系，费先生则曾说：

> 1938 年我从英伦返国，一到昆明就又被这位老师吸引住了。不仅在学术上我跟上了他的新人文思想，而且在政治上我也被他吸引上了同一道路，归入当时被称为"民主教授"这一群，并把我吸收进民主同盟。从此我们两人便难解难分，一直到成了难师难徒。而且从 1946 年开始，我们又毗邻而居，朝夕相见，1957 年后更是出入相从，形影相依。这种师徒的亲密关系一直到他生命的最后一刻，一共有 30 多年。[1]

这对"难师难徒"在学术上和政治上有颇多共识，但这种共识的存在并不说明他们从未求同存异。就民族识别问题而言，两位先生的基本观点是一致的，他们都主张在"合"的框架下尊重少数民族的自我认同、历史与现实利益。但二者之间对于"合"与"分"之间关系也有不同的理解。潘先生的历史民族学书写，呈现了一个民族从自主的"合"而被自上而下的"外力"切分而治，再到恢复其"合"的本原的过程；而从费先生 1980 年代以来的论述看，他却更为关注如何在一个时间的横切面上处理合与分之间的关系。

潘先生本重历史，费先生本重功能。

1　费孝通：《缅怀潘光旦老师的位育论》，载陈理、郭卫平、王庆仁主编：《潘光旦先生百年诞辰纪念文集》，北京：中央民族大学出版社 2000 年版，第 1—2 页。

　　潘先生笔下的"土家"，本是一个原本规模相当大、活跃于中国历史舞台上的"大民族"，"合"是其本来面目。这个民族由于其他民族势力的挤压而迁徙至他处，而即使是此时，其"合"的面目依旧。从唐末起，它才一步步被分治与大一统的"帝制中国"切分成一些零散的块块，尽管相互之间依旧有联系，但却为阶级与科层制度所割裂。新中国给这个以"合"为本来面目的"自然民族"一个恢复其本来面目的机遇。作为士人，潘先生自认有帮助他们掌握己身命运的使命。

　　还在为"土家"书写民族史的潘先生，以浓厚的笔墨描述了土家的"合—分—合"的历史。与民国期间诸如凌纯声、芮逸夫等民族学家不同，作为一个"民主教授"，他本来更关注"民间利益"，更善于从"土著的观点看"，试图保存既有的民族多样性，使新创的国族体系宽容种种"内部的他者"。为了帮助土家成为"单一民族"，他将这一历史化为一种阶段式的"否定之否定"图式，他来不及强调，这一阶段式的进程本身也含有积累式的"合 + 分 + 合"进程的成分。

　　不能说潘先生缺乏了解积累式的过程。他深知，这一积累式的进程既赋予土家特殊的民族身份，又使这一共同体在成为"单一民族"时存有"复合结构"。

　　只有关系地看历史，才能理解土家人的民族处境。潘先生本有这一认识，如费先生指出的，他"一向不主张孤立地研究某一民族的历史"[1]，但潘先生的研究是为民族区域自治而展开的，因而并未集中阐述他的这一取向。

1　费孝通：《代序：潘光旦先生关于畲族历史问题的设想》，载潘光旦：《潘光旦民族研究文集》，潘乃穆、王庆恩编，北京：民族出版社 1995 年版，第 2 页。

费先生原本的主张，曾与 1950 年代的潘先生何其相似。1939 年初，顾颉刚先生在《益世报·每周评论》上发表《"中国本部"一名亟应废弃》一文，文中提出，中国的历代政府从不曾规定某一部分地方叫作"本部"，这个名词是从日本的地理教科书里抄来的，是日人伪造、曲解历史以窃取中国领土的凭证，应加以废弃。傅斯年在看到顾颉刚的文章后，给顾颉刚写信，信中他提出了"中华民族是一个"的概念。次日，顾颉刚即发表《中华民族是一个》一文，认为，除了中华民族，学界不该再于其他场合谈"民族"。顾颉刚的文章发表后引起了巨大反响。费先生读了顾先生的文章，即给报社编辑部去信，对"中华民族是一个"提出了质疑，指出，不应混同政治概念与学术概念。费先生认为，为了一致对外，我们不必否认中国境内有不同的文化、语言、体质的团体。顾先生对民族的阐释，不过是将民族等同于同一政府之下的国家及其"共同利害"与"团结情绪"。在"民族"之内部可以有语言、文化、宗教、血统不同"种族"的存在，我们不应说"民族"就是指所有一切有团体意识的人民。我们不能把国家与文化、语言、体质团体画等号，国家和民族不是一回事。谋求政治的统一，不一定要消除"各种种族"以及各经济集团间的界限，而是在于消除因这些界限所引起的政治上的不平等。[1]

与强调"合"的顾先生相比，费先生试图在"合"与"分"之间找到平衡，他运用的概念，多与潘先生 1937 年发表的"中国之民族问题"一文有关，主张将"国族"与"种族""国家""民族"区分开来。[2] 不过，与此同时，比起潘先生，费先生当时已开始注重中国民族的"多元"。

1　周文玖、张锦鹏：《关于"中华民族是一个"学术论辩的考察》，《民族研究》2000 年第 3 期。

2　潘光旦：《中国之民族问题》，载《潘光旦民族研究文集》，北京：民族出版社 1995 年版，第 95—105 页。

1950 年代的费先生，依旧保持着对于"辩证分合论"的信念；此时，新中国给了他施展才华的机会。政府对于建立区域自治的、平等的民族体系的号召，引起了费先生的共鸣。潘先生何曾不是如此。

不过，相比理想主义的潘先生，费先生似乎更务实，他更早意识到，"合—分—合"这一历史模式需面对一个政治现实——"合 + 分"的现实（他在与顾先生的辩论中也早已学到这一点）。他设想的有中国特色的民族学研究包含着宏观与微观两个方面，宏观方面就是对"中华民族形成"的研究，微观方面就是对"各民族的形成过程"的研究。这"一合一分"，本是历史上中国"时间轮回"的基本特质，也是任何朝代需要同时兼容的两种形态，若是我们只侧重其中一面，那便可能招致无名的压力，而若是我们不能同时注重两个方面，在"合"中看到"分"，在"分"中看到"合"，那便无以把握与发挥中国历史的动力。因而，在论及对各民族的形成过程进行微观研究时，费先生强调，这些民族"是由许多不同的民族成分逐步融合而成的"。[1]

一路上与潘先生"谈笑从容"的费先生，从他的老师那里学到许多，也保持着与他的区别。费先生说，"我们祖国的历史是一部许多具有不同民族特点的人们接触、交流、融合的过程"，这一观点他是从潘先生那里学来的。[2] 令人费解的是，教给费先生这一观点的潘先生，却因为有这个观点而被指责为"破坏民族团结""分裂民族"，遭受到他本不该遭受的折磨。

1　费孝通：《代序：潘光旦先生关于畲族历史问题的设想》，载潘光旦：《潘光旦民族研究文集》，北京：民族出版社 1995 年版，第 4 页。

2　费孝通：《代序：潘光旦先生关于畲族历史问题的设想》，载潘光旦：《潘光旦民族研究文集》，北京：民族出版社 1995 年版，第 3 页。

是什么使人们易于将一个有着多民族融合观的学者等同于其对立面？我们依旧需要在具体研究与理论上寻求答案；而比较潘先生与费先生，我们似乎看到了一点差异，这差异似乎又可以为我们接近这个答案提供一点线索。

潘先生的"土家"研究具有浓厚的历史民族学色彩；费先生虽受此学风的启迪，却更强调"合"与"分"这两种形态在同一历史阶段的合一。致力于民族识别研究的潘先生，曾有一种历史的浪漫，他以为自己能通过顺应一个民族"合—分—合"的历史规律，为促成其区域自治式的复兴做贡献，但历史却没有给他一个机会来重点诠释他早已述及的、被费先生吸收的"合分辩证法"，更没有给他一个机会认识到"分"作为"合"的手段的可能性。

比潘先生小十一岁的费先生，后来获得更多机会来领悟潘先生的遭际含有的教诲，他进行了政治上的"参与观察"，对潘先生有所触及的"分＋合＋分"的层层重叠的积累史及其近代延续加以调适与陈述。

十四

没有直接证据表明，漫步于中央民族学院小路上的潘、费二老当年"谈笑从容"间是否曾针对以上问题进行过对话，但历史留下的痕迹却容许我们猜测：这一对话不仅可能是进行过的，而且可能是频繁的。

假如他们的对话能持续到今天，那么，中国民族学一定会有更大的拓展。然而，历史不能用虚拟语句来形容。

"文革"期间，潘先生成了"反动学术权威"，他身体每况愈下，于 1967 年 5 月 13 日住院，6 月 1 日出院回家，"他没有说话的力气……一切尽在不言中"，去世时孩子不在身边，临终时并无遗言。那天晚上，老保姆看他情况不好，急忙请费先生过来。潘先生向费先生索要止痛片，费先生没有，他又要安眠药，费先生也没有。后来费先生将他拥在怀中，他遂逐渐停止了呼吸[1]，潘先生在费先生怀中告别了人生。

学人史上，另一个相近的"谢世案例"是博厄斯。这位美国文化人类学的奠基人于 1942 年 12 月 21 日去世。当时，博厄斯在哥伦比亚大学教员俱乐部举办午餐会宴请路过的法国人类学家列维-斯特劳斯。他很高兴，正说着话（据说提到他刚发现一种新的种族理论），猛然一推桌子，身子向后倒去，列氏慌忙去搀扶他……博厄斯抢救无效，撒手尘寰，在后来成为结构人类学开创者的列维-斯特劳斯怀里逝世了。[2]

1942 年博厄斯逝世于教员俱乐部的聚会上，暗示着当时抱着他的列维-斯特劳斯将创造一种承前继后的人类学。潘先生 1967 年逝世于贫寒的家中，远比博厄斯的故去场景更令人悲哀，但或许也有相同的暗示。此前费先生早已有了丰富的汉人社区、少数民族及比较文化研究经验，但潘先生的这一别，令他陷入更深的历史省思……

1991 年 10 月，潘先生已过世整整二十四年。费孝通先生在其第二次学术生命中想做的事情太多，其中一件，就是前往他的恩师潘光旦到过的地方寻觅他留下的踪迹。

那时，既往的追问似已时过境迁。

1　潘乃穆等：《回忆父亲潘光旦先生》，《中国优生与遗传杂志》1999 年第 4 期，第 64 页；吕文浩：《潘光旦图传》，武汉：湖北人民出版社 2006 年版，第 211 页。

2　德尼·贝多莱：《列维-斯特劳斯传》，于秀英译，北京：中国人民大学出版社 2008 年版，第 170 页。

　　中国的人类学、社会学与民族学，经历了历史的考验。民族识别工作于1950年代初期开始，当1956年潘先生第二次展开他的实地考察时，社会历史调查早已开始。同年，"鉴于全国社会主义改造事业即将完成，各民族的面貌正在发生变化，毛主席向全国人大常委会副委员长彭真提出，要动员力量组织一次全国性的少数民族社会历史调查，以期在四至七年内弄清各主要少数民族的经济基础、社会结构、历史沿革以及特殊的风俗习惯等，作为民族地区工作的依据。当时承办这项工作的是全国人大民族事务委员会。中国民族学界投入到全国少数民族社会历史调查之中，并成为这一工作的主要力量"。[1]少数民族社会历史调查动用了空前多的人力与物力，是中国人类学、社会学与民族学史上最接近于近代英国人类学与现代美国人类学调查研究规模的阶段。这个阶段运用的是社会进化论与历史唯物主义的理论框架，一改民族识别工作时的务实风气；加之这个阶段的研究，实为少数民族地区"民主改革"工作的一部分，其主观主义与政治至上主义的问题愈加显然。

　　从1970年代末起，社会科学的三个"兄弟学科"渐渐恢复了地位。此时，民族识别工作仍持续地进行着。作为一种政策实践，这项工作牵涉到的研究，依然得到相关政府部门及人员的重视，依然影响着我们对于三门学科在研究地理单位上的定位。然而，在新一代学者的眼中，它却不再像当年那样辉煌了。

　　在新一代学人的感受中，三门学科似乎分化为"主流"与"边缘"，"主流"更注重西学的重新引进与运用，"边缘"停留于1950

1　胡鸿保主编：《中国人类学史》，北京：中国人民大学出版社2006年版，第140页。

年代的"旧梦"中。随之,二者渐渐合流,在所谓"民族地区"的研究中,一面无法摆脱被识别民族的基本框架对于我们界定研究单元的约束,一面采取现代化、发展、全球化等西式历史叙述的方式,对所研究单元加以简单以至粗暴的"理论干预"。

而费先生如此怀旧,他找到合适的机会去了潘先生去过的地方。费先生在其《武陵行》一文的开头,掩饰了他对潘先生的"情",而没有说白他此行是对潘先生年代之研究的重访。但这篇优美的札记,却继续着与潘先生的"谈笑"。《武陵行》从"桃花源"意境入手,进入对于武陵山区的叙述,生动地将潘先生当年民族识别研究之外的兴趣所至呈现在我们面前。接着,它在"说一点历史"这段中,重述了潘先生《湘西北的"土家"与古代的巴人》一文中追溯的历史。文章余下的部分,是费先生新的民族观的表白,而这一表白,实质是与更为关注政治制度史的潘先生的论述的"缺席的对话"。当年潘先生有依靠民主政治来帮助武陵山区的人民实现其历史理想的计划,1991 年费先生则更侧重从经济上替这一带的人民想办法。他热切期待武陵山区的人民能脱贫致富,从"温饱到小康",成为有自己的体面生活的民族,也热切期待他们在这个过程中相处得更和谐,从而渐渐融合,淡化对汉族、土家族、苗族这三个民族之间历史上存在隔阂的社会记忆。[1]

潘先生的小女儿潘乃谷老师当时跟随费先生进入武陵山区,她在《费孝通先生讲武陵行的研究思路》[2]一文中记载了费先生的心思。据该文,1991 年 10 月 8 日,费先生在湘鄂川黔毗邻地区民委

---

[1]　费孝通:《武陵行》,载《行行重行行:乡镇发展论述》,银川:宁夏人民出版社 1992 年版,第 500—519 页。

[2]　潘乃谷:《费孝通先生讲武陵行的研究思路》,《中国民族报》2009 年 1 月 9 日。

协作会第四届年会上发表讲话，提出了他关于"东西部结合研究"的有关看法。

费先生指出，他从事过农村研究与民族研究，过去这两块是分开的，但在武陵山区，"农村"和"民族"两个研究"碰头"了，"农村问题"与"民族问题"在这里成为一个相互关联的问题。因而，他指出，"要在这个地区把两篇文章结合起来做"。他还指出，"要把民族研究深化一下，更加深入地考察民族的分、合变化，并从这个角度去看中华民族的形成历程"。费先生比较了他自己与潘先生当年的调查，说二者主要的不同之处在于，潘先生做的是历史研究，而他自己的研究则是要"更加深入地考察民族的分、合变化，并从这个角度去看中华民族的形成历程"。费先生称自己的研究为对"分合机制"的研究，认为这一机制包括了"凝聚"与"分解"两类过程。这个观点与潘先生的论述有一致之处，但也有差异。相比潘先生，费先生更强调各个民族实际上都是一个"复杂体"，更反对用"孤立社会"的概念来进行民族区分。反思民族识别研究存在的问题，费先生明确指出，"中国的民族问题非常复杂，各民族的发展历程、各民族之间的交往历程非常复杂。各族在血统上相互通婚，在文化中相互学习，在地域上混杂居住，分分合合，你中有我，我中有你，有的与中原的汉人融合得比较多，有的距离相对远一些"。而民族识别工作遗留了一些问题，如"分而未化，融而未合"，他认为，这充分说明了中国民族问题的复杂性和动态性。[1]

民族识别工作遗留下了"分而未化，融而未合"问题，为费先生所长期关注。他在 1980 年代初提出了"平等必须通过发展经济来

---

1 潘乃谷：《费孝通先生讲武陵行的研究思路》，《中国民族报》2009 年 1 月 9 日。

实现"的观点[1]，而此后又于 1988 年在《中华民族的多元一体格局》一文中主张关系地看历史，重新认识"中华民族""分"与"合"之间的关系。[2]1990 年代初，他在《武陵行》中则更明确地强调，"民族研究的发展方向有两个：一部分人可以从历史角度去研究；另一部分是要从正在进行的过程中去分析，深化我们对民族演变的理解"。[3]他热忱地期待，"民族研究再向前进一步"，"分析中国各民族的特点、民族性，以及中国的民族概念、民族实体同西方国家民族之间的区别"，坚信"对于这个区别的研究将会成为今后五十年中国民族研究的重点"。[4]

此刻离人类学、社会学、民族学在中国的土地上建立自己的基础已有七十多年。在这个阶段中，经数十年的"历史破裂"，中国社会科学的诸学科从其废墟中恢复生机刚十余年。诸学科借助"速成法"建立各自的"基地"与"门派"，由于可以理解的急于求成的原因，而将更多的时间投入盲目的"填补空白"工作上。面对这一切，生于清末、成长于民国，在 1949 年以后对于政策的改良起到重要作用的费先生，必定有自己的判断。相比于后来人，费先生的研究具有高度的学术延续性。这位"最后的绅士"身上带有 20 世纪前期中国的诸多不同学术元素的成分，这些成分到 1980 年代已纷纷闪现，它们相互碰撞并综合着。[5]

1　费孝通：《代序：潘光旦先生关于畲族历史问题的设想》，载潘光旦：《潘光旦民族研究文集》，北京：民族出版社 1995 年版，第 4 页。

2　费孝通：《中华民族的多元一体格局》，载《论人类学与文化自觉》，北京：华夏出版社 2004 年版，第 121—151 页。

3　潘乃谷：《费孝通先生讲武陵行的研究思路》，《中国民族报》2009 年 1 月 9 日。

4　潘乃谷：《费孝通先生讲武陵行的研究思路》，《中国民族报》2009 年 1 月 9 日。

5　参见杨清媚：《最后的绅士：以费孝通为个案的人类学史研究》，北京：世界图书出版公司 2010 年版。

费先生本人的意图兴许是以身作则地综合相异门派的优点，兴许是为了中国学术的多样性的发挥。而与潘先生一样，费先生是一位有其精神诉求的士人。对于中国的士人而言，起始于贵州苗岭的武陵山脉，与发源于梵净山，盘亘于渝湘之乌、沅二江及澧水，与生活在其间的"武陵蛮""五溪蛮"，及后来的土家、苗、侗等族[1]，形成了一道特殊的"风景"，这道风景向来有双重含义。一方面，它正是他们赖以理解天下的山川之含义的远在的境界，正是他们借以表达其对"好政府"的期待的象征；另一方面，它又曾被认为是那些长期滞留其间或自"中原"逃匿而来的"少数族类"的所在地之一。在那里，淳朴又与古代治乱观中的"乱"字相关的人们，有时给士人一种借以塑造自身"文质彬彬"人格的参照，有时让他们感到世上依旧有人等待着"教化"。无论是潘先生还是费先生，在亲身进入那个地带时，士人的双重心态都会油然而生。尽管他们都是20世纪中国最伟大的社会科学家，但他们也是背负着帝制中国历史的近代士人，与总是讴歌"野性思维"的西方人类学家心态常有不同。作为士人，"所谓学术也是文化的一部分"，而"文化"有时与时代紧密相关，"离不开当时的政治、经济和社会的局势"。[2]

潘先生在畅想民族大家庭的远景时，采取了一种政治论式的主张，而二十多年后，费先生在畅想同一愿景时，采取的则是一种经济论式的观点。两者之间的共同点似乎是一种关系论的历史诠释。

在"世界性的战国时代"[3]，实质的政治、经济、军事力量之培

---

1 李绍明：《论武陵民族区域民族走廊研究》，《湖北民族学院学报》2007年第3期。

2 费孝通：《讲课插话》，载《学术自述与反思》，北京：生活·读书·新知三联书店1996年版，第362页。

3 费孝通：《从小培养二十一世纪的人》，载《论人类学与文化自觉》，第167—175页。

育，似乎已成为世界性的主流。过去的一个世纪里，对于如何治理一个国家，如何处理其内部关系，如何与"他人"交往，人们采取的多为进步主义与政治经济学的态度。作为生活于那个年代的社会成员，潘先生、费先生这些"民主教授"，不能不受洪水般的潮流影响，不能不成为这股潮流的组成部分。他们的政治论式与经济论式的主张，比他们的前辈、同辈，以至晚辈，都更深刻地体现着新时代的特征。然而，他们是"活的载体"，他们那种关系论的历史诠释，更像是士人基于"古老的年代"对于一个"未来主义的社会"的告诫。与他们的政治论与经济论不同，这一告诫含有某种非政治、非经济的启迪。这一启迪是：历史上有过的那套处理团体之间、民族之间、阶级之间、国家之间关系的办法，既已成为"文化"，便似乎已成为过时的"传统"，但它却不会停止发挥作用，更不会完全丧失价值。而我们这些在他们身后对于过去加以诠释的一辈，须注意到，包括潘先生、费先生在内的几代"最后的士人"，本身已是历史的一部分，我们在走向未来的路程上，还会再次与他们的告诫相遇。

十五

　　带着对于过往学者旧事的向往，我曾漫步于西南，去过潘光旦先生在昆明郊区的战时故居，访问过费孝通先生的"魁阁"及当时的"田野地点"禄村、喜洲、那目寨[1]，还去了"藏彝走廊"[2]，游荡于

1　潘乃谷、王铭铭编：《重归"魁阁"》，北京：社会科学文献出版社 2005 年版。

2　王铭铭：《中间圈："藏彝走廊"与人类学的再构思》，北京：社会科学文献出版社 2008 年版。

平武、甘孜、阿坝、陇南、青海、凉山、滇西北等地。我也到过李庄，惊叹幽灵犹在的中央研究院历史语言研究所、中央博物院筹备部、中国营造学社、同济大学战时所在地……到 2007 年 5 月，我终于有机会带着《潘光旦民族研究文集》，往恩施参与土家族确认五十年暨土家族学术研讨会。2010 年 5 月，同一本书，再度成为我湘西之行的伴侣。

将这些脚步串联起来的，是数十年前不同学派的学术旧梦，而我的"停靠站"，则是现实之网上的节点，尤其是 1950 年代建立的一系列"民族院校"以及渐渐与民族研究密切相关起来的综合院校——如云南民族大学、云南大学、大理学院、中南民族大学、西南民族学院、四川大学、西北民族大学、湖北民族学院、青海民族大学、吉首大学。

脚步与"停靠站"是两条线索，一条是在中国学术多元的年代中显现出来的，另一条，则兴许与 1950 年代以来的"学术一元化"及时下的"大学行政化"有关。而多元与一元之间总是相互替代；多元时代的国族一元论，与观念形态一元化及学术行政化时代的民族区分论，相互映照着，暴露出了 20 世纪中国的思想现实。

今昔对比本来容易武断，因为历史绵延如流，前后相续。但对比虽有此弊端，却仍有其启示的意义。将前后相续与时间断裂交叉，我们或许能勾勒出一幅图景，让我们自己可以相信，为了历史地看今天，我们有必要将人类学、社会学、民族学 1949 年之前的多元共存状态向 1950 年代民族研究的转变视作一个"大变局"。

参与过那项带有政治性的研究工作的学者，有理由将这一时期的民族叙述放在中国人类学、社会学、民族学史中考察，他们会认为，民族识别研究不仅是百年中国学术史的重要组成部分，而且也是一项"伟大的创举"。[1] 而"后民族识别"的新一代学者，则也有理由反思事情的另一面。作为后来人，他们"旁观"到，"因为民族识别在很大程度上是政府行为，在学者的调查、分析和政府的意见及被识别族群的意愿这三者间，政府的意见在民族识别中常起到更重要的作用"[2]；有鉴于此，他们会认为，民族识别，绝不等同于学术研究。

　　成长于一个远离于"那个"并不遥远的年代，我们或许会因沉湎于"再度欧化"而漠视我们的前辈们在 1950 年代的经历，但我们却难以改变这一变局既已被赋予不同价值且有其深远影响的事实。人们可以讴歌民族识别研究，说它是社会科学应用研究的"伟大创举"，也可以"反思"它，说它是本有自身学术理想的中国民族学"政治化"的表现。人们的态度有分歧是正常的，但事实却不可改变。无论我们是讴歌它，抑或是鄙视它，这个"大变局"获得的价值及留下的"遗产"都可谓是沉重的。我的漫长的西南之行，处处遭遇这一变局留下的印记。一个广大的地域上，20 世纪前期与中期的民族志学叙述，正在成为不同族类再创其独特性的理由与根据，而与此同时，这种独特性又在一个宏大的体系下渐渐变得形同虚设，甚至等同于独特性的对立面。过往的积累，似乎一再涌现，而我们看到的却是瞬间即逝的泡影。这种矛盾与困境，与我们有直接关系，兴许可以说，正是我们这些"忘本"之人，制造了这一切虚幻的"事实"。事情引人深思，有一条道理似乎已然明晰：我们无论是要继承，还是要卸去它本身的负担，若是不了解它的"本相"，都会使抉择流于随意。

1　王建民、张海洋、胡鸿保：《中国民族学史》下卷，昆明：云南教育出版社 1998 年版，第137—138 页。

2　王建民、张海洋、胡鸿保：《中国民族学史》下卷，昆明：云南教育出版社 1998 年版，第 125 页。

要理解所谓"大变局"，我们需视之为一个总体，来加以更全面的"解析"。但我们又需要意识到，总体的把握时常也会有其弊端。某些"总体"，易于使人停留于空洞的概括，更易于使人无视局部状况的特殊性与个体学者的"能动性"。因之，我们亦有必要在把握"总体"的大概面貌基础上，深入学者个体的遭际，从中获得有关历史的更具体的信息。

学者个体当年的"运势之变"，固然不等同于"总体"。然而，某些个体，偶然或必然地成为一个时代的"范例"，留下了关于其活动的文献，使我们可以借之而回到"历史现场"，去领略它的样貌，感受它的内在张力，分析它的前因后果。

潘先生便是这样一个范例。他的土家研究，便是这样一部记载其活动的文献，他的人生与作品，勾画出一幅历史的图画，让我们得到"不忘本"的机会。

1948 年，在《人文科学必须东山再起——再论解蔽》一文[1]中，潘先生论述了"世界一家"的理想，他批评了流行的平面化的"世界一家论"，指出，没有渊源和来龙去脉的"世界"，是没有生命和活力的，真正的"世界一家"须得有横断面的纬和"人文一史"的经之结合方可成立。他说：

> 如果当代的世界好比纬，则所谓经，势必是人类全部的经验了；人类所能共通的情意知行，各民族所已积累流播的文化精华，全部是这一经验的一部分；必须此种经验得到充分的观

1　潘光旦：《人文科学必须东山再起——再论解蔽》，载潘乃谷、潘乃和编：《潘光旦选集》卷三，北京：光明日报出版社 1999 年版，第 292—305 页。

摩攻错，进而互相调集，更进而脉络相贯，气液相通，那"一家"的理想才算有了滋长和繁荣的张本。[1]

1993 年，在第二届潘光旦纪念讲座上，费先生致辞说：

> 先生的新人文史观主张"自然一体""世界一家""人文一史"，但这一体、一家、一史，并不排斥异己，而是一种包含不同而和的统一体。他谆谆告诫其弟子务必去蔽、解蔽而允执其中。所以这种新人文史观引申所及将是一个多极、多元而又完整、统一的世界。在这个世界里人人都能克己自制并受到群体的保障和培育，因而优秀品质得以不断生长，自知自胜的人由而茁长成熟。[2]

潘先生的"人文一史"的告诫，仍能表达知识分子的"中和位育"对于世界、国家、民族之成为"一家"所应当起到的作用。倘若这点属实，那么，我们也势必在潘先生 1949 年之前业已提出的"新人文史观"与其 1950 年代的民族论述之间找到某种"裂痕"。新人文史观中，含有培育社会精英（士）的主张，有将一体、一家、一史的使命托付于士人的倾向，因之，对于士文化中的差序区分较为正常。而潘先生 1950 年代已接受的平等理想，使得他论及注重上下关系之时，显露出一种新民主主义的心态，也使他在面对帝制时

1　潘光旦：《人文科学必须东山再起——再论解蔽》，载潘乃谷、潘乃和编：《潘光旦选集》卷三，北京：光明日报出版社 1999 年版，第 304 页。

2　费孝通：《第二届潘光旦纪念讲座致词》，载潘乃穆等编：《中和位育：潘光旦百年诞辰纪念》，第 544 页。

代民族关系的不平等时采取一种检讨姿态，有了某种"民族–阶级相对主义"的价值观。无论是这一姿态的发明者还是接受这一姿态的潘先生，所表露的心境与 20 世纪以来西式社会科学的"众生平等"的理念是相适应的。但这一"适应"，也易于使他们对富有等级主义色彩的过往体制一味加以不辩证的批判，由此，又易于使人轻视潘先生自己所畅想的"一史"所承载的传统。以潘先生对帝制时代的土官、土司与流官体制的全面"检讨"为例，他笔下的任何"支配"都如此地不平等以至于在新时代都在等待着消灭，岂不知革命鲜有革命性之结果，新旧体制在上下关系这一层次上的延续，几乎是历史命定的，而有良知的政治家与知识分子所能做的，不是质变，而是量变，他们只能在量的轻重上减少或缓解这一意义上的区分。从这一点看，潘先生旧有的新人文史观比起他后来接受的观念，兴许有着更大的解释力与合理性——至少它解释了潘先生自己的"中和位育"之作。

（本文曾以《潘光旦先生〈土家族源研究〉导读》为题，发表于《中国社会科学辑刊》2010 年总第 31 期）

中 知识地理

"三圈说"：
中国人类学汉人、少数民族、海外研究的
学术遗产

开场致辞

任远　各位老师，各位同学，晚上好！首先感谢大家来参加社会科学高等研究院的双周学术论坛，这个双周学术论坛是高研院的一个精英论坛。这是第二期，第一期在两个星期之前，我们请了台湾大学的一位教授做关于中国发展研究的演讲。这个学术平台的主题，正如邓（正来）教授所说，是对于中国的深度研究，上一期是开坛仪式。中国研究不仅是从海外视野看中国，同时，中国的学者也要有中国的声音。所以，这一期我们请来了北京大学的王铭铭教授给我们做演讲。下面，请允许我介绍参加这次论坛的演讲者和点评嘉宾。演讲者是大家都很熟悉的、著名的人类学家，北京大学社会学人类学研究所的王铭铭教授。王铭铭教授是福建人，他也在福建做了很多关于人类学的研究。他是英国伦敦大学的博士，博士毕业之后在英国伦敦城市大学做博士后，在英国的爱丁堡大学做博士后，随后在北京大学社会学人类学研究所任教，是我国人类学难得的人才。他的学术身份也很多，现在又增加了一个学术身份，即复旦大学社会科学高等研究院的双聘教授，我们也希望他有机会多来复旦高研院。王铭铭教授在历史人类学方面有非常高的造诣。王铭铭教授的演讲，是大家都非常期待的。

另外，介绍点评的两位嘉宾，一位是中国的学术名人邓正来教授，他是今天这次双周学术论坛的"坛主"，是论坛的主人，也是复旦大学高研院的院长。这个学术平台是高研院两大学术平台之一，现在看到两个学术论坛搭建得有声有色，我们也非常高兴。

邓先生大家都非常熟悉，如果还想对他和他的学术活动有更多了解，也希望大家多到正来学堂和高研院的网站上去看看。另外，我介绍今天论坛点评的第二位嘉宾，潘天舒博士。潘博士是哈佛大学人类学的博士，他的导师是著名的人类学家 Arthur Kleinman（凯博文），他的导师和他都在医学人类学方面有非常深的研究。潘博士也是复旦医学人类学中心的主任，从哈佛大学毕业以后，在乔治敦大学任教，也在约翰斯·霍普金斯大学做兼职访问教授，我们学校社会发展与公共政策学院也在 2005 年做过人才引进的工作，也希望他为复旦的人类学做出贡献。

下面的议程，我们请邓正来教授代表高研院为王铭铭教授颁发高研院双聘教授的聘书。另外，王铭铭教授也为高研院带来了他的一些著作，作为给高研院的赠书。

接下来，进入本次论坛的主题，有请王铭铭教授发表主题演讲。他的演讲题目是"'三圈说'：从汉人、少数民族、海外学者来看中国人类学研究"。

主讲环节

王铭铭　在复旦开讲座，我感到很紧张。我的讲座可能和大家昨天听到的不一样，昨天萨林斯教授讲得很严谨，一个字一个字写下来，然后读出来。我则没有充分的准备，只有一个提纲。刚刚吃饭的时候，邓正来院长已经批评了我的这个坏习惯，令人紧张啊！另外，这应该是我第一次在综合大学有这么多的听众，我十分感激，也很紧张。我一般只能在诸如云南民族大学那样的地方才有那么多听众，前一两个月到厦门大学去做讲座，那还是我的母校，系里的负责人召集得很累，却只来了十个人，而且都是本科生。今天我觉得非常兴奋，原因还有潘天舒教授的在场。我非常荣幸有机会去哈佛访问，当年还被潘教授的导师安排在据说是不少大人物住过的房间里，现在宾馆的邀请函我还珍藏着。当时，每天都有潘教授相伴，谈天说地，今天居然能在复旦和他相聚，也感到很荣幸。在此之前，我在复旦大学做过一个讲座，是在曹晋教授的班上讲的，班里只有五六个女生，当时让我去说"ethnography"（民族志）是怎么回事？讲来讲去，她们的表情有一些光芒，但这种光芒可能并不是十分学术。

我尽量简短，把题目上谈的问题稍加介绍，留下更多时间，期待得到更多的讨论。

所谓"三圈"的谈法，自从 2003 年以来，我写文章已不断谈到，但没有系统地像今天这样谈。我现在想用它来形容中国的人类学到底指的是什么。以此，我也希望得到邓老师和潘天舒老师，以及在座的同事、同学们的指教。

我自己想到"三圈"这个问题，跟近些年来中国社会科学面对的一些问题有密切关系。现在离 2003 年已经有五年了。2003 年，中国学者开始整理中国学术界"改革后"的"国故"，许多杂志邀请学科的专家去写二十五年的情况，去思考我们二十五年做了些什么、有什么局限。五年过去以后，今年邓正来教授也主编了一本相关的书，它肯定会蛮有影响，我荣幸地在该书里占一个章节的篇幅，但我今天要表示道歉：我给老邓的那篇文章，是改革后中国人类学二十五年时写的，后来又加上两三句话，然后充当了"三十年"，这个是非常遗憾的事情。看来，总结这三十年，已成了一个风潮。

我并不是说我们不需要总结，但是，采取什么样的方式去总结，怎样定位这三十年，这必须引起重视。

我认为，用时间渐进积累的模式来看 19 世纪末到今天个别学科的积累，或者说看 1970 年代前后到现在中国各门学科的积累，当然无可厚非，但也有些问题。

以我们人类学界为例，过去出过两三本关于人类学史的书，一本是王建民等人写的《中国民族学史》，另一本是胡鸿保主编的《中国人类学史》，还有老一代民族学家编的《民族学纵横》，它们都采用时间积累性的方式来写我们学科的历史。我读这些书，受到很多启发。如我后面要谈到的，人类学（民族学），作为社会科学的一门，的确是有不少积累的。但对于写知识积累的书，我有一些疑惑。时间积累性的论述，要求被论述的知识体系是进化的，可事实好像并不如此。我认为，现在中国人类学的水平远远不如六十年前。

怎么说呢？我原来在东南老家，比较熟悉地方情况，就坐井观天，觉得"老子天下第一"，觉得自己很牛。到了西南之后，我才发现自己的无知。我到过的村寨都有前辈的足迹，他们写过的对当地的描述，细致的程度和理论的含量，以及对整个文化整体的把握都远远超过我今天所做的。1999 年，我组织了一个"人类学再研究的课题"，对二战期间滇缅公路沿线的三个村庄进行重新研究，跟踪六十年后它们自身的一些变化、研究者观念的变化及其可能带来的启发。感想其实比较深重。这三十年，虽然我们做了很多翻译工作，很多假模假样的调查研究，但事实上，并没有说明什么问题，至少没有说明我们这门学科有什么发展，因此，我渐渐相信，总结我们过去三十年人文科学的成就，不能不看整个中国从 19 世纪末到今天做了什么、有什么时代变化、有什么空间关怀。

我相信，从"三圈说"的角度来看这门学科，有助于在历史的基础上，重新展望未来，看看我们这个学科到底会变成什么。

以上是一个简短的导论。在导论之后，我想说，"三圈说"听起来很像我前几年在和一些朋友谈到的，也就是双周学术论坛第一讲也谈到的关于"天下观"的说法。十年来关于"天下"的论述，出现了很多，首先是在经济学界，再在人类学界和哲学界，现在已经渐渐冷淡下去了。今天我想还是围绕相关问题来谈谈。我首先要澄清，所谓"三圈说"启发来自西方。我认为，西方人类学，如果不从其历史的积累看，而是从其视野看，则为对三个世界之间关系的研究。这三个世界就是我说的"三圈"，分别是离西方最遥远的原始社会、离西方相对近些的古式社会或者古代社会，以及欧洲近代以来的文明社会。我说的"三圈"，是指这门学科在空间上所表现的世界观。

如果在座的没有学过人类学，对它可能不太能理解。时下中国学界对于人类学依旧没有一致的定义。我主编《中国人类学评论》，现在被北大图书馆列在生物学书架里面。我们中国的核心人类学期刊《中国人类学学报》，是中国科学院古脊椎动物与古人类研究所的科学家发表文章的一个论坛。何以说人类学是对原始社会、古式社会以及欧洲近代文明构成的"三个世界"的研究呢？而我自己比在座的年轻朋友们多读了几年的书，我的感想是，任何人类学的著作都在思考这"三圈"之间的关系，以及如何或应当如何看待这一关系。

从 19 世纪中期到今天，人类学家看这"三圈"之间关系，有一个历程。最早我们学科处在人类学的古典时代，用进化的理论去看世界。怎么解释进化理论呢？我认为就是对这"三圈"之间关系的历史时间性的解释。也就是说，在进化论人类学家看来，这三个圈子有一种历史的时间关系，原始社会因为离西方最遥远，所以也最古老；古式社会（包括中国在内），也叫古代社会，和欧洲的古罗马是一个时代；而欧洲近代的文明，则是最近代的，现在叫"现代性"。这三个社会形态构成一条时间的线，这条线，是进化论的时间根据。

欧洲人类学的第二个时代恢复"三圈"的空间秩序自身，但还是用时间来解释这"三圈"之间的关系。19 世纪末期，人类学时间性产生了一个巨变，传播论出台了。传播论大概产生于 19 世纪的末期，在 20 世纪初期的欧洲非常盛行，到 20 世纪中期的中国，甚至是今天的台湾，还健在的老一辈人类学家仍在追随它。传播论者认为，不见得离欧洲最遥远的地方，就是在时间上最古老的，远方的文化很可能是落后的，但落后不是因为要准备进步到近代欧洲文明，而只不过是某些古代文明衰败使然。也就是说，今天看到的原始社会是古代辉煌文明衰败的后果。文明与不文明之间的关系是时间性的，但这种时间性，不是递进式的，而是反之。

20 世纪初期，"三圈"的关系产生一个巨变，进化的和传播的历史观都被社会科学取代。在 19 世纪的时候，人类学很接近现在的人文学。但是到 20 世纪初期，开始出现社会科学化，这个时候，在英国、德国和法国的人类学家，分别从不同的角度论述人类学家该做什么；这三个国家也产生不同的学派。20 世纪初期人类学的特征是，不断对欧洲与原始社会之间进行对照，用自我与他者的反差，来思考理论。随着自我与他者二元化世界观的出现，"三圈"里的第二圈就渐渐在人类学论述里消失了。例外可能是法国人类学，在这一人类学学派里，第二圈还是保留得比较完整。法国人类学与社会学，对古代社会给予过集中关注。可是，国际上"主流"的人类学为了理论建构，多数基本上是把这个阶段给抹掉了，这样一来，人类学论述中的世界，就剩下了文明与野蛮的两相对照。在英国，情况就比较严重。英国这个时候出现了功能学派，功能学派主张研究简单社会，他们对于古老的复杂文明的研究十分排斥，总想寻找一些简单得可以与欧洲近代对比的原始部落来研究。

可以通过马林诺夫斯基对费孝通先生的评论来理解这个阶段的他者观。马林诺夫斯基在 1939 年为费孝通的《乡村经济》写序言时，说费孝通先生的这本著作是人类学的一个里程碑。他在两个意义上说它是里程碑，一个方面是土著人研究土著人（这使我觉得是在侮辱我们，我们已经是文明人了，才不是土著人呢！），另一个方面是说费先生是第一个研究文明社会的人，在这个意义上，《江村经济》也是里程碑。那就是说，费先生之前是没有人研究文明社会的。是这样的吗？我看这个说法只不过是针对功能学派自身而言才是对的。功能学派在费先生之前的确是欧洲学者运用来研究野蛮的原始社会的，从费先生开始，才开始有人来研究文明中的农民。但这并不意味着，20 世纪以前没有人类学家研究过中国，没有人类学家研究过文明。20 世纪初他者观念的出现，使得中间的古式社会消失了，因而才使中国研究成为里程碑。

要承认，那个时代百花齐放，我刚刚说的只是一些粗浅的不一定准确的说法，但是，仔细推敲，我们还是可以发现，功能学派确实是建立在以上所说的他者和自我两相对应的观点上的。

这个时代过去以后，各国的人类学，可以说被法国人类学一网打尽。不同的人类学派都想从法国的人类学大师列维-斯特劳斯那里学到东西。我们昨天晚上听讲座，萨林斯教授，他的导师叫 Leslie White（莱斯利·怀特），他很尊重他的导师，很孝顺，最近写很多文章回忆他的导师，但是，实际上他是 White 的一个"叛徒"。萨林斯所做的，就是"投靠"了法国结构人类学。当然，这种"投靠"是好的，好的学问为什么不可以"投靠"呢，这是没问题的。结构时代的人类学特点是什么？它在"三圈"的解释上的特点是什么？也是基于前面一段的自我和他者的二分，但是，这个时候已经不再强调自我和他者的区分，因为列维-斯特劳斯引用的素材很多是来自"三圈"中间那个圈，即古式社会。但是他的理论永远在关注原始思维（原始思维作为所有思想的基础），这是通过所有亲属研究、神话研究来论证的。他想打破自我和他者两相对应的局面。可是，我认为，他在打破这种局面的过程当中，他也是采纳了前面一个阶段的自我和他者两分的关系。

　　到了后结构主义时代，包括我们在座的任何一位人类学家都在对这"三圈"的内容进行重新认识。当然出现过很多论调，这些论调，可以说都是反文化相对主义的，就是反对把人和人之间、文化和文化之间、社会和社会之间的高低和气质之分看得那么重。这个时代，特别痛恨"他者"这两个字，当你看人类学的书，当看到"other"或者动名词"othering"的时候，作者的意思相当于"妖魔化"或英文的"demonification"。这个时候，如果总是在用他者的眼光看别的文化，便被认为是有问题的。那什么是没问题的呢？这里又有几个概念。人是需要生活的，人有生活，人有追求权力支配他人，和抵抗他人对自己支配的欲望。在任何人之间、群体和群体之间，是存在关系的，比如说原始社会、古式社会和近代文明之间是存在关系的，但是这种关系因为是在政治经济上不平等的，所以不能简单地通过他们的文化去研究它，而应该采用像马克思这样的观点来批判的看这三个圈子之间的关系。这个批判当然很多，最近少了，1970 年代的时候兴起的政治经济学派就对这三个圈子的关系进行了世界体系理论的解释。晚近到 1990 年代出现全球化理论的时候，也是对这三个圈子进行解释。但是，这个时代的政治经济味道不一定那么浓厚，因为有的人类学家已经堕落到了只想为基金会干活而不想其他的境地了。这样你写研究建议书，写到"globalization"，大概就很容易得到支持，邓老师有没有拿到"globalization"这个题目我们不知道，但我们知道，全世界的人类学家经历了这个阶段。那么，什么是"globalization"呢？可以说这个概念的制作者试图用一个中性的方式，来解释"三圈"之间的关系，这种中性可以说是靠基金会活着的，并没有像其本应做到的那样，使人们看到世界是由三个世界构成的，但并不简单说是某个文化被另一个文化"globalize"，它是层层叠叠、一层又一层的，有的地方的文化历史比较深厚，有的地方的文化是没有历史的。所有的古式社会都是重过去的，所有的神话社会也都是重过去的，但是对于这种原始社会来说，过去就等于今天，对现代欧洲的文明来说，未来才是最重要的。

在欧洲的近代文明出现之后，以目的论为主的理性主义思想成为主流。理性主义很复杂，不是我今天可以讨论清楚的。一个可以在此指出的现象是，理性主义现在在世界人类学中占了支配地位。在过去三十年来西方人类学的后结构主义中，理性主义的支配地位之形成，致使"三圈关系"的论述简单化了。理性主义是一种普遍主义的解释，它的观念体系往往来自西方，与西方的政治经济学、权力、个体等观念相关，用这些来解释人文的事，推己及人，我觉得是有问题的。

以上，我借用自己的"三圈说"，将它当作用来"生硬地"套西方人类学理论史的工具，接着，"生硬地"再度建构出"三圈"，然后把它套到生硬的理论认识当中去，这样，我们就清晰地呈现出西式人类学理论衍生的规律。我得出一个结论，任何一个国家的人类学，如果不讨论三个世界、三个圈子的关系，是很难有理论上的启发的。20世纪以来的西方人类学，就因为这个原因变得越来越少启发。

"三圈说"的来源就大概是这样。

第二，让我们再从"三圈"的角度看看中国人类学的民族自我中心主义问题。

中国人类学的历史严格算起来已有一百年了，我认为是更久，但是，我们按照学科规范，把人类学传入的时间定为清末，而不追求帝制时代的异文化知识，那到今天也有一百年出头。我们人类学的自我形象是什么？我觉得，在过去的一百年当中，中国的社会科学（包括人类学在内的社会科学），有一个不怎么令人喜悦的演变，那就是，它从19世纪中期鸦片战争期间尚且具备宏大眼光的理论，渐渐"演进"成今日的民族自我中心主义的社会科学论述。19世纪末以来的中国社会科学，与中国的政治经济史"发展史"，是不对称的、不成比例的：并不是说我们的国力越强，眼界越宽广，到目前为止，看来是大致相反。我们可以设想一下，魏源《海国图志》的世界观，在我们在座的任何一位学者当中存在吗？邓老师是"大哥"级的人物，但是我敢说，包括他在内的我们这代人都是非常悲哀的，我们渐渐失去了19世纪中期"魏源们"具备的心态。我认为，今日我们的社会科学之所以很悲哀，是因为它大致可谓是美国式汉学的一个分论。我们的社会科学家不真正研究社会科学，而是看现在美国某个研究中国的汉学家怎么研究中国，再决定自己研究什么。固然，我们应承认，美国的汉学是非常社会科学化的，它跟法国的汉学、英国的汉学之所以不同，就因为是社会科学的汉学。

所以，学习美国汉学，这无疑还是有点用，但我认为，它是有局限性的。而我们的社会科学家总是盯着美国汉学家在做什么，比如看国外有人正在搞妈祖研究，那就搞妈祖研究，另一些在搞 medical anthropology（医学社会学）研究，那就搞 medical anthropology 研究，再一些人在搞 social memory（社会记忆）、resistance（抵抗）研究，那也跟着搞。其他学科可能更为严重。比如，有研究中国政治经济的学者，总是围着美国汉学家的论述转。我们以为自己在搞中国学术，却不见得是。我们难以幸免于不这么模仿，不管是教授，还是学生。中国社会科学为什么是这样的呢？借用没有这个他者的眼光来看我们自己，当然好像是不错的事，但为什么总是关注我们自己呢？我看，中国社会科学，就人类学而言，有一种民族自我中心主义，而这种自我中心主义，却是自我国际化的，它到处找中国的踪影，在全世界搜罗，哪里的学问里有中国的影子，就把它纳到我们国内的社会科学研究。一百年以来的中国人类学、中国社会科学所走过的历程就是这样不断"中国化"，"再中国化"，"再再中国化的"，而没有像 19 世纪的西方人类学那样，有一个"三圈"的世界观，丰富着文明中心主义。

上面我说，20 世纪以来的中国人类学，不如西方的人类学体系有层层叠叠的对社会关系的思考。那么，这个学科的历程大体又是什么样子的呢？我粗略分了几个阶段来说明。

翻译是我们社会科学的起源。因为我们中国古代不存在社会科学，我们有社会思想，为了获得社会科学，我们的前辈就投身于翻译事业中了。在他们的翻译作品当中，特别是在严复的译作当中，存在巨大复杂性，但复杂性掩盖不了一个强烈的追求——这些文本，贯穿始终，有个"强"字。谁的"强"呢？当然是中国的"强"。中国为什么要"强"呢？因为它弱。任何中国的学科史都在说这么个道理。这个大概就是中国社会科学的起点。

其实，中国社会科学的"强学"追求并没那么糟糕。从一个角度看，它是很有世界关怀的。我们的前辈从日本转译西学来说自己的事，充分表现出他还是有他者的关怀。翻译就是"他者为上"。

1920 年代中期，与国民政府筹备中央研究院同时，国人开始不满足于翻译了，我们要建立自己的、跟西方一一对应的学科体系。年初，我曾带不少师生去四川李庄，那是中央研究院历史语言研究所抗战期间的阵地。历史语言研究所是干什么的？它里面有历史学、语言学、考古学、人类学等现代科学奠基人，可以说是中国社会科学的一个汇集地。在小小李庄，存在许多被称为"第一个××"的人。在李庄，有一个导游就向我们介绍说，李济是中国考古学的"第一铲"。中国考古学家的工具之一是洛阳盗墓贼的探铲，李先生拿的就是那个，但我们却说他是引进现代考古学的第一人，而没有说他在这当中继承了"传统"的哪些因素。像李济先生这样一个留学美国的人，要创造一个中国自己的考古学，借助的东西不可谓不多，但主要以现代学科的代表的面目出现。他是那个时代的一个典范。那时的学科带头人自己读得懂外文，并不需要翻译，脑子中充斥着的是怎么样运用中国的智慧和外国的智慧，来奠定一个中国的近代的学科。这个时代在中国和日本打架的时候，就得到了强化。

可以说，1920 年代中期以后，中国社会科学诸学科从"翻译启蒙"转入了"学科建设"阶段，此时，学科的民族自我意识更强了，尽管学者们相信的都是现代西方的东西。

1950 年代，人类学产生了一些变化。研究人的生物性的，去了科学院；研究人的社会性的，主要去了中央民族学院；为了处理民族问题，综合大学的大量社会科学家被调到中央民族学院去，这就造成了一个社会科学以民族学为中心的时代。当时的前辈先是研究"哪些是少数民族"这个问题，这叫"民族识别工作"。这个概念很有意思，你是什么民族，这种很难定。而当时"人类学"这个名称不许叫了，但人类学家都活着，有一些去了台湾，到了"中研院"，建立民族学研究所，今天还在，他们多数是1950年代以前的"南派"，留在大陆的都是诸如燕京大学这样的教学机构的师生。那些由教会之类社团在华创办的大学很奇怪，虽都是"资本主义社会"的产物，跟外国有关，却往往产生"左倾"思想，其师生对新中国抱有很高的理想。像燕大，就出现了一些大学者，他们是反对蒋介石的，不可能去台湾的，这样就跟"中央研究院"分道扬镳了。这些人都在，在干什么呢？他们只能做做民族学、民族研究。先是民族识别，接着是社会形态研究。民族识别还有些道理，至少它还有一些标准，比如说的话不一样、自己的文字和生活方式都不一样，自然是有理由区分的。但社会形态研究就很有趣了，像我刚才说的，它回到了西方人类学的19世纪，把西方人类学所说的三个世界套到中国来，在中国寻找相等同的原始社会、古式社会、近代欧洲文明，把五十六个民族，有的放在原始社会，有的放在古式社会（如农奴、封建、半殖民地半封建社会），基本上很少放在欧洲近代文明那个时代。问题当然是有，有些少数民族，早已进入了欧洲近代文明的时代。比如，白族，社会形态研究者将他们定义为封建社会，其实，在白族的名镇喜洲等地，早有四大家族这样的资本主义商业力量，深受近代文明的影响。这个小村子经济上是全国性的，其四大家族，曾支配当地的经济，而且跟上海有很密切的关系。为什么说它是封建社会呢？至少比半殖民地半封建社会低半级嘛，如果说白族是半殖民地半封建社会，那就跟上海一样了，它有四大家族，和上海的青红帮什么的一样，那为什么要这样区分开来呢？这是有一定目的的。社会形态研究在国内也建立了它的"三圈"，这个我后面会谈到。我觉得我们这个学科是这样过来的，我们是在这样的历史中做人类学的。

我是中华人民共和国第一届人类学本科生，很荣耀，为什么荣耀呢？因为以前都不让上以人类学为名的本科，1981年才允许人类学有本科，现在又被取消了，而我当时是在人类学本科里读书的。现在都得拿民族学、社会学、历史学的本科文凭，要拿人类学的没门，因为教育部没有这个本科，但研究生就有。我们这代大概就是这样成长起来的，也由此会有点激动，因为读的这个东西名不正言不顺，有点像嫁给一个人之后，人家说你是"小老婆"，"小老婆"总要争取名分，于是就比较激动，比较想把人类学搞上去。过于激动也不好，像我这样，想搞这个活动、搞那个活动，结果导致一些误会。人类学出现很多口号，有一种叫"人类学西化"的口号，像我就曾经被认为是"被西化"。有的人传我回国工作目的是要"清理门户"，后来又有传闻说我要来搞中国人类学的本土化，因为当时写了一些西方人类学的本土研究，出现了很多很多口号。不过，激动也许也有好处，好处是，易于对于所做事业有积极性。过去三十年来，中国人类学就是在激动下促成学科重建的。过去三十年来，翻译工作做了很多，现在，几乎可以用汉语来教人类学了，这是改革以后的人类学的一个伟大之处。现在，许多人类学经典之作，有了中文版，使人感到很荣耀。第二个荣耀就是，我们现在自称为人类学家的至少已有四千五百人。这个非常厉害，之前有谁愿意去当人类学家？第一个下海，第二个一官半职，第三个高校随便混一混到处长，第四搞点管理学，第五搞点法学，再搞点工程学，到第十估计是人类学。国内居然有四千五百个人类学家？明年将会有世界人类学大会在昆明召开，要举办五千五百人的大会，但是，据我所知，能来的外国人不超过一百人，因此中国的人类学家应该是五千四百个，这样我就是五千四百分之一，我感到很自卑，因为有那么多同行。这是个进步，至少那么多人对人类学感兴趣，昨天还不是。人类学有那么多的业余爱好者，我们也感到很高兴。这个是第二大成就，但是这个成就里面，包含了问题。这个问题你们都听懂了，我就不用再说了。第三个荣耀就是，在综合院校出现人类学。新中国成立以后的一段时间里，社会科学在高校中基本上是很难生存的，只有人文学、文史哲。改革开放以后，社会科学在综合院校中得到建设，渐渐地出现了有人类学存在的综合性大学。以前的人类学专业，以民族学为名，出现在八大民族院校里。今天连复旦大学（不是民族大学）都想搞人类学，这是一大进步。

中国人类学，一百多年来向来没有自己的杂志，但是，现在的人类学家都想把自己所在学校的学报改造成人类学杂志，举个例子，就是《广西民族大学学报》，它居然专门刊发人类学论文，成为中国人类学核心期刊。还有，我曾协助费孝通先生指导的学生，叫赵旭东的，到了中国农业大学担任教授，居然还"混"上了学校学报的常务副主编，结果，现在《中国农业大学学报》的内容几乎和美国的《美国人类学家》是一样的。《民族研究》本来就是看到人类学的文章先"灭掉"再说，觉得这是"资产阶级思想"，现在人类学的文章在那杂志上，也都很容易登。我好不容易混了一个"985"专家，结果也办了一个杂志——《中国人类学评论》，也让我有很多成就感。

繁荣是一面，繁荣之下也有另一面。现在学科还是存在很多问题的。人数太多和杂志太多的问题，当然不是我们今天要谈的，我今天要谈的比较尖锐，这是受邓正来老师多年来的影响（他对社会科学贡献很大，大家不要小看他，他来复旦大学是个大事）和刺激，我这个人说话就有点古里古怪了，说话比较尖锐，如果说不对，请批评。

我们国家人类学发展的近三十年，我们培养了很多人，我推荐了太多人到美国。在国内，我带不少博士生，全国五千四百多个人类学者加起来，如果一个人带十个博士的话，那就有五万多个博士，五万多个博士要多少大学来养，我们不知道。但是，我想提出的尖锐的问题是，我们中国的人类学没脑子，我们不思考，我们只实践。萨林斯教授昨天说了非常启发人的话：后现代主义认为人类学家只研究民族志，他们是为理论思考者提供素材的，理论的活都是文化理论家干的，人类学家就是搞民族志，萨林斯树立了一个榜样，他不甘心只做一个没有思想的民族志作者。我们国内的人即使是做理论，也是当作实践来做。这就造成我们这门学科不仅是没脑子，而且没有独立的思考。我们都在模仿，甚至连模仿都不知道在干什么。我们只是在探听，有一个老外来了，我们就探听他们在干什么。北京、上海当然好一点，如果像我这样经常各省去跑，就能发现，那些我们的同行，教授、博导、院长、校长，一个老外来了，就问他在搞什么。老外都很热情，比如在座有位老外叫"啤酒"，"啤酒"先生在搞性文化，这句话让我听到了没关系，如果让其他人听到，全校的人不管是人类学、经济学还是政治学全部搞性文化了，就全部一拥而上，他们不想想"啤酒"先生为什么要搞 sex，他们不想。他们就是"最近我听美国人在搞什么，我们也要搞啊"。

这个问题很严重，但是另外一派是搞"本土化"的，我们也存在很多独立思考的人就看不惯这种人，我们某高校史学界就有两派。有一派看到外国人去搞什么庙啊什么的，我们也搞，还有一派是美国人来了我们不给他们打工。但是在学理上提出的东西，比如说在民族学里面（我不说史学，史学太敏感）一些民族学家骂模仿美国的人类学家，好像他们有独立思考，但是，很遗憾的是，他们提供的理由往往也是来自外国的。

问题值得我们好好思考。我们在中国做人类学，要像西方人类学家一样有胆量，构造一个自己的世界观。虽然我比"啤酒"先生"矮"一点，但是别的人并没有比他"矮"，对不对？

第三点，回顾中国人类学，我们刚才很悲观，看到它走了这么一条"螺旋式"的路，我们是否可以就此认为，我们的学科没什么希望了？我觉得不然，它还是有令人乐观之处的。我认为，中国人类学是有它独特的学术遗产的。硬是用西学的"三圈说"来套我们的学科史，我看到，我们中国人类学界一百年来研究过我称之为"核心圈""中间圈"和"外圈"三圈。所谓的"核心圈"，主要是乡民社会研究，今日国家当中核心的人群对他们的文化进行的研究，这个典范很多，最重要的比如说林耀华、费孝通他们所做的一些工作，长期以来有一个积累。特别是燕京大学社会学派，综合人类学和社会学的方法，对中国乡民社会进行研究，这是个传统，尽管这个传统在1950年后似乎没了（直到改革以后，对"核心圈"的研究才开始开放），但即使是这样，我们在乡村研究中也积累了很多遗产，这个遗产无法在此一一论说。第二，对"中间圈"的研究，积累了更多的成就，而且在1950年代得到发展。我说的"中间圈"包括了更多，但我简化地称为"民族地区的"。在我看来，少数民族，不是一个个孤独的群体，有史以来生存在环绕着这个华夏中原的"周边"，其流动性极大，无论是对朝廷还是对外的关系都极其重要。我们之前称之为"少数民族"，但是他们并不少。费孝通把这一块称之为"走廊"，存在着很多流动。这是一个中外之间的圈子。我们就在这个圈子，从 1920 年代中叶，中国人类学，特别是"南派"的人类学出现以后，对这个圈子的研究变得非常重要，成果不可小视，我无法一一列举。第三，中国有这门学科一百多年来，第一阶段都在借用翻译，后面才有自己的学科，即使不算上翻译的阶段，我们长期以中国人的眼光来研究外国的人类学家，像李安宅教授一样，是最早研究美国印第安人的华人人类学家，而且他采用的观点，和美国人研究同一个印第安人是不一样的。如果再说的大一点的话，费先生，大家认识他大概都是因为他研究中国的农民，但是以我来看，费先生对我们最有启发的书，除了《乡土中国》之外，还有他对英国和美国的研究，而且这些作品是非常人类学的，比如他对美国人的论述。许烺光对中、印、美文化的比较研究则更专业。许先生曾在"魁阁时期"跟随过费孝通，受其启发，他对西方、印度和中国的比较研究，显然与费先生相互呼应。我认为，对于"外圈"，中国人类学家也做过重要的研究，积累了丰厚的遗产。

中国人类学在"三圈"的研究中，获得了不少有价值的认识，这无疑。但到底所研究的这三个圈子之间存在何种关系？我们则思考的不多。在我看来，对"三圈"之间关系进行思考，中国人类学家可以触及现存社会理论未深入触及的层次。

"三圈"有非常丰富的历史和文化的内涵，其关系的实质确实在于一种等级文化。第一，这三个圈子上下关系在经济上得到表达，中央朝廷与"核心圈"的关系是"赋税式"的，"核心圈"和另外两个圈子之间的关系是"朝贡式"的。第二，从仪式、文化和文明上看，这三个圈子也得到了不同的定义。我们也是说上下关系。我们在文化上，会把"核心圈"的人，不管其文化高低，称之为"化内之民"，把"中间圈"的人称作"少数民族"，将他们与"外圈"的人合在一起称作"化外之民"，如果再细致点，便会用"生番""熟番"之类加以区分。第三，从地方管理行政的控制来说，这三个圈子也是有不一样的。我们在"核心圈"使用的是严格意义上的地方行政体系，把这个地方看成朝廷委任的流官所控制的地区；"中间圈"和"外圈"，通常有"土司"和"藩王"，至少在意向上是半独立的，有的是纯独立的，纯独立的也会被想象成半独立的。比如，像英国，犬羊小国，只不过像我们土司那么大，怎么还自称皇帝、女王，大家都觉得不可接受。我们把世界的任何一个民族都当成少数民族，政治体制上接近于罗马式的皇帝和王之间的区分。这"三圈"的以上划分，当然局限于正统关系。而人类学家还可以研究"地方性知识"，可以分析不同的圈子对于世界的看法和想象，比如说，研究农民怎么看世界，研究被夹在中原和外国之间的"少数民族"怎么样实践、怎么样看世界。对于外国人，也可以一样研究。

学科是什么呢？现在社会科学家会立刻答道：是近代欧洲传给我们的以国家为单位的研究方式。我们没有一门学科不是以国家为研究单位的，比如说"中国××"。为什么我们一定要套上一个"国"字，以"国"为单位？这个事实，使得我们的研究相对松散，相对于国家单位，更为真实的世界观得到了压抑，实际上没有人能在这方面做得很好。因为国际社会科学委员会，实际上在替我们指出，近代以来的欧洲社会科学，它的基础和实质都是国家学，那我刚才说的这个是非国家学。当然它还有一定的历史基础。我们为什么连这么简单的事情都没有思考到呢？就是因为社会科学给这个世界带来太多的遗憾，我说的这个，不仅仅是中国社会科学的遗憾，而且是欧洲中心主义政治观的遗憾。在这背后我们还可以探讨很多问题。

　　如何理解在中国建立一种不同于欧洲中心主义的社会科学（也就是国家式的社会科学）？有没有可能存在这种理解呢？我认为，从文化上看是有可能的。从体制上看，有没有可能，我不知道。我认为，欧洲的思想，是基于欧洲和印度的思维方式建立起来的，它的边界大概是到达西藏；往东存在着另外一种体系。我们请了一些专家从考古学角度来看这两个体系，我也想从神话学来看，但最后，我自己得出的结论是，印欧的社会思想，往往是以神为核心的，用神来理解所有一切，比如说，杜梅齐尔所说的王、祭司和生产者这三者的体系化结合。欧洲社会理论因袭这种神话结构，始终贯穿对社会结构普遍性的信仰，其对三者进行的"分层"，亦始终坚持一个一以贯之的原则，这个原则提供了分类的标准，同时也必须灌输到任何一类当中去。在这种情况下，"分"和"合"是合一的。我觉得，在印度以东，也存在另外一种社会理论可能，分类当然还是存在的。但是它强调的不是一个东西贯穿到任何一个类别中去，以此来寻找它的异同，而是看不同的东西存在的关系。中国社会科学有没有可能基于神话学或者是考古学的研究，来重新思考社会理论？在印欧式的神话之下，近代欧洲的国家学，不是偶然的，不像华勒斯坦所说的，是国家世俗化的成果，而是一个很长远的历史传统。这个历史传统是什么呢？就是认为神这样一种一致性，必须穿越王、祭司和生产者这三类的人。我们这以东的地方，可能不存在这种穿越的东西，而是存在一条一条的纽带，把不同的圈子和层次关联在一起。中国社会科学提出这"三圈"是要服务于寻找这些纽带，这个区分自身并不重要，可能存在一种社会科学不必以国家为单位研究，而以过程和关系为重心，而且这种过程和关系都有历史性，而不像欧洲式的社会科学，在时间上那么浅薄，这也是我认为历史的社会科学如此重要的原因。

讨论环节

任远　谢谢王铭铭教授。王教授娓娓道来，讲得非常清楚而且非常有趣，他虽然主要是在反思人类学，但谈话中也折射出中国社会科学的历程和命运，怎么样在全球化压力之下挣扎。他讲到人类学未来的建设和发展，表达的是对中国人类学发展路径的志向，就是借人类学以言之。两个话题有很多相通之处。现在，我们请两位特邀嘉宾做点评。首先，我们请潘天舒教授做点评。

潘天舒　首先，不好意思，可能是因为是我的同事，你把这个等级制给打破了。

任远　我想让邓老师做压轴，现在先请潘博士点评。

潘天舒　首先，非常荣幸能给王老师做点评。今天我也不想说太多，因为昨天很多同学没有机会进行提问，是有遗憾的。所以，我想我应该让出更多的时间让学生提问，让同学们以各种形式提问，为复旦人类学以生物人类学为基础的继续扩展做一个努力。

我就说两点吧，王老师今天讲了很多，又讲得那么清楚，我也没有必要重复再说，我也没有水平像昨天王老师那样把萨林斯的讲座用两点就说得很清楚。前述与社会发展和公共政策学院里面上的一门课，叫"发展人类学"，很有关系，这是我自己的思考。讲到费孝通，我尽可能用另一种方法来思考费孝通，我觉得可能我们还可以用再宽容一点的态度。在马林诺夫斯基的日记出版之后，可以发现他在田野里头，并不是像一位科学家一样那么冷静，也有自己的悲。我们回到当时的时代，其实，他并不是我们想象的那样，作为一个白人在伦敦政经学院地位那么高。我们想象一下，两个在英国波兰裔的人，后来出名的。因为我学英国文学的，知道 Joseph Conrad（约瑟夫·康拉德）比知道 Bronislaw Kaspar Malinowski（马林诺夫斯基）的人多得多。费孝通这些非西方的学生，也给马林诺夫斯基带来实现他理想的希望。现在的人类学也会说，费孝通是第一个在他的导师允许下研究自己的文化的，人类学的主流已经开始这样说了。但我是有点不同意的。费孝通在自己的文章中也说过，我们还可以想象一下，1949年如果没有政治变化的话，那么费孝通肯定不会在国际学术界有他的地位。我就会想以他的地位，他可能会做什么事，我想这肯定会让"发展人类学"这门学科提早二三十年就出现了。这是很清楚的，因为费孝通想做这个事，而且马林诺夫斯基把人类学定位为改革者的科学，马林诺夫斯基已经这样说了，但是呼应他的很少。逝世了以后，马林诺夫斯基成为人类学的上帝，但当时并不那么厉害。

另一个就是王老师提到的清末人类学传入的时候，魏源《海国图志》的眼光，我想再展开一点说，现在美国有一些人类学的书，（因为我经常教"人类学导论"，看过一些新版本的书），把最早的人类学家写进去了，有的是必提的，比如希腊的希罗多德、亚里士多德；对于中国，司马迁、徐霞客也说到了，还提到十四世纪中东的学者，卡东（Caton），应该是属于伊朗的。由此，我们可以看到即便是在西方的人类学，它还是有一种自己的力量，来自我颠覆，还是可以看到其余的文化中有类似于人类学思想的人。

最后，说到美国式汉学，特别是美国式人类学，有一个有趣的特点，如果是做中国研究的话，不会有太高的地位。Arthur Kleinman特别有名气，但并不是中国问题专家，而是医学人类学家，他的中文说得并不好，其他学科的汉学家中文说得几乎可以和中国人一样，但是人类学有时候情况还是有点不一样。还有在座的 Bill Jankwiak（比尔·扬克韦克）先生，在呼和浩特做民族志研究，ethnology 不是民族学，而是系统的比较文化的研究，他成了这个里面的专家，就是 sex、romantic love，不断出"三部曲"。局限某一个学科的 multi-site research（多场位的研究）。对中国年轻一代的人类学学者，也就是对在座的各位有一个要求，以后也许要去研究其他的民族，研究中国以外的文化，我的几个指导老师里面，已经有这个想法。我要研究中国以外的文化，我想我的三个老师都会支持的，而且他们已经在做某种实验了，他们基本上已经退休了，做自己家的研究，这只是他们的第一步，这个不算新鲜，因为很多美国人都在研究自己的社会。第二步，比较新鲜的，他们开始把中国的学者，美国以外的人类学家，邀请到自己的农庄，来看美国普通的农户是怎么生活，也就是说他们主动开始一场革命了。他们比较低调就不说，我说出来了，可能清华的一位人类学家会参与这次有意思的实验。我说的就是给王老师做一个补充。

任远　谢谢潘博士，潘博士很客气。接下来，我们有请双周学术论坛的"坛主"，高研院邓正来院长，做点评。希望这个评议更加一针见血。

邓正来　不一针见血也不可能，不是我的性格。在北京的时候，我的家在北大的边上一个叫六郎庄的地方。我的家，很多学者在里面读书、讨论问题。所以，大家经常在一起，会有一些影响。我是人类学的业余爱好者，但绝对不是王铭铭说的四千五百人中的一员。鄙人也翻译过格尔茨的《地方性知识》，读了很多人类学的书，尤其是在做《中国社会科学季刊》的时候，推进了中国人类学的发展。王铭铭、纳日、阎云翔、景军都是我非常好的朋友。我的动机不一样，跟学科没有关系。我觉得，人类学是对普遍性哲学存在的根本性的质疑和挑战，也是出于这样一种爱好，在这里谈点我自己的看法。

王铭铭刚刚讲的很多内容，表面上看是介绍一些东西，一般学生会比较感兴趣，像这种东西我觉得就比较"大路货"了，但是还是说到了一些要害的地方。如果真的是"大路货"，我就不评论了，下面直接讨论就行了。

要害的是，这种介绍里面，隐藏着很深刻的洞见。有两三个是我们在座的学者，包括我本人都必须严肃对待的洞见。第一个洞见，我倒过来说，说到民族自我中心主义以及对当今人类学发展的状况的讨论。无论是翻译、研究队伍、在综合大学的地位、刊物，人类学都有大发展，但他提出一个非常重要的问题，人类学在中国始终是尾随西方的，其实其他中国社会科学也是一样的，经济学更加厉害，法学也是，都是在尾随西方。他的最主要的一个观点是，我们不仅是尾随西方的概念，使用他们的理论，最重要的是，我们连我们研究的问题的本身，也是要从西方的学者那里打听来、探听来、去模仿的。别人研究什么，我们研究什么，仿佛我们的问题是不存在的，是和研究者的生命不相干的。我们作为人类学家也好，作为社会科学工作者也好，我们的问题是和我们的生命没有关系的，是另外一拨莫名其妙的人，他们研究了一个问题，说这个问题很重要，于是我们就去了。这个背后的原因很多，比如捞钱。

王铭铭刚才表扬了燕京学社的费老，因为他是他的学生，我讲一个故事给你们听，你们也不要那么乐观的。

燕京学社所谓的中国学派，并不是像我们所想象的，当年燕京学社没有钱，不从国家那里拿钱，而是个私立学校。燕大没有钱怎么办？当年的洛克菲勒基金会，自1920年代进入中国以后，主要是搞协和医院，搞了一段时间，他们发现搞医救中国不行，于是大量投入去搞研究，1920年代末派来了洛克菲勒基金会的副主席。他到了中国就当了洛克菲勒基金会驻中国的主席，提出一整套中国研究计划，于是乎，在这样的情况下，包括费老他们在内的学者，开始向他靠拢。这个计划不是中国人想出来的，而是美国人想出来的，所以在知识发生学的意义上不要把有些东西吹得太高，这些都隐含着我们如何面对西方知识的问题。王铭铭在这种意义上借鉴了一种批判意识和反思意识，是非常重要的。

但是，非常遗憾的是，这里存在一种高度紧张的东西，即他在批判的过程当中，担忧的是什么？担忧人类学的"三圈说"没有了、丢失了，但是这个"三圈说"哪里来的？这个"三圈说"根本上也是源于西方的研究。所以，在批判和反思的过程中，我们究竟怎样处理好最为根本的"三圈说"，它是我们所想象的中国人类学、中国人生活当中的这么一些关系，这些都是需要进一步思考的问题。

第二，王铭铭谈了很多知识脉络的问题，把西方基础的人类学脉络讲了一下，这个里面有一种我们研究社会科学的很重要的理论问题。这种问题和我们所讲的理论问题是不一样的，是常识性的问题。日常生活的问题未必就是理论问题，那么，什么叫理论问题？我们一定要把我们这样一个问题通过我们的理论建构，能够在我们先前的知识脉络当中寻找到它的地位，也就是说，如果它在知识脉络当中没有意义的话，它不能构成我们的理论问题。这一点是非常重要的，这是我们现在社会科学研究遇到的最大的问题。我们研究的问题，就是和外面的的士哥讲的问题是一样的，我们根本不知道我们的理论出发点是什么，我们也不知道我们是在讲什么话，我们到底是结构学派的，还是功能学派的，更不要说哲学了，尤其在中国，中国之所以没有学派，是因为我们没有自己的哲学。没有我们的哲学，我们就不会有我们基本的世界观去看不同的东西，学派的根本要害，不是人多，也不是大学里有多少系、多少人、多少faculty，要害是，有没有一种基本的哲学原理。如果懂得实证主义哲学的，一定知道，诠释学背后的哲学是和我们不相同的。我一定是站在某个哲学上谈问题，但是我们不是的。这里同样存在一种很大的问题，我们人生活上的问题，到底是由理论建构出来的，还是它本身就存在的。我们不断地根据我们的哲学观、根据我们的理论脉络要求，我们得说出我们的出处、来源，我们是根据哪一种范式去讨论问题，这很学术化、规范化。也就是说，理论到底把我们真实的生活的问题建构了多少，扭曲了多少，这也是值得我们关注的问题。

第三个问题，就是王铭铭开篇讲到的一个问题，三十年总结的问题。我确实主编了《中国人文科学三十年》，这是一个非常重要的问题，隐含着我们用什么样的方式和态度总结的问题，现在绝大多数都在歌功颂德，认为我们在三十年间得到了很大的发展，我本人恰恰认为不是。福特基金会请我做一项研究，他们美国总部的主席来，给我一笔很可观的钱，大概是20万美金的一个项目，然后让我来做这个研究，我在跟他们吃饭的时候问他们能不能不做他们定的这个题目，不做他这个命题作文，我要另做一项研究。他就问那我能不能告诉他们想做的研究是什么。我就是想做福特基金会从改革开放以后、进入大陆之后是如何扼杀和阻碍中国社会科学发展的。我还说"你们有没有胆量把你们的档案向我公开"。我说"洛克菲勒基金会在 1940 年代就公开了，所有中国当时有头有脸的学者，吴文藻、林耀华、费老，都给他们写过信"。他们问你为什么要做这个研究。我说中国的学者，在沉默了很长一段时间以后，有的学者辛辛苦苦，三五年、七八年，甚至十年做的一项研究，马上就被你福特基金会一网打尽，实际上这项研究进行完以后，他要继续往前推进，甚至他可能发现另外更有意义的问题。但中国实在太穷，福特基金说我给你钱，给你八万十万，就写你现在进行的研究。为了得到钱，学者们没办法重新做他的东西，不能写的一模一样，要编，靠鼠标去编，去折腾，所以，出头的这些中国人文学家，几乎一网被他们打尽，除非你不有名。所以在这过程当中，意味着什么？不要以为学科人数多了，就是繁荣，就真这么好了。我们现在恰恰需要的是批判和反思，反思什么、批判什么也是一个很大的问题。铭铭刚才讲的，大部分都是时间的问题。所谓的时间，就意味着进步，即三十年的进步。真的进步吗？真的是今天的一定比过去的就好吗？未必。不能那么匆忙就下这个结论的。中国的人文社会科学，我看最主要的就是两大问题。第一，就是西方化的问题。第二，就是伪学科化的问题。我们根本就没有办法对世界发言，我们狭隘的学科化，使得我们把中国，一个整体性的中国，我讲的中国不是 political state，不是政治性的中国，不是 arbitrary state，不是专断的，不是地盘打仗，打到一个地方，划出来就是中国。打的小一点，我们中国就小一点，打的大一点，我们中国就大一点。不是这样的。如果打仗打的小一点，王铭铭刚才说的"中间圈"就没了，"三圈说"就没办法成立了，就变成"两圈"了。其实，这背后也隐藏着一种政治性的 arbitrary 的东西在。中国被肢解掉了，学科化的视野被肢解掉了。经济学看到的是头；法学看到的是腿；人类学看到的是内脏；社会学不知道看到什么，爪子还是别的，搞不清楚。那个整体性的中国就没有了，文化就更不要谈了，没了，关系不知道怎么建立了，丢失了。第二个就是西方化，把中国给丢失了。刚才是把中国给肢解了，在西方化的过程当中，连我们的问题都是虚假的。我们这个论坛，为什么叫中国深度研究，就是要把那些浅薄地把中国当作形容词、把中国当作不需要反思的、不需要质疑的一个单位的中国社会科学本身进行反思和批判，这个论坛存在本身的意义和目的就是这个。所以，我是有这么个想法。

铭铭由于时间的关系，不可能展开所有的东西，但是我们必须认识到，有很多东西，是值得我们必须去思考的，中国学者不能简单以为 textbook 就是我们的知识，以为这就是中国。每个学生毕业出了校门都说，老师教的一点都没用，为什么会没用？不一样。我们书本上教的那些东西，完全是和我们的日常生活、和我们的生命没有关系的，我就说这么一点评论和值得我们更深层次地考虑的问题。谢谢大家。

任远　我们邓教授非常具有批判精神，有时候过分批判也不一定好，下面先请王教授对潘天舒博士和邓教授的评议做简单的回应，然后，我们把剩余的时间给大家提问和讨论。

王铭铭　潘老师说他是一种补充，但其中也隐含着一些批判，是针对我对马林诺夫斯基的批判。我实际上也批判，我就是觉得有点不客观，马林诺夫斯基自我形象太高了以后，把前面的历史就都抹杀了，这个我觉得要重新思考。关于美国也有些教授开始研究美国自身，这些我有所了解，但美国教授研究美国自身，我觉得不是我的关怀，中国教授研究美国才是我的关怀，我们期待你说的中国的教授真的以中国的观点试着去看美国，不要简单地拿着美国自身的观点，而试着以一个新的方式，我不是说要反对美国，可以有各种各样的观点，但是现在很遗憾，有的研究海外社区的中国人类学家，实际上是用美国三流学者的观点，去研究东南亚或者别的地方。这是我今天的讲座想针对的。

第二，就是说老邓提出了三个方面，他先抚摸我一下，然后再把我捏一下或者打一下，搞得我有点难受。那个抚摸的东西就不用说了，还是比较舒服的，那紧张关系呢，倒是我的确没有讲清楚，要进一步思考。我再重复一下他提的三个问题。第一个就是我这里面存在一种高度的紧张，一方面在探讨一个中国的事，又开宗明义地说，这是西方的，这是我故意这样弄的。我不认为有一个纯洁的文化，任何一种文化都是自我和他者的综合体，而这种恰恰是我们中国的文化观。我并不认为文化像人格一样的叫 integrity，我认为这总是一种自我和他者的结合，那么您所说的高度的紧张，可能是我故意装成还有一点智慧的样子。其次，我们研究的是来自理论的脉络还是生活的自身，我比较倾向于来自理论，理论是对于此前的生活的高度总结，假如我们对生活简单的观察直接升华成一个理论，往往会重复前人的理论研究所做过的。我们要先看前人的间接经验当中存在什么问题，这个当然是一个纯粹的庸俗的西方社会科学理论。我反对庸俗的经验主义，很多学术研究是跟着经验跑的，我不认为这叫学术研究，现实出现什么，就跟着说什么，这个属于马后炮，所以我倾向于理论。第三，他谈到的中国社会科学西化的问题、伪学科化的问题，我很赞同。实际上，我和老邓还是有小区别的，我讲话可能还更偏激、不合逻辑。我认为对西方的吸纳是中国的一种传统，自古以来，我们对各个方位的文化，都采取了吸纳的态度，我并不反对这个，只是反对那种很简单的，实际也不是西方的，或者可以说是西方垃圾，不是西方的精华。如果我们把西方的垃圾当作是祖国的精华，这是我所反对的，这种情况在中国学术界非常普遍。我们捡西方的垃圾来骗国人，把学生一个个骗得目瞪口呆，其实他们西方的学者也知道，就像我自己知道我写的东西都是垃圾一样。讨论和跟西方的对话及交流，我觉得是一个好事，我之所以这样说，是因为现在存在的交流都是伪交流。学科化，我也支持，把人类学和别的学科隔开，这是更高层面的问题，我们是业余爱好者，充当博导，我就说到这里。

问答环节

任远　潘博士也说到，昨天有很多学生非常失望，被剥夺了提问的机会，我也觉得这很残忍，下面的时间就留给大家提问或者评议。

同学一　我是来自社会发展与公共政策学院的博士生，刚才在听老师的发言过程中，我想到两个问题。人类学这几年在潘老师，还有张乐天老师的带领下，在复旦得以复兴，我想基于邓老师提出的以批判的眼光看待社会科学观点，这也是邓老师前几年在有关法学困境的文章中提到的，问一下王铭铭教授：人类学在中国的发展过程中，有没有遇到一些困境或者一些萎靡的现象？第二个问题是，就像您刚才所说的，我们国家把人类学这个本科取消了，我想请您谈一下，未来的中国人类学本科专业以及本科、硕士、博士复兴的可能性以及发展道路是怎样的？

邓正来　我插一句，论坛当然是自由的，大家都可以自由进出，但是，我想提醒大家，一个聪明的学生，往往会对他同学的提问、同学的观点，表现出比对老师更高的尊重，他才可能变得更加聪明。你应该想到，为什么他能提出这样的问题而你提不出，为什么他关心这样的问题，而你却不关心，我们首先要学会尊重自己。谢谢大家。

同学二　我再提一个问题。王教授，我想提一个关于方法论方面的问题。现在社会科学研究，越来越像西方一样，采取研究自然科学的一些方法，必然要求对一些假定作出重新的界定，比如理性人或非理性人。昨天，萨林斯教授也提到过这个问题，但是自然科学的方法抽象掉了对于我们社会科学研究者很重要的一些信息，我想这是我们所有人面临的两难的问题，面对这样一种困境和未来的发展，您是怎么想的？或者说，我们有没有一种勇气，干脆就把西方研究自然科学的统计方法摒弃掉、排除掉？谢谢！

同学三　王教授，您刚刚提到的关于从神话的观点讨论世界观的问题，这个似乎离我们太遥远了，能不能谈谈立足于中国本土来讨论中国的世界观的问题。谢谢！

王铭铭　首先，我没有胆量像邓老师那样把他的几位优秀的同行老师拿出来骂，所以我也不可能写出一本《中国人类学向何处去》。第二个，关于中国人类学里面存不存在像邓老师批判那些法学家那样的任务呢？我觉得这也存疑，这就是我们这门学科的问题，可以说，我们觉得邓老师很幸运，一是他有勇气，二是他那行里也还有人，比如说有朱苏力、梁治平这些人，我们都很崇拜，他还有胆量把他们抓出来骂。关于教育体制，我是不大关心的，因为有没有这门学科定义在官方的教育体制里面，是不重要的。大家在一定的条件下做出一定深度的研究，这才是重要的。现在也有人想急于求成，想在教育体制里把它重建，越来越多的博士点、硕士点、学士点，越搞越乱，老师不够，到头来教出很多无知的学生也不好。

下面一个问题，是一个小伙子说要不要把西方研究自然科学的方法都抛弃掉，我倒没有那么激烈，自然科学其实很多内容和人文科学也是相通的，结构主义思想、社会科学系统理论和自然科学都是非常相近的。如果说社会科学在走中国本土化，或者人文化的道路，那么可以看到，一些高明的自然科学家已经同样走了这样一条路，比如西方在物理学中就出现了混沌理论，这可能跟我们在探讨的关系、互动、历史都有紧密的联系。这个混沌理论来自哪里呢？你又不能说它纯粹是属于自然科学的，因为混沌这个概念，在希腊哲学里是有的，在中国古代哲学里也是有的，我觉得不要太简单地去想这个事情，我们在说的这些问题都是表面化的科学主义，在背后很多伟大的科学家还是有人文精神，甚至有宗教情怀的，所以不要太简单化。所以说，这个人文学可能还会对自然科学有贡献，但是在体制内，它不被认为是这样，比如，自然科学家早就对人文科学感兴趣的话，这个混沌理论不会到 1960 年代才出现，可能在 19 世纪就出现了。

第三个问题比较专业，说我说的世界观是从神话的观点和从中国本土化的角度来研究的问题。多数的学生和刚刚开始的年轻学者，可能应该从更实际的容易把握的现象，通过民族志的方法去总结世界观。但是，不要以为这个就是我们这个学科的目的，有的人现在特别傻，如果真是这样，他写一千本民族志，写一些描述性的故事性的东西就可以成为什么了，那么，中国古代的方志作者都应该被认定为列维-斯特劳斯。人类学不等于民族志，虽然许多人类学的老师说等于，但我不认为是这样，如果等于，我们就惨了，所以，你学的时候，要看到这个层次关系，不要太限制自己。

同学四　我想问王老师一个问题，再问邓老师一个问题。有很多朋友让我去看潘光旦的文集，潘光旦、吴文藻应该都是最早一批的民族志和人类学家。我想问王老师的问题是，潘光旦在中国人类学的发展历程中的地位应该是怎么样的？我想问邓老师的一个问题，就是您刚刚提到的、有关学科化的问题。您刚才说学科化和您批判的西方化不能挽救中国社会科学，您怎么样挽救中国社会科学？

王铭铭　潘光旦先生其实不是人类学家，不过不是人类学家的人的贡献可能比一些自称是人类学家的人的贡献要大。比如说邓正来老师翻译的《地方性知识》，我们人类学界的人还没人翻译出来的时候，他翻译出来了。潘先生相当于从另外一个学科的角度做贡献。潘光旦是优生学家，优生学和人类学是水火不容的。但他在某一个阶段当中，对人类学有一个大贡献，比如说他对开封犹太人的研究，比如说他对中国伶人血缘关系的研究，比如说他对湘西的土家族的调查，这些在今天的人类学里面，都被重视得不够。但是，其中人类学的含量超过任何一本著名的人类学论著，如伶人血缘研究，这不是开玩笑的，我一直在谈历史的关系，那开封的犹太人代表了一种什么关系。他因为土家族的识别而被说成是民族分裂主义者，受到迫害而死亡，他的生命是和一个阶段的中国人类学和民族学紧密相关的，但是在我们写人类学史的时候，包括国外的学者写中国人类学的时候，都把他很伟大的东西压住了，因为他并没有自称是人类学家。以上是我对你的回答。

邓正来　你应该是对王教授提问题，对我提问题，就有点喧宾夺主了。刚才讲的学科化、西方化的问题，我想做一个申明。不是我在演讲，如果我在演讲，我就会相当谨慎了。第一，大家都知道，我在西学引进当中，起了非常大的作用，做了很多的事情，翻译了很多著作。我是从来不会反对对西方知识的学习的，直到现在，对于我的学生，我的博士生、硕士生，我都要求他们读原典。我到复旦开的惟一的一门课，就是"西方学术原典的精读"，要求一句一句读，一个字也不能混，所以我不是说不要去学习西方的知识，这个一定要搞清楚。我讲的西方化，是说把他们的东西当成是解释中国认识中国的唯一的钥匙，西方人的问题和中国人的问题表面上是相同的，都是人和人之间关系的问题，但实际上是不一样的。举一个简单的例子，西方人如果生病的话，他非常着急，然后呼救，会直接被送到医院里面去。而中国人就不会，我们同样会说医德，我们的医生有职业道德，是救死扶伤。可是，我们第一件会做的事情是先去找有没有熟人，考虑红包可不可以送得少一点，医生的医术可不可以高一点，我们一定要做这样一些事情。同样是一个看病的问题，为什么会不同，这里面就很复杂。所以，我不是说不要对西方的知识做认真研究和学习，像刚刚铭铭说的，我是反对把西方的垃圾拿进来这一种倾向。还有一种，更厉害的，是消费主义倾向，报一堆名字，某某某、某某某，他都知道，如果不知道，明天吃饭不带他。他很慌啊，"我怎么能不知道呢"，到下一个饭桌，他把听来的又说了。很厉害。你问他有没有看过书，他可能知道书名，但他没有读过东西。有些教授就专门干这些事情，说在美国读书的时候认真研究过哈耶克的书，然后就讲这个书名。我说你连书名都说错了，这是我翻译过来的中文的名字，你把它导成英文了，但这个英文不是这么讲的，这是我讲的西化当中的很重要的一个问题。

另外，我也不是反对学科化，我是反对伪学科化，这个伪学科化指什么呢？一开口，哥儿们是搞经济学的，我从经济的角度来看看这个问题。你告诉我哪个问题是纯经济的。举一个例子，我总举这个例子，这个例子非常有意思。农民工的问题，农民工到都市来，马上要过年了，全中国的人开始忙了，忙什么？农民工的权利问题如何得到保护？这一年的工资如何让他们快快拿到，高高兴兴回家过年。这时的法学界尤其忙，忙法律援助，忙写论文怎么保护他们的权益，但他们拿到了报酬，兑现了权益，这个问题就终结了吗，真的是这样的问题吗？中国的农民工，一亿三千万到一亿四千万，他们是什么？他们是中国农村的主力。什么是中国农村的主力？甚至从某种意义上说，他们是中国文化的主力，这个背后隐含的问题，绝不是权益兑现就可以解决的问题，我不是反对这个权益兑现。我认为保护他们的权益很重要，我是说问题不仅仅止于此。如果仅仅关注于此，就是把中国文化抽空，这个背后隐藏着中国发展的战略问题、道路问题。整个一个都市化战略问题不值得我们思考吗？所以说，这个问题，不是一个权利兑现就可以解决的问题，但是一个法学家，他就会说权利兑现就拉倒了，问题就解决了。

　　至于怎么去恢复发展社会科学，这个问题太复杂。这个解决方案一定是多元化的，我想这个多元化当中有一点是很重要的，我们一定要展开跨学科的交叉学科的研究，即我们不同学科的学者要经常在一起交流，我们不同学科院系的学生，要多听听其他院系老师的课。至于怎么发展，这里面很复杂，前面已说到今天不是我主讲，下次我找一个机会跟你们讲。谢谢。

　　任远　我"滥用"主持人的权利多说几句，刚刚邓老师的回应解决了前面的问题，是说不要过度批判学科化和西方化，事实上，我们学科上还是要谦虚一点，我们在还没有认识到一门学科的时候，不要把借助的拐杖先扔掉，在还没有认识西方的时候，千万不要批判西方，还要谦虚地学习西方。我们再收集几个问题。

　　同学六　王老师，您好！您刚刚说的 1949 年之前，白族社会民族鉴定的问题，您认为是不正确的，但我认为是正确的。我本来就是云南的少数民族，我在云南民族大学和中央民族大学就读过，我觉得官方所说的白族民族鉴定问题是从总体上说的，您说的只是其中一部分，白族的绝大多数时间都属于封建社会。我给您举个例子吧，云南的傣族，总体是在西双版纳，还处于封建社会早期，而其他地方的傣族属于封建社会中后期。

　　同学七　人类学并不只是民族志，您刚才提到要建立中国式的或有中国学派意义的人类学，但是人类学不是哲学，是一门社会科学，那么，您认为，人类学依靠什么来发展，它最基本的合法性在哪里？它的实证材料来自哪里？

王铭铭　前面的问题比较严重，很像我的前辈跟我提的，给我非常大的冲击，搞得我都怀疑自己了。的确，他们一开始研究的时候，是严格遵循总体的社会概念，从总体形态判定它处于哪个阶段。你显然受到这个影响，而我是从社会形态研究和我们特定的历史形态之间的关系入手的。

潘天舒　补充一个小故事，我不是这方面的专家，但是有一个姓朱的教授，是云南博物馆的一个专家，我在读研究生的时候认识他的，他早期也做少数民族的研究，还拍电影。最有意思的是，拍电影的时候，当地少数民族是非常支持他的，拍完电影之后，他还拿回去给他们放，结果放出来的时候，这些少数民族就看这个电影怎么表现他们，他们当时的反应就是把摄影机砸了、把幕布撕了。就是说，那时候五六十年代，他们不笨。我就说这个故事，来支撑一下王老师这个观点。你去问一下，你的父母亲，或者祖父母，有没有类似的事情发生。

王铭铭　上面同学的第二个问题，是很难的。我跟我的学生说过一句话，人类学如果不是好的人文学或社会科学，那它就可以什么也不是。我们没必要以自己是人类学家而感到自豪，因为如果没有好的学问，那自己说自己是人类学家，那有什么意义呢？现在就有这么一种倾向，他不是好的人类学家，但是他自己觉得是人类学家就不得了了。我觉得，任何一门学问，如果不是一门好学问，就不必去说了，就不要说它用的方法是什么，它离哲学有多远有多近。当然，你的问题并不是这样的，你的问题牵涉到我说的层次，人类学以什么东西来安身立命，是用民族志还是用什么。我想纠正的一个错误观点是，认为人类学的基本方法是民族志。人类学历史上用过无数种方法，更多的人类学研究，出自广泛的研究比较或综合考察，它是基于别的人类学家的田野志来书写理论。大致来说，英国的人类学家喜欢用民族志来安身立命，因为那个国家比较务实，比较实利主义，民族志是一种实验科学。但是法国不一样，法国能做好民族志的人很少，但是英国人所写的民族志自身所升华的理论往往比法国升华出来的低太多了。我不是说这两个是相互排斥的，的确我们要有很多素材，除了民族志以外，我觉得历史的素材也很重要，口述传统的素材也很重要，但是我认为这不是问题。从资料的角度看，连管理学的也在用民族志的话，我们人类学并不是民族志的独有者。我们人类学是不是有独特的哲学呢？你虽然只提了一个问题，但问题很多，我想邓老师还是说的比较好，他敢于对普遍学质疑，但这是不是人类学就等同于具体主义的哲学呢？这个我觉得也要存疑。这说明现存的普遍主义的哲学是有问题的，可能还有更普遍的普遍主义哲学，人类学家恰恰非常开放，他不只研究一个文化，他需要研究多种文化，所以人类学千万不能掉到民族志的陷阱里面去，就像我研究溪村家族，我一辈子研究溪村家族，我就变成了安溪人？安溪人比我还要懂，不是这个问题，人类学要有更广泛的想象力，不要拿民族学到处招摇诈骗，说我懂民族志，你不懂，而且我们今天吃饭的时候说，连民族志这三个字，都是翻译的大错误，ethnography 实际上是相当 mental 的过程，并不是 identity 的问题，是关乎思想世界的问题，对一个群体甚至是一个个人思想世界、生活世界的总体描述，那要做好这个，没有哲学是不可能的。当然我没有做好过（非常抱歉），但不意味着做不好，人类学可以借任何东西安身立命，可以借哲学，就像哲学可以借人类学安身立命一样。如果你做不好的话，就不要称自己为人类学家，我觉得我现在最丢人的就是我自己是人类学家，如果说的难听点的话。

（本文系作者在复旦大学高研院"双周学术论坛：中国深度研究"所做的演讲。该演讲于 2008 年 9 月 26 日夜间举行，由任远主持，邓正来、潘天舒评议。）

村庄：从人类学调查到文明史探索

　　到目前为止，海内外人类学家的中国村庄研究，已经获得了值得称道的成就。不过，村庄研究到底应采取什么理论和方法？说明什么问题？提出什么启发性见解？这些问题，依然等待我们去解答。在这样的情况下，我写出本文来做如下几项工作：

　　（1）从自己的角度说明人类学在中国村庄研究方面取得的成就；
　　（2）讨论这个研究领域里存在的主要争论和问题；
　　（3）基于学术回顾和评论提出对某一中国村庄研究的新思路。

　　撰写这篇报告的意图，是根据自己对以往研究的认识，对有学术潜力的题域展开初步梳理。这一初步梳理肯定只是概略性的，也肯定只是侧面性的，但它能折射出村庄这种现象在人类学研究史中的地位及其与社会空间及观念形态之间的密切关系。这里要提到的"人类学调查"，主要指过去一个世纪里，人类学对中国村庄进行的研究，而"文明史探索"则涉及汉学人类学探索。我曾撰文指出，汉学人类学开创的事业，为中国社会人类学研究拓展了文明史的视野。[1]这里有必要进一步强调，文明史的视野涉及的面要远远超过村庄，在海外人类学界，目前更主要地表现为对古代宇宙论、朝贡体系及"异文化"撰

1　王铭铭：《社会人类学与中国研究》，北京：生活·读书·新知三联书店1997年版。

述的分析。对于这些何以构成我们自己的"跨文化传统"，我未来拟进一步展开探讨，我认为它很重要。然而，怎样将文明史与人类学家通常从事的村庄研究联系起来？这一问题虽显陈旧，却仍有必要先行交代。在篇幅有限的文章中，我们不能奢望全然清晰地解释问题，而只能期望要做的这一概述能帮助自己认识所关注的那一重要联系。另外，在展开叙述以前，似有必要做如下声明：

其一，本文所涉及的中国村庄研究，主要来自人类学界，且并非是对所有人类学家从事过的村庄研究的全面报告，写作的主要目的是概述方法论和解释体系的变迁；

其二，本文不拟在"中""外"人类学之间划出一个界线，论及的村庄研究及人类学的评论，将以学科及学理而非国家疆界为选择标准；

其三，本文论及的一些问题，在其他论著中也部分涉及了；在这里重述以往的论述，目的是保持思考的连续性，同时是为了能将旧问题与思考中的新问题联系起来。

村庄研究

在一般印象中，对于村庄最感兴趣的是人类学家。在今天国内学界，人类学家甚至可能已经被人们误当成村庄研究的专家。然而，将人类学与村庄研究等同起来，显然是有问题的。许多人类学家的初期实地调查确实从村庄或部落开始，但人类学研究广泛涉及人类一致性与文化差异之间关系的问题。单就研究单位而言，文化人类学家（或民族学家）的关注点更经常是整体的族群和文化区域。从1950年代到1980年代初期，中国的人类学家（当时称民族学家）的研究视野，广泛覆盖了国内的所有少数民族，对于"世界民族"（主要是海外少数民族）也有不少介绍。在那三十年中，严格意义上的"村庄"是没有足够高的学术地位的。与古典的人类学家一样，那时的中国人类学家（一般称"民族学家"）关注的是边缘民族的社会类型的历史研究。我们今天意义上的"中国村庄"，更通常指农村的社区、聚落、地方，而且通常与"汉族"联系在一起。汉族在过去的中国人类学里，是一个"民族学的少数民族"，因而对这个人口最为众多的民族进行人类学研究，在那个漫长的三十年里也就不受重视。

然而，说村庄与中国人类学有着密切的关系，却一点也不夸张，这是因为在中国人类学的整体历史中，村庄的地位确实比较特殊。中国人类学学科初创的时期，村庄社区的实地考察，曾经起过十分重要的作用。对中国农村社区进行实地考察的学者，最早有社会学家葛学溥，他曾带领学生到广东凤凰村做家庭社会学的调查，采用的方法基本上是社会学的统计法，成果发表于 1925 年。[1] 同一时期开始的"乡村建设运动"[2]，也做了大量的村庄社会调查工作。到 1930—1940 年代，随着社会人类学的发展，村庄研究逐步从泛泛而论的"社会调查"，转入一个规范的民族志研究与撰述时期。开创这个时期的，是一代的本土人类学家。在 20 世纪前期中国人类学的发展过程中，国内形成了华东、华南、北方三大人类学区域性学术传统，这三大区域传统的研究风格各有不同，其中北方地区特别重视"社区"的研究，如民族学史家王建民先生所言：

> 北方区的民族学[3]研究特色，是将民族学与社会学结合起来

1　参见周大鸣、郭正林：《中国乡村都市化》，广州：广东人民出版社 1996 年版。

2　郑大华：《民国乡村建设运动》，北京：社会科学文献出版社 2000 年版。

3　亦指人类学。

进行思考，强调社区研究，尤其重视对汉族地区的研究。这一地区的代表学者在广泛分析各学派长短的基础上，对被认为是当时"最新近""最有力的"功能学派理论有更多的偏爱，并有一个学者群为实践功能主义的分析方法而进行实地调查和研究。[1]

提出研究方法的，主要是吴文藻先生。[2]吴先生在论述"社区"研究法时兼顾到了村庄，他提倡的"社区研究"涉及面很广，包含农村社区、都市社区、文化共同体，村庄只是其中的一环。当时海内外知名的村庄研究，大多由他的学生——如费孝通、林耀华、许烺光、田汝康——完成。对于村庄有兴趣的学者，不乏很多其他群体。但是，这批早期本土人类学家的成就，被国际人类学界广泛承认，他们都用英汉两种语言在写作，曾师从海内外人类学家，调查成果既具有浓厚的"本地特色"，在学理和方法上又能与国际先进的人类学理论构成对话。从 1930 年代中期到"抗战"（西南联大）时期，他们坚持实地调查研究，尤其是西南联大时期，费孝通先生领导的"魁阁"（社会学研究室），经前后六年的艰苦工作，对云南地区进行了集中的田野调查，发表了大量具有国际先进水平的民族志著述。[3]1930—1940 年代中国人类学发表的几项著名的村庄研究，各有风格、各带有远大的学术目标，它们试图从村庄研究来呈现中国社会的整体面貌，在吴文藻先生的深刻影响下，寻求社会学与人类学在社区中的方法论结合。

1　王建民：《中国民族学史》上卷，昆明：云南教育出版社 1997 年版，第 165 页。
2　参见吴文藻：《吴文藻人类学社会学论文集》，北京：民族出版社 1990 年版，144—150 页；Maurice Freedman, "A Chinese Phase in Social Anthropology", *British Journal of Sociology*, 1963, Vol. 14: 1, pp. 1–19。
3　参见费孝通、张之毅：《云南三村》，天津：天津人民出版社 1990 年版，第 1—19 页。

费先生说，"吴老师把英国社会人类学的功能学派引进到中国来，实际上就是想吸收人类学的方法，来改造当时的社会学，这对社会学的中国化，实在是一个很大的促进"[1]。传统上，社会学和人类学有分工，前者研究现代工业化社会，后者研究传统非工业社会。吴文藻先生领导下的那批中国人类学开创者则认为，要在中国这个复杂的传统农业社会发展社会学，就要使这门学科适应中国社会的环境。他们认为，中国从基质上讲是一个传统农业社会，但19世纪以来这个传统社会又面临着以工业化为主导的社会变迁，为了研究这样一个社会的现实状况，就要结合从传统社会的研究中提炼出来的社会人类学和从变迁的工业化社会的研究中提炼出来的社会学，而要使社会学更细致而现实地反映中国社会，社区研究的办法值得采纳。[2]

老一辈人类学家的成就，我们可望而不可及。费先生1938年在英国伦敦政治经济学院获得博士学位的著作，1939年就由著名出版社劳特里奇公司正式出版，时至今日还被引以为中国人类学的典范之作。《江村经济》从村庄内部的社会结构探讨社会变迁动力。[3]为了弥补单一社区研究的缺陷，费孝通后来与张之毅合作的《被土地束缚的中国》(《云南三村》)，采取类型学的办法呈现中国农村的经济多样性和现代化道路[4]。林耀华对福建义序家族村庄的调查[5]，是结构-功能主义人类学的具体运用，而《金翼》[6]一书在世界人类学界属于最早采用传记式民族志撰述方法的著作之一，用小说式的体裁

---

1 费孝通：《师承・补课・治学》，北京：生活・读书・新知三联书店2001年版，第49页。

2 参见杨雅彬：《近代中国社会学》下卷，北京：中国社会科学出版社2001年版，第665—687页。

3 费孝通：《江村经济：中国农民生活》，南京：江苏人民出版社1986年版。

4 费孝通、张之毅：《云南三村》，天津：天津人民出版社1990年版。

5 林耀华：《义序的宗族研究》，北京：生活・读书・新知三联书店2000年版。

6 林耀华：《金翼：中国家族制度的社会学研究》，北京：生活・读书・新知三联书店2000年版。

呈现福建一个村庄中人与文化的关系；许烺光的《祖荫下》（1948）[1]描述了云南大理喜洲祖先继嗣与文化传承的制度；田汝康的《芒市边民的摆》（1946）[2]，考察傣族村寨"摆"的仪式，对生产、消费和信仰的关系，进行了人类学的分析。

那时人类学家的村庄研究，之所以到今天还有意义，不简单是因为它们在民族志记述方面做出了贡献。在我看来，正是这些研究带来的学术争鸣，赋予它们特殊的学术价值。我们知道，1930—1940年代的村庄人类学研究，大凡带有"表述中国问题"的理想。《江村经济》的英文书名是《中国农民生活》，马林诺夫斯基在给这本书写的序言里，充分肯定了它的意义，认为它是土著研究土著的第一本书，同时是非西方人研究自己文明的第一部书，因而可以说它是一个"里程碑"[3]。这个评价隐含着马林诺夫斯基对中国人类学家的高度期待。然而，就在马林诺夫斯基说完这话不久，就有很多人提出了不同的看法，认为中国人类学家不能搬用从非洲、太平洋地区发展出来的民族志方法来研究自己的文明。[4]

在吴先生"社会学中国化"学术理想的指导下，那几项社会人类学研究的切入点都是"社区"，而关注点都是"中国"。人类

1　Francis Hsu, *Under the Ancestors'Shadow: Chinese Culture and Personality*, London: Routledge and Kegan Paul, 1948.

2　田汝康：《芒市边民的摆》，重庆：商务印书馆1946年版。

3　马林诺夫斯基：《序》，载费孝通：《江村经济：中国农民生活》，南京：江苏人民出版社1986年版，第1—13页。

4　Maurice Freedman, "A Chinese Phase in Social Anthropology", *British Journal of Sociology*, 1963, Vol. 14: 1, pp.1-19；王铭铭：《社会人类学与中国研究》，北京：生活·读书·新知三联书店1997年版。其他的研究亦因过偏重"反映整体社会"，而未能在地方性和民族性方面下功夫，如《祖荫下》的喜洲，其实是白族老城变成的村庄，但为了让这个村庄代表中国，许先生对这个地方的民族史没有进行深入的考察。林先生研究的福建古田，田先生研究的芒市，也明显地具有浓厚的地方性、民族性特色，但他们因关怀民族志陈述的普遍意义，对这些问题没有加以详细的论述。

学研究怎样在"当地知识"与"整体社会知识"之间找到一个中介点？这个问题在村庄研究的初步试验中已经提出来了。费先生本人在《云南三村》[1]里明确地表明了自己对问题的看法，提出了"类型比较"的方法，试图以村庄土地制度和产业构成的不同类型的比较，来说明农业社会中民族志时空坐落——村庄社区——的多样性。同时，在《中国士绅》[2]一书中，又力求从"社会中间层"的角色出发，探求中国社会结构的"上下关系"。倘若这样的思考在其后数十年的光阴里能得到延伸，那么，中国村庄的人类学研究和社会结构研究便可能出现重大的学术超越。1950年代，中国人类学的目光转向对少数民族的大规模社会历史调查。那时的社会历史研究调查，拓展了中国人类学的民族多元性和文化多样性视野，也使学科能充分动员丰富的古文献资源。可是，也是从1950年代初期开始，村庄的人类学研究——尤其是汉族村庄研究——暂时停顿了三十年。在这三十年里，从西方人类学那里采纳的功能主义的社区研究法被排斥，而中外人类学理论和实地调查经验的交流，更不再成为可能。与此同时，西方人类学家在中国从事田野工作的可能性也减小了。

　　在海内外村庄研究的"困难时期"，一些海外人类学家获得了更多的机会在摇椅上想象什么是中国、中国人的认同是什么这些问题。从1950—1960年代，他们做了大量案头工作，参考了大量的历史文献，与历史学和其他社会科学展开密切对话。于是，田野工作机会的缺乏，客观地成为人类学"中国想象"的前提。这一事实可能隐含着值得今天的学者进行反思的历史反讽。然而，从方法论的角

1　费孝通、张之毅：《云南三村》，天津：天津人民出版社1990年版。

2　Fei Hsiaotung, *China's Gentry*, Chicago and London: The University of Chicago Press, 1951.

度看，"中国想象"为人类学的中国研究提出的新问题、新思路，却影响深远，对中国人类学的发展，更有不可多得的意义。它使我们意识到，1930—1940年代本土人类学家的村庄研究，虽为中国人类学研究提供了最初的实地民族志的范例，但人类学的中国研究，却不能将时间和空间上"与世隔绝"的社区当成研究的唯一内容，而应在此基础之上，对中国社会与文化的宏观结构与历史进程展开研究。这一方法论的重新思考，为人类学的中国研究奠定了更为坚实的基础，使我们这里关注的村庄研究，获得了一个新的启示。

村庄研究的批评：汉学人类学

1955年，汉学人类学的奠基人、伦敦政治经济学院的弗里德曼教授在谈中国人类学的时候，带有一种悲怆的感觉，他感叹中国已经"封闭"了，外国人再也进不来了。那时，他没有机会了解中国，只能跑到新加坡的华侨社区去间接了解中国人的社会生活和文化观念，只能以研究新加坡华人来研究中国人。海外华人社区能不能代表中国？这成了问题。为了"把握中国"，弗里德曼找到一种综合的办法，结合以往的田野调查和历史文献来理解中国社会。[1]到1962年，弗里德曼的笔锋一转，把无法在中国从事田野调查的悲哀感觉升华为一个新的说法，他在皇家人类学会上做了题为"社会人类学的中国时代"的讲演[2]，这个讲演指出了1930—1940年代所做的村庄调查的缺点，认为要真正理解中国，必须有一个新的人类学；这一新的

1　弗里德曼：《中国东南的宗族与社会》，上海：上海人民出版社2000年版。

2　Maurice Freedman, "A Chinese Phase in Social Anthropology", *British Journal of Sociology*, 1963, Vol. 14: 1, pp.1–19.

人类学应以中国文明的本土特征为主线，它不能以村庄民族志为模式，不能以村庄研究的数量"堆积出"一个中国来。他称这种新的中国人类学为汉学人类学，意思是要综合人类学的一些看法和汉学长期以来对文明史的研究，对中国做出一个宏观的表述，说明中国到底是一种什么样的社会。

　　回过头去看弗里德曼对汉学人类学的号召，能意识到它是一个非常重要的学术发展过程。"汉学"这个名称经历一个历史的变化。明清时期有一批士人想去恢复汉代的学术，重新思考宋明理学的伦理精神，恢复求实的、考据的学风，他们也称自己的思想为"汉学"。[1] 这种"汉学"由传教士传到西方后，变了一个样子，它首先关注的不是社会制度的考据，而是语言的研究，是中国语言文字如何被翻译为西方语言文字这个问题。后来，"汉学"变成中国文明史的整体研究，要回答的问题主要是怎样理解中国文化、中国哲学。第二次世界大战以后，美国的世界霸权出现，"汉学"扩大为对中国进行的任何社会科学研究，几乎涉及所有关涉到中国问题的社会科学领域。

　　将中国的人类学与汉学联系起来，造就了一种新式区域人类学传统，这个传统的特征，表现在其对文明史、国家与社会关系的重视。[2] 但是，习惯于"小地方"民族志研究的人类学家怎样将这样的"宏大叙事"落实到具体的时空坐落里？弗里德曼本人并没有提供一个有效的方法。所幸者，20 世纪中期以后对中国村庄研究进行重新

1　汤志钧：《近代经学与政治》，北京：中华书局 1989 年版，第 37—57 页；Benjamin Elman, *Classicism, Politics, and Kinship: The Chang'chou School of New Text Confucianism in Late Imperial China*, Berkeley and Los Angles: The University of California Press, 1990。

2　王铭铭：《社会人类学与中国研究》，北京：生活・读书・新知三联书店 1997 年版。

思考的西方人类学家，不单是弗里德曼一人，他的同盟有美国人类学家施坚雅（G. William Skinner）。施坚雅用历史学、经济地理学和经济人类学的办法来研究中国，他认为中国人类学不应该局限于村庄研究，理由有二：首先，中国的村庄向来不是孤立的，而且中国社会网络的基本"网结"不在村庄而在集市。一般而言，六个村庄才形成一个基本的共同体，这个基本共同体称为"标准集市"。标准集市不仅仅是一个经济的单元，而且是通婚的范围、地方政治的范围。此外，信仰区域也与集市有关（如华北的庙会）。因而，要对中国真正的社会结构有把握的话，必须研究的是这个基本共同体，然后研究基本共同体之间的生产和交换关系。其次，中国的经济实体是由标准集市联结起来的宏观经济区域，这些宏观区域内部得到一体化，对外关系相对独立，在历史上不仅是经济区域，而且还与行政区划、文化区域重叠。[1] 也就是说，在施坚雅的眼里，中国古代把王朝的行政管理制度奠基在区域独特性这个基础之上，把中国构造成一个非常和谐的经济政治体系。

　　弗里德曼和施坚雅对中国问题有共同的认识。1975 年，弗里德曼逝世，施坚雅专门编了一本书作为纪念，书名叫《中国社会研究》[2]，其中用到"the study"，意思是说弗里德曼的中国研究是对中国社会的真正重要研究。在弗里德曼身前，他们之间互派学生，形成一个圈子，对后来西方汉学人类学有重要影响。值得注意的是，这

1　William Skinner, "Marketing and Social Structure in Rural China", *Journal of Asian Studies*, 1964-1965, Vol. 24: 2, pp. 195-228, 363-399; William Skinner, "Cities and the Hierarchy of Local Systems", in *The City in Late Imperial China*, G. William Skinner (ed.), Stanford and California: Stanford University Press, 1977, pp. 275-353.

2　Maurice Freedman, "On the Sociological Study of Chinese Religion", in *Religion and Ritual in Chinese Society*, Arthur Wolf (ed.), Stanford: Stanford University Press, 1974, pp. 19-41.

两位西方人类学家的中国人类学研究与国内的民族学正好形成一个对比。他们极少论及中国少数民族，他们的关注对象，主要是作为中国主体社会的汉人，直到 1980 年代后期，中国人类学仍然是以少数民族研究为核心的。此外，我们还应注意到，1950—1970 年代之间，国内的民族学采用了社会形态-阶段论，到 1980 年代费孝通提出"中华民族多元一体"的框架后[1]，才出现了新的变化；而在西方汉学人类学里，结构-功能主义和社会整体论的观点成为主流。中外人类学/民族学之间存在着关注点和理论倾向的不同，反映了国内人类学的政策中心倾向与国外人类学的"东方学"倾向之别。然而，那三十年中沿着不同道路发展出来的海内外中国人类学，却存在一个共同点，即，与 1930—1940 年代的村庄人类学相比，二者均更重视历史资料、超地方共同体、制度及观念形态的研究。[2]

在港台地区，弗里德曼的"宗族论"从 1970 年代以来一直占有重要地位，但在大陆地区直到 1990 年代才有本土人类学家和历史学家提到弗里德曼。在港台地区，弗里德曼的理论引起了广泛争议，争论的焦点向来在于他的"边陲论"[3]与"宗族"概念[4]。在大陆地区，社会史的研究与港台的此类论述构成密切关系[5]，而人类学界更多地关注弗里德曼的文明论与社会结构论。[6]从一定意义上讲，港台

1　费孝通：《从实求知录》，北京：北京大学出版社 1998 年版，第 61—95 页。

2　"我国是具有多民族、多生态环境的国家"（宋蜀华、陈克进主编：《中国民族概论》，北京：中央民族大学出版社 2001 年版，第 3 页），在这样一个环境里从事人类学研究，关注不同民族文化的多元并存状况，是很十分重要的。

3　Burton Pasternak, *Kinship and Community in Two Chinese Villages*, Stanford: Stanford University Press, 1972.

4　陈其南：《台湾的中国传统社会》，台北：允晨丛刊 1987 年版。

5　郑振满：《明清福建家族组织与社会变迁》，长沙：湖南教育出版社 1992 年版。

6　费孝通：《学术自述与反思》，北京：生活·读书·新知三联书店 1996 年版，第 313—357 页。

与大陆人类学界对于弗里德曼理论的不同反应，体现出国内人类学区域传统的差异。港台人类学的讨论，出发点大抵与"边陲与中心"之间的社会构成差异有关，特别是与"土著社会"宗族形成的历史过程有关[1]，而大陆地区的人类学虽也考虑这一问题，但更重视文明、国家与社区之间的关系。我个人认为，在这两个方向上展开的不同论述，之间是有必要联系起来的。弗里德曼所提倡的并不是在美国占支配地位的汉学家的所作所为，而是带有特定学术目标的人类学研究，这种人类学研究包容文明史和社会结构的理论，这一理论对国内从事村庄民族志研究的学者构成了一个非常重大的挑战。老一辈人类学家做田野工作时，直接将中国村庄当成中国的缩影来研究，好像个别的村庄就代表整个中国。弗里德曼追求一种超越村庄的人类学，认为村庄民族志田野工作无法说明中国社会的整体性。怎样理解弗里德曼说的代表性问题呢？其实，这个道理很简单。比如说，有一次我在北京开会时提交了一篇福建地区村庄研究的报告，立刻遭到一些学者的批评。他们说我描述这个福建村庄时，带着"反映中国问题"的意图。而福建古代是百越之地，现在的地方特色仍很浓厚，怎样能代表中国？这个批评很中肯，它在弗里德曼时代已经非常重要了。对于村庄研究该不该带着反映中国的旨趣，著名人类学家利奇接着于1982年提出了一个否定的答案。[2]再早一点批评中国村庄研究的弗里德曼，他的想法不局限于代表性问题，而是针对整个中国人类学的方法论问题提出的。他的追求是一种能说明整个

1　近年，"边陲与中心"之间的关系重新以"周边与中心"之间的关系，呈现在台湾人类学的表述中（参见黄应贵：《导论：从周边看汉人的社会与文化》，载黄应贵、叶春荣主编：《从周边看汉人的社会与文化——王崧兴纪念论文集》，台北："中央研究院"1994年版；王明珂：《华夏边缘：历史记忆与族群认同》，台北：允晨丛刊1997年版）。

2　Edmund Leach, *Social Anthropology*, Glasgow: Fontana Press, 1982.

中国社会结构和宇宙观模式的人类学，这个意义上的社会结构与宇宙观模式，当然与"边陲与中心"的问题也有密切关系。

村庄研究：恢复与创新

1970 年代，汉学人类学出现了新的变化。这个变化的基础产生于 1960 年代中期，那时香港地区和台湾地区的田野地点向国外开放，弗里德曼送学生前往香港调查，而美国康奈尔大学也召集了一些法国、英国、美国的博士研究生进行闽南话的训练，然后再派他们去台湾做实地研究。参加调查的学者都怀有一个远大的期望，希望通过在港台的华人来了解中国文明。这个转机带有历史的讽刺意味：曾几何时，新一代人类学家的老师还在反对村庄民族志调查，而今这种以局部观全局的观点重新成为人们的研究旨趣。

诚然，从事港台田野工作的新一代人类学家中，已经有人开始关注城市研究。然而，那时接受施坚雅的市场方法的人类学家并不多，大部分学者希望从汉人家族制度和民间信仰来了解整个中国社会。在他们的研究中，村庄重新赢得了原有的学术地位。裴达礼（Hugh Baker）和芮马丁（Emily Martin Ahern）对香港和台湾家族村庄的调查，分别从家庭[1]和祖先祭祀[2]的角度探讨家族村庄的社会构成。而从事台湾地区田野调查的海外人类学家，则将注意力放在汉人民间信仰与社会结构的关系探讨上[3]，这些研究出了很多著

1　Hugh Baker, *A Chinese Lineage Village: Sheung Shui*, Stanford: Stanford University Press, 1969.

2　Emily Martin Ahern, *The Cult of the Dead in a Chinese Village*, Stanford: Stanford University Press, 1974.

3　此方面早期的研究如 David Jordan, *Gods, Ghosts, and Ancestors: Folk Religion in a Taiwanese Village*, Berkeley and Los Angeles: University of California Press, 1972。

作，1974 年初步集中发表在武雅士（Arthur Wolf）主编的《中国社会中的仪式与宗教》[1] 一书中，书中收入的论文，大部分是来自村庄的人类学调查，关注的问题主要是农民信仰中神、鬼、祖先的信仰类型与农村社会结构之间的关系。可以想见，尽管此前汉学人类学的导师弗里德曼花了不少心思去论证"整体中国"的人类学，但他的学生辈的人类学家却似乎全部回到了村庄民族志的时代去了。集中的村庄民族志调查为新一代的人类学家提供了大量的资料。不过，在弗里德曼和施坚雅的影响下，新一代的人类学家不再将村庄当成中国的缩影来研究，而是特别重视地方研究与"汉学"研究的结合。这一新的做法到 1980 年代得到完善，特别是在桑高仁（Steven Sangren）[2] 和王斯福（Stephan Feuchtwang）[3] 的民间宗教论著中得到了高度的理论化。

　　1980 年代中期，对中国大陆的村庄进行的一项比较深入的研究，是几位美国政治学家合作的一部描述广东村庄的著作——《陈村》[4]。在大陆田野地点尚未全面开放的时期，这本书的大部分资料来自对香港的陈村知青移民的访谈。作者在书中表达的观点很明确，即通过一个个别村庄的研究，能了解整个中国发生的政治变迁。这样一种"缩影"的方法，没有被研究中国的人类学家全面接受。然而，可以说，1980—1990 年代展开的人类学调查，或多或少都带有这样

1　Arthur Wolf (ed.), *Religion and Ritual in Chinese Society*, Stanford: Stanford University Press, 1974.

2　Steven Sangren, *History and Magical Power in a Chinese Community*, Stanford: Stanford University Press, 1987.

3　Stephan Feuchtwang, *The Imperial Metaphor*, London and New York: Routledge, 1992.

4　Anita Chan, Jonathan Unger and Richard Madsen, *Chen Village*, Berkeley and Los Angeles: University of California Press; Richard Madsen, *Morality and Power in a Chinese Village*, Berkeley and Los Angeles: The University of California Press, 1984.

的追求，我们甚至可以说，海内外很多村庄调查者主要考虑的正是
政治学家关注的"国家的触角到底抵达何处"的问题[1]，特别是考虑
在政治制度建设过程中"村庄的单位化"问题。[2]

　　从1970年代末期开始，中国人类学调查地点逐步向海外人类学
家开放。1979年，波特夫妇（Sulamith and Jack Potter）来到广东地
区，1990年依据广东村庄研究中获得的资料写成《中国农民》[3]一书。
1983年，黄树民教授从艾奥瓦州大学来厦门大学从事学术交流，展
开了林村的调查，1989年出版《林村故事》[4]一书英文版。同一时期，
萧凤霞（Helen Siu）到广东调查，1989年发表《代理人与受害者》[5]
一书，孔迈隆（Myron Cohen）开始在华北地区的田野研究，武雅士
与台湾的人类学家庄英章合作的大型农村调查计划在福建地区得以
实施，而一批留学生也在全国各地展开了博士研究计划，1990年代
中后期发表的论著，大多侧重村庄民族志研究。从1980年代中期开
始，村庄民族志研究，也在福建、上海、江浙、华北等地区逐步铺
开，在社会学、社会史和人类学界得到比较广泛的关注。同时，在
民族学界，都市少数民族社区、受开发影响的村庄及民族文化与全
球化关系的研究，也采纳了社区的研究办法。[6]

1　Vivienne Shue, *The Reach of the State: Sketches of Chinese Body Politic*, Stanford and California: Stanford University Press, 1988.

2　毛丹：《一个村落共同体的变迁：关于尖山下村的单位化的观察与阐释》，上海：学林出版社2000年版；张乐天：《告别理想：人民公社制度研究》，上海：东方出版中心1998年版。

3　Sulamith Potter and Jack Potter, *China's Peasants: The Anthropology of a Revolution*, Cambridge: Cambridge University Press, 1990.

4　Huang Shumin, *The Spiral Road: Changes in a Chinese Village through the Eyes of a Communist Party Member*, Boulder, San Francisco and London: Westview Press, 1989.

5　Helen Siu, *Agents and Victims in South China*, New Haven: Yale University Press, 1989.

6　参见王铭铭：《社会人类学与中国研究》，北京：生活·读书·新知三联书店1997年版，第36—55页；郝瑞：《中国人类学叙事的复苏与进步》，《广西民族学院学报》2002年第4期。

　　将 1980 年代以来汉人社会的中国人类学研究与世界上其他区域的人类学研究相比较，我们能看到二者之间存在着有趣的差别。在这些年来，西方人类学界对现代民族志提出了激烈批评，一些人类学家提出用后现代文本模式来改造民族志[1]，而更多的人类学家主张将原来局限于地方的民族志描述纳入包括民族国家、世界体系和全球化在内的宏观历史过程中。[2]这种潮流深刻地影响到非洲、南亚、东南亚、南太平洋岛屿地区，日本、韩国以至中国港台地区。而在中国大陆，同一时期，无论是对于旅居海外的人类学家，还是在国内工作的同行，从村庄社区的研究提炼出来的民族志叙事，均成为其人类学讨论的核心话题。这一差别的形成具有一定的历史背景。从 1950 年代到 1970 年代，国内人类学学科遭受批判。尽管有时某些村庄被树为典型广受注目，但村庄民族志的研究长期处于停顿状态。与此同时，在欧美地区，大陆地区田野调查地点的关闭及汉学人类学的兴起，使村庄民族志研究退居次要地位。随着"改革开放"政策的实施，在三十年里成为一个封闭社会的角落的村庄，一时招来大量关注，村庄民族志研究再度被承认为学界重新进入这些隐蔽角落的有效手段。

　　在最近发表的一篇文章中，美国人类学家郝瑞（Steven Harrell）总结了二十年来中国人类学的成就，其中列举的第一方面，就是村庄民族志的研究。[3]过去二十年中国人类学的发展，村庄研究的确是主要特征之一。这些新的村庄研究，从既有的反思和批评中吸取养分，提出了与 1930—1940 年代不同的论述。其中，海外人类学的

1　乔治·E. 马尔库思、米开尔·M. J. 费彻尔：《作为文化批评的人类学：一个人文学科的实验时代》，王铭铭、蓝达居译，北京：生活·读书·新知三联书店 1997 年版。

2　Eric Wolf, *Europe and the People without History*, Berkeley: University of California Press, 1982.

3　郝瑞：《中国人类学叙事的复苏与进步》，《广西民族学院学报》2002 年第 4 期。

中国研究者做出的研究值得关注。这些研究大部分还是关于村庄社会生活的描述，但它们已不再将自身局限于"让村庄代表中国"，而能将注意力集中在村庄与"中国"之间关系的问题上。新一代人类学家在村庄中研究，关注的还是"中国"，但这时的"中国"已经不简单是一个作为天然体系的"社会"，而与国家、宇宙观、政治经济过程、意识形态的概念结合起来。一旦"中国"概念与这些相对具体的政治文化概念结合起来，村庄民族志的研究也就需要解决不少新的问题。我们的问题，不再是一个村庄如何反映整个中国，而转变成村庄与国家关系过程的分析。

在分析村庄与国家关系的过程中，不同人类学家提出的观点自然有所不同。一些人类学家将村庄与 1949 年以来国家政治过程密切关联起来。尽管他们不主张将村庄的社会变迁问题看成是国家主导的现代化计划的地方后果，但他们呈现的那些对应性、复杂关系及互动，却必然是村庄与国家之间政治经济与意识形态关系的反映。[1]在村庄与国家之间关系的研究中，还出现一种对反的模式，主张将村庄与国家之间关系纳入到一个"相反相成"的体系中。这个主张，在 1990 年代初期英国人类学家王斯福有关民间宗教的著作中[2]得到概要的表述，同时，在一些人类学者与历史学者合作的经验研究里，对这一关系和过程的分析，得到了更为充分的论述[3]。在对农民通过

1　Huang Shumin, *The Spiral Road: Changes in a Chinese Village through the Eyes of a Communist Party Member*; Helen Siu, *Agents and Victims in South China*, New Haven: Yale University Press, 1989.

2　Stephan Feuchtwang, *The Imperial Metaphor*, London and New York: Routledge, 1992.

3　David Faure and Helen Siu (eds.), *Down to Earth: The Territorial Bonds in South China*, Stanford: Stanford University Press, 1995; David Faure, "The Emperor in the Village: Representing the State in South China", in *State and Court Ritual in China*, Joseph P. McDermott (ed.), Cambridge: Cambridge University Press, 1999, pp. 267-898；刘志伟：《在国家与社会之间：明清广东里甲赋役制度研究》，广州：中山大学出版社 1997 年版。

传统的重建、历史记忆的觉醒来抵抗国家主导的现代化计划的研究中，田野人类学家充分地显示了他们的研究和叙事的实力[1]。另外一些学者，则表现出更大的理论雄心。如阎云翔对东北村庄的研究，志在通过分析1949年以来一个村庄"礼物交换"实践的变化，来展示国家政治经济过程与民间社会交往模式之间的关系，进而对"礼物"的一般人类学理论提出批评。[2]又如，罗红光在其对乡村社会交换的研究中，力求在解释学与马克思主义的生产理论之间寻找结合点。[3]刘新考察一个西北村庄"改革"以来农民日常生活和话语的实践，既追求村庄民族志叙述的完整性，又力图通过田野考察展示对"改革"现代性的反思。[4]

过去二十年来，人类学界还出现了对著名田野调查地点的再研究。费孝通、林耀华等对他们自己于1930—1940年代调查的村庄进行的"重访"，实现得比较早，而海内外对开弦弓村（江村）等的跟踪研究[5]及庄孔韶等对林耀华早期田野调查地点的再研究[6]，这些再研究采取的学术路径，与西方人类学近三十年来的同类研究不同。它们不像弗里曼（Derek Freeman）对米德（Margaret Mead）的萨摩亚进行的再研究[7]那样，采取思想方法的革新态度，而将注意力集中

1　Jing Jun, "Villages dammed, Villages Repossessed: A Memorial Movement in Northwestern China", *American Ethnologist*, 1999, Vol. 26:2, pp. 324–343.

2　阎云翔：《礼物的流动：一个中国村庄中的互惠原则与社会网络》，上海：上海人民出版社2000年版。

3　罗红光：《不等价交换：围绕财富的劳动与消费》，杭州：浙江人民出版社2000年版。

4　Liu Xin, *In One's Own Shadow: An Ethnographic Account of Post-Reform Rural China*, Berkeley: The University of California Press, 2000.

5　参见费孝通：《江村经济：中国农民生活》，南京：江苏人民出版社1986年版。

6　庄孔韶：《银翅：中国的地方社会与文化变迁》，北京：生活·读书·新知三联书店2000年版。

7　Derek Freeman, *Margraret Mead and Samoa*, Cambridge and Massachusetts: Harvard University Press, 1983.

在社会变迁时间过程的追寻上。另外一种再研究是扩散式的，如武雅士对福建、台湾乡村地区展开的大规模的童养媳调查，主要的意图是论证其在1970年代发表的有关婚姻与家庭的看法及早期人类学家威斯特马克（Edward Westermarck）有关乱伦禁忌的看法。[1]

王斯福曾在《什么是村落》那篇论文中提出，村庄的认同出现了多元化趋势，一些村庄仍然是以地方文化——如家族、村庙——为认同焦点的，其他村庄则可能以基层政权和成功的乡镇企业为单位来表达认同。[2]对于村庄认同的这种论述，反映了二十年来中国村庄民族志研究的第三个方面的贡献。乡村城镇化、都市化的研究，在中国社会学界有着重要的地位。费孝通从1930年代开始研究中国社会变迁，他的《江村经济》论述的基本上就是一个村庄如何实现自身的工业化问题，这一论述后来在大批社会学研究者那里得到了继承。此外，在社会学界，折晓叶等特别关注到了村庄复兴与城镇化同步展开的复杂现象，认为社会学家应当驱除传统与现代对立的二分化，综合冲突和共生的概念框架对城镇化、集约化展开重新论述。[3]对于乡村城镇化的研究，在二十年来人类学调查工作中，也得到了重视。美国人类学家顾定国和中山大学周大鸣的合作研究计划，即在人类学中延伸了城镇化的理论，将之与乡村社会变迁的思路结合起来，主张将这一类型的研究当成中国应用人类学的核心内容来看待。[4]

1　参见庄英章：《家族与婚姻：台湾北部两个闽客村落之研究》，台北：中央研究院民族学研究所1994年版。

2　参见郝瑞：《中国人类学叙事的复苏与进步》，《广西民族学院学报》2002年第4期。

3　折晓叶：《村庄的再造：一个"超级村庄"的社会变迁》，北京：中国社会科学出版社1997年版。

4　Gregory Guldin (ed.), *Farewell to Peasant China*, Armonk: M. E. Sharpe, 1997；周大鸣、郭正林：《中国乡村都市化》，广州：广东人民出版社1996年版。关于农村社会学调查，参见任道远、孙立平：《中国农村社会调查》，载李培林等：《学术与社会：社会学卷》，济南：山东人民出版社2001年版。

村庄的历史想象（1）：文明进程中的"地方"

在过去的一百年中，"村庄"这个概念一直与超村庄的"社会"概念缠绕在一起。怎样通过村庄的民族志描述来表述学者理解中的"中国社会"？这个问题向来吸引着海外人类学家（甚至是对村庄民族志方法极端反感的学者，也从相反的角度来回答这一问题）。在国内，村庄研究则倾向于追问一个问题：超村庄的现代社会如何可以在乡土社会中确立起来？在中外人类学界之间，存在一个明显的差异，即中国人类学家更"实际地"接触自己的社会，而海外人类学家注重的是理论和认识论问题。然而，二者之间的共通之处也是存在的：海内外人类学家对于村庄与超越村庄的社会建构之间的关系都十分关注，无非海外学者注重传统，而国内学者侧重现代性。也可以说，海外学者更多地带着现代性话语中的社会一体观来考察中国村庄，而国内学者则更多地将村庄看成是现代性的"异己"来研究。

我认为，重读梁漱溟先生有关乡村建设的论述，能对身处传统与现代性之间的村庄有一个深刻理解。梁先生关心的问题是：我们中国人为什么不像西方人那样"现代"？他认为，根本的原因与中西宗教差异有关。在梁先生看来，相比于西方，中国更缺少宗教超越性。西方有教堂，超越所有的村庄和所有的社会群体。在一神教的支配之下，教堂的等级制度包含社会学所说的"社会"。在中国，这种由教堂联结起来的"社会"是不存在的，或者说是有待建设的。中国人的特性，在宗教方面表现为以血缘和地缘关系为纽带的祖先崇拜，它的特点是分散。梁漱溟推导说，要在乡村文化上建立一个类似于西方的现代社会，我们需要从乡土重建做起，让农民组成一种会社，使得他们能够团结起来，组成像西方那样的现代社会团体。[1]

梁漱溟的想法与德国社会学大师滕尼斯（Ferdinand Tönnies）相近。与滕氏一样，他关怀的历史进程，是以家庭生活的和睦、村庄生活的习惯性及城市生活的宗教色彩为特征的共同体，向以大城市生活的惯例、国族生活的政治性及世界主义生活的公共性为特征的社会（gesellschaft）过度的过程。然而，不同的是，梁漱溟认为传统中国的共同体缺乏值得延伸到现代社会的文化因素，而滕尼斯则显然认为，共同体与社会之间有着必然而必要的历史连续性。[2]梁先生的解释不是所有人都接受的，但他提出的有关乡土与现代性之间关系的论述，却是中国人类学界、社会学界不能回避的。在他的论述里面，我们引申出几个值得进一步关注的问题：（1）在中国文明史中，是否真的如他所说，缺乏一种超越地方的"社会"？（2）通过村庄研究，我们能看到何种"中国独特的公共性"？（3）这种公共性和社会空间联系在现代社会中的遭际如何？在过去的半个世纪中，汉学人类学家对前两个问题提出了值得延伸的看法，而对于第三个问题，国内外不少人类学家也给予比较充分的关注。但由于人类学家更多地倾向于描述，因此对这三个问题的解答并非十分系统。

研究村庄，超越村庄——这是现代社会科学家的共同追求。然而，超越村庄的文明史与试图超越村庄的现代性之间到底是怎样勾

1　梁漱溟：《中国文化要义》，台北：五南图书出版股份有限公司1988年版。在当代情景中明显关注这一问题的，如王沪宁主编：《当代中国村落家族文化：对中国现代化的一项探索》，上海：上海人民出版社1991年版。

2　斐迪南·滕尼斯：《共同体与社会》，北京：商务印书馆1999年版。

连起来的？我们不妨先想象一下怎样解决这个问题的第一个方面。就村庄社区的历史而言，它蕴藏着的文明史意味，应引起我们的关注。中国人在建立城市以前都生活在村子里。从考古的资料来看，城市的历史最长不过四五千年以前。村庄的历史要早得多。我们知道最有名的仰韶文化、龙山文化、良渚文化中就有一些聚落。在这些聚落里，公共性是怎样表达出来的？是否真的缺乏"宗教超越性"？如果仔细阅读考古学家的成果，我们或许能看到史前村庄中集中的祭祀场所已经发达起来。这一场所的存在使得一村的人能够团结起来，成为一个"社区"（共同体）。在文明兴起的进程中，以祖宗为中心的公共空间，需要在更大的范围内获得地位，而要获得这一地位，需要经过无数的历史阵痛，因为在小群体里面，人们原本都很亲近，可以通过祭祀共同的祖宗来构造自己的社会。但是一旦"社区"成为城市，支配的人就不再是有血缘关系或者亲近关系的人了，而是一个陌生人。统治者高高在上，统治者的私密性就越来越发达，其与民间的接触越来越少。统治者与民间逐步疏离，可是此时的统治还是需要有一种共同体，需要人们团结在帝王周围，这就要扩大原来村庄中祭祀祖宗的公共空间，使之成为一个巨大的祭祀体系。这个演变过程曾引起早期中国人类学家凌纯声先生的密切关注。凌先生认为，从地方性的"社"到国家时代的"社稷"，是早期文明史的核心过程，而这个过程是在"社"转向"社稷"的仪式制度过程中得到具体实现的。他说：

> 社是一社群，是原始祭神鬼的坛墠所在，凡上帝，天神，地祇及人鬼，无所不祭。后来社祖分开，在祖庙以祭人鬼祖先，在后郊社又分立成为四郊，以祀上帝，天神和地祇。最后社以土

> 神与谷神为主，故又可称为社稷。[1]

当然，除了看到凌先生论述到的问题之外，我们还要看到仪式的政治性问题。[2] 在早期的社会转型过程中，统治者的祖宗要超越所有人的祖宗，压制别人的祖宗。周代的宗法制度，在人民的宗法与国家的宗法之间做一个严格的区分，目的就是让民众"克己"以维持统治群体的超越性。如果懂甲骨文的话，看商朝的谱系也许更清晰些，但周礼已开始系统规定了严格的祭祀祖宗法则。周代，一级一级的社会阶层都有严格的祭祀规定。祭祀的规定在古人那里就是一种"法律"，后来称为"礼法之治"。为什么"礼法之治"重要？这是因为如果丧失严格的祭祀等级规定，例如，如果允许被统治者祭祀五代以上的祖宗，那么皇上就会认为对自己的统治构成了威胁。可见，中国文明一出现，其特点就跟西方的统治方法不同，我们的特点是通过规定礼仪的等级来确立和维持秩序并抑制民间共同体的膨胀。

从钱穆[3]和汉学家谢和耐（Jacuqes Gernet）[4]的文明史著作中可以看到，这样一种礼仪的等级到宋代时才发生了根本变化。那时，士大夫开始想象一个新的社会。例如，朱熹对于古代统治的政纲进行了重新思考，他提出许多不同观点，立场也随时代变化而变化，但始终关心一个问题，即，如何获得一条既不同于"强权政治"又区

1　凌纯声：《中国边疆民族与环太平洋文化》，台北：联经出版事业股份有限公司 1979 年版，第 1446 页。

2　关于此一方面的新研究，参见 Joseph P. McDermott (ed.), *State and Court Ritual in China*, Cambridge: Cambridge University Press, 1999。

3　钱穆：《国史大纲》，北京：商务印书馆 1999 年版。

4　Jacuqes Gernet, *A History of Chinese Civilization*, Cambridge: Cambridge University Press, 1972.

别于"无为而治"的"第三条道路"。[1] 也就是说，在朱熹看来，让皇上的礼仪成为老百姓也能用的礼仪，让它"庶民化"，尤其使得民间能够祭祀数代前的祖先，这样一来，老百姓就会自然而然地受到教化，就会变得像"贵族"一样，懂得礼仪，遵守国家的规矩。朱熹游学四方，他的学问不受围墙的限制，他到处访问讲学，后来招收很多福建的儒生。那时福建的儒学叫"闽学"，发挥得很辉煌。然而，朱熹没有在实际上实现他的理想。到了元代，朝廷划分蒙古人、色目人、回回人、汉人、南人的等级区分，打破了宋代的"全民制度"，那时的统治者关心的是建立一个非常庞大的、横越几大洲的"帝国主义"等级制度。这种状况到朱元璋时才发生了根本变化。朱元璋曾信仰明教，却将明教给灭了。为了恢复宋代的"全民制度"，他开始全面设立"里社"。里社的建立是伟大的创举，这就是今天我们所说的"社区建设"。

中国历史上村庄文化地位发生的纷繁复杂的变化，不是这篇文章能说清楚的。但是，从上述的历史印记中，我们能模糊看到，在文明史中论述村庄，有必要关注两个重要的历史过程。其中，第一个过程可以说是"自下而上"的，是村庄的公共空间——它的公共祭祀场所和所谓的"共有财产"——逐步演变成城市以至宫廷及士大夫礼仪制度的历史。第二个过程可以说是"自上而下"的，是晚古的士大夫、朝廷、国家将礼仪制度推向民间的历史。[2] 在这两个历史过程中，村庄有着它的特殊地位，而这个特殊地位表现为村庄一

1　正是在这个朝代，"村治"开始受到朝廷的直接关注，参见 Brian K. MacKnight, *Village and Bureaucracy in Southern Song China*, Chicago and London: The University of Chicago Press, 1971。

2　Maurice Freedman, "On the Sociological Study of Chinese Religion", in *Religion and Ritual in Chinese Society*, Arthur Wolf (ed.), Stanford: Stanford University Press, 1974；郑振满：《明清福建家族组织与社会变迁》，长沙：湖南教育出版社 1992 年版。

直扮演的"被超越"的角色。在前一历史过程中,帝国文明的超越及其所带来的宗教-宇宙观后果是核心;在后一个历史过程中,在村庄里延伸正统的礼教,从而对村庄进行"士绅化",是超越性的基本内容。也就是说,如果说中国存在一个一体化的"宗教",那么,这个宗教的实质内容是"礼教",即通过礼乐文明实现文化的超地方结合。[1]

对于村庄与礼教之间关系的前一个过程,除了法国汉学社会学大师葛兰言[2]以外,人类学界和历史学界关注并不得多。相比之下,对于宋明以来这个关系的演变,我们知道得相对具体一些。其中一个最受关注的问题,是这个漫长的历史时期中里社制度持续起着的重要作用。在一般的印象中,里社好象是一种"基层政权单位",指的是行政地理学意义上的村社和乡镇组织,一种近似于欧洲现代社会管理方式的"监视"。[3]实际上,里社的内容远比我们想象的复杂。明初的里社,大抵都设有专门的办公兼祭祀的机构,这个机构的建筑很小,但"五脏俱全",包含有祭祀神明和厉鬼的祭祀空间,同时每个基层单位还要设立黄册,村庄的人都要登记在案,犯了法和逾越规矩的人,要在"申明亭"被公示,而朝廷在里社中也设立"旌善亭"来表扬那些道德楷模。社区碰到流行疾病、自然灾害等问题,就有组织地进行驱邪仪式。朱元璋还投资建立社学,社学设立的地理范围,相当于今天的乡,比村庄大一些。明中叶以后,这种制度

1　参见 Liu Kwang-ching(ed.), *Orthodoxy in Late Imperial China*, Berkeley and Los Angeles: University of California Press, 1990。

2　Marcel Granet, *Festivals and Songs of Ancient China*, E. D. Edwards(transl.), London: George Routledge and Sons., Ltd., 1932.

3　Michael Dutton, "Policing the Chinese Household", *Economy and Society*, 1988, Vol. 17:2, pp. 195–224.

上完善的"社区文明建设"碰到了财政问题。要建立里社制度容易，但要在全国范围内维持如此庞大的体系，需要太大的财政资源。最后的结局是朝廷直接倡办的里社，落入地方和民间力量的范围内，于是，民间的杂神都堆放在摆黄册的地方，造成了明后期民间文化的综合性，使它成为当时政府官员眼中的"淫祠"，里社变成了民间信仰的庙。[1]

与法国史学家笔下的《蒙塔尤》[2]相比，里社制度在民间的渗透，远远没有天主教堂那么深入。然而，这一"社会对共同体"的渗透过程引发的理论问题，同样值得我们关注。怎么解释明以来村庄与文明史之间的关系？人类学界不乏有注意明清史研究的学者，但是他们对于这个问题并未提供系统解释。我曾在《社区的历程：溪村汉人家族的个案研究》一书中尝试结合民族志与历史方法来展示这一关系。[3]那时，我大概的想法是，宋明文化变迁的动因，主要是建立所谓"绝对主义国家"的尝试。所谓"绝对主义国家"既包含王道中帝国代表的主权的绝对性这层意思，又包含早期创造"一体文化"的努力。欧洲历史社会学的研究说明，绝对主义国家的兴起带来了"疆界"制度和观念，这些制度和观念的历史大致是到了近代才完善起来的。比较而言，中国北方的长城、全国范围内的卫所制度等等，其体系最迟到六百年前就得到完善的发展。朱元璋比欧洲人更早地想象到了民族国家这一说。欧洲人原来也持大帝国思想，

1　参见 Timothy Brook, "The Spatial Structure of Ming Local Administration", *Late Imperial China*, 1985, Vol. 6: 1, pp. 1-55; Wang Mingming, "Place, Administration, and Territorial Cults in Late Imperial China: A Case Study from South Fujian", *Late Imperial China*, 1995, Vol. 16: 2, pp. 33-78。

2　埃马纽埃尔·勒华拉杜里：《蒙塔尤：1294—1324 年奥克尼西坦尼的一个山村》，许明龙、马胜利译，北京：商务印书馆 1997 年版。

3　王铭铭：《社区的历程：溪村汉人家族的个案研究》，天津：天津人民出版社 1997 年版。

以为天下是他们的，其他人都是野蛮部落。在《逝去的繁荣》一书里，我进一步提出，中国早期民族国家的想象来自汉人对于元帝国的某种民族抵制情绪，到朱元璋手里，成为建立新朝代的手段。[1]明代对于"国家"的期望一直延续到近代，到了梁漱溟先生，到了我们现在，对我们的民族意识有着深刻的影响。因为这种意识的存在，所以在过去的数百年时间里，我们一直面对着如何解决超村庄的共同文化与村庄的"分而治之"策略之间"辩证关系"的难题。从一定意义上，"超越性"概念的出现，与扎根于士大夫和政治家的那种古老"类国族"（proto-national）心态有着密切的关系。

诸如弗里德曼和施坚雅之类的"汉学人类学家"，曾对村庄民族志研究提出理论和方法的批评，他们的意思无非是要我们更多地关注村庄与整体的中国之间的关系。如果说我们上面说的是一种历史时间的纵观，那么，他们所强调的就是这个纵的视野里"横向"的联系。可是，我们怎样从"横"的方面来做出创新的村庄研究呢？结构人类学告诉我们研究村庄时要做横的研究，也就是要研究村与村之间的关系。村与村的关系一般有两种关系。一种是"horizontal"，即"平面"的研究，比如我们研究通婚圈，这是几个村庄联成一片比较平等、互惠的以妇女的交换为中心的圈子，这个圈子我们今天依然能够看到。另一方面，问题牵扯到20世纪以来的长期持续的批评，我在《社会人类学与中国研究》[2]中概述了这一批评，批评要求我们，研究中国村庄，要注意到"上下"关系，这就是要考虑弗里德曼的说法。他讲了那么多关于宗族的事情，但他的最高追求只有一个，即对一个旧的政体进行人类学的整体研究：中

1　王铭铭：《逝去的繁荣：一座老城的历史人类学考察》，杭州：浙江人民出版社1999年版。

2　王铭铭：《社会人类学与中国研究》，北京：生活·读书·新知三联书店1997年版。

国作为一个整体，怎么用人类学的视野来研究？当然弗里德曼说这句话时，是针对费孝通、林耀华等早期的人类学家和社会学家而来的。他认为，"不断重复地做中国村庄的研究"不能造就一个中国社会理论。换言之，弗里德曼认为，如果没有把握中国的"上下关系"，如果没有把握这种关系的等级性在宇宙观中的表达，那么，人类学家就永远无法把握中国社会。[1]从这个观点看，施坚雅所做的区域研究的工作，正是要在"上下关系"的层次上把握中国。当然，他采取的分析框架是经济地理学的，因而对于我们上面讨论的"礼教"不怎么关心。值得关注的研究，是过去三四十年来人类学界对于汉人民间宗教的研究。民间宗教的研究要看"大小传统"之间的关系，通过"古典传统"与"民间传统"的互动过程，来考察文明进程中村庄的社会作用。[2]

村庄的历史想象（2）：观念形态

弗里德曼曾经引到一个具有反讽意义的例子。[3]在他看来，现代中国社会科学家注重村庄研究，原因之一是著名人类学家拉德克利夫–布朗曾在燕京大学临时改变了他对社会人类学的看法。拉德克利夫–布朗在英国人类学界是反对村庄研究的，他认为人类学要做的工

1　Maurice Freedman, "The Politics of an Old State: a View from the Chinese Lineage", in *The Study of Chinese Society: Essays by Maurice Freedman*, G. William Skinner (ed.), Stanford: Stanford University Press, 1979, pp. 334–350.

2　参见桑高仁的对此的理论论述（Steven Sangren, *History and Magical Power in a Chinese Community*, Stanford: Stanford University Press, 1987）。

3　Maurice Freedman, "The Politics of an Old State: A View from the Chinese Lineage", in *The Study of Chinese Society: Essays by Maurice Freedman*, G. William Skinner (ed.), Stanford: Stanford University Press, 1979, pp. 334–350.

作是"比较社会学",是对不同社会形态进行比较分析得出的洞见,他认为马林诺夫斯基的民族志缺乏这种宏大的视野,只做特罗布里恩德岛小小社区的调查,没有社会理论的关怀。可是,到了北京,他却说中国社会学的出路是村庄研究。为什么拉德克利夫-布朗在北京突然有思想的变化?我们对答案一无所知,我们所知道的是,他印象中的中国是一个农民社会,村庄研究对他而言能说明的是这种社会形态演变的时间特征。弗里德曼指出,拉德克利夫-布朗提倡村庄研究,给中国人类学带来了极为负面的影响,使中国社会人类学家丧失了研究整体中国文化、中国宇宙观及中国宗教的兴趣,也使我们丧失了对分散的共同体与社团及国家之间关系研究的兴趣。

然而,弗里德曼除了忽略自己研究的"殖民情景"之外[1],似乎又忽略了中国学术史上的一个重要篇章。当拉德克利夫-布朗提倡村庄研究之时,中国知识分子中"乡土重建"的声音正在扩大。像梁漱溟那样,一面探询西方的"超越性",一面强调"乡土意识"的学者,在中国不为少数。社会理论和文化观念的这种自相矛盾,部分解释了20世纪中国社会科学"村庄情结"。对于这个"情结",刚有学者开始探讨,芝加哥大学的杜赞奇(Prasenjit Duara)教授对于民国时期"乡土"概念的解剖,就是一个例子。[2]此外,值得分析的还有以村庄为题材的小说如《艳阳天》等等。这些东西都是历史上看不到的,突然在20世纪显得这么重要,以至于到今天的人类学家还要"言必村庄"。这又是为什么?

1　Allen Chun, *Unstructuring Chinese Society: The Fiction of Colonial Practice and the Changing Realities of "land" in the New Territories of Hong Kong*, Amsterdam: OPA, 2000.

2　Prasenjit Duara, "Local Worlds: the Poetics and Politics of the Native Place in Modern China", in *Imagining China: Regional Division and National Unity*, Huang Shu-min and Hsu Cheng-kuang (eds.), Taipei: Academia Sinica, 1999, pp. 161–200.

1939 年，费孝通先生在《江村经济》一书中给村庄下了如下定义：

> 村庄是一个社区，其特征是，农户聚集在一个紧凑的居住区内，与其它相似的单位隔开相当一段距离（在中国有些地区，农户散居，情况并非如此），它是一个由各种形式的社会活动组成的群体，具有其特定的名称，而且是一个为人们所公认的事实上的社会单位。[1]

为什么人类学家要研究作为"事实上的社会单位"的村庄？费先生在这部论著中也做了解答。费先生认为，研究这样一种农户的聚居区、这样一种社会活动，有两个方面的方法论意义：其一，把研究的空间范畴限定在一个微型的社会空间里，有利于"对人们的生活进行深入细致的研究"；其二，随着 20 世纪的到来，相对隔离的传统村庄与世界范围的共同体之间构成一种动态关系。在这样一个变迁的时代，通过从事村庄社区的实地调查，可以探讨有关中国在现代世界中的命运的大问题。[2]

费先生关于村庄及其方法论意义的观点，已经发表了六十三年。六十三年以后的今天，社会科学研究发生了巨大变化。在人类学界，借助"小地方"民族志撰述来反映社会的做法，已经被认为有必要面对世界性的"大体系"给人类学方法提出的问题。"大体系"是什么？它指的就是过去一个世纪世界发生的巨大变化。2000 年，回顾半个多世纪中的亲身体会，费先生用"三级两跳"这句话来形容概括中国经历的这一变化，意思是说，中国社会先从农业社会跳入工

1　费孝通：《江村经济：中国农民生活》，南京：江苏人民出版社 1986 年版，第 5 页。

2　费孝通：《江村经济：中国农民生活》，南京：江苏人民出版社 1986 年版，第 5—7 页。

业社会，再从工业社会跳入信息社会。[1]在社会科学界，许多人将工业社会到信息社会的转变，与民族国家到"全球化"时代的转变联系在一起，认为我们目前这个时代，民族与民族、国家与国家之间的社会经济关系发展到如此密切，以致于社会科学家有必要重新思考他们在民族国家疆界基础上提出的理论，重新界定我们的研究对象。费先生形容说，20世纪犹如现代的"战国时代"，到21世纪人类将迎来一个大同时代。在这样一个新的时代，作为农业社会基本单位的村庄，其在人类社会活动中的位子，显然已经不如以往那么重要了。

　　然而，学术研究与"社会事实"之间的关系往往没有那么简单。按照社会理论提供的历史目的论图景，在我们这样一个时代，无论是国家法权建设，还是"全球化"，都意味着作为"乡土本色"的村庄的消逝。可是，正是在这样一个时代，中国的社会科学家们却重新发现了村庄的重要意义。与1930—1940年代一样，"乡土重建"的呼声融在"现代化"的涛声中。生活于海内外的中国人类学家，近十年来发表的对于中国村庄的叙述，可谓多矣。国内的人类学者（因中国学科关系的独特性，有时还包括社会学者）发表了大量关于村庄的细致研究，有的跟踪老一辈人类学家的足迹，有的重新发现不同的研究地点，有的对过去五十年来受中国政治变迁深刻影响的"典型村庄"进行研究。在各种实地调查地点中，人类学者自然要对被研究的对象提出不同的定义，对研究的成果做出不同的总结。这些不同的研究，除了继承了半个世纪以前老一辈人类学家们早已采

1　费孝通：《经济全球化和中国"三级两跳"中的文化思考》，载《费孝通论文化自觉》，呼和浩特：内蒙古人民出版社2009年版，126—138页。

纳的概念框架之外，还对变迁的时间段落进行重新定义，将前人关注的"工业化"修改成了"改革以后"。

　　在部分人类学论著的影响下，其他人文社会科学门类也对村庄展开了各具特色的论述。现在从事村庄研究的不仅有人类学者和社会学者，还有历史学、文学、哲学、政治学研究的教学科研人员（甚至一些艺术家、建筑学家也参与其中）。历史学尤其是社会史的村庄论述，大抵是依照"国家与社会关系史"或"民间制度史"的框架展开的[1]，后来的讨论焦点，主要是古代"社"的制度的双重角色问题[2]；文学人类学的论述，则更多地包含有"文化苦旅"的意味[3]；哲学和政治学的论述与"国家与社会关系史"之间构成密切关系，但更注重当前实践——如村民自治选举——的运行逻辑与地方反应。[4]"现代性、国家和村庄的地方性知识"是不少学者进行村庄研究的"三个最基本的维度"[5]。学者们共同看到，村庄的研究离不开超越村庄或"计划"超越村庄的各种"社会设计"。然而，从观念形态看，对村庄的"地方性知识"的超越，与现代性构成什么样的关系？这一问题仍有待探讨。

1　郑振满：《明清福建家族组织与社会变迁》，长沙：湖南教育出版社1992年版；曹锦清、张乐天、陈中亚：《当代浙北乡村的社会文化变迁》，上海：远东出版社1995年版；钱杭、谢维扬：《传统与转型：江西泰和农村宗族形态——一项社会人类学的研究》，上海：上海社会科学院出版社1995年版。

2　赵世瑜：《明清华北的社与社火》，载其《狂欢与日常：明清以来的庙会与民间社会》，北京：生活·读书·新知三联书店2002年版，第231—258页。

3　潘年英：《扶贫手记》，上海：文艺出版社1997年版。

4　参见吴毅：《村治变迁中的权威与秩序：20世纪川东双村的表达》，北京：中国社会科学出版社2002年版。

5　吴毅：《村治变迁中的权威与秩序：20世纪川东双村的表达》，北京：中国社会科学出版社2002年版，第31页。

再思村庄

　　到 1980 年代中期，汉人村庄社区的人类学研究经过了三个阶段的变化。第一个阶段，由吴文藻倡导的燕京大学社会学，后来转入西南联大时期，作为农村调查的基本办法被运用。第二个阶段，以弗里德曼和施坚雅在英美的汉学人类学研究为代表，前者偏重社会结构和宇宙观的研究，后者偏向经济史和地理学的研究，二者都以超越村庄民族志方法为己任。第三个阶段以港台人类学田野调查的开放为起点，结果是村庄田野调查和民族志的复兴。借村庄研究来认识中国社会的努力，开始于 1930—1940 年代，1950—1960 年代遭到批评，1970—1980 年代得以重新恢复。在村庄研究的复兴阶段，人类学家不再简单采取早期的"反映论"，而能注重探讨第二个阶段中提出的"中国"概念。

　　过去二十年来，人类学发生了很大变化。在西方，随着"后现代"和"全球化"口号的提出，"超越国家疆界"成为很多西方人类学家追求的目标。但是，对于怎样"超越国家疆界"这一问题，人类学界存在着争论。从 1980 年代早期到 1990 年代中期，人类学界热门的话题是现代性与世界体系，学者们关注的，一方面是与欧洲启蒙运动史有关的哲学与跨文化知识论支配问题，另一方面是民族志方法如何适应于"世界体系"和"全球化"的问题。小社区与大社会之间关系的问题，退让于知识论与世界史的研究。正是在这一潮流中，中国人类学重新进入国际领域。随着中国田野地点的开放，越来越多的海外人类学家来中国从事田野考察。起初，研究中国的西方人类学家依然保持着对于生活在小地方中的人们的兴趣，而这种兴趣也激励了一大批中国留学海外的人类学者去从事村庄民族志的研究。然而，"后现代"和"全球化"讨论的升温，令很多人类学家的兴趣转向了超越地方的产业和文化形态的探讨，在他们看来，"中国"这个概念已经不复重要，麦当劳在中国的情况、旅游业与"少数民族"的关系等等，才更取得关注。知识论的反思迫使人类学家对既有的人类学论述进行重新探讨。在这一反思的促进下，人类学对于中国的"民族""族性""地方文化"等问题的理解，出现了新的方法。对"世界体系"和"全球化"的探讨，也带来了跨文化研究的新动态。在西方自我批评意识不断增强的条件下，本土人类学家的研究对自身提出的更高的理论要求，它不再简单追随外来的西方理论，而能真正借助"从本土观点出发"这个提法，致力于当地社会的当地解释。也正是在这个"本土社会科学"的条件下，中国村庄的人类学研究得到了持续的发展。

在过去的几年中，我曾围绕村庄社区的人类学问题进行一个侧面的人类学论述。在《社区的历程》一书中，我试图提供闽南村庄与超越社区的国家与社会力量之间关系的历史视野。[1]这本书的起点是明代，终止的时间的 1980 年代，言说的是一个家族村庄的五百年史。在一本民族志的小册子中，展开这样长的时间宽度的论述，当时我主要考虑到两个问题：其一，怎样使空间上有限的社区调查，与时间和空间广阔的国家与社会关系史勾连起来？其二，这样的时间和空间的勾连，怎样既避免 1930—1940 年代社区民族志的"无时间性"又避免社会达尔文主义的"宏大历史叙事"的"无地方感"？在《社会人类学与中国研究》中，我评介了 1930—1940 年代以来人类学汉人社区

1　王铭铭：《社区的历程：溪村汉人家族的个案研究》，天津：天津人民出版社 1997 年版。

研究的理论和方法辩论，其中核心的问题是对村庄民族志的诸多批评和超越，书中评介的不同说法，正是《社区的历程》的理论背景。[1]

倘若要我给《社区的历程》与《社会人类学与中国研究》这两部著作作一个总体的界定，那么，我愿意说，它们具体做的，是将村庄社区史及人类学描述及 1930—1940 年代的社区论述以及此后发展起来的汉学人类学联系起来。对 1930—1940 年代中国人类学村庄研究的意义与局限，上文已经有所论述。不过，这里有必要强调，我做的这点论述，与汉学人类学一系列超越村庄研究的努力有着密切的关系。从一个角度讲，《社会人类学与中国研究》一书，围绕着"村庄问题"展开对汉学人类学的回顾，这样做的目的是为了更明确地论述村庄的当地体系与超越村庄的社会实体与观念形态之间的关系。对于村庄与"外面的世界"之间关系的问题，早期中国社会人类学家已经有了意识，因而也可以说，对于这一关系的论述，是基于汉学人类学的论辩对早期的中国人类学论著的某种继承和延伸。

诚然，村庄研究涉及的理论问题，远远超过我在上述习作里能论述的范围。我在本文中在既有论述的基础上提出了村庄的地方性与社会的超越性问题，进而谈到村庄与文明史之间可能存在的关系，同时谈到村庄作为一种现代观念缘起的因由。在中国历史上，超越地方村庄社区的共同体，显然是存在的。与欧洲宗教不同的是，这种共同体的凝聚力，主要不来自宗教的信仰，而来自"礼仪的规范"。[2]通过中国文明史中村庄地位变迁的研究，人类学家能发现一种具有中国特色的公共性，其源流及社会空间的联系机制在历史上

1　王铭铭:《社会人类学与中国研究》，北京：生活·读书·新知三联书店 1997 年版。

2　James Watson, "Rites or Beliefs? The Construction of a Unified Culture in Late Imperial China", in *China's Quest for National Identity*, Lowell Dittmer (ed.), Ithaca: Cornell University Press, 1993, pp. 80–103.

经历的变化。从另一个角度看，现代知识分子关注村庄，是因为村庄既曾经是"化人文以成天下"中"化"的对象，又与现代社会的文明进程构成矛盾关系。正是村庄与文明史之间存在的这种复杂关系，致使我们今天仍然用一种矛盾的眼光来看待村庄。[1]

　　这一有关村庄涉及的文明史的概述，并非是学术研究的结论，而是为了提出问题而做出的，最终解决这些问题的办法，仍然有待人类学者的进一步研究。如果说我个人对进一步研究需采纳的参考概念有什么看法的话，那么，我应该表明，在我自己的"历史想象"中，社会学家埃利亚斯（Norbert Elias）的"文明进程论"[2]与早期人类学家有关"中国宗教"和"中国礼教"的论述[3]，或许是有前景的研究路径。而如果可以这么认为的话，那么，村庄的人类学研究就不应仅限于现代社会人类学派的工作范围之内，也不应像最近一些人类学家想象的那样，成为一种文化政治学[4]或社会现象学[5]的"地方感受"[6]，而应让位

1　现代中国场景中创造的"乡村"观念，往往与历史并非久远的"农民"概念联系在一起，参见 Myron Cohen, "Cultural and Political Inventions in Modern China: The Case of the Chinese 'Peasant'", in *China in Transformation*, Tu Weiming (ed.), Cambridge, Massachusetts and London: Harvard University Press, 1993, pp. 151−170。

2　Norbert Elias, *The Court Society*, New York: Pantheon House, 1983; Norbert Elias, *The Civilizing Process*, Oxford: Blackwell, 1994.

3　参见 Maurice Freedman, "On the Sociological Study of Chinese Religion", in *Religion and Ritual in Chinese Society*, Arthur Wolf (ed.), Stanford: Stanford University Press, 1974; James Watson, "Rites or Beliefs? The Construction of a Unified Culture in Late Imperial China", in *China's Quest for National Identity*, Lowell Dittmer (ed.), Ithaca: Cornell Unirersity Press, 1993。

4　Arjun Appadurai, "Introduction: Place and Voice in Anthropological Theory", *Cultural Anthropology*, 1988, Vol.3:1, pp. 16−20.

5　Edward S. Casey, "How to Get from Space to Place in a Fairly Short Stretch of Time: Phenomenological Prolegomena", in *Senses of Place*, Steven Feld and Keith H. Basso (eds.), Santa Fe: School of American Research Press, 1996, pp. 13−52.

6　这些受到后现代主义思潮影响的"地方感"研究者，主张将村庄看成是相对于主流文化的被压抑的"声音"、相对于主流认识论的被压抑的"认识论"，因而也主张重新恢复"地方"研究的地位。

于费孝通先生展望的那种服务于"文化自觉"的人类学。[1]

在既有的论述基础上展开新的讨论，必然有学科史的局限带给我们的特殊限制。其中，最大的限制来自20世纪学者们关注的国家概念。在他们的讨论中，对村庄研究提出质疑的人类学家，给我们留下一个印象，似乎离开村庄，我们一定就要进入大的社会与控制地方的国家的领域。事实上，即便我们可以认为，国家史即文明史的核心内容，我们也有必要看到，在文明史的进程中，像我们今天这样以民族国家原则来构造国家的时代，是有特殊的时代性的。在漫长的历史长河中，古代的国家更通常是以朝贡-礼仪体系来构造的。在中国的"天下"中，朝贡又分为层次，其中核心区域中中央与地方的关系，边缘区域中朝廷与朝贡部落、土司、地方性王国（即我们今天意义上的"少数民族"）之间的关系，及整个中国与"海外"之间的关系，是所谓"朝贡体系"的三个层次。如滨下武志所言，这个体系的运行特征是：

> 国内的中央—地方关系中以地方统治为核心，在周边通过土司、土官使异族秩序化，以羁縻、朝贡等方式统治其他地区，通过互市关系维持着与他国的交往关系，进而再通过以上这些形态把周围世界包容进来。[2]

处在不同空间地位的村庄，其社会生活与"中心"的朝贡体系构成的关系，可以用"化内"与"化外"的文化距离感来形容。然

---

[1] 费孝通：《从实求知录》，北京：北京大学出版社1998年版，第385—400页。

[2] 滨下武志：《近代中国的国际契机：朝贡贸易体系与近代亚洲经济圈》，朱荫贵、欧阳菲译，北京：中国社会科学出版社1999年版，第35页。

而，村庄与"教化"之间关系的纽带显然是多重的。例如，1940年代人类学家笔下的大理村庄[1]与芒市村庄[2]，与南诏-大理文明与中原文明形成双重联系，这影响了地方文化的形成，从而使个处于朝贡体系第二层的村寨，与处于朝贡体系内心层的汉族乡村形成重要差异。早期人类学家对于这些村寨的描述，往往没有考虑层次与文化之别。新的村庄人类学研究，除了考虑产业类型的比较[3]以外，有必要运用民族研究的积累，对朝贡与文明史的层次关系进行重新梳理。在这一重新梳理的过程中，人类学家会进一步发现"天下"的文明体系构成的那个世界，其实比村庄民族志告诉人们的要丰富得多、复杂得多。这进而意味着，我们从村庄人类学研究的历史获得的教诲是：拘泥于学科研究程式的研究，不能满足我们对于人文世界理解的愿望，人类学家应当拓展自身的视野，怀着更开放的心情，来迎接历史——包括学科史——给予我们的启发。

（本文曾发表于费孝通主编的《当代社会人类学发展》，
北京大学出版社2013年版）

1　Francis Hsu, *Under the Ancestors' Shadow: Chinese Culture and Personality*, London: Routledge and Kegan Paul, 1948.

2　田汝康：《芒市边民的摆》，重庆：商务印书馆1946年版。

3　费孝通，张之毅：《云南三村》，天津：天津人民出版社1990年版。

"中间圈"：
民族的人类学研究与文明史

1996 年，费孝通先生在《简述我的民族研究经历与思考》一文中回顾了民族研究，行文中他暗示，民族研究存在着不少问题。显然是为了解决问题，在文章的后一部分，费先生才述及其前辈人类学家史禄国（S. M. Shirokogoroff）先生有关 ethnos 的理论：

> Ethnos 在史老师的看法里是一个形成 ethnic unit 的过程。Ethnic unit 是人们组成群体的单位，其成员具有相似的文化，说相同的语言，相信是出于同一祖先，在心理上有同属一个群体的意识，而且实行内婚。从这个定义来看，ethnic unit 可说是相当于我们所说的"民族"。但是 ethnos 是一个形成民族的过程，一个个民族只是这个历史过程在一定时间空间的场合里呈现的一种人们共同体。史老师研究的对象是这过程的本身，我至今没有找到一个恰当的汉文翻译。Ethnos 是一个形成民族的过程，也可以说正是我想从"多元一体"的动态中去认识中国大地上几千年来一代代的人们聚合和分散形成各个民族的历史。能不能说我在这篇文章里所写的正是史老师用来启发我的这个难于翻译的 ethnos 呢？[1]

---

1 费孝通：《简述我的民族研究经历和思考》，载《论人类学与文化自觉》，北京：华夏出版社 2004 年版，第 165—166 页。

费先生将自己的"多元一体格局"理论归功于史禄国，他说：

> 如果我联系了史老师的ethnos论来看我这篇"多元一体论"，就可以看出我这个学生对老师的理论并没有学到家。我只从中国境内各民族在历史上的分合处着眼，粗枝大叶地勾画出了一个前后变化的轮廓，一张简易的示意草图，并没深入史老师在ethnos理论中指出的在这分合历史过程中各个民族单位是怎样分、怎样合和为什么分、为什么合的道理。[1]

他接着说：

> 现在重读史老师的著作，发觉这是由于我并没有抓住他在ethnos论中提出的，一直在民族单位中起作用的凝聚力和离心力的概念。更没有注意到从民族单位之间相互冲击的场合中发生和引起的有关单位本身的变化。这些变化事实上就表现为民族的兴衰存亡和分裂融合的历史。[2]

一如费先生指出的，史禄国的ethnos含有两层意思，一是民族形成的心态过程，二是民族形成的历史过程。[3]ethnos本有"民族心

1　费孝通：《简述我的民族研究经历和思考》，载《论人类学与文化自觉》，北京：华夏出版社2004年版，第166页。

2　费孝通：《简述我的民族研究经历和思考》，载《论人类学与文化自觉》，北京：华夏出版社2004年版，第166页。

3　史禄国有关ethnos的论述见：S. M. Shirokogoroff, *Ethnos*, Beijing: Qinghua University, 1934; S. M. Shirokogoroff, *Psycho-mental Complex of the Tangus*, London: Kegan Paul, Trench, Trubner and Co., Ltd., 1935。

理素质"或"文化认同"的意思，但史禄国将之与"民族单位"形成和变化的历史过程相联系，认为二者之间是相互关联的。对于我们理解民族问题，史禄国的这一说，的确颇有裨益。

费先生后来提出的"多元一体"思想，的确与史禄国 ethnos 之说有某些关联。然而，将自己提出的"中华民族多元一体格局"思想，轻描淡写成在其笼罩之下的"一张简易的示意草图"，费先生似又淡化了自己的想法的独到性。他这样做不只是谦逊，而是想借助史禄国 ethnos 理论表明，对于民族研究之整体问题，他有看法。[1] 他承认，自己没有细致研究史禄国以 ethnos 隐含的上述两个过程，尤其是没有重视族际"冲击"引起的民族认同单位本身的变化，没有重视变化如何表现为"民族的兴衰存亡和分裂融合的历史"。若说这些都是民族研究的缺憾，那它们也绝对不只是费先生一个人的。费先生在文中给人一个"承认错误"的印象，并非是为了就此了结，而是别有他图。

半个多世纪以来，中国的民族学家沉浸于"以今论古"，难以使民族研究"政学分开"（我的理解）。在这个大背景下，活生生的"民族单位"之生成、交融、变化过程，退让于固定化、政治化的民族分类。[2]

费先生在其晚年之所以还要将民族研究与他的人类学导师之一史禄国先生有关 ethnos 的理论相联系，是因为他期待着更学术化的观点能随之出现。

---

[1]　费先生"中华民族多元一体格局"的思想，不是没有争议（有人认为这一思想过于强调"多元"，有人认为它过于强调"一体"），但就国内民族学界的总体情况看，对于"多元一体"，认可和接受的观点还是主要的。

[2]　参见马戎：《民族社会学》，北京：北京大学出版社 2004 年版，第 603—640 页。

　　该文是在《中华民族的多元一体格局》[1]一文发表多年之后写成的。读这篇新作，我的感触良多。费先生在此处表达了一个期待，即，民族研究应引入社会科学的因素，以接近于人类学"文化"概念的 ethnos，来重新思考民族研究，为民族研究与人类学的结合开辟道路。这对我这个以人类学为业的晚辈来说，无疑是一个激励。

　　在国家学科分类中，民族学后面有个括号，里面注着"即文化人类学"几个字。从知识的分类体制角度看，民族学与人类学可以等同看待。既然如此，像费先生那样，将人类学与民族研究这两个词汇列在一起，便让人感到奇怪了。人们会问：人类学不等于民族学吗？民族学不等于民族研究吗？怎么需要将人类学和民族学分开来谈？用民族学不就行了吗？[2]无论是人类学，还是民族学，都是西学，其学科名称在"中国化"的过程中出现交错，本非不正常。然而，费先生的思索不可能没有它的理由。因交错而形成的学科分类常识，并非不可置疑。费先生在他的文章中，没有明确指出学科分类的政治性问题。但是，可以想见，人类学与民族研究两个名称背后代表的一些东西，都曾深深影响过他。这些东西在过去几十年中发生了一些费先生这代人亲身经历和创造的变化，这些变化使得两个概念所代表的知识体系产生了一定差异。目睹差异的形成过程，费先生不能不思绪万千。

　　费先生以隐晦的语言表明，在民族研究（或民族学）发达的那些年代里，学者们所采用的知识体系，无法满足我们从学术上理解

1　费孝通：《中华民族的多元一体格局》，载《论人类学与文化自觉》，北京：华夏出版社 2004 年版，第 121—151 页。

2　民族研究一般指多学科的问题性综合研究，而民族学则属于学科，二者之间界限不甚分明。本文在涉及这两个名称时，也针对具体情况，将之交错互用。

和诠释历史的需要。他引入史禄国的 ethnos，为的是给民族研究作学术化的铺垫。

受费先生的这一启发，此处，我拟在人类学与民族研究之间寻找相互启迪的关系。我将先触及人类学与民族学两种学科名称观念力量的"消长史"，接着围绕二者之间学术关系演变铺陈个人的有关看法。论述中，我将接续费先生有关"多元一体"思想及他对"民族单位"形成与变异史的论述。不过，鉴于费先生尚未从疏离于政策的角度反观民族研究，也尚未直接从国家制度演变史的角度考察近代"民族格局"的生成过程，我将不拘泥于他给我们留下的学术遗产，而将进一步使民族研究与自己所认识的国家与社会关系研究、社会整体论及文明理论联系起来，在我所关注的人类学研究的核心、中间、外围三圈格局中[1]，阐述民族研究的人类学方式，并有基于此，思考民族研究在社会科学中的定位与潜在贡献。

学科名称之力量消长

1920 年代，先于费先生，第一批留学归国的知识分子参照西方各国的不同情况介绍西学。无论是民族学，还是人类学，都与那个时代的这一知识重建运动有关。说到民族学与人类学，我们便会想到蔡元培的《说民族学》一文。在这篇介绍文章中，蔡元培提到民族学与人类学的区分。对于两门学科的区分，蔡元培的看法是，人类学以动物学的眼光来研究人类，而民族学则注重民族文化的异

---

[1] 王铭铭：《所谓"天下"，所谓"世界观"》，载《没有后门的教室》，北京：中国人民大学出版社 2006 年版，第 127—140 页。

同。[1] 他也承认，到他写那篇文章时，西方已出现人类学包括民族学的趋势。但他还是坚持认为，以人类学来代指研究人类体质的学问，以民族学来代指研究民族文化的学问。

是什么原因导致蔡元培提出这个今日看来已过时的观点？该文写于蔡元培留德归国之后。其时，被英美叫作"人类学"的东西，在德国叫作"民族学"。蔡元培对于人类学与民族学之间的关系有这样的看法，无疑与他留学德国的经历有密切关系。

在 20 世纪前半期，不少中国学者观点不同于蔡元培，他们倾向于用人类学这个词汇。与民族学三个字保持距离，不将人类学定义为后来所说的"体质人类学"，也反对将人类学区分于研究"民族文化"的民族学。[2] 民族学与人类学两个称呼之所以并存，是因为当时不同学者引进的是不同国家的人类学传统。

20 世纪前半期，中国人类学分不同流派，那些流派之所以能形成，固然有前辈学者的努力，但不乏也有受西方不同国家人类学传统影响的因素在起作用。

无论是人类学还是民族学都是西学，引进它们的人，多数曾有留学海外的经历。大致说来，留学欧陆的学者，更易倾向于民族学这个称呼，留学英美等"海洋国家"的人，更易倾向于人类学这个称呼。不是说欧陆与英美历史上没有人类学与民族学并存的局面，其实，在历史上，这两个所谓"姐妹学科"在研究领域的界定方面，在西方各国都出现过交错和混淆，兴许只是到了第一次世界大战之

1　蔡元培：《蔡元培选集》下卷，杭州：浙江教育出版社 1993 年版，第 1118 页。
2　如林惠祥先生认为，在欧洲大陆民族学等于文化人类学。他说，民族学一名在英美也存在，但其意义与欧洲大陆无别，与文化人类学可通用（林惠祥：《文化人类学》，北京：商务印书馆 1991 年版，第 9 页）。

后，民族学归欧陆、人类学归英美的大体局面才出现。

中国的人类学，与西方诸国不同的学术传统相联系，形成了自己的区域传统，在 1920 年代到 1940 年代之间，形成了以中央研究院为中心的"南派"、以燕京大学为中心的"北派"及以华西大学为中心的"华西派"。三派可谓"三国鼎立"，基础大致可以说就是欧陆派、英美（当时主流的伦敦政治经济学院与芝加哥大学）派及美国派，三派各自以民族学、人类学（社会人类学）及文化人类学为核心学科概念。

1949 年以前，学科称呼有这样的地区空间的划分，也有时间的流变。比如，抗战以前，民族学、社会人类学、文化人类学多元并存的局面，到了抗战期间出现了微妙变化，当时国家中心被迫西移，直接面对着西部的各种非现代的社会政治形态，边疆问题得到了更深刻的认识，民族学这个称呼就占据了主流地位。1945 年以后，这个局面又产生了变化。二战以后，英美派的学术制度和知识体系得到了"全球化"。在中国，情况也不例外，学界更多接受英美。于是，人类学这个称呼，就大行其道，声名远超民族学了。

王建民已比较全面地梳理了国内外人类学与民族学名称的关系变迁史[1]，这里我要补充的是：在 1949 年以前，人类学与民族学这两个概念并存，学科的地区传统分立，又随时间的流动出现各自的变化。学科内部的区分与历史变迁，与国际状况息息相关，表明其时之中国人类学或中国民族学，具有相当高的国际性。

到了 1949 年之后，中国人类学地区传统的国际化情况出现了重大变化。对于当时的学术大环境，费先生如此描绘：

---

[1]　王建民：《论中国背景下人类学与民族学的关系》，载王铭铭主编：《中国人类学评论》第 1 辑，北京：世界图书出版公司 2007 年版，第 55—69 页。

为实现民族平等，我们必须建立新的制度。在政治体制上我们要有一个有各族代表共同参加的最高权力机关，即人民代表大会。但是在开国初期我们还不清楚中国究竟有多少民族，它们叫什么名称和各有多少人口。

为了摸清楚有关各民族的基本情况，建立不久的中央人民政府于 1950 年到 1952 年间派出了若干"中央访问团"分别到各大行政区遍访各地的少数民族（汉族以外的民族因为人口都较少，所以普通称作少数民族），除了宣传民族平等的基本政策外，中央访问团的任务就是要亲自拜访各地的少数民族，摸清楚它的民族名称（包括自称和他称）、人数、语言和简单的历史，以及他们在文化上的特点（包括风俗习惯）。[1]

开初，人类学与费先生上述的民族研究之间不被看成是矛盾的。费先生本人便说："由于我本人学过人类学，所以政府派我参加中央访问团。这对我说是个千载难逢的机会，首先是我在政治上积极拥护民族平等的根本政策，愿意为此出力，同时我觉得采用直接访问的方法去了解各民族情况，就是我素来提倡的社区研究。"[2]然而，1952 年以后，情况又出现了变化，王建民指出："随着思想改造、院系调整以及其后的许多大规模政治运动，中国大陆对许多学科，特别是民族学、人类学这样的社会科学或者人文学科进行了重新定义。"[3]在苏联体系的影响下，中国学者对民族学的定位由社会科学变

1　费孝通：《中华民族的多元一体格局》，载《论人类学与文化自觉》，北京：华夏出版社 2004 年版，第 154 页。

2　费孝通：《中华民族的多元一体格局》，载《论人类学与文化自觉》，北京：华夏出版社 2004 年版，第 154 页。

3　王建民：《论中国背景下人类学与民族学的关系》，载王铭铭主编：《中国人类学评论》第 1 辑，北京：世界图书出版公司 2007 年版，第 65 页。

为历史科学。自 1956 年以后，不少老一辈社会学家、人类学家、民族学家被错划为"右派分子"，社会学、人类学这些英美词汇停用，民族学这个名称，也渐渐失去其存在根基。"在 20 世纪 60 年代初受到更严厉的批判之后，自 50 年代就已经开始出现的'民族研究'成为一个以中国少数民族为主要研究对象的包容更广泛的替代词。"文化大革命"中，民族学受到了更严厉的批判，老一代民族学家甚至遭到严重的人身迫害，一些极左的人试图不仅从学科形式上，而且从肉体上消灭民族学学科。"[1] 恰是在这个大背景下，中国才产生了"民族研究"这样一个说法，与此同时，民族理论、民族问题研究也成为新的正统。[2]

当下人类学与民族学，产生自一种具有时代特色的"时空倒逆"。中国人类学与中国民族学，其学科在过去二十五年来的重建分别归功于南方与北方，南方的中山大学和厦门大学，促成人类学的重建，北方的中央民族大学与中国社会科学院民族研究所促成了民族学的重建。若将时间推前几十年，民族学应当算是以其时的中央研究院为中心的"南派"之所为，而人类学，则与"北派"和"华西"有关。过去二十五年来，南北的新区分，又是怎么回事？为什么此时的"南派"兴致勃勃地推动人类学，而"北派"则坚持要做民族学？可能解释是这样的：到了抗战期间，中国社会科学家都到了西部去了，各学科都从事边政问题研究，边政学成为中国社会学、人类学、民族学的主流，替 1949 年以后的民族研究奠定了良好基础，使得民族学

---

[1] 王建民：《论中国背景下人类学与民族学的关系》，载王铭铭主编：《中国人类学评论》第 1 辑，北京：世界图书出版公司 2007 年版，第 65 页。

[2] 仔细分析能发现，此后汉族的社会学与人类学研究，当时都被禁止，学者只被允许研究少数民族。这相当值得研究。

能吸纳其他学科，成为一门综合学问。[1] 另外，上面提到的抗战胜利后英美派的知识体系在国民政府学科分类中建立的支配地位，也改造了当时的中央研究院，使之从民族学转入文化人类学。边政学到民族研究这一脉，支撑了过去二十五年来的民族学；而民族学到文化人类学这一脉，支撑了过去二十五年来的人类学。[2]

不能将人类学与民族学之间差异的形成完全归结于过去；除了上述因素，这里所说的差异，还与留学的年轻人类学者有关。

像我这样的所谓"海归"，是较早在西方学习人类学的一批人。当时，我们在国外，百分之七八十都在外国老师的要求下进行汉族社区研究。洋老师的建议，有充分理由。他们说，在我们开始研究之前的三十年里，中国政府禁止汉族农村调查，只允许进行所谓的"典型调查"，为树典型、搞运动服务。这就使中国汉族农村成为知识的空白。若是我们进行汉族农村的社区研究，必定能对知识增长有贡献。另外，导师们说，我们若是能转向汉人社区研究，就可能改造中国人类学和民族学只研究少数民族社会形态史的坏习惯。洋老师们曾说，真正的人类学，完全不同于国内理解的民族问题研究。怎样在中国基础上重新缔造新的人类学？他们的建议是，通过费孝通、林耀华、许烺光、田汝康等1949年以前做的汉族社区"微观社会学研究"，结合新近人类学理论与方法，以东南沿海为起点，创造新的中国乡村社区叙事。[3]

1　王建民：《中国民族学史》上卷，昆明：云南教育出版社1997年版，第215—256页。

2　在北方工作的老一辈，主要是先从民族学入手参与学科重建的，而在南方工作的老一辈，则有恢复战后中研院文化人类学的热情期待。

3　这点不无矛盾。1950年代到1980年代之间，英国人类学家弗里德曼和利奇早已从不同角度批判了中国研究中的"微观社会学"。详见王铭铭：《社会人类学与中国研究》，桂林：广西师范大学出版社2005年版，第9—22页。

　　出国留学的人类学研究者，固然不全研究汉族，他们中，也有不少是以研究少数民族为主的。不过，过去十多年来，留学生的汉族社区研究出现了一批新成果，引起了海内外学术界的重视，同时，国内农村地区社区调查得到复兴，也产出了广为瞩目的成果。[1]海内外汉族社区研究的成果多是在人类学而非民族学名义下发表的，它们造成了一个人类学"取胜"的景象，冲击了在民族学名下展开的研究，使两个称呼代表的历史遗产之间出现了某种程度的矛盾关系。

　　然而，人类学与民族学围绕着做不做汉族农村研究延伸出来的差异，在过去十五年中渐渐地弱化了。十五年前，海内外中国民族研究的经费都是奇缺的，当时多数的海外资助流向汉族农村研究。十五年来，这个局面产生的重大变化。在西方，族群问题再度受到学者的关注，它对于世界格局的影响，重新被承认。政府和基金会投入于这方面问题研究的经费大幅度增加。这一情况影响到了所谓的汉学人类学，使一些本来只从事汉族研究的西方学者转向中国少数民族，指导大量学生研究中国的西部。与此同时，国内民族问题也重新引起关注，流向民族问题研究的经费也多了起来，"中西合璧"，给民族学创造了新的拓展机会，一度穷困的民族学，在海内外经费的"双重灌输"下，又红火了起来。由是，人类学与民族研究之间，在关系越来越密切的同时，差异也越来越大。在这个情景下，人们关注到：以人类学为名的形形色色的民族研究，布满了整个"中国人类学界"，而其研究内涵的人类学色彩，却不见得是在增多。

1　王铭铭：《走在乡土上：历史人类学札记》，北京：中国人民大学出版社2006年版，第1—33页。

人类学民族研究定位何在？

人类学与民族学之间的关系错综复杂，在不同的阶段，两门学科为了获取资源，与不同机构形成了不同关系，在具体研究中，形成各自特色。

怎样在理解"民族研究"带着的那段历史的基础上，在人类学领域内给它一个学术定位？请允许我从个人的体会说起。

我个人是从事人类学研究的，硕士研究生期间，我学过一点中国民族史，但对于民族研究，我可能是个外行。我研究的起点是东南地区的城乡，1999 年以后，我才开始在少数民族地区走动。对于我认识的人类学，我有矛盾心态。一方面，不满足于汉族社区调查，我质疑东南模式的一些理论，以为中国人类学只有实现东部与西部的结合，才算完整，倘若局限于汉族社区，那么，这种人类学只能算是局部或片面的。另一方面，这些年对于民族研究的接触，又使我感到，倘若民族研究与东部的汉族研究毫无关联，相互没有对话，那么，也很难说什么是合格的学术研究。时下的民族学与其他门类的社会科学之间关系日益淡漠，对话日益减少，自身可能正在渐渐丧失其学术基础。在这种情况下，对人类学与民族学进行联想，对其关怀还是学术重建。我斗胆以自己相对熟悉的人类学为本位，来思考民族研究的定位问题。

民族研究是什么样的人类学？这种人类学要具备充分的学术品格，又该如何定位自身？我深知，提出诸如此类的问题，可能招致怀疑。而我亦深知，不探讨这些问题，知识的前途将渐渐暗淡。

2004 年我在中央民族大学民族学与社会学学院举办讲座时，

提到我设想的中国人类学"三圈说",初步表露了以上心境。[1] 在我看来,中国人类学唯有基于传统,给自己一种世界性的空间定位,才可能真正实现其学科的建立。我反对民族中心主义,但与此同时却坚持认为,任何国家的学术都应以自身的历史经验为基础,有自身的思想出发点。[2] 以中国历史上的"世界观"来看今日的人类学,我们可以说自己拥有一个世界,这个世界由核心圈、中间圈及外圈组成。从中国人类学角度看,核心圈就是我们研究的汉族农村和民间文化,这个圈子自古以来与中央实现了再分配式的交往,其"教化"程度较高。核心圈的人类学研究,已有八十多年的历史,在海内外,积累了丰硕的成果。"中间圈"就是我们今天所谓的少数民族地区,这个地带中的人,居住方式错综复杂,不是单一民族的,因人口流动,自古也与作为核心圈的东部汉人杂居与交融。这个圈子的人类学研究,也有了长期的历史及丰硕的成果。这个圈子,与我们今日所说的"西部"基本一致,但也可以说是环绕着核心圈呈现出来的格局,在东部,一样地有自己的地位。比如,闽、粤、浙等省交界处的畲族,生活在宏观意义上的"沿海地区",他们跨省居住,历来在汉族地区行政制度的空隙间求生存。所以说,"中间圈"大致来说与所谓"西部"相重叠,但不能简单地将二者等同看待。其生活方式之变异幅度相当巨大,从诸如上述的畲族,经过诸如"藏彝走廊"上的结合型[3],到华夏向来没有彻底融合的长城外面

1　王铭铭:《所谓"天下",所谓"世界观"》,载《没有后门的教室》,北京:中国人民大学出版社 2006 年版,第 127—140 页。

2　王铭铭:《西学"中国化"的历史困境》,桂林:广西师范大学出版社 2005 年版。

3　费孝通:《中华民族的多元一体格局》,载《论人类学与文化自觉》,北京:华夏出版社 2004 年版,第 142—145 页。

的"草原民族"。[1]从历史时间看，"中间圈"不是一成不变的，但至近代国家疆界确立之后，居住在这圈里的主要人群，便被称为"少数民族"了。"少数民族"这个称呼，是五十年前才有的，是晚近的发明。古代则不一定如此称呼"中间圈"，这个圈子与"外圈"结合着，有时是内外的界限，有时属于外，有时是内外的过渡。至于这个圈子与核心圈的交往，自古也十分频繁，中国有几个重要的朝代，也是所谓"中间圈"的部落势力创建的。大体说，1956 年以前，"核心圈"对"中间圈"实现的，不过是间接统治，元明出现过行政管理直接化的努力，但没有实现其目的。可以认为，"核心圈"与"中间圈"之间的差异，恰在于地方行政是否实现了直接化，而这个标准，又与两圈"教化"程度的差异有关。中国人类学研究过的第三圈就是所谓"外国"，这类人类学研究，可以称为"中国的海外人类学"。

"三圈说"的想法，受到了中国民族史研究的某些启发。对于中国民族史的启发，费先生早已给予概述：

> ……中国的特点，就是事实上少数民族是离不开汉族的。如果撇开汉族，以任何少数民族为中心来编写它的历史很难周全。困惑我的问题，在编写《民族简史》时成了执笔的人的难题。因之在 60 年代初期有许多学者提出了要着重研究"民族关系"的倡议。着重"民族关系"当然泛指一个民族和其他民族接触和影响而言，但对我国的少数民族来说主要是和汉族的关系。这个倡议反映了历史研究不宜从一个个民族为单位入手。着重写

1　拉铁摩尔：《中国的亚洲内陆边疆》，唐晓峰译，南京：江苏人民出版社 2005 年版。

> 民族关系固然是对当时编写各民族史时的一种有益的倡议,用以补救分族写志的缺点,但并没有解决我思想上的困惑。[1]

费先生提到的避免"分族写志"的做法,是基于历史上各民族之间相互接触之关系而形成的。基于中国古代"世界秩序"的理想,"三圈说"将这个接触关系拓展到海外。它如能成立,则我们也可以设想,在中国人类学里谈民族研究,必定也是在谈三圈之间的关系——或者甚至可以说,我们的研究,无非是这些关系在言论方面的反映。

在空间上的三个圈子中分别进行的人类学研究,相互之间应有更多对话。[2]就国内的研究而言,主要在东部进行的汉族社区研究,对于少数民族"中间圈"的研究,该有什么启示?与"中间圈"内长期存在的文化类型与社会形态的研究,又如何对话?问题都有待探讨。我以为,汉族与少数民族的研究,要实现有意义的学术对话,就要拓展各自的视野,基于对"核心圈"与"中间圈"之间的关系研究提炼出来的民族关系史、文化交流史、政治制度史的观念,来理解中国的"世界秩序"这个大背景。在此基础上,"民族研究"要在人类学中建立恰当的地位,务必考虑自身在中国人类学的"世界观"中可能建立的学术地位。在思考如何确立自身地位时,无论是研究"核心圈",还是研究"中间圈",我们要考虑的问题,亦不应局限于区分,而应注重相互之间的分合过程(这个过程确与史禄国所说的 ethnos 有一定关系,但充满着文化势力不平等的因素)。

---

1 费孝通:《简述我的民族研究经历和思考》,载《论人类学与文化自觉》,北京:华夏出版社2004年版,第162页。

2 王铭铭:《所谓"天下",所谓"世界观"》,载《没有后门的教室》,北京:中国人民大学出版社2006年版,第127—140页。

从核心圈到中间圈

为了对以上问题加以思考，我将先从自己相对熟悉的"核心圈"研究说起：在这个圈子里进行的人类学研究，认识的方式出现过哪些转移？这些转移对于我们的研究方式产生了什么影响？这些转移和影响，对于民族研究又会有什么启发？

近代早期"核心圈"研究是建立在现代化理论基础之上的，人类学家从事乡土中国的研究，多数曾致力于在农村地区寻找不同于资本主义的经济方式，接着，以地方性的叙述为手法，表露对这一不同于资本主义的经济方式变成后者的过程的预测。费孝通先生所做的一些社区调查，其基调大体便可以说是如此。[1] 这样的研究在1950 年代至 1970 年代不再被允许，不过，取而代之的观念形态，与这一现代化基调，实在没有太大不同。

延续于 20 世纪多数阶段的现代化论调，到了世纪末才得到反思。在过去的十几年中，中国社会科学界出现了一种具有反思性的叙述框架。尽管寻找农村经济与资本主义经济之间的时间距离仍为多数学者的所作所为，但学界也出现了促成中国农村研究巨大变化的一些新人。这个变化是什么？我以为，就是从只关注吴文藻等人引领下的应用农村研究转向了学理化的国家与社会关系之探讨，转向直面强大国家之下农村命运的学术化研究。

我自己所做的溪村研究，可以说是这个转变的一个小局部。[2] 我

1　王铭铭：《从江村到禄村：青年费孝通的"心史"》，《书城》2007 年第 1 期。

2　王铭铭：《溪村家族》，贵阳：贵州人民出版社 2004 年版。

的研究是在当代的"核心圈"展开的。不过,这个"核心圈"在先秦时期至多只能算是"中间圈",生活在那里的"闽越人",是当地的原住民。这个古代的"中间圈"演变为"核心圈"的历史,发生在费孝通先生所说的"汉族的南向发展"过程中。[1]东南沿海的"核心化",以汉族的南向移民为起点,以这个地区的资源开发和行政介入为基础,最晚到南宋时期,已彻底实现了。我们不能不同意拉铁摩尔的看法,将这个广大的后发"核心区",当作与长城之外的"草原民族"相对照的例子。这个"核心区",实已成为虽在地理上不处于中原,但在经济和文化上,早已成为华夏的中心。在这个地带研究人类学,对其丰富的文化内涵,必定要给予关注。我的研究不同于以前的乡村经济研究,更注重存留于民间的文化形式,而我拒绝简单地用近代文明去套旧文化。在研究中我看到,所谓"非/前资本主义经济"的人类学研究,犯了一个忽视民间文化包含的丰富历史内涵和公共生活(或学术意义上的"社会")的错误。我以为通过乡村与国家之间关系的研究,人类学家应关注到这"二元对立化"的格局背后,有一种被忽视的公共生活,有一套被忽视的历史关系。这一公共生活和历史关系,还没有得到充分的论述和定义,但不能说没有受到充分关注。

对于"南方核心区"的文化,除了人类学之外,历史学对这方面的分析,贡献也是巨大的。在华南等地区的社会史研究者,基于明清史研究,提出了一种历史学与人类学结合的思路。这一思路,受海外的一个局部的影响,也特别重视民间文化的研究,比如,华

---

[1]　费孝通:《中华民族的多元一体格局》,载《论人类学与文化自觉》,北京:华夏出版社2004年版,第138—141页。

南汉族村庄里仍然在被表演着的仪式、被重建的祠堂、被重写的族谱等等。这种尊重传统的、当地的文化成就的历史学，与人类学异曲同工，其成就与我所说的公共生活有密切的关系。另外，华南的社会史研究者从另外一个角度解释了社会科学关注的国家与社会关系，这个贡献也不可小视。以细致入微的分析与描述为特点，村庄的人类学与社会史研究造就了一种风尚，影响到了文艺学研究，使后者开始关注民间仪式。我以为，从乡村经济的研究转向乡村文化的研究，是人类学"核心圈"研究近年来出现的一个重要转变。与这个转变相关联，法人类学对于"习惯法"和"成文法"、"礼"与"法"之间关系探讨，使我们有机会回到与费孝通同代的瞿同祖法律社会学研究中去，找到了新的结合点。[1]

　　民族地区的人类学研究情况又如何？于我看，其中产生的新变化同等巨大；我甚至敢说，民族研究在过去的十多年里的变化，远比我刚才说的"核心圈"激进。首先，十多年来，在民族地区展开的人类学研究，民族志的定义产生了巨大变化。变化是悄悄发生的，结果是，民族志之所指，从一个官方（国务院）承认的民族的整体社会形态的历史叙述，转向了如同汉族社区调查时所指的东西，更多指对于一个小范围的时空单位进行的人文描述。过去民族志均指学者对于某民族的整体研究，而时下的民族志，则指对于某村进行的研究。其次，"全球化"话语的迅速传播。在国外研究中国东部地区的人类学家，接受"全球化"概念的人已不少，但国内对于这一地带展开的人类学研究，多数集中于上述所论之社区公共生活。相

1　王铭铭：《25 年来的中国人类学研究》，载《中国人类学评论》第 1 辑，北京：世界图书出版公司 2007 年版，第 11—20 页。

比而言，在"中间圈"（如西部少数民族地区）展开的人类学研究，在缺乏扎实的地方性研究的情况下，居然大量出现了"全球化"的叙述，甚至可以说，"全球化"话语已在"中间圈"的人类学研究中占据了支配地位。"全球化"话语分为两种类型，一种是生态学的类型，一种是旅游学的类型，二者经常紧密结合，"生态旅游村"便是一种典型的结合方式。[1]再次，海外中国人类学的西进与族群理论的兴起。如上所述，1980年代西方海外人类学依旧主要关注汉族研究，而1990年代以来，情况发生了根本变化。过去逼学生去研究汉族农村的专家们不再坚持己见了，相反，他们积极地逼着学生转向中国西部。在国内学者对于"民族"概念的讨论产生厌烦之感后不久，"族群"这个也不是十分妥帖的新名词被广泛地运用于"中间圈"，人类学家动不动就谈"族群"，给人一个印象，似乎这个新概念是灵丹妙药。其实，它与旧的概念一样，是对某种难以形容的东西的概括。这个新概念的简单套用，使不少"中间圈"的人类学研究失去了经验关怀，而沉迷于话语理论的重复论证。[2]

在"中间圈"出现的以上变化，本身构成一种新民族学，这种新民族学在方法论上的不同以往之处主要在于更强调经验资料的搜集，在思想上，众多新的研究建树也颇高，其主要创新在于使民族研究不再沉浸于政策话语的论证，而转向对于村庄、族群等"研究单位"，与外部政治、经济、文化力量形成的关系之"客位"研究。

然而，这三个方面的学术研究都不是没有问题的，比如，新民

---

[1]　人类学家对于中国西部所谓"族群问题"的研究，多是文化研究还没有做好的情况下进行的。这个时代，关注历史的人有之，但继承20世纪上半叶及1950年代中国民族史传统的是极少数。
[2]　有关近期民族学的变迁，参见杨圣敏：《中国民族学的现状与展望》，载王铭铭主编：《中国人类学评论》第1辑，北京：世界图书出版公司2007年版，第21—38页。

族志研究对于历史中的超地方过程之忽视，"全球化"研究对于历史上的文化互动及介于本土与海外的强大国家力量的忽视，族群理论对于历史上的所谓"地方政权"的缺乏考虑及其所受的民族国家理论的约束，等等，都是问题。然而，这些研究所带来的学术情景之变，为我们重新思考中国人类学作了重要铺垫，使我们有可能基于学术自主的立场，重新思考"中间圈"的历史。

"核心圈"与"中间圈"、东部与西部的人类学研究，关系走得越来越近了，两个地区之研究在过去十多年来获得的成就，共同推进着我们对于 20 世纪国家与社会关系展开自主的研究，并且，也共同论证着我们从文化的角度来看待这一关系的可能性。在这方面新一代西方中国人类学家对于中国少数民族地区的研究，贡献巨大。就西南民族而言，郝瑞主编的 *Cultural Encounters in China's Ethnic Frontier*[1] 收入了不少精彩作品，而就我的理解，美国人类学家沙因的 *Minority Rules*[2]、利岑格（Ralph Lipzinger）的 *Other Chinas*[3] 及缪格勒的 *The Age of Wild Ghosts*[4] 等等，都特别关注近代国家话语及新的"国家与社会关系"对于"族群认同"的影响。不是说"中间圈"研究如此一来就没问题了；在我看来，过度激进的"后现代化"，已使西部研究越过了一个本来十分重要的过渡阶段。中国人类学"核心圈"与"中间圈"要形成一种有意义的学术关系，的确需先在"中间圈"实践参与观察法及带有"他者的眼光"的人类学。不过，因"中间圈"的研究长期带有政策性，且受到社会形态

1　Steven Harrell (ed.)., *Cultural Encounters in China's Ethnic Frontier*, Washington: University of Washington Press, 1994.

2　Louisa Schein, *Minority Rules*, Durham: Duke University Press, 1999.

3　Ralph Lipzinger, *Other Chinas*, Durham: Duke University Press, 2000.

4　Eric Mueggler, *The Age of Wild Ghosts*, Berkeley: University of California Press, 2001.

学的约束，故民族学实践的参与观察多数不以寻找"远方之见"为目的，而反倒是服务于将远处（少数民族）变成近处（现代性）的运动。

人类学家在参与到少数民族生活当中去时，是不是也该把被研究的人与地当成"他者"的生活世界？是不是也该像我在《人类学是什么？》[1]里所说的那样，以获得"他者"的观念为己任？我以为，答案是肯定的。倘若民族研究不采取这样的态度和观点，那么其成为人类学的可能性就减少了。人类学的中国民族研究须经历的这个"他者化"历程，是其成为社会科学的前提。对于社会科学，民族研究所能做的贡献是为其提供充分的文化启示。人类学家研究民族地区，只有把少数民族的生活和传统当真，像人类学家那样，把他们看成自己文化的"他者"，努力深入于其中，理解其宇宙观和生活实践，才可能称得上是人类学的民族研究。

然而，"他者"的观念在民族研究中的运用并非最终目的，在这个研究领域也存在一些需要处理的具体问题，比如，我们如何考察"核心圈"与"中心圈"的关系？这一关系不仅是民族研究长期关注的，而且也定位了民族研究自身，因而，极其重要。它在表现形态上，这一关系接近于王明珂在其《华夏边缘》[2]提出的"边缘"与"中心"表征互构论。不过，这一关系的实质，最好是结合施坚雅的区系理论来理解[3]，否则，便可能缺乏"核心圈"的视角。

施坚雅比较中心与边缘地区中国的市镇和政府的空间分布情况时

1　王铭铭：《人类学是什么？》，北京：北京大学出版社 2002 年版。

2　王明珂：《华夏边缘》，北京：社会科学文献出版社 2006 年版。

3　施坚雅：《城市与地方行政层级》，载《中华帝国晚期的城市》，叶光庭等译，北京：中华书局 2000 年版，第 327—417 页。

提到，中国人在边缘不设州，而设道或厅。所谓道，所谓厅，就是帝制下中央政府控制边缘（包括少数民族）的行政机构，它们与汉族地区的州县制度有着明显的差异，其商业化程度要成几倍、几十倍地低于汉族地区的州，里社制度（古代中国的"基层政权"）可以是零，县以上的机构，军事含量高，行政和经济作用低。

这个理论固然有问题，其基础素材多来自汉族的"内部边缘"，施坚雅相信西方一个民族一个国家的理论，而忽视了费孝通先生所说的"中华民族多元一体格局"[1]，更没有考虑到拉铁摩尔围绕长城边界的历史形成与演变，考察的帝制中国内外、"夷夏"关系的动力与局限。[2]

虽则如此，施坚雅的思考对于我们理解中心与边缘的关系，还是有颇多启发的。将之与费先生的"多元一体格局"理论联系起来，我们得出一个综合的模式："中华民族多元一体格局"下的中心与边缘关系，可以理解为中心的高度发达区位制度和边缘相对松散的行政控制及严密的军事控制制度之间的差异。

我之所以采用更接近"多元一体格局"思想的"三圈说"，而对时下西方社会科学流行的中心-边缘之分有抵触情绪，是因为考虑到后者的"二元化"无以体现传统区域世界的多层次性。诚然，古代中国的世界体系，也是以内外来区分世界格局的，且如一般所言，中国的"世界秩序"中"二元化"的区分也是核心：中国是内的、大的、文化上高级的，蛮夷是外的、小的、文化上低级的。这一内外的对照，又与"化内"与"化外"之说相结合，成为某种区分中

1　费孝通：《中华民族的多元一体格局》，载《论人类学与文化自觉》，第121—151页。
2　拉铁摩尔：《中国的亚洲内陆边疆》，唐晓峰译，南京：江苏人民出版社2005年版。

心与边缘的"本土概念"。然而，一如杨联陞指出的，中国的"世界秩序"中区分内外的边界，与近代疆界之说既有重叠又有差异：

> 内外相对的用法，并不意味着中国和邻邦或藩属之间没有疆界。史书中有许多争论和解决疆界问题的例子。有一次汉帝（译按：汉元帝）曾提醒匈奴单于，边界不仅是为了防外患，也为了防止中国罪犯逃逾边界。当然，边界不必常是一条线，它可以是一块双方都不准占领和垦殖的地带，也可以是一块其居民同属两国的地带，或一个缓冲国……此外，还有一点须记住，文化的和政治的疆界无须一致。[1]

从一定意义上讲，我所说的"中间圈"，大致便是上述的古代中国"世界秩序"的内外"疆界"。为了维持这个疆界，古代帝王进行绥靖和征战，并视自身力量之强弱，判断是否将羁縻政策运用于塞内或塞外。[2] 作为羁縻政策的"延伸型"，元明时期的土司制度典范地体现了古代中国"世界秩序"中疆界的特征。这个制度基本运用于今日的西部民族地区。如老一辈人类学家凌纯声所言，土司制度，

1　杨联陞：《国史探微》，北京：新星出版社 2005 年版，第 2—3 页。

2　杨联陞：《国史探微》，北京：新星出版社 2005 年版，第 5—13 页。此外，关于中国边疆，拉铁摩尔有比此更结构化的看法。他的解释是围绕着长城这条边界展开的。他说："在讨论中国边疆的时候，我们必须分辨边疆（frontier）与边界（boundary）这两个名词。地图上所划的地理和历史的边界只代表一些地带——边疆——的边缘。长城本身是历代相传的一个伟大政治努力的表现，它要保持一个界线，以求明确地分别可以包括在中国'天下'以内的土地和蛮夷之邦，但是事实上长城有许多不同的、交替变化的、附加的线路，这些变化可作为各个历史时期进退的标志来研究。这证明线的边界概念不能成为绝对的地理事实。政治上所认定的明确的边界，却被历史的起伏推广成一个广阔的边缘地带。"（拉铁摩尔：《中国的亚洲内陆边疆》，唐晓峰译，南京：江苏人民出版社 2005 年版，第 239 页）

最终实为"部落而封建兼备之制"。[1]秦朝时，中国早已出现了接近于近代行政国家的郡县制。然而，不久，这一在废除封建基础上建立的行政国家制度，因种种原因需要考虑统治成本与文化疆界问题。自汉以后，便出现了制度化的夷夏之分。对于夷夏内外，朝廷实行不同的制度，"凡隶郡县之民，尽为华夏，部落之众，多属蛮夷"。[2]唐宋以羁縻制度"俾夷自治"，但到了元明，创制出土司这一"汉夷参治之法"。[3]

在"核心圈"的研究中，我看到，只有以"从天下到国族"为视野来看待"国家与社会"的关系演变，我们才能充分理解传统与现代。[4]近代化的历史，表现为国家力量的下延。[5]不同于近代，古代国家采取相对间接而松散的方式统治着社会。近代有其"本土前身"，宋以后国家力量的强化，是这一"前身"。基于历史理解历史，使我们看到，帝制中国向国族中国的演进分三个阶段：汉唐、宋元明清、近代。这个长时段的历史，有不可逆转之势，在其具体的衍生中时常又受到帝制中国天下主义传统的干预，出现过历史时间的倒逆。

1　凌纯声：《中国边疆民族与环太平洋文化》，台北：联经出版事业股份有限公司1979年版，第137页。

2　凌纯声：《中国边疆民族与环太平洋文化》，台北：联经出版事业股份有限公司1979年版，第91页。

3　身处近代化时代的凌纯声，出于自愿或不得已，认为土司制度妨碍国家的政治统一，"不能使其继续存在，听其逍遥于政府法令之外"（凌纯声：《中国边疆民族与环太平洋文化》，台北：联经出版事业股份有限公司1979年版，第137页）。这个"表态"，充分显示出国族主义时代的政府与知识分子，对于"天下"时代的中间型政治制度及疆界的反感。

4　王铭铭：《走在乡土上：历史人类学札记》，北京：中国人民大学出版社2006年版，第295—305页。

5　王铭铭：《走在乡土上：历史人类学札记》，北京：中国人民大学出版社2006年版，第130—166页。

在"核心圈"的研究中看到的这一历史相对模糊，到了"中间圈"，就表现得更为明晰了。这个地带所谓的"国家与社会关系"，具体表现为"国家与少数民族的关系"。但当我们说"国家与少数民族"时，指的是今天的情况，指的是近代国家形成后，"少数民族"成为"少数民族"的情况。而过去的情况应以过去的情况来理解。

历史上诸如此类的关系是存在的，然而，它至少有三点不同于近代：

1. 历史上的"国家"不是中国政治文化的最高理想，"天下"才是，所以，尽管就中原的统治而言，"封建"早已被抛弃，但对于"中间圈"，历史上的"国家"对其之统治，长期保留一种"封建式制度"，允许其在社会、文化和经济诸方面有别于"多数民族"；

2. 历史上的"少数民族"因有相对独立的存在领域，因而相比于今天，更易于自认为某个地带的"主人"；

3. 古代中国并非所有朝代都为"华夏"所统治，今日的"少数民族"不少曾为古代中国的"天下"或"局部天下"之主人。

要理解古代中国"核心圈"与"中间圈"之间的关系，拉铁摩尔指出的从汉族与少数民族双重因素重新理解帝制中国的"朝代周期"的看法，极其重要。拉铁摩尔一方面承认诸如水利这样的大规模公共事业对于"核心圈"文化融合和进化的意义，另一方面强调，长城以外的草原民族作为"核心圈"发达的后果，对于"核心圈"的"朝代周期"的变动所可能起的关键作用。[1]

费先生《中华民族的多元一体格局》一文，以"局内人"所需要

1　拉铁摩尔：《中国的亚洲内陆边疆》，唐晓峰译，南京：江苏人民出版社 2005 年版，第 341—354 页。

把握的微妙笔调概述了"中间圈"帝制遗产的历史与现代命运。他说：

> 中华民族成为一体的过程是逐步完成的。看来先是各地区
> 分别有它的凝聚中心，而后各自形成了初级的统一体，比如在
> 新石器时期的黄河中下游长江中下游都有不同的文化区。这些
> 文化区逐步融合出现汉族的前身华夏的初级统一体。当时长城
> 外牧区还是一个以匈奴为主的统一体和华夏及后来的汉族相对
> 峙。经过多次北方民族进入中原地区及中原地区的汉族向四方
> 扩展，才逐渐汇合了长城内外的农牧两大统一体。又经过各民
> 族流动、混杂、分合的过程，汉族形成了特大的核心，但还是
> 主要聚居在平原和盆地等适宜发展农业的地区。同时，汉族通
> 过屯垦移民和通商，在各非汉民族地区形成了一个点线结合的
> 网络，把东亚这一片土地上的各民族串联在一起，形成了中华
> 民族自在的民族实体，并取得大一统的格局。这个自在的民族
> 实体，在共同抵抗西方列强的压力下形成了一个休戚与共的自
> 觉的民族实体。这个实体的格局是包含着多元的统一体，所以
> 中华民族还包含着50多个民族。虽则中华民族和它所包含的50
> 多个民族都称为"民族"，但在层次上是不同的。而且在现在所
> 承认的50多个民族中，很多本身还各自包含更低一层次的"民
> 族集团"。所以可以说，在中华民族的统一体之中存在着多层次
> 的多元格局。各个层次的多元关系又存在着分分合合的动态和
> 分而未裂、融而未合的多种情状。[1]

---

[1]　费孝通：《中华民族的多元一体格局》，载《论人类学与文化自觉》，北京：华夏出版社2004
年版，第149页。

　　此处，如同拉铁摩尔，费先生对于汉以前族体的变幻，及帝制时期大一统格局中的中心与边缘关系，给予了充分关注。另外，他也承认，历史形成的"自在的民族实体"，是在"抵抗西方列强的压力"中，才形成的"一个休戚与共的自觉的民族实体"。他将"民族实体"与"自觉的民族实体"相区分，表明近代民族共同体不同于历史上的民族共同体。这些观点对于我们理解中国的民族，实在至为重要。

　　费先生观点的缺憾，兴许在于没有充分关注到帝制与天下主义世界观对于族体形成的重要影响（固然，如拉铁摩尔所言，这一天下主义世界观，可能还是受到长城这条分辨精耕农业与草原生活方式的界线的局限）。他承认，他的一个主要论点是，"形成多元一体格局有个从分散的多元结合成一体的过程，在这过程中必须有一个起凝聚作用的核心。汉族就是多元基层中的一元，由于他发挥凝聚作用把多元结合成一体，这一体不再是汉族而成了中华民族，一个高层次认同的民族"。[1] 费先生对于"多元一体格局"中"一体"之形成的阐述，确是以近代华夏为中心的。然而，在表达了这个观点之后，费先生紧接着强调了另一个观点："高层次的认同并不一定取代或排斥低层次的认同，不同层次可以并存不悖，甚至在不同层次的认同基础上可以各自发展原有的特点，形成多语言、多文化的整体。所以高层次的民族可说实质上是个既一体又多元的复合体，其间存在着相对立的内部矛盾，是差异的一致，通过消长变化以适应于多变不息的内外条件，而获得这共同体的生存和发展。"[2] 这一对

1　费孝通：《简述我的民族研究经历和思考》，载《论人类学与文化自觉》，北京：华夏出版社2004年版，第163页。

2　费孝通：《简述我的民族研究经历和思考》，载《论人类学与文化自觉》，北京：华夏出版社2004年版，第163页。

民族形成的过程论述，自觉或不自觉地预示了以上对于"天下"到"国族"历史进程的理解。[1]

　　以近代民族国家观念来理解历史与人类生活，错误严重。早在1920年代，吴文藻先生已指出了这一点[2]，此后，中国进入国家建设的几个阶段，借助西方民族国家理论强化国家力量，亦促使学界忘却了吴先生早期的观点，实在遗憾。我不是说要拘泥于吴先生的论著，而是说像他那样回归于历史的努力，对于今日中国人类学的民族研究，意义极其重大；而从以上三点"古今差异"来看，在关于帝制、封建、民族，关于历史上的区域自治，关于朝代的族性变异诸方面，基于民族研究的中国人类学，都可能有很大作为。[3]

　　理解历史，不是为了忘却现实。在"中间圈"展开"国家与少数民族关系"的历史研究，一方面是为了理解历史本身，另一方面则为的是更好地把握20世纪以来人类学家关注的"现实面貌"。

　　当下"核心圈"的主要"现实面貌"与"土改"造成的变化有关，而在"中间圈"，这一面貌则直接地与"土改"推行的"民主改革"有关。"土改"实质是什么呢？就是带着古老的"耕者有其田"的理想去否定"旧社会"的土地所有权，在否定"旧社会"所有权

1　这一过程，深刻影响了近代以来的中国民族政策。参见松本真澄：《中国民族政策之研究》，鲁忠慧译本，北京：民族出版社2003年版。

2　王铭铭：《西学"中国化"的历史困境》，桂林：广西师范大学出版社2005年版，第72—102页。

3　从"天下"到"国族"这个解释，更多的启发来自于社会学对于近代国族制度的世界性影响的论述。需承认，这一解释，有待考虑中国国家制度早熟的问题。如汪晖所言，近代中国的历史"经常被描述为是连续的，可是里面其实有无数的断裂，但它的确在政治的中心形态里包含了稳定性，这就是它的早熟的国家制度。无论是汉朝还是唐朝，没有它的郡县制作为国家内核，我们就很难理解这些制度。今天很多朋友为了批评民族国家、批评西方，就倒过来说我们中国实际上是一个'天下'、一个'帝国'，这等于倒过来确认了西方的帝国—国家二元论，因为他们忽略了中国的国家制度的萌发和发达是非常古老的"（汪晖：《如何诠释中国及其现代》，载王铭铭主编：《中国人类学评论》第1辑，北京：世界图书出版公司2007年版，第106页）。

的基础上否定"旧社会"的制度（特别是不同形式的等级制）。[1]"旧社会"又是指的是什么呢？在汉族地区，指的就是"封建土地所有制"。在少数民族地区呢？它所指更多，包括原始共产主义社会、奴隶制、农奴制、封建土地所有制等等名堂。我在"核心圈"农村研究里看到的历史情况，在少数民族地区是不是也存在？"土改"在少数民族地区以"民主改革"为名推行，在农耕地区碰到的问题比较少，到了游牧地区，就难办了。游牧地区的土地制度，完全不同于农耕地区。历史上，农耕的"核心圈"与游牧的"中间圈"的二元化历史结构，代表着两个极端，二者形成一个矛盾的统一体。一方面，"掌握中国政权的人最不希望与草原发生关系，而权力建立于边疆以外的人，却垂涎于从中国取得财富和在中国建立政权"[2]；另一方面，农耕社会的发展，又总是导致游牧的草原生活方式的定型化，使二者之间"依然是两个不同的世界"。[3]这个历史形成的区别，是"核心圈"与"中间圈"的区别的一个局部，也是一个缩影，到今天还起着作用。过去二十五年来，游牧地区以东部为模式，部分"分草地到户"，这使牧业出现了农作化，对草原生态造成破坏，可以说是"农耕中心主义"对于游牧社会的侵袭导致的。这样的问题，在

1　如费先生所说，"中国是个多民族国家，民族间的关系十分复杂，但是几千年来基本上没有变的是民族间不平等的关系，不是这个民族压倒那个民族，就是那个民族压倒这个民族。在这段历史里中国在政治上有过多次改朝换代，占统治地位的民族也变过多少次，但民族压迫民族的关系并没有改变。直到这个世纪的初年，封建王朝覆灭进入了民国时代，才开始由孙中山先生为代表推行了五族共和的主张。又经过了几乎半个世纪，中华人民共和国建立后方出现各民族一律平等的事实，并在国家的宪法上作出了规定"（费孝通：《简述我的民族研究经历和思考》，载《论人类学与文化自觉》，北京：华夏出版社2004年版，第154页）。不久之后，1950年代初期实现民族之间平等的努力，被实现民族内部社会制度平等的运动取代，一时，中国民族研究出现了大量有关民族内部阶级不平等的论述，民族之间不平等的论述，则大大减少。

2　拉铁摩尔：《中国的亚洲内陆边疆》，唐晓峰译，南京：江苏人民出版社2005年版，第347页。

3　拉铁摩尔：《中国的亚洲内陆边疆》，唐晓峰译，南京：江苏人民出版社2005年版，第351页。

五十年前也广泛产生过。近代的新国家，以统一大众生活方式为己任，无论是"土改""民改"，还是"农改"，都建立于整齐划一的民族国家理论基础之上。这些策略过于钟情于国族文化的一体化，而没有充分把握历史，没有在历史中理解历史，导致了一些值得反省的后果，使专注于"中间圈"的人类学之民族研究，有必要重新基于历史，反观今天，在相对多元的帝制时代的上下、内外关系中，寻找借以反思一元化的国族主义文化的素材。

民族研究、社会科学与文明史

民族研究和社会科学的关系似乎是不言自明的。民族研究是什么？人们会说，它是社会科学之一门。其实，问题没那么简单。民族研究的社会科学归属似乎不曾存在任何问题。但是，民族研究在社会科学里所处的尴尬位置，也有目共睹。时下人们谈社会科学时，一般难以想起民族学。之所以如此，一方面是因为社会科学多数围绕着非民族地区的经济展开研究，另一方面则与民族学的自身惯性有关。民族学与其他社会科学的对话十分稀少，民族学自身似乎已形成一个"独立王国"，与其他社会科学门类的对话，被视作无必要。民族学的强项是民族史，这的确值得珍惜，但民族学的过度历史化，已使学者们误以为，不将社会科学当真，或能从事民族学研究。[1]

1　人类学家江应樑早已指出了民族史所用的文献存在着内容简略记录不全备、分散残缺、民族偏见、异文同词、真实性、时间局限性等问题。在承认文献的重要性之同时，他指出，民族史研究应与注重实地研究的人类学相互补充（江应樑：《人类学与论民族史研究的结合》，《思想战线》1983 年第 2 期）。

民族学者形成了一种习惯，不愿意靠近社会科学。[1]民族学与社会科学的这一疏离，给民族院校的学科带来了不少问题。

民族院校有其社会科学，这些社会科学学科基本上是跟随主流社会科学观念的，其对于主流的经济学、管理学、法律学、社会学、文艺学，有一种依附性，迎接着所谓这些主流社会科学的次级知识产品，以之进行自身学科的"知识积累"。民族院校社会科学之程度，往往十分艰难地与二流综合大学社会科学并列。民族院校的社会科学表面上单列一块，但事实上并没有对社会科学提出过挑战。这还不算要紧，要紧的是，在民族学处在如此尴尬地位的同时，亦不十分成熟的所谓主流学科（特别是经济类、管理类学科）却被认定为民族学应当模仿的模式。民族院校中，此类社会科学门类在过去十年来出现了成为支配学科的苗头，致使本应基于自身的历史而对社会科学整体做出重要贡献的民族学，被排斥于主流社会科学的名单之外。其结果之一便是，在时下急功近利的学术态势影响下，民族学的知识产品之内涵与水平，甚至可以说还比不上五十年前。

模仿主流学科已成为民族学的风气，但民族学内部实在并不存在什么社会科学的自觉。

与民族学关系密切（或被认为是与之完全相通）的人类学又怎样呢？人类学家处境也一样尴尬。人类学对中国社会科学有什么贡献？真正答得出这个问题的学者并不为多数。

民族学与人类学社会科学性之缺憾，无疑来自大环境的影响。过去25年来中国社会科学的"经济化"，承担着挽救人类学、民族学这类重要学科学术式微的责任。中国社会科学自1980年代以来就

---

[1] 甚至可以说，他们宁愿使后者侵蚀自身，而不愿在学理上提出对之有挑战的理论。

转向了极端个体主义的思路[1]，其间，经济学个体主义成为主流，为了模仿主流，其他社会科学门类纷纷以成为经济学的附庸为己任。以研究民族、文化、社会、制度这样一些非个体形态为己任的民族学与人类学，在社会科学个体主义化思潮的冲击下，渐渐边缘化。中国社会科学个体主义化的后果严重："社会"的概念居然在整个中国社会科学中没有得到充分的关注与理解。我们的社会科学，成为丧失"社会"概念的社会科学。在如此个体主义化的"社会"科学的影响下，过去一些年来的民族学，也出现了只关注在少数民族地区落实社会生活的个体主义化的倾向。[2]关注个体的政治性和经济性，而不关注被研究的民族的公共生活，使民族学跟着其他社会科学走进了缺乏"社会"概念的社会科学的行列。

中国社会科学之缺乏对社会的公共性的关怀，源头可以追溯到20世纪初期；自那时起，中国思想就追求一种造就个体和国家两极化的体系，它有时一极化为国家话语，有时一极化为个体主义话语，而更通常则为国家话语与个体主义话语的合一。20世纪中国话语制度，给学术留下的讨论作为人的性质和国家的基础的社会的空间极其狭窄。[3]

看到一门学科的尴尬处境，也是看到它的前景。我以为，民族学若能清晰地认识自身的这一处境，那么，也就能认识自身可能做出的贡献。如上所述，时下的新民族研究要么接受西式人类学民族志方法，要么接受"全球化"理论，要么沉浸于"族群"的讨论之

1　这一个体主义，固然是20世纪的整体特征，参见金观涛、刘青峰：《从"群"到"社会""社会主义"——近代中国公共领域变迁的思想史研究》，《近代史研究所集刊》2001年第35期。
2　关于个体主义的人类学批判，参见路易·迪蒙：《论个体主义：对现代意识形态的人类学观点》，谷方译，上海：上海人民出版社2003年版。
3　20世纪末期，中国社会科学话语的个体主义化，无非是20世纪长时段史的一个极端表现。

中，而我在承认这些变化的意义的同时试图指出，真正有意义的新民族研究，务必在扎实的研究基础上，寻找历史与现实之间的整体关联性。把它们当成国家的"边陲"也好，当成与国家相对的"社会"也好，当成仪式的、法律的、文化的"地方性知识"体系也好，都是在把它们当成一个整体的"他者"。借助人类学的参与观察、主位观点、比较方法，民族学家先要深入这些文化当中，使自身成为"文化的科学"。民族学从一开始，确是研究民族文化的学问。这类研究若能将少数民族视作真正意义上的社会，对其内在的区分与结合方式及宇宙观基础进行细致分析，则可能造就一门对个体主义化的社会科学有挑战的学问。

民族学与人类学一道，还面临着重建一种更大范围的"社会形态"的使命。中国社会科学一方面缺乏将"落后"的西部中的社会当社会来研究的习惯，另一方面也缺乏对中国整体社会进行思考的学者。在"中间圈"展开的民族学研究对于纠正其前一方面的错误，有重要意义。可以认为，无论是海外汉学，还是中国主流社会科学，向来都没有把中国的"中间圈"当回事。施坚雅区位理论对于这一圈的排斥，国内主流社会科学界的"东部中心主义"，都是这一问题的反映。将"中间圈"当成一系列社会来研究，能说明，一个完整的"中国社会"何以不能是"多元一体"的。如何使境内的"核心圈"与"中间圈"之研究得到并举，同时看到两个地带和元素对于整体中国社会构成的同等重要作用，并寻找超越于二者的"凝聚力"的历史，是民族的人类学研究可以专注于回答的问题。

在"中间圈"中在场的势力较大的文明，诚然是超越于"核心圈"与"中间圈"之上的"凝聚力"（具体可能表现为征服与教化力量）。然而，史禄国所说的以变动为常态的"民族单位"之间的交往，与我们在研究中时常见到的物品与观念在不同的"民族单位"之间的流动，一样具有"凝聚作用"。费先生说，"ethnos 是一个形成民族的过程，一个个民族只是这个历史过程在一定时间空间的场合里呈现的一种人们共同体"[1]。这里，对于共同体的生成起关键作用的"空间的场合"又是什么？史禄国和费先生看到，它是不同共同体交往的地带。这些地带，与"民族单位"所处的空间场合，不一定完全对应，但是基本一致的，它们便是所谓"中国的世界秩序"中内外之间的"疆界"——或更恰当地说，是"中间圈"（因为这种所谓"疆界"不是线性的，而是块状、带状的，具有高度的文化综合性）。因而，研究"中间圈"，也便是在研究在"核心圈"与"中间圈"二者之上的文明及在"民族单位"之间的互动过程。族群之间的互动，不一定总是在文明——包括华夏和非华夏文明体系——的笼罩下进行，但文明势力的在场，总是使互动与具有等级（差序）色彩的文明相联系。在近代国家疆界尚未完成的时代里，"中间圈"的上下、左右关系，因没有严格的疆界之限制，而常常与"外圈"相交融。两个圈子一个至多只是受到文明中心的"间接统治"，一个至多与之形成松散的"朝贡关系"，这些不同于近代民族国家的政治关系，缺乏直接的地方行政制度（如里社、县），人们的生活又完全不同于定居化的农耕社会，因而，其相互性与流动性极高。费先生提出的"民族走廊"概念及近期流行的"古道"概念，恰是这一相互性与流动性的反映。研究"中间圈"活跃的上下关系、族群相互性及文化流动性，

1　费孝通：《简述我的民族研究经历和思考》，载《论人类学与文化自觉》，北京：华夏出版社2004年版，第166页。

为局限于民族国家疆界的近代知识，打开了一扇窥见社会科学新诠释的窗户。[1]

为了充分展示"中间圈"的"中间性"，在认识方法上，民族研究一方面要克服过去民族史与民族志"分族写志"的缺点，另一方面更要摈弃西方后现代主义人类学那一简单化的中心-边缘二分法，寻求能够充分反映文明等级上下互动及"中间式"论述框架。

在后一方面，美国人类学家郝瑞在《中国族群边疆的文化遭遇》一书导论中提供的观点，值得参考。该文关注的是近代"文明方案"（civilizing project），其旨趣为"不同民族之间的互动"，特别是"文明中心"与"边缘"之间互动的不平等方面。郝瑞指出，这种互动虽则有极端的类型（如边缘族群对于"文明方案"的强烈抵抗或全然接受），但在多数的例子中，情况一般则不甚极端，表现为：

> 边缘民族一方面注重保持自己的认同，反对将他们的文化、宗教或道德视作明显地低于文明中心的东西，但另一方面却在一定程度上参与到了"文明方案"中，使文明某些因素能输入到边缘民族中去。[2]

郝瑞所说的"文明方案"概念，采取的定义，依赖于西方社会科学惯常使用的"中心-边缘"之分，无以呈现"中间圈"的"中间

1　人类学和民族研究若能借助社会理论的新诠释（特别是其对于欧洲中心的主权国家观念和制度的反思），集中探讨"中间圈"的朝贡、物品流动，及这个地带的"中间式"政治制度（如土司、卫所、屯堡等等），对于我们理解这个地带定居与流动的双重特色，及推进中国社会科学的观念更新，将会有重大贡献。

2　Steven Harrell, "Introduction: Civilizing Projects and the Reaction to Them", in *Cultural Encounters on China's Ethnic Frontiers*, Steven Harrell (ed.), Seattle: University of Washington Press, 1995, p. 6.

性"与"多边性"。关于历史，这个概念又特指从基督教传入到当下这个"近代史"进程中的文化互动。事实上，自古以来，在"中间圈"存在的诸如此类的互动一直频繁地发生着。民族研究应在其历史科学的范畴内，寻求不同于社会科学"当代主义"的思想方法，除了摈弃"中心-边缘"的二分法外，还要努力在历史时空的"当时-当地"中寻找解释历史的方式。

"三圈说"是在人类学内部提出的，但针对的却是中国社会科学整体，特别是它那一忽视"完整的中国社会"的取向。我说过，整个中国社会科学无非是西方汉学的分述。[1]若这一大胆的批评不至于失去存在的正当性，我则又敢于说，要摈弃中国社会科学的汉学主义（它时常又与上述的个体主义相结合，使自身成为低于西方汉学的言论），就要大大借助于人类学。对中国的"天下"进行宏观思考，包括人类学在内的中国社会科学，需同时思考核心、中间和外围这三个圈子，特别是它们之间的关系史。若非如此，中国社会科学就很难成为真正意义上的社会科学。对于民族学也是如此。倘若民族学没有将自身定位于一个世界之中，在这个"天下"观念的氛围下寻找自身的学术定位，停留于政策问题的重复论证，那么，这门学科将无法摆脱其尴尬处境。

民族学应关注中国这个社会，而不简单关注作为被国家识别的、作为所谓"群体"的民族。要恢复民族学的社会科学地位，民族学家应投入充分的精力去同时研究少数民族社会各自的公共生活和整个中国社会的共同生活和历史。在民族志和历史研究之间找到结合点，是实现这一目标的方法论前提。民族志（特别是新民族志）研

1　王铭铭：《没有后门的教室》，北京：中国人民大学出版社2006年版，第127—140页。

究，能使民族学家更深入地体会少数民族社会各自的公共生活和历史；历史研究能使民族学家更宏观地把握不同民族之间关系的演变及构化的过程与传统。[1]

将民族研究与社会科学联系起来，易于给人一个印象，似乎过去将民族研究定义为"历史科学"的办法是错误的。其实，就以上的逻辑来推理，将为中国社会科学做出贡献的民族学，其借以区别于其他社会科学的民族史传统，也是这门学科重放光芒的基础。[2]民族史研究或有助于我们理解个别"中间圈"社会的流变，或有助于我们把握不同社会之间的关系史，为我们理解三圈之间的关系结构提供了良好的基础。倘若民族史研究能与二十多年来得到高度发展的历史人类学结合，从单个民族的民族史和不同民族之间"友好关系"的民族史转向文化之间"关系之结构"的历史研究，那么，它便能为我们理解整体中国社会提供重要的洞见。

什么是以上所说的"关系之结构"？我们可以从两方面来理解。一方面，传统人类学在理解这一关系时，要求我们站在"土著"的角度看问题，在"土著"的神话传说、世界观和历史记忆中寻找对

1　作为比较社会学的民族研究，是二者结合的一个环节。

2　对"中间层次"展开民族学研究，有什么具体的人文价值？先谈远，再谈近。受西学的本质论影响至深的中国多数主流社会科学家只知道汉族和想象的外国，其所为，基本上就是拿想象的外国本科教材模式来核对复杂的中国社会生活哪点与之不同，看到不对称，就认定中国比外国落后，然后再用美国人出版的经济学类本科教材来"纠正"中国人的社会生活现实。若是硬是要套，那么，主流中国社会科学家在汉族和外国之间所做的联想，也可以称作是一种经典的人类学——他们用"他者"的文化来反省自身。不过，这种所谓的"人类学"，实在可以说是最糟糕的一种，它就像被庸俗化为流行小说式的人类学，就像马林诺夫斯基的《西太平洋的航海者》的流行版。中国社会科学家把美国当成是特罗布里恩德岛，把中国当成是美国，再用特罗布里恩德岛来纠正美国的错误。中国社会科学的论述的二元主义倾向，致使自身陷入一种无法"三元化"的困境，在我们的叙述中，从来都缺乏"中间状态"。社会科学的这一缺陷，恰是民族学和人类学的前景之所在。在汉族与想象的外国之间，有层层的中间层次，民族是其中重要的一个。若这个"中间层次"的研究能与核心及外围关联起来，则将对社会科学有巨大挑战。

于力量强弱不一的文化之间的历史关系的解释。另一方面，新近的
"文明"理论，要求我们重视对大社会凝聚力之产生起支配作用的
"文明"进行宏观把握。在研究中，侧重"中间圈"的民族学，无疑
应同时考察以上的两种历史。但是，对于时下中国社会科学更有意
义的工作，是借助民族史与历史人类学的结合方式，阐述中国文明
在整体中国社会的形成中的核心地位。为什么叫"文明"？古人说，
那就是"文质彬彬"。将"文质彬彬"视为"文明"的实质，注重介
于西方所谓的"文明与野蛮"之间状态的形成，是中国式社会理论
的核心内容。这个意义上的"文明"，更像是我们所说的"文化"的
那个"化"字，而"化"字代表的是所谓"文明与野蛮"之间交换
的历史。我以为，这一历史，若能成为民族学研究的主要对象，那
将给中国社会科学带来重要启迪。

　　"文明"的理论五花八门，可以归纳为两大类。其中一类，以政
治学家亨廷顿的为代表，是"文明冲突论"[1]，它的假设是文明的传统
制造着当今世界的矛盾。这个说法背后是美国中心主义的"全球化"
理论，继承的是基督教的普遍主义信仰传统。其中另一类理论产生
自社会理论家福柯的文明论与埃利亚斯的文明进程论之间的辩论，
他们一方认为文明是压抑个人自由的坏东西[2]，另一方认为，压抑个
人自由对于秩序的生成是有正面意义的。[3]

　　费孝通先生读了亨廷顿的"文明冲突论"，提出"文化自觉"

1　塞缪尔·亨廷顿：《文明的冲突与世界秩序的重建》，周琪等译，北京：新华出版社1998年版。
2　米歇尔·福柯：《疯癫与文明》，刘北成、杨远婴译，北京：生活·读书·新知三联书店1999年版。
3　诺贝特·埃利亚斯：《文明的进程：文明的社会起源和心理起源的历史》上卷，王佩莉译，北京：生活·读书·新知三联书店1998年版；诺贝特·埃利亚斯：《文明的进程》下卷，袁志英译，北京：生活·读书·新知三联书店1999年版。

与之对垒，认为冲突背后有一种秩序，这个秩序也是理想，可以用
"各美其美，美人之美，美美与共，和而不同"来理解与期待。[1] 费
先生的这个观点，固然不反映现实生活中处处存在的矛盾与冲突，
但有其强项，其表达的期待，来自于对历史上中国处理民族关系时
运用的智慧的世界性延伸。亨廷顿的"冲突论"，实质是在表面和平
之下看到罪恶，如同西方多数社会科学家那样，其自认的使命是揭
示表面的伪善（文明）之下的"人性之恶"。而部分生活于中国传统
中的费先生，在文明的"伪善"中看到一种可以理解的格局。

在我的理解中，福柯与埃利亚斯之间的不同，如同亨廷顿与费
孝通，前者想要揭示的也是伪善背后的罪恶，认定违背了个人自由
的制度都是坏的，而后者则试图重新思考，认定个体的"压抑"乃
是社会存在的基础。

"文明"这个概念，一方面可以牵涉到对于世界格局中文化之
间关系的认识，另一方面又可以牵涉到对于自我与超我之间关系的
认识。在这两个方面，古代中国都存在着被忽略的智慧。古人所说
的"文质彬彬"，是一种中国式的文明理论，这个理论既不同于"冲
突论"，又不同于只关心自我与超我的社会心理学，它侧重的是处理
关系的智慧。所谓关系，可以是个体之间的，也可以是群体之间的，
上面说到的不同地带和民族之间的关系，是其中重要的一类。这类
关系的智慧，不同于西方流行的"ethnicity"一词，它注重的不是认
同，而是处于不同的认同之间的心态。

说到"不同的认同之间的心态"，我们不免要联想起费先生笔
下史禄国的 ethnos。据费先生，史禄国的 ethnos 理论意在解释分合

1　费孝通：《论人类学与文化自觉》，北京：华夏出版社 2004 年版，第 176—213 页。

历史过程中"各个民族单位是怎样分、怎样合和为什么分、为什么合的道理"[1]。史禄国的这个"道理"，固然没有抵达文明理论的境界，但经过改造，却能与之相关。在追求"文质彬彬"的文明中，追求不同认同的统合是一方面，承认不同认同在一定的差序下的并存是另一方面，二者并行不悖，与近代国族主义下的"民族主义"理想，形成了鲜明差异。这种不同于近代的古代理想，对民族学重新理解自身的认识体系，有着不可多得的启发。

受新时期人类学思想的影响，中国的民族研究已开始在少数民族生活与观念形态的民族志研究方面获得了初步成就。这些年来，随着表征和话语理论的视野拓展，对"中间圈"展开的历史和传说的双重研究，又为我们指出，以往中国民族学采取的"汉族中心主义"的解释，有待面对"周边"或"边缘"解释的考验。在一个流动日益频繁的时代里，越来越多的民族学家，也渐渐地关注到国族时代中心与边缘之间物品与观念的双向流动及中心-边缘关系倒逆。种种的新民族研究，为中国人类学开拓了"中间圈"的新视野。然而，人类学依旧承担着从一个更宏观的整体理解这个中间层次的责任。如何切入"文质彬彬"的"中间圈"？在过去的学术积累中已存在的对所谓"边缘"历史上确立的文明及其影响的研究、对统一帝制下朝廷与边缘族群政治关系（如礼仪、朝贡、和亲、羁縻、土司、卫所、屯堡等）之历史研究等等，都等待着与更综合性的研究结合，期待着对自身实现真正意义上的社会科学化。

1　费孝通：《简述我的民族研究经历和思考》，载《论人类学与文化自觉》，北京：华夏出版社2004年版，第166页。

费先生指出：

> ……民族是在人们共同生活经历中形成的，也是在历史运动中变化的，要理解当前的任何民族决不能离开它的历史和社会的发展过程。现况调查必须和历史研究相结合。在学科上说就是社会学或人类学必须和历史学相结合。看来不仅是我个人的体会，也是当时从事民族研究的学者以及领导上的共同认识。[1]

费先生道出的这个体会，与汉学人类学家在研究汉族社区时得到的认识完全一致。[2] 无论是"核心圈"的研究，还是"中间圈"的研究，终究都遭遇了如何结合社会学、人类学和历史学的问题。民族学的社会科学化，要建立在这种学科结合的基础上，又不能脱离"历史和社会的发展过程"本身，它任重道远。从人类学角度切入民族学习惯研究的"中间圈"，是一个必要的过渡。

（本文曾发表于《中国人类学评论》2007 年第 3 辑）

1　费孝通：《简述我的民族研究经历和思考》，载《论人类学与文化自觉》，北京：华夏出版社 2004 年版，第 160 页。

2　在汉学人类学领域，弗里德曼早已指出，中国的人类学研究，不能停留于 1930 年代只关心"现在"、忘记"中国有个过去"的状态，也不能停留于微观民族志的重复书写，而应结合历史学与社会学的方法，对中国的社会性与历史性，进行更为广泛的思考（Maurice Freedman, *The Study of Chinese Society: Essays by Maurice Freedman*, G. William Skinner（sel. and intro.），Stanford: Stanford University Press, 1979, pp. 334–350, 373–379）。

所谓"海外民族志"

我曾跟一个国外同行聊天，他问起我教什么课，我提到的几门，其中，如"人类学原著选读""社会人类学与中国研究"之类，他都比较熟悉，故面无表情，但我一提到"海外民族志"，他却面露"懵"色，他问，"您是不是正在把《努尔人》之类的外国民族志经典介绍到中国呢？"我说，"不，所谓'海外民族志'，主旨恰好相反，它志在以中国的学术语言描述和分析非中国文化"。"难道努尔人不是你所说的'非中国'吗？"，老外接着问。我说："当然是，但所谓'海外民族志'，重点却是说，若是我们中国人去研究努尔人，或者，研究你们，那他一定要提出跟英国人不同的看法。"穷追不舍，老外继续问："难道人类学没有贯通文化的普遍性吗？"我回答说："有，但这种普遍性要以对另外一个世界的普遍性的承认为前提，可惜，迄今为止，我们并没有承认另外一些世界的普遍性。因此，我将'海外民族志'设计为以承认这一事实为目的的起点的课程，我相信，这种'另外的世界性'存在过，当然，它的存在不否认其他世界的存在，更不否认其他世界的价值。"老外好像没词儿了，估计是因他"不解风情"，或者，因他觉得我的"海外民族志"含有让他不予苟同的"华夏中心论"……

"海外民族志"到底是什么？

民族志

让我先说作为学科"常识"的民族志。

但凡从事人类学研究之人，都会知道民族志所指为何。而我以为，有关于它，有以下两点尚待明确：

其一，民族志有不同的理解法。1950 年代以来，国人几乎把它等同于对各族群的社会形态与文化体系的描述。这种认识有其根据。近代民族志传统的发明国中，也有几个（如德国、法国、俄罗斯）是这么定义它的。1950 年以前，国内一派以"民族学家"为自我职业称谓的学者，也接受过这个看法。可是，近二三十年来，受英美学术传统的影响，"民族志"变得越来越像是"常人生活志"（我们知道，在我国 ethnography 或民族志中的"ethno"，在民族学家那里意味着"民族"，但被社会学家们译成"常人"），或者说，一种对常人的思想和实践的整体性描述。这一转变，也并非毫无根据。试想，1950 年代以前，国内人类学的一大派别（社会学派），就是以社区中凡人的生活与价值为研究对象的。

其二，无论"民族志"是指对族群的书写，还是对凡人生活世界的陈述，其在本来面目和"变相"上，都植根于民族学、民俗学、人类学和社会学近代史。就人类学而论，它常被视作是研究的基础层次。故而，行内人常说，只有在民族志的基础之上，才可能进行比较（民族学层次）和概括（人类学）。

以上两点既明，则可以说，"民族志"的描述对象之规模有大有小，但其追求是一贯的，即，旨在翔实呈现学者在实地的所见、所闻、所思。

"海外"

接着，我们来解释一下什么是"海外"。

对热衷于研究岛民的近代西方人类学家而言，"海外"可谓是生活的必然和必需的组成部分。岛民居住于岛上，四周皆海，其生产可以在岛内进行，但其人人关系、物品流通与世界思想之实现，则仰赖于海洋。[1]

不过，我们面对一个吊诡之处：专门研究岛民的人类学家，似乎没有解释其"被研究者"的"海外"观念为何。

这个吊诡源于何处？

在我看来，"海外"之所以是我们眼中的一种超乎寻常的意象，是因文明的诞生地欧亚大陆与海的关系比岛民与海的关系疏远些。

生活在欧亚大陆沿海周边的人，兴许与岛民一样，自古与海洋打交道，但在欧亚大陆核心地带中，"海外"一词似乎是后发的。

这个意象的出现，与交通工具的巨变有关。

人最初本自己行走，交通只靠自己的双腿。之后，人把动物驯化成交通工具，使之服务于他们的"陆上交通"。这个转变本质上是从以人自身为工具到以非人的"他者"为工具的转变，人与其他"活物"之间关系的转变。欧亚大陆的"水上交通"，兴许先兴发于过河和过湖的小船。人们造小船所用的"物质"多种多样，有木、皮等等。

1　其实先进的英国人也生活在岛上，所以，他们尊称外国留学生为"overseas student"，即"海外学生"，而美国人则不同，两百多年来，他们生活在北美大陆上，所以至今在签证申请表上仍称"外国人"为 aliens，这个词与"海外"关系不大，更像是指"外星人"。

　　总之，就欧亚大陆的历史而言，通过海来交通，应比"陆上交通"起源稍晚一些。

　　在我们"此方"，"海上""海外"这些意象，还与宗教相关。我国上古巫史不分的古籍《山海经》，就有"海外"一词。它的"海外"指的到底是河流湖泊还是海洋，学界恐有争论，但有一点大家没什么异议，那就是，即使"海外"指的是地理方位，那它也具有宗教的内涵。就从《山海经》延续下来的传统而论，这个内涵大抵与"海外仙山"这个介于天地之间的意境有关。而流行的佛教语言说，"苦海无边，回头是岸"，把人生视作"苦海"，也是把海比作介于此世与彼世之间的过渡带。

　　在宗教意念上，"海外"既神圣，又堪忧，构成宗教想象的精神工具。

　　要理解"海外"的真意，惟有贯通交通史和宗教史，贯通"海外"的物质性与精神性。

　　与海相关的活动与意象，历史悠久。然而，人们不知怎么地越来越相信，"海外"一词是在"古代之后"才变得重要起来的。在政治经济学及其他社会科学中，"海外"常被视作是"全球化"初始阶段的核心表征，而近代西方的世界性，常被与哥伦布发现海外新大陆联系起来，常被视作是近代欧洲"海洋帝国"的延伸。

　　事实上，"海外帝国"时代之后，世界诸文明已进入了一个"天空帝国"的时代。此时，飞机和飞船成为人交通此地与彼地、此世与彼世的工具。历史上，畜力驱使的车、木质的船，物质性都源于生物界，而今，飞机、飞船这些交通工具，构成固然也是物质性的，但已非生物，而是继石器时代、青铜时代、铁器时代之后的另一个金属时代之造物。其"运行原理"是仿生学式的，但物质性却具备了更多的人为色彩。

"天空帝国"时代世界出现了巨变，这个巨变大抵可理解为：尽管飞行迅速的航空航天器令人悲哀地不能征服近距离（我们不能坐飞船去拜访隔壁的邻居），却可以征服远距离，使"海外存知己，天涯若比邻"变得真实起来。

人的历史已从"海外"转入"天外"，因之，在我们这个时代，谈"海外"，兴许只能是在谈过去，而谈"海外"，谈过去，我们常陷入两种不堪追问的文明的自负：其一，南太平洋的船，早已有之，那里的人，早已"周行天下"，但我们却误以为，天下是我们这些陆上的人造就的；其二，我们的社会科学的想象，开启于海上交通时代，但现今我们所说的"海外"，却是一种荒谬的认识，如将"海外"认作"国外"。殊不知，严格说来，"国"的历史比海上交通的历史起点更晚近，"国"是在"海洋帝国"之后得以巩固的，它成为一种"民族的理想"，更只有二三百年的历史（例如，我们的"国"，只是从清中期［或最多稍早一点］开始渐渐形成的疆域，我们经历了文化的阵痛，才不得已把"国外"等同于"海外"）。

两个小事故，一个大背景

对于"海外"和"民族志"，学界有不同的理解，但20世纪末，我还是把"海外"与"民族志"两个概念结合起来，使之结合成"海外民族志"。为什么要拼凑出这个人类学的"领域名号"？我的"牵强附会"与我遭遇的两个小小的"事故"有关。

第一个"事故"发生于1996年。当年我去吴江参与纪念费孝通先生江村研究六十年学术研讨会，回程，与两位同行一道去机场，其中一位是英国教授，一位是日本教授。在机场候机时，大家聊起天来。

那位日本教授对我说，她觉得中国的人类学者很不像人类学者，尤其是那些留学生，他们到国外学习，都没有妥善利用在海外的机会研究国外，他们因家乡意识过重，全都选择研究中国。她说，在日本，她见到的留学生就是如此。

我说："是啊，我也是他们中的一员，我有了一个机会去英国学习，最终却几乎好像是命定地要研究中国。"

她说："这样很不好，因为人类学本来应该是研究异文化的，中国人类学家都研究本文化，那样就不可能有真正的人类学了。"

见她"咄咄逼人"，我着急了，回应道："兴许我们这些留学生也有不得已吧。记得我在英国时，在决定研究题目之前曾跟系里提出要去非洲或印度从事调研的设想。老师没怎么想就说，'那不可能，因为，去那些地方调查，你得先去语言学系学两年语言，之后才能申请，这样一来，你的奖学金就不够了，而作为一个中国学生，你也申请不到研究经费，基金会的人不能理解为什么一个中国人要去研究非洲，要去研究印度'。我只好作罢。"

我接着说："我不了解为什么英国人就可以去研究非洲和印度，而中国人不能，但我能理解，英国基金会有必要资助英国学者去研究这些过往的殖民地，而没有必要支持一个东方人去研究别国的旧殖民地。"

那个日本教授听了露出不怎么高兴的表情，我猜，兴许她并没有完全明白我的意思（因为她的中文并不是很好），于是多次复述她前面说过的话。唠叨久了，我们不欢而散。之后多年没有好好打交道……

事后，我才恍然大悟，这个"小事故"牵涉到某个历史背景。

1990 年 12 月，费孝通先生的日本师妹中根千枝曾在东京召集"东亚社会研究国际讨论会"。就是在这次会上，费先生发表了《人的研究在中国》的著名论文。在这次会上，已有人借费先生的英国师弟利奇的言论来做文章了。在他写的《社会人类学》[1]一书中，利奇谈到对费先生学术路线的两点质疑，如中根所言，这两点质疑的第一点便是："像中国人类学学者那样，以自己的社会为研究对象是否可取？"[2]

对于这一质疑，费先生作了正面回应，他说，研究本文化不仅不是不可取，而且借马林诺夫斯基的话说，还可能标志着人类学这门学科的新的发展[3]，利奇的评价使他更加相信，"认真地以人类学方法去认识中国能有助于中国的发展"，而人类学借此也"可以成为一门实用的科学"。[4]

第二个"事故"发生于 1998 年。这个"事故"的出现，也是上面说到的"历史背景"的另一个"变相"。

现居台湾的华人人类学家乔健先生，自 1980 年代以来便一直致力于把中国人类学与东亚其他地区的人类学联系起来。利奇那本对中国人类学颇有微词的《社会人类学》，便是他赠送给费先生的。在东京会上，乔先生也发表过《费孝通先生——一些个人的评价》，从当时的行文上看，乔先生十分理解费先生的人类学与"天下兴亡，

1　Edmund Leach, *Social Anthropology*, Glasgow: Fontana Press, 1982.

2　中根千枝：《绪言》，载北京大学社会学人类学研究所编：《东亚社会研究》，北京：北京大学出版社 1993 年版，第 6 页。

3　费孝通：《人的研究在中国》，载北京大学社会学人类学研究所编：《东亚社会研究》，北京：北京大学出版社 1993 年版，第 12 页。

4　费孝通：《人的研究在中国》，载北京大学社会学人类学研究所编：《东亚社会研究》，北京：北京大学出版社 1993 年版，第 18 页。

匹夫有责"这一心境之间的关系。但 1998 年，乔先生在北京大学百年校庆"国际人类学系列讲演"上却借机重提利奇的旧话。[1]

记得当时费先生、李亦园先生及乔先生三人同坐主席台，轮到乔先生说话时，他提出，中国人类学还是要从异文化作为入手点。尽管中国的人类学研究者在后半生可以集中研究他们的"家乡"，但作为起点，他们应先去研究包括外国人和少数民族在内的异文化。他还举费先生的例子说事儿，他说，费先生最早的民族志调研，就是在花篮瑶人中进行的，他的起点也是异文化。

在一旁听着的费先生，对乔先生的话语早有所闻，乔先生话音未落，他便"接招"，淡淡地说："不要舍近求远……其实，我们的身边都是异文化，人们说，'人心隔肚皮'，我们周边的人的人心跟我们不一样，有距离，在一定意义上，也构成人类学研究的异文化……"。

与会的其他人不知是否"于无声处听惊雷"，但当时在台下前排的我却能从费先生与乔先生之间轻描淡写式的对话中听出两种不同的"声音"。其中一种（乔），直逼中国人类学的那个长期以来"被家乡束缚（homebound）"的状态，另一种（费），直逼"被家乡束缚"这个概念对自己的威胁。

而这个似乎是"不成事故的事故"，有它的因果。1995 年，乔先生编撰出版了《印第安人的诵歌：美洲与亚洲的文化关联》[2]，呈现了自己的印第安人研究，更力推李安宅、许烺光、张光直等先生的亚美文化研究。而大约与此同时，费先生则不断重申"文化自觉"。

上面说的这两个"事故"，给我的印象极深，事情虽小，但其透露出来的信息却格外厚重。

1　乔健：《中国人类学发展的困境与前景》，载乔健主编：《社会学、人类学在中国的发展》，香港：香港中文大学新亚书院 1998 年版。

2　乔健编著：《印第安人的诵歌：美洲与亚洲的文化关联》，台北：立绪文化事业有限公司 1995 年版。

　　20 世纪的最后十年，中国的人类学界迎来一次复兴的机会，也迎来了来自三个方向的压力。英国、日本这两个在左边的位子上开车的国家，一个从西边，要求我们这边的求索者继续为它们提供深度的“中国知识”，拒绝理解中国学者研究非中国，一个从东边，要求我们去研究我们的“他者”，像它的帝国土壤上培育出来的人类学家那样，以异文化的把握为己任，一个从“南方”这个介于东西之间的方向，要求我们放弃曾被西方学者认为或误认为是开启了“土著研究土著”之风的那些“东方建树”，转入他处。

　　作为一位以“家乡人类学”为起步的人类学研究者，我与前辈费先生一样，不愿理会东西方帝国主义人类学家好为人师的做派，对自以为是的同行的指手画脚有排斥心理。然而，对于在这些“事故”中透露出来的观点，我却从不带怨恨。从这些事故，我引申出我自己对人类学这门学科的若干看法。我认为，人类学家是一批“读万卷书，行万里路”的学人，只要读书和行走，我们总能得到自己的洞见。在家乡做研究，与在异乡做研究，不能截然两分。这是因为，若不深入研究，那么，家乡与异乡一样，对我们而言，都是模糊的。与此同时，我也赞同海外学者们的看法，认为，他们施加给我们的压力是有其裨益的。我们的人类学，视野确有待开阔，有待摆脱文化和政治疆域的双重束缚，而对此，无论是从周边的异文化入手，还是投身于遥远的文化之认识，都是有重要意义的。

从天下到海外

　　1996 年，我偶然结识了欧洲跨文化研究所（Transcultura）的朋友们，他们是一小批志同道合的人类学研究者，其志向是通过人类学的对话，增进人们对于不同文化的不同观念形态和文明视野的理解，达成知识上的互惠。1998 年，接受该所学术委员会主席埃科（Umberto Eco）及所长李比雄（Alain Le Pichon）的邀请，我到埃科所在的意大利博洛尼亚大学文化研究院参与一次会议，提交了一篇题为"天下——中国民族志的传统"的文章，表明有漫长的天下观念史与域外研究史的中国，应有志于为这个新的学术世界作自己的独特贡献。这个独特贡献，重点在于与西方进行相互研究，意在求知"他们看我们"与"我们看他们"之间到底会有什么观点和方法的异同。[1]

同年，还发生一件重要的事。当年，北大由费孝通教授亲自领衔，向教育部申办人类学博士学位点。我受社会学人类学研究所的信任，协助填写表格、设计研究生培养方案。综合考虑学科和人事的特殊状况，我提出北大人类学博士点应有三个方向：社会人类学、区域与民族研究及文化研究。在教学方面，当时已考虑到设置汉人研究、民族学研究及海外研究等方面的课程。

自 1995 年以来，我一直在北大讲授社会人类学、社会人类学理论与方法、社会人类学与中国研究等课程，期间，又提议开设"海外民族志"。

所谓"海外民族志"，大致意思就是说要鼓励学生多研究中国以外的文化。

我之所以乐于接受以上所说的自外而内、自内而外的种种"压

1　多年之后，2007 年 3 月，我在北京召集"不同文化中的他者观念"国际学术研讨会，与会者如法国的 Nicole Lapierre、Alain Le Pichon、Patrick Deshayes、Richard Pottier 等，马里的 Moussa Sow，危地马拉的 Jesus Ruiz，印度的 Balveer Arora 等，就是跨文化研究院的这批朋友，他们的讨论发表在《中国人类学评论》第 4 辑（北京：世界图书出版公司 2007 年版，第 1—40 页）。

力",主动使用这些"压力",挤压出某种"海外民族志"的论述,是因为这些自外而内的"力量",不是空穴来风。

所谓"海外民族志",与人类学史的反思是息息相关的。

都说我国人类学的历史,是一本"糊涂账",其实,国外的学科史,也一样地乱。洋人都说,人类学研究要重视"他者",但"他者"是谁?人们却没有给予过固定的定义。在诸如英国之类"岛国",国土偏小,海洋形成了天然的疆域,文化的"自我"界限相对清晰,人类学家一抬脚,便易于踩出国门。加之,人类学形成之时,正是"海洋帝国"时代的顶点,在这种时候,成为帝国的西方"岛夷",将"他者"与"海外人"对等了起来。这种视"他者"为海外的看法,在英国学术传统中很突出,但它却不是所有西方人类学的特征。英国人类学的民族志成就向来被广为尊重,但居住于亚欧大陆西部及北美洲的人类学家,生活世界的周边,便有纷繁的文化,他们无需出国,便可以思索"他者"。如此一来,他们便没有轻易地将"他者"等同于"海外人"。例如,德国的人类学,长期与民族学和民俗学难解难分,关注"民族文化",这也曾对法国有深刻影响(其实,法国人类学曾作为社会学的一个组成部分存在,如果说社会学研究的是欧洲的"先进文化",那么,人类学作为它的一个"支柱",使命在于为这一"先进文化"提供历史的比较)。又如,1945年之前的美国,尚未取得世界盟主地位,其人类学,本集中于印第安人文化的研究(这很像我们中国的情况——国内存在将人类学等同于对"内部异类"如少数民族和农民的研究)。

这表明两点:

其一,尽管在国内推崇海外研究是有学科史的根据的,但在人类学的"原创国",海外研究却是平凡之事,也因此,马林诺夫斯基才说费孝通的《江村经济》开启了"土著研究土著"的新人类学。

其二，就另一些人类学的"原创国"的情况来看，"本土研究"也培育了一大批人类学大师，因此，海外研究，本非人类学研究的所有一切。另外，我们几乎可以从英国人类学的漫长历史及战后（1945年以来）美国人类学从北美印第安人研究向海外研究的转变推导出一个观点：现存人类学的海外研究总是与帝国主义有着暧昧关系。

既然如此，在国内推崇海（国）外研究，到底是为了什么？

在我看来，若不是为了重新思考中国人类学的定位，那"海外民族志"的提法，便毫无意义。

三种"中国"人类学

这又作何理解？

借"洋话"来说，涉及"中国"，有三种人类学，即"anthropology in China"（中国人类学）、"anthropology of China"（研究中国的人类学）、"Chinese-speaking anthropology"（以汉语为学术语言的人类学）。"anthropology in China"即指"处在中国的人类学"，这似乎是社会科学的"通病"，它跟自然科学不同，会有一定的意识形态和政体处境。人类学具有"处在中国"的问题。在中国存在西式的人类学有一百多年了，学科在中国出现了本土风范与本土困境，它是舶来品，但也有本国的相关性。所谓"anthropology of China"即是"研究中国或关于中国的人类学"，中外人类学研究者只要是专门从事中国研究者，均可谓"anthropologists of China"，这里的"中国"是指研究对象，而非学科的处境。"Chinese-speaking anthropology"指的是"以汉语为学术语言的人类学",这种人类学固然被我们错误地等同于"处在中国的人类学"。实际上,"处在中国的人类学"恰常与"以汉语为学术语言的人类学"相左。不少处在中国的人类学家所使用的,要么是缺乏学术自主性的政治语言,要么是外文或带外文感觉的汉语。[1]

在以上"三种人类学"的格局里,海外民族志处在一个什么位子上?大体说,它属于"anthropology in China"的一类,且必是"Chinese-speaking anthropology",但却不是"anthropology of China"。

这就是说,所谓"海外民族志",乃一种以中国为处境,以汉语为学术语言的研究与论述方法,这种民族志所描述人、事、物,主要存在于中国之外。

简单区分,不免引发疑问。

所谓"以汉语为学术语言",是否意味着不再与汉语之外的学术语言交流?

它是否是对国内存在的其他语言的排斥?

"中外"的界限,其实是近代才突然清晰起来的,我们又怎么说清楚"存在于中国之外"?

对于刚说到的第一个问题,我的回答是,"以汉语为学术语言"的人类学,仍旧是人类学,故而仍旧需在通常的人类学学术语言圈里论述。至于第二个问题,我的回答是否定的。我相信,国内流通的其他语言,也可以是学术语言,而这些语言内部,本亦有其"海

1　"以汉语为学术语言的人类学",不等同于"处在中国的人类学"还有一个原因,这就是,"处在中国的人类学",是可以有满、蒙、回、藏等等其他学术语言的,而"以汉语为学术语言的人类学",则将自己的努力严格限定于汉语。

外视野"，也因之在将来会有自己的"海外民族志"。对第三个问题，我认为有待厘清。漫长的"中国疆域史"表明，"中外"界线不曾像今日这样清晰，这一界线的出现，与民族国家时代的来临有关。然而，务实地面对我们时代的界线，是定位我们的学术视野的条件。换言之，为了便于论述，我们说海外民族志描述的人、事、物处在"中国之外"，但我们务必认识到，所谓"中国之外"，范畴并不是恒定的。

我之所以借"海外民族志"这个不完善的概念来推崇以汉语为学术语言的人类学，意在指出，人类学本是一门"文化翻译"的学问，它的对象越"异化"，它自身的语言越易于清晰（世界主要的人类学语言如英语、法语、德语、西班牙语、日语，都可谓是在民族志对象的"异化"过程中得到清晰化的）。在我看来，通过海（国）外研究，我们可以系统研究"处在中国的人类学"的语言-逻辑体系，进而，摸索作为学术语言的汉语的描述、分析与概括方式。

对中国人类学实行"海外民族志化"，有助于我们将"处在中国的人类学"从长期限制其视野开拓的"国族认识牢笼"中解放出来。

"处在中国的人类学"，本包括非汉语的人类学。在 19 世纪末20 世纪前期，不少外国学者在中国从事研究，在中国用外语发表其作品。与此同时，不少中国学者从事本国研究，但用外文发表作品。不过，中国的人类学史，的确已表现出逐步"汉语化"的倾向。与其他社会科学一样，中国的人类学起初是翻译得来的，是西学东渐过程的一个组成部分。到 1920 年代中后期，无论是在新建的国立科研教学机构，还是在教会大学，建立适应中国需要的学科体系，成为潮流。到 1930 年代，用汉字书写人类学、民族学、民俗学，在学界已巍然成风。20 世纪前期，"汉语化"或"中国化"，向来没有以清除西学为目的，其矛盾的结果是，更多的西学论述以汉语为形式得到了呈现。这种混杂性，到了 1950 年代似乎成为政府不喜欢看到的现象。此时，一种将学术研究与国家的政治需要直接对应起来的做法成为"方针"。以学术为业者固不易放弃其理想，但就客观的后果观之，此时，学术成为了政治机器的一个组件。社会学、人类学等"资产阶级学科"不再被喜欢，而"民族学"则比较微妙。此时它高度发达，相继服务于"民族识别"和"民主改革"工作。追求中国式的学科定位，似乎是当时的主要潮流。但矛盾的是，舶来的"进化论"及苏式的"原始社会史""东方学"等等成为教条。当下，前三个阶段的变化，似已成为往事。改革后，中外之间的界线有了新的形态，成了我们的拜物教。这个拜物教是我们自己造成的，却在无意识中控制了我们，我们一方面主动膺服于"外国话语权"，另一方面，则继续将学术思考囚禁在现实世界（尤其是体制）内。

"处在中国的人类学"，既不能摆脱西学的"规定"，又总是充当着民族解放运动的马前卒。来自内外的压力，将这种特殊方式的人类学局限于国家事务的论述，其文化的诠释，不过是这一国家事务的论述的"部件"。

难以避免地，海外民族志，甚至也正在成为一个尚未被关注的国家事务，它与我们这个国家的"改革开放"紧密相关。

困境自何处而来？兴许远比我们想象的要复杂得多，但我以为，困境的一大局部，与国族主义出现以来世界诸文化内在的矛盾相关。

我一度想，"处在中国的人类学"的这种困境和矛盾，可在"研究中国的人类学"中得到揭示与部分解决。

"研究中国的人类学"是世界性的学问，它的历史甚至可以说比"处在中国的人类学"更加"悠久"。在 19 世纪末 20 世纪初，人类学家把中国看成是礼仪之邦来研究，致力于从东方求索文明的上下关系。此时，不少外国人类学家向往华夏文明，也有不少外国人类学家致力于探究这一文明与其他古代文明之间的交流关系，他们的视野比较开阔。但也是从1920年代起，"研究中国的人类学"进入了民族志时代。这个时代，以受外国训练的本土人类学家为代表，他们深受伦敦政治经济学院的马林诺夫斯基、牛津的布朗和芝加哥学派的派克的影响（要强调指出的是，这些大师本来眼界是相当开阔的，绝非只是做民族志或社区研究的），不再把东亚视作一个文明的体系看，转而从中国内部寻找微观的研究对象。他们也研究中国，但与前人不同，他们不再纠缠中国的历史性。他们也研究"制度"，但不探究"为什么老百姓有如此多规矩"这一牵涉的历史性的问题。无论是把自己称作"社会学家"还是称作"人类学家"，这些代表人物多为中国人，但用外文书写，其追求转为拯救百姓于水火，对于华夏文明不再有"鉴赏"的愿望。此时也有其他民族志类型，如民族学的民族志，这类民族的描述，集中于国内的"他者"，远比上述这类民族志有历史深度，但它们的作者，似乎宁愿将文明的历史性问题留给其他行的学者的探讨。1949年之后，中国的"田野"不再向"帝国主义人类学家"开放，此后，在英美人类学界，"研究中国的人类学"出现了宏观的"宗族社会学"和宏观的"区域经济地理学"范式，其成就是值得赞赏的，但中国的田野一开放，"研究中国的人类学"一下子又回归到了民族志阶段。"中国"成了"研究中国的人类学家"想"解构"的一个概念。

"研究中国的人类学"，虽有中外人士参与，但其基本假设来自"他山"，因之，有可能使我们看到他人如何看我者，使我们更清晰地认识我们的处境。

　　然而，这种"中国人类学"似乎可以分成两类，一类是外国人做的，一类是中国人做的，相比而论，那些外国人作的"中国学问"，多数还是有从中国的文明视野出发的态度，而那些中国人做的"中国学问"，出发点若不是与现代性的政治相关，就是与对它的批评相关，它越来越不把中国的思想体系当回事了。

　　我感到，对于我们克服"处在中国的人类学"之困境，反倒是那些外国人做的"中国学问"更有启发些，这些成果含有大量的比较文化研究的内容，有助于我们在文明的历史性中认识"夷夏之辨""中外之别"的变化，有助于我们历史地重新定位"处在中国的人类学"。

　　然而，无论是"处在中国的人类学"，还是"研究中国的人类学"，迄今都侧重于"中国研究"，侧重于将中国对象化为"被研究者"，对于这一"被研究者"的思想世界关注不够。试着去做海（国）外研究，不是为了别的，而只不过是为了表明，被人类学家视作"被研究者"的、包括中国在内的诸文明，其思想世界如此丰富，以至于也能与"研究者"那样，研究整个世界。

　　倘若社会科学局限于研究国族意义上的"自我"，那么，它就很难真的成为科学；倘若社会科学不休止地重复论证西方经验在世界的不同"角落"实现的进程，那么，它也很难是科学。自我局限的社会科学不过是某种国族自尊心的实现，西方中心主义的社会科学不过是某种"国耻意识"的"史诗式"表达，它们与"科学"二字代表的境界相去甚远，时常沦为"迷信"。

　　思索海外民族志，不是为了膨胀国族的"自我"，也不是为了证实西式学术的"本真性"，而是首先为了把社会科学的中国处境放在一个更广泛的领域中拷问。

在华文世界，书写海外的历史格外悠久

"倘若社会科学局限于研究国族意义上的'自我'，那么，它就很难真的成为科学"，并不是说，中国学者不曾对"海外"进行过研究和论述。在很大程度上，之所以说要有海外民族志，是因为我深感有一批被主流社会科学观压抑的旧著等待着我们去重新发现。

20世纪以来，国内学界，有大量关于海外的论述，其中，有不少是比较文化研究的优秀之作。出版于1921年的梁漱溟的《东西文化及其哲学》[1]，可谓是以中国为本位的中国、印度、西方文化比较研究之佳作。旧著中，也不乏借他者的境界改良自我的论著。例如，储安平1945年完成的《英国采风录》及《英人、法人、中国人》[2]，"以一个中国人叙述英国事"，且关注"中英两国人民的性格及社会的风气究竟有无异同，其间得失又为如何"[3]，试图通过论述英国来"挽救中国"。

人类学界则一样地早已涌现出一批"海外民族志"之作，其中，以下尤其重要：

1. 吴泽霖的《美国人对黑人、犹太人和东方人的态度》，该书为1927年吴泽霖先生所完成的博士论文[4]，可谓是针对国内学界的"美国幻影"写的著作，它通过社会心理学的调查，揭示了美国种族与民族问题，对其不平等现象追根溯源。

---

1 梁漱溟：《东西文化及其哲学》，北京：商务印书馆2005年版。
2 储安平：《英国采风录（外一种）》，长沙：岳麓书社1986年版。
3 储安平：《英国采风录（外一种）》，长沙：岳麓书社1986年版，第253页。
4 吴泽霖：《美国人对黑人、犹太人和东方人的态度》，北京：中央民族大学出版社1992年版。

2. 费孝通 1940 年代后期完成的《美国与美国人》[1]，记述作者 1943 年带着“认真为中国文化求出路”的理想，踏上了访美之旅，讨论“美国之路”的优势与局限。在赞美“美国之路”之后，费先生称美国为一个“没有鬼的世界里”，一个人生轻松却缺乏传统的社会。

3. 许烺光 1963 年出版的《宗族、种姓与社团》[2]，该书的立论，与梁漱溟的《东西文化及其哲学》格外相近，但借助的理论与方法则为人类学的文化比较和宇宙论研究法，从世界观入手，分析中国人、印度人和美国人世界观的心理文化取向之差异。

4. 乔健编著《印第安人的诵歌》，该书收录了六篇文章，其中，乔健先生所著计四篇，另有李安宅先生写于 1930 年代的《祖尼人：一些观察与质疑》及张光直先生的对亚美文明的基于考古人类学的比较研究，编者的意图在于通过比较呈现亚美文化的关联。

以上著述，已有舒瑜、张帆、刘琪、刘雪婷、郑少雄、王博、张亚辉、杨清媚等的系统述评，集中刊发于《中国人类学评论》第 5 辑。[3]

诸如储安平、费孝通的论著有“文化对比”的色彩，而诸如梁漱溟、许烺光的论著，则在“对比”中加进了印度这个第三元，使“对比”成为比较。至于“文化对比”的宗旨，则也有储安平的“取经”，吴泽霖、费孝通的“中立主义”及许烺光的“中国视野”之别。除了“对比”和“比较”，华人学术界也提出了“文化关联”的理论，尤其是乔健编著的《印第安人的诵歌：美洲与亚洲文化关联》一书，堪称此方面的代表之作。

---

1 费孝通:《美国与美国人》，北京：生活·读书·新知三联书店 1985 年版。
2 许烺光:《宗族、种姓与社团》，黄光国译，台北：南天书局 2002 年版。
3 王铭铭主编:《中国人类学评论》第 5 辑，北京：世界图书出版公司 2008 年版，第 1—64 页。

这些研究并不具有"海外民族志"的自称，但它们已具备了这一研究形态的主要特征。一个值得关注的事实是，费孝通先生发表过大量的海外撰述，这些撰述多以"游记"的形式出现，其实其民族志内涵与他的乡村民族志一样丰厚，只因费先生给社会科学界留下的印象，更多与他的"乡土中国"意象相关，他的这些海外撰述，常常被同行忽视。

2009 年 11 月，在北大创立人文高等研究院的哈佛大学教授杜维明先生在北大人文高等研究院召集"中外文化中的共同价值观"学术研讨会，我当时正在讲授"海外民族志"课程，应邀就"中国文化与'另一种社会科学'：费孝通、许烺光中美文化比较研究及其启发"为题作了简短发言。我在发言中谈到几个看法。其一，19 世纪以来，社会科学持续以欧洲近代观念与经验解释世界的习惯，社会科学传播到欧洲以外的地区后，这个习惯成为作为"殖民现代性"的组成部分的社会科学规则。人类学致力于扬弃"其他文化"，这门学科似乎是社会科学中的一个例外，但 19 世纪人类学所用的文明、野蛮、未开化、巫术、民族、文化、社会等概念，明显带有欧洲中心主义的偏见，而 20 世纪以来，人类学虽多有某种"文化慈善心"，但依旧立足于西方，在普遍主义与相对主义的论争中坚持着欧洲（西方）中心主义的立场。其二，社会科学到了借助非西方的概念与意象进行跨文化解释的时代，这个时代有了"即将来临"的征兆，西方诠释学派与结构学派先后对于国家与历史展开的"去绝对化"反思，是征兆之一，诸如"开放社会科学"之说，是征兆之二。不过，非西方概念与意象的"普遍运用"，依旧等待实验。其三，我强调指出，在我们这个时代，有必要考察不同文化中的他者意象，这有助于我们对西方的他者论述加以真正的相对化。中国的他者意象，有历史的内容，也有近代社会科学的内容。我以 1940 年代华人人类学家费孝通、许烺光的美国文化研究为例，对社会科学的"另一种可能"加以评论。我认为，华人人类学家对于中国以外的其他文化的研究，始于 1920 年代，到了 1940 年代，一些人类学家得到"盟国"的支持出国访学与研究，费孝通与许烺光是两个例子，他们二者相互之间有不少交流，也有不少分歧，但他们共同基于中国的鬼、祖先崇拜所蕴含的"历史社会性"（我的概括），对于西方的上帝与个体主义展开分析，提出过有助于我们今日重新思考社会科学的观点。

对于 20 世纪中国学者海外撰述的粗略概括，是按照"现代学术"的规定来做的。其实，倘若我们不拘泥于"现代学术"，那么，相类的海外撰述，历史远比我们想象的古老得多。

民族志之追求，固与近代社会科学的发明有关，但我却不相信民族志纯属近代洋人之发明。现代性对信息准确性的要求，导致我们对民族志加以苛刻规定，由此，也导致我们排斥古代"圣书"、游记、诗歌及志书。事实上，与"他者"相关的记人、记事、记物的方法，在很多文明中早就有了。早在古希腊，已有希罗多德那些接近于民族学的论述，而就中国而言，博物志和地方志这些"志"历史相当悠久，古代的这些"志"从文类、格式到内涵，都很像外国人后来发明的"民族志"。

上古时代的《山海经》《尚书》《诗经》等都广泛涉及文化的自我与他者之间关系。古人那里的"他者"，是广义的，其中一个层次，固然是指其他部族，但他者还有其他层次，包括"不是人"的一些东西，如神祇、山川、物象等等。这在《山海经》里得到集中表现。古人社会的构成，不单是人与他人的结盟，而且也是人与其他人的神祇体系、人与物之间的"媾和"，古人相信，这种"媾和"

能给予"我者"力量。于是,《诗经》的世界是人与鸟兽、草木、山水等等组成道德体系的世界。我总想,兴许周文王才是"结构主义"的发明者,这种理论现在被认为是法国人提出的,其实,周文王早已借助与他者的结盟,迫使商成为天下的"少数",继而推翻了商的统治,他的内心,一定是有结构主义的因素。

上古时代的各种书籍,是史实与巫术、礼仪、宗教"格式"的综合文本,它们固然不等同于近代科学下成长起来的民族志,但留下了文化上的自我与他者关系过程和观念形态的种种印记,本身可谓是"浓厚的描述",这种"浓厚的描述",后来持续地成为中国史书与志书的特征。

《史记》出现后,中国人对于历史有了求真的取向,但没有将历史与历史具有的德性割裂开来,更没有只书写自己的国族的历史。所谓"正史",其实包含着大量关于历史的德性及异文化的事物与历史。这种德性与文化多样性在史书中的呈现,到诸如"五胡乱华"之类的叙事中得到集中的凸显。固然,生活大一统的"治"之下,史家对于分裂时期的"乱"是倾向于贬的,但他们并不诋毁"乱世"的超凡文化成就。

在汉唐大一统时期,文化上的自我之辉煌,向来也是以他者的在场为前提的。这种存有他者之心的大一统格局,到了唐之后,更成为一种世界制度。随着唐中叶以后华夏中心的南移,我们与海洋世界的接触更加频繁了,"朝贡"成为与海洋相关的事。随之,服务于"朝贡",也出现了大量综合了"志国"和"志物"的内涵的"海外民族志"。

一生致力于"中西交通史"研究的张星烺先生,早已于1930年编注六册《中西交通史料》,该书1970年代曾校订再版,2003

年由中华书局再度重版¹，展现了自上古时期开始中外交通的丰富史实。饶有兴味的是，张氏"中西交通"中的"西"字涵盖一个广阔的地理领域，包括欧洲、非洲、阿拉伯世界、亚美尼亚、伊朗、中亚、印度等，且表明，对我国而言，"西方"不是恒定的地理方位。张氏基本是按客观过程史的主张来梳理古代史实的，但他为我们整理的丰厚文献，却也包含大量主观观念史的内涵，这些主观观念史的内涵，实为古人眼中的异域的"他者之境"。张氏摘录的史实，使我们可以从一些相对零碎的"镜片"中看到古代中国世界活动与天下观念的形态，也使我们意识到，对于海外的系统撰述，古已有之。

　　我说过，"民族志"的描述对象规模有大小，但有共同的追求，这个追求是集中于某一"个案"，翔实地呈现学者在实地的所见、所闻、所思。有了这个定义，大家可能会说，古代的史书与志书都称不上是民族志。而我却认为，完整的民族志古代也是有的。一个最典型的例子是元代周达观的《真腊风土记》。作者于 13 世纪末奉命随使真腊，在那居住了一年，返国后，写出一部志书，展现了吴哥时代柬埔寨的风貌，翔实地记载了一座东南亚王城的建筑、日常生活、人生礼仪、宗教仪式、阶级关系、族群差异、生产方式、物产、景观、器用等等。²

　　到了 19 世纪中叶之后，中国的世界地位下降，但我们的文人并没有因之而丧失自己的世界观。我格外景仰我从未谋面的编辑钟叔河先生。1980 年代，钟先生搜集了 1840 到 1919 年八十年间

1　张星烺编注，朱杰勤校订：《中西交通史料汇编》，北京：中华书局 2003 年版。

2　夏鼐：《真腊风土记校注》，载周达观、耶律楚材、周致中：《真腊风土记校注·西游录·异域志》，北京：中华书局 2000 年版。

三十六种中国人对于异域的叙述，他对所有这些文本详加考证，写了二十六篇序文，为我们展现出华人在东西洋游离、考察、外交活动的面貌。这些序文集合于他的《从东方到西方》一书中。[1]

钟先生对于近代中国人考察世界的活动保持着批判态度，认为这些活动深受时代的限制，在走向世界时遭受到了严重挫折。而我则比钟先生乐观一些，我认为，恰是这些在挫折中走向世界的努力堪称辉煌。

我们有没有可能基于各自本有的"志"来"化"近代的"志"？这一问题听起来既有些糟糕，有些不合逻辑，但似乎又简单得无需解答——难道我们国内近代人类学的那些祖宗们不正是这么做的吗？

从何处再出发？

在古人那里，权威的顶点不是皇帝，皇帝并不至高无上，在他之上，还有天地；另外，祖先、长辈、为人师表者，虽居于"君"之下，但这些类别的人物，通常有可能通过与天地相交而获得超越其本来身份的地位。在近代式国族概念获得其支配地位之前，"国"也并非是政体的顶点，在"国"之上，尚有"天下"。古代中国既有这种权威形态与政体形态，则不以二元化的"中外"（海内外）界限来区分天下。这就使古代的书写与行走，比起近代中国更加开放。

我们这个时代，现实世界与观念世界被视作一一对应；人们以为，有什么的国族便有什么样的权威形态（包含宗教形态），任何超出这一范围的身体与思想活动，都被视作是一种"超常"。

1　钟叔河：《从东方到西方》，长沙：岳麓书社 2002 年版。

谈"海外民族志",本有以新社会科学超越国族之意图,但一旦用"海外"概念,则我们之所为,便成为国族观念之印证。

我们生活在一个吊诡丛生的时代,但我们不能因此而放弃选择。

鉴于与国族主义难解难分的社会科学持续地将我们的视野局限于自我的检视,我们可以选择一种超越这一自我检视的"海外民族志"。

鉴于近代以来与中国相关的"处于中国的人类学"与"研究(关于)中国的人类学"已造成一种怀有"中国关怀"却排斥中国语言的"科学",我们可以选择回到古人那里,寻找一种可供我们描述世界的语言。

以汉语为学术语言实践海外民族志,必然带有近代"中外之辨"的印记,但倘若这一学术实践能从一个别样的境界出发,从近代国族的权威与整体顶点之牢笼中解放出来,那么,它便是有益的。

变"倘若"为愿景,我们面对诸多要求;在这些要求中,有些生发于来自东洋、西洋、"南洋"的压力,也有些生发于我们的"内心世界"。

不是所有的要求都是合理的。例如,我并不认为那些要求我们对研究对象加以区分的看法是必要的。

对我而言,我们之所以从事"海外民族志"研究,不是因为我们要变换研究对象,而是因为我们要重新定位研究主体的"心境",我们不是因为我们要"出国",而是因为我们要造就一种超越我们时代的局限、克服时代吊诡的人类学。

这种人类学的起点给人的印象是文化相对的,其基础给人的印象是比较的,但其终极追求却不见得如此。一方面,这种人类学主张,没有自己的学术语言,便不可能造就有世界贡献的"地方性知识"。这话听起来有点"本文化中心论"。然而,不应误解,这种人类学既反对将自己的学术语言视作"方言",又反对将之视作"世界语",它主张将交互的观察与理解视作"真理",它虽强调从自己的语言出发,但并不准备局限于自己的语言。

海外民族志没有结论,仅有起点与过程。这一起点与过程,都与关于主权顶点的历史倒叙有关。在这个意义上,海外民族志依旧是处在中国的人类学的一部分,它与中国人类学的汉人研究及少数民族研究藕断丝连。

（本文曾发表于《西北民族研究》2011 年第 2 期）

下　反思与继承

反思二十五年（1980—2005）来的中国人类学

从《天演论》汉译本的问世之日算起，中国人类学已经走过了百余年的历程。中国人类学家从翻译开始，转入独立研究，再由独立研究转入学科构筑，至1930—1940年代之间形成有个性的学术类型，即使是在1937年到1945年的"抗战"期间，在研究视野上仍有重要开拓。1950年代后，古典人类学进化思想被广泛运用于民族学、民俗学、考古学及史学（特别是上古史学）研究，而"人类学"这个名称出现的次数骤然下降，带有贬义（"资产阶级学科"），直至1970年代后期，学科一蹶不振。1980年代初期，人类学先在南方几所高校得到提倡，从1990年代以来，在北方（特别是北京）及其他地区的高等院校和相关科研机构中，人类学渐渐获得共识，从"民间运筹"走向有组织的学科建设。

如果我们将1980年当作中国人类学重建的开端，那么，到现在为止，学科重建的历史已经过去整整二十五年了。比起中国文明的大历史，这二十五年的时间无非是一个短短的瞬间。但是，就学术成就之丰富和学科发展之曲折而论，短短二十五年，却给人以漫长的印象。

二十五年来中国人类学的繁荣景象，国内同人所著相关著述已多有涉及[1]，而美国的《人类学年鉴》也于2001年发表华盛顿大学（西雅

1　如王建民、张海洋、胡鸿保：《中国民族学史》下卷，昆明：云南教育出版社1998年版，第312—382页，等等。

图）人类学家郝瑞教授的一篇长文，集中论述中国人类学研究主题之变及学科复苏与中国改革之间的密切关系。[1]海内外的学术回顾共同表明，二十五年来中国人类学的学术成就值得称道。学科从遭受否定，到被接纳，并最终得到重视，是其成就之一；翻译作品从1980年代的美国教材和文化进化论之作，到1990年代以来丰富的欧美经典名著，是其成就之二；民族志经验研究从地方制度的简单拼凑，到具有深入的分析，是其成就之三；学科史研究从罗列和举证历史辉煌，到在承认历史辉煌的同时反思其问题，是其成就之四；对外交流从"望洋兴叹"，到出现初显内外平等的对话，是其成就之五；人类学研讨会的频繁召开，学科得到的空前的广泛参与，是其成就之六。[2]

　　不过，在承认学科取得的成绩时，我们也要认识到，在研究方面，中国人类学与本应达到的水平还是有相当距离的。二十五年来，同人们在学科建设、名著翻译、学术对话等方面做了不少工作，但我们从事的学术研究，视野尚待进一步开拓，深度尚待进一步挖掘。中国人类学研究如何开拓视野、走向深化？回顾二十五年来的历程，对我们思考问题将有所裨益。以下我将简评过去二十五年来中国人类学地理空间、研究领域的覆盖情况[3]，并立基于此作一简评，提出学科存在问题和预期前景的部分个人之见。

1　Steven Harrell, "The Anthropology of Reform and the Reform of Anthropology: Anthropological Narratives of Recovery and Progress in China", *Annual Review of Anthropology*, 2001, Vol. 30: 1, pp. 39–61.

2　我个人在最近发表于《亚洲人类学》杂志（*Asian Anthropology*）上的一篇文章中对近十年来的学术动态又予以侧面说明。Wang Mingming, "Anthropology in Mainland China in the Past Decade", *Asian Anthropology*, 2005, Vol. 4, pp. 179–198.

3　在总结中国人类学的历史经验时，一般的做法是先对之进行断代史区分，接着，对学科特质的时代化进行辨析。这类工作自然是必需的，但我也感到，要推进中国人类学，便需对它的历史进行整体认识，而要实现学科史的整体认识，我们亦需关注学科研究对象的空间分布规律和学科内在的关注要点之构成。

地理空间

从认识论的总体特征看，西方人类学靠"自我"（Self）与"他者"二分法对人文世界进行描绘。所谓"自我"与"他者"实为"西方"与"非西方"、"文明"与"野蛮"、"国家"与"部落"之别。从西方人类学史的总体趋势看，在学科的古典时代（19 世纪后期），自我与他者的关系是时间性的，亦即，作为非西方、野蛮、部落存在的他者，被视为是作为西方、文明、国家的自我的历史前身。到 20 世纪前五十年，自我与他者之间的关系，从时间的关系转化为空间的区分，现代人类学否定了古典人类学的虚拟历史时间，以为只有发掘内在于不同社会的文化，方为人类学。其结果是，自我与他者成为同处一个时间平台上的不同文化。[1] 随着政治经济学派人类学和后现代主义的兴起，自我与他者之间的关系重新恢复了历史性。但此时的历史，已非进步主义的历史，而是西方的进步主义与近代帝国主义之间"共谋"的反思史。[2]

19 世纪末，人类学传入中国，进入我们这个古老的国度。中国作为"天下"，过去以朝贡制度来维持其内外关系，也具备自己的一套自我与他者观念。[3] 但到了近代，以天下为标志的世界制度面对西方殖民者的世界模式的渗透，自身产生了适应。到 20 世纪上半期，

1　Johannes Fabian, *Time and the Other*, New York: Columbia University Press, 1983.

2　George Marcus and Michael Fischer, *Anthropology as Cultural Critique*, Chicago: The University of Chicago Press, 1986.

3　王铭铭：《西学"中国化"的历史困境》，桂林：广西师范大学出版社 2005 年版，第 214—288 页。

作为这一适应的成果，中国人类学特别关注于国内农村、少数民族的研究，少数学者也从事海外研究。早期中国人类学之世界格局，具体由以下"三大地理空间圈"（即"三圈"）构成：

（1）作为国家核心圈的乡民社会；

（2）作为中间圈"半化内""半化外"的少数民族社会；

（3）作为中国之外在"他者"的海外社会。[1]

对于这三大地理空间圈，1920 年代至 1940 年代，中国人类学家都做过值得继承的研究。[2]汉族乡民社区及少数民族边疆社会，是那个时代中国人类学家的主要关注点。中国人类学家在对之进行研究时，的确通常将这两个国内圈子视作是近代化中国社会的"内在他者"（internal others），或以其为现代化之对象人群，或以其为反观近代文化的一面镜子。中国学者对于海外社会的研究，可以追溯到古代。然而，就 20 世纪上半期的现代人类学派而言，其起点主要是李安宅的印第安人研究[3]、费孝通的美国文化研究[4]及当时影响颇大的"环太平洋研究"及传播论的考古学研究，思路各异，成果可观。

1950 年代，汉族乡民社区及海外社会研究在海外人类学中生

1　王铭铭：《社会人类学与中国研究》，桂林：广西师范大学出版社 2005 年版，第 227—238 页。

2　参见王建民：《中国民族学史》上卷，昆明：云南教育出版社 1997 年版。

3　Li An-Che, "Zuni: Some observations and queries", *American Anthropologist*, 1937, Vol. 39: 1, pp. 62–67.

4　费孝通：《美国与美国人》，北京：生活·读书·新知三联书店 1985 年版，收录其分别于 1945 年、1947 年及 1980 年发表的三本关于美国文化的小册子《美国与美国人》《美国人的性格》《访美掠影》，比较完整地表现作者的"异文化"研究风格。

机勃勃，英人弗里德曼开始从事汉人社会结构研究，[1]而海外华人学者许烺光开始进行中国、印度、美国比较文化研究[2]，都取得丰硕成果。而此时，国内人类学研究集中于少数民族的识别工作上，1952年，建立中央民族学院，集燕京、清华、北大、北平研究院优秀学者成立研究部，阵容强大，取得非同凡响的集体成就[3]，使"内在他者"的观念形态与少数民族的比较历史社会形态学结合为一种进化理论[4]，汉族社区研究与海外民族志研究则一时式微。

过去二十五年来，中国的人类学研究，在上述几个地理空间圈子里，都出现复兴之势，取得了不少成就。复兴后的汉族乡民社区研究主要集中于三个方面。第一方面，一批新一代的人类学家重新回归于1930—1940年代的著名人类学田野调查地点，对之进行跟踪调查或再研究，取得不少成绩。[5]第二方面，一批新一代人类学家参考1950年代至1980年代西方汉学和港台人类学家在对中国东南沿海、港台、海外华人社区的历史和人类学研究，以南方地区为基点，逐渐北进，开拓了汉族社区人类学的社会史的新视野，收获甚丰。[6]第三方面，由于偶然或必然的因素，华北、东北、西北地区的汉族社区，在海内外人类学家的共同关注下，也成为乡民社会人类

1　Maurice Freedman, *The Study of Chinese Society*, G. William Skinner (ed.), California: Stanford University Press, 1979.

2　如 Francis Hsu, *Clan, Caste, and Club: A Comparative Study of Chinese, Hindu, and American Ways of Life*, Princeton, NJ: Van Nostrand, 1963。

3　杨圣敏：《研究部之灵》，载潘乃谷、王铭铭编：《重归"魁阁"》，北京：社会科学文献出版社2005年版，第116—130页。

4　Louisa Schein, *Minority Rules: The Miao and the Feminine in China's Cultural Politics*, Durham: Duke University Press, 1999.

5　参见庄孔韶等：《时空穿行：中国乡村人类学世纪回访》，北京：中国人民大学出版社2004年版；潘乃谷、王铭铭编：《重归"魁阁"》，北京：社会科学文献出版社2005年版。

6　参见王铭铭：《走在乡土上——历史人类学札记》，北京：中国人民大学出版社2003年版。

学研究的新焦点。[1]少数民族研究持续作为民族工作的学术部分存在，但近些年来随着"族群建构""民族主义""全球化"等西方概念的输入，也出现了追求对民族问题进行文化批评的作品。[2]对于人类学自我与他者关系的反思，激发一些中国人类学界同人对海外事物产生浓厚兴趣，使中国人类学家开始眼光向外。[3]

专门研究领域

六十年前，中国人类学分为不同学派，不同学派对于人类学研究的分支学科（专门研究领域）有不同的认识。一般而言，以中央研究院为中心的"南派"，注重文化史的探讨，同时对人类学采取兼容并蓄态度，把人类学定义为体质、考古、语言、文化四大分支；而以燕京大学社会学为中心的"北派"，则将社区调查当作核心方法，其研究的关注点前后也有变化，但一直比较重视人类学与社会研究的结合，认为人类学即为社会人类学。[4]以四川为中心曾存在的

1　如 Jing Jun, *The Temple of Memories: History, Power, and Morality in a Chinese Village*, Stanford: Stanford University Press, 1996; Yan Yunxiang, *The Flow of Gifts: Reciprocity and Social Networks in a Chinese Village*, Stanford: Stanford University Press, 1996; Liu Xin, *In One's Own Shadow: An Ethnographic Account of Post-reform Rural China*, Berkeley: The University of California Press, 2000；赵旭东：《权力与公正：乡土社会的纠纷解决与权威多元》，天津：天津古籍出版社 2003 年版。

2　如王筑生主编：《人类学与西南民族》，昆明：云南大学出版社 1998 年版；黄淑娉主编：《广东族群与区域文化研究》，广州：广东高等教育出版社 1999 年版；纳日碧力戈：《现代背景下的族群建构》，昆明：云南教育出版社 2000 年版。

3　多年来乔健先生重提中国人类学的海外研究，综合李安宅等前辈之著述与自己的研究经验，编著《印第安人的诵歌：美洲与亚洲的文化关联》（台北：立绪文化事业有限公司 1995 年版）。我个人也于 2000 年在北京大学社会学人类学研究所提出开设"海外民族志"博士、硕士课程，又基于 1998 年参与的欧洲跨文化研究所研究和讨论活动，著成《无处非中》（济南：山东画报出版社 2003 年版）一书，表明中国人类学海外研究的重要性。

4　参见王建民：《中国民族学史》上卷，昆明：云南教育出版社 1997 年版。

"华西派"，曾出现边疆史地研究与社会学关怀的结合，综合性较强，有大人类学的理念，也有社会人类学的成分。1950年代初"院系调整"后，人文社会科学的学科格局出现重大变化，全国统一将民族学区分于体质、考古、语言的研究。

1980年代至今南方的几所高校仍有恢复人类学四大分支的追求[1]，但由于体质人类学、考古学及语言学已各自拥有独立的学科地位，因此，这种古典式的"大人类学"定义至今难以得到广泛承认。今日中国的人类学，大抵与欧洲所指的社会人类学或美国所指的"社会文化人类学"范畴一致，其研究的核心内容有：（1）亲属制度；（2）宗教与仪式；（3）比较政治；（4）经济文化。

在过去的二十五年里，中国的人类学研究在这些领域里取得的成就也是值得骄傲的。在亲属制度研究方面，1930年代至1940年代的中国人类学，多采纳结构-功能主义的看法，1950年代，这一方面的研究附属于社会形态的进化论比较研究，成为论证"原始社会"（特别的母系社会）历史存在的手段。1980年代以来，在社会史和人类学中，亲属制度的研究与"宗法"理论紧密结合，成为探讨中国国家与地方社会关系的进路，这一进路从历史时间角度补充和修正了海外汉学人类学家族理论的缺憾[2]；在历史人类学的研究中，亲属制度研究近期还开始与"礼仪理论"和"民间宗教理论"结合，可能将演变为一种新的研究方式，这一新的研究方式若能得到进一步完善，则可能在将来推进有关中国"文明进程"的人类学研究。

1　陈国强：《中国人类学》，中国人类学会1996年版，第29—44、130—137页。

2　如郑振满：《明清福建家族组织与社会变迁》，长沙：湖南教育出版社1992年版；David Faure and Helen Siu (eds.), *Down to Earth: The Territorial Bond in South China*, Stanford: Stanford University Press, 1995；王铭铭：《溪村家族：社区史、仪式与地方政治》，贵阳：贵州人民出版社2004年版；等等。

在宗教与仪式研究方面，1950年代以前中国人类学的古史研究颇有建树，但在田野人类学中的运用较少。近年来，这一方面的研究也比较多。[1] 在比较政治方面，国家与社会关系和地方政治的研究成果比较突出。[2] 在经济文化研究方面，除了一些述评之作及对于礼物交换的民族志研究外[3]，关于发展问题、城乡关系、少数民族地区开发、全球化等方面的研究，更不胜枚举。在一些高等院校，人类学社会研究的四大支柱，还没有成为核心内容，但已被列入其学科建设的规划。

过去二十五年中国人类学研究的前半段，关注于学科重建和梳理学科之间关系，后半期出现了跨学科综合的趋势。这是中国人类学研究的新现象。它主要表现在两个方面。一方面，1990年代以来的中国人类学研究，关注的主题除了传统的"四大支柱"之外，还广泛包括了生态环境、开发计划、城市化、乡村政治、区域自治、经济全球化、传播媒介等涉及多种学科的问题。另一方面，从不同渠道（主要阅读西方论著）认识人类学的法学家、历史学家、文学家、比较文化研究者、社会学家，综合自身学科和人类学研究方法，对于习惯法、制度史、文本分析、文化差异、社会构成等方面提出了有新意的看法。受这两个方面工作的促进，人类学出现了空前的

1　在对费孝通的禄村、许烺光的喜洲、田汝康的那目寨进行再研究中，几位新一代学者特别关注1930年代末、1940年代初出现于中国人类学的仪式研究，对这些研究在宇宙观和"公共仪式"层次上的论述进行比较集中的发挥，取得较好成效。张宏明的《土地象征——禄村的再研究》、梁永佳的《地域等级——一个大理村镇的仪式与文化》、褚建芳的《人神之间——云南芒市一个傣族村寨的仪式生活、经济伦理与等级秩序》，均由社会科学文献出版社于2005年出版。另，仪式研究的其他成果，可见郭于华主编：《仪式与社会变迁》，北京：社会科学文献出版社2000年版。

2　王铭铭、王斯福主编：《乡土社会的秩序、公正与权威》，北京：中国政法大学出版社1997年版。

3　Yan Yunxiang, *The Flow of Gifts: Reciprocity and Social Networks in a Chinese Village*, Stanford: Stanford University Press, 1996.

繁荣景象。经过自内而外、自外而内的双向推动，过去二十五年里中国人类学出现了历史人类学及法律人类学的研究热潮。在历史人类学方面，若干北京大学、厦门大学博士生和青年学者对著名人类学家萨林斯历史人类学著述的翻译[1]，以中山大学和厦门大学为中心带动了社会史研究与人类学的综合，出版优秀期刊《历史人类学学刊》。在法律人类学方面，人类学界内部的努力固然存在，但影响更大，更切合现实问题的，当属法律学者梁治平、朱苏力等的研究[2]，而政治哲学界如邓正来对于如格尔茨所著名篇《地方性知识》的翻译[3]，影响亦甚广泛。

问　题

25 年来中国人类学在汉族、少数民族及海外进行的调查和思考成效是卓著的，但是，迄今为止，学者尚没有集中讨论三大地理空间圈的关系制度，对学科的认识论更缺少系统探索。老一辈人类学家费孝通先生曾用"中华民族多元一体格局"来形容中国境内的民族关系体系，后来又将之延伸为"文化自觉"，提出对于这一体系的基本样式的把握，有助于从中国文化的角度理解世界。[4] 我以为，"中华民族多元一体格局"和"文化自觉"牵涉到的问题，是

1　萨林斯的《文化与实践理性》（赵丙祥译）、《历史之岛》（蓝达居等译）、《土著如何思考》（张宏明译），中文版均由上海人民出版社于 2002 年出版。

2　梁治平：《礼法文化》，载梁治平编：《法律的文化解释》，北京：生活·读书·新知三联书店1994 年版，第 310—344 页；苏力：《送法下乡：中国基层司法制度研究》，北京：中国政法大学出版社 2000 年版。

3　吉尔兹［即格尔茨］：《地方性知识：事实与法律的比较视野》，邓正来译，载梁治平编：《法律的文化解释》，第 73—171 页。

4　费孝通：《论人类学与文化自觉》，北京：华夏出版社 2004 年版。

中国人类学三大地理空间圈的文化与知识论总体特征，对于这一特征的探索，费先生开了一个头，但多数人类学家似停留于"文化自觉"这个开端中，尚未深入思考如何深化人类学对其身处的空间氛围的认识。[1]

二十五年来中国人类学社会研究四大支柱的初步形成及研究视野的拓展，表明学科的内部专门化和外部影响力得到了加强，也表明中国人类学者比以往都更清晰地意识到，以扎实的专业分工为基础，探讨历史遗留的文化问题和新近出现的现实问题，对于学科建设至关重要。然而，不应否认，在过去二十五年的学科建设中，人类学分支学科的发展，也存在专业人才稀缺的问题。人才之缺，原因很多，可能与人类学教学科研机构长期习惯重复的通论教学有关，可能与专业设置的不完善有关，也可能与部分人才培养过程中存在的不重视专业分工及以偏代全（如以亲属制度研究或社会变迁研究代表一切）的现象有关。更值得关注的是，在四大支柱仍需巩固的情况下，人类学界就出现了过多应时式的研究，存在不顾学理只顾现实政治经济需要的倾向，使一些人类学著述存在只见"浅描"（thin descriptions）及政策报告式的"论断"而缺乏学术分析的现象。

中国人类学研究中运用的时态，也值得反思。西方人类学从19世纪中期到20世纪末期，经历了三个阶段的演变，演变的基本特征可以用时间与空间关系的观念来形容。古典时代，以论述的古代时间为内容，关心的却是现代社会的"史前史"。现代主义时

1　我们应当花更多时间借用历史的想象力，对古代"天下"与近代"世界体系"进行比较，在"天下"内部寻找包容差异的制度，并在这一制度的框架内思考中国人类学的空间建构，而在这方面，中国人类学所做的工作尚属初步。

代，以论述的当代时间为特征，否定阶梯式文化进化史的设想，关注世界各文化的同时性和当代意义。后现代时代，有以时间流动的存在批驳现代主义人类学无时间性的倾向，亦有恢复人类学的历史时间的姿态，但因其对古典与现代人类学均实行否定，要揭示时间与他者这二种观念与启蒙哲学的关系，故只注重时间的现代谱系之分析。中国人类学史上，既无一成不变的自他二分法，又（因意识形态原因）在论述的时态方面表现出一种飘忽不定的特点。中国人类学的起点，多赖西方进步主义思想，译述多集中于对进化论的介绍。而到1920年代至1940年代，随着学科的成熟及地域性流派的产生，出现了一个传播论、历史具体论及功能论多元并存的局面。这一阶段的人类学论述时态，不同于西方的"无时间性"，而是夹杂古典主义的直线性时间和现代主义的无时间。1950年代以后的三十年，因进步主义成为主流（甚或唯一模式），中国社会科学诸学科均倒逆为西方19世纪的进化论古代时间。1980年代之后学科重建要是以反思中国人类学论述的时态演变为起点，那么，今日所造就的知识局面可能就完全不同于现实。然而，有意无意间，人类学论述时态上出现了简单化倾向。不少人直接从古典人类学的古代时间转进到社会科学的传统—现代二分法中，也有不少人将自己的论述纳入西式后现代主义的"现代性谱系"所提供的一元化时态中去。[1]

1　在我看来，1980年代的中国人类学成为"二大时态"并存的人类学。第一种时态，是一种"过去"向"现在"演变的"直线时间"，具体表现为不断论证乡民社会的"城市化""国家化""公民化""全球化"。第二种时态，是一种学术追求上不断求新的时间，对于有这一抱负的学者而言，对于知识积累的否定，是学术创新的前提（事实并非如此）。因而，中国的人类学研究，近期出现不加反思地延伸"传统""现代"二分法及随意引用"后现代主义解构"而不顾学科认识论建树的问题。

走势与前景

中国人类学研究要有真正的创新，便要从学科问题的理解中开拓新视野。例如，在三大地理空间圈中，海外研究这一圈相比于海内汉族与少数民族研究这两圈，势力相对单薄得多，成果相对少得多。为什么人类学这个以研究他者为业的学科到了中国变成了"文化自觉"的工具？"本土化"可能是答案的一部分[1]，但并不完整。人类学的"中国化"体现天下向国族的转变，而对这一转变进行人类学思考，对于我们理解人类学解释中的中国尤为重要。在《社会人类学与中国研究》一书中，我曾借海外汉学人类学研究的梳理表明，人类学的中国研究，不应局限于民族志方法，而应在个案研究中贯穿整体的、历史的、文化的综合分析。理解从天下到国族的研究视野转变，是书写中国人类学综合文本的关键步骤。[2]针对中国人类学重国内研究、轻海外研究的倾向，我还提出，中国人类学有必要将自身回归于他者。然而，中国人类学的海外研究，若简单搬用西方概念，到海外运用汉译的西学理论，便没有实质意义。中国学者研究非中国社会，要在从被研究者的角度出发的前提下，实验中国概念的跨文化解释。[3]为了实验自己的解释，我主张中国人类学者应从中国历史上丰富多彩的海外民族志（如《大唐西域记》《真腊风土记》《诸番志》等等）中寻找线索，使自己的"文化翻译"与天下

1　参见徐杰舜主编：《本土化：人类学的大趋势》，南宁：广西民族出版社2001年版。

2　王铭铭：《社会人类学与中国研究》，北京：生活·读书·新知三联书店1997年版。

3　这项工作如果没有进行，那么，我们很难说中国人类学存在什么自己的"海外研究"，我们只能说我们的"海外研究"替西方人类学和社会科学其他门类做了自己的"脚注"。

思想的谱系连接起来，使之与今日中国人类学研究的空间布局产生关联，为人类学的再认识重新做铺垫。[1] 而这方面的工作，依然与我们对从天下到国族历程的认识息息相关。

我之所以说天下与国族的历史关系之叙述，应构成中国人类学研究的重要主题，除了因为上述思考之外，还因为我拟借此表明，中国人类学研究的"内在他者"（农民和少数民族）的研究，若能得到密切交流和结合，便可提炼出有价值的概念体系。中国人类学的汉族与少数民族研究存在两个方面问题。首先，在汉族研究内部，存在南北差异，南方的社区研究多注重历史，北方的社区研究多注重现实。然而，历史与现实之别并非来自南北的文化差异。作为来自学者的学术关注点自身的南北差异，并不表明南方社区真的具有比北方社区更多的历史感，也并不表明北方社区比南方社区更深地沉浸于现实社会的压力之中。不同的区域有各自的历史，但区域化的历史在历史上也长期处于错综复杂的关系体系内部。怎么通过这一关系体系的把握，深化南北差异之间的对话，这个问题没有得到解决，社区研究永远都只能是村落研究，而非社会研究。其次，本来汉族与少数民族之间的区分是人为的，不同的民族在中国的历史上已有深入的接触和交融，同处于一个天下。然而，中国人类学的研究似乎有将二者区别对待的倾向（人类学研究的东西部之别就是表现），这一倾向使汉族研究与少数民族研究长期存在隔阂，缺乏比较、关系的联想和总体的思考。怎样去除这个隔阂，使两者之间出现历史、文化和知识上的关系？我以为，这将是未来几年中国人类学需重点解决的问题之一。

1　王铭铭:《西学"中国化"的历史困境》，桂林: 广西师范大学出版社 2005 年版，第 214—288 页。

　　中国人类学家中兼备汉族与少数民族、历史与现实之研究经验的人数并不为少，而近期关于华夏及其边缘相互建构的历史与人类学研究也出现了[1]，这些都为问题的解决做了铺垫。在这个基础上，中国人类学者若能进一步在田野工作和文献研究中思索"关系的结构"，将可能提出一套有助于理解文明社会的内部等级结构及其运行方式的理论，而这些也正是文明社会的人类学的潜力之所在。

　　要实现文明社会的人类学，人类学家需要历史的想象力，但这一具有历史的想象力的人类学，不应排斥有潜力的具体研究主题。对于疾病与医疗、物质文化与文化展示、法律与宗教等方面进行的人类学研究，潜在着从现实问题的理解中更新人类学认识论的可能。对这些方面，中国人类学家也开始给予关注。当"理性是社会的灵丹妙药"的近代信仰危机迭起之时，生态问题、疾病问题、"治乱"问题频繁出现，使人类学家意识到自然与文化二分的理性潜在着巨大破坏性[2]，从"疾病的隐喻"、物的精神实质、礼的秩序，透视种种现代制度的弊端，成为人类学研究的新近热点。诸如此类的研究，有双重价值。一方面，它们能使我们认识到近代文化的有限；另一方面，这些关于观念、制度及关系的新探索，并非不具备历史意义，相反，在很大程度上，它们与我们对于人类学认识论的总体思考相互映照，以具体生活世界为载体，表达出理论问题的现实意义。

　　　　（本文曾以《二十五年来中国的人类学研究：成就与问题》
　　　　　为题发表于《江西社会科学》2005 年第 12 期）

1　如王明珂：《羌在藏汉之间——一个华夏边缘的历史人类学研究》，台北：联经出版事业股份有限公司 2003 年版。

2　如费孝通：《论人类学与文化自觉》，北京：华夏出版社 2004 年版，第 225—234 页。

1990 年代文化研究的内在困境：
对有关论述的质疑

　　1990 年代，文化研究成为不无争议、却又给人过高期待的论述领域。

　　在中国学术界，对与文化（有时可能应当带上引号）有关的事象的论述，与文化人类学对社会形态和生活方式的探讨有一定关系。但在 1990 年代，文化的论述却主要呈现为众多对中国文化与现代性之间关系的论述。一方面，从 1980 年代末开始，一些学者试图通过借助韦伯的欧洲近代社会理论，来重新领悟中国文化与现代化之间的认识论关系。在这一努力中展开的诸多对于儒学、道教以至民间信仰的研究，首要的考虑是驳斥那种认为本土的所谓"思想传统"构成现代化之障碍的主张。另一方面，比传统文化的研究稍迟一些，另一种文化的论述诱使许多学者走向理论的相反端点，在这一个新的端点上，人们开始思考一个新的问题，即，现代性是如何在中国获得它的本土性的？从对"科学"观念与宋明理学的"格致"观念的研究[1]，到对明以后国家与民间社会理想模式如何融入近代民族主义路线的研究[2]，都对诸如此类的问题提供了一种历史—文化相对主义的解释。

1　汪晖：《科学的观念与中国的现代认同》，载《汪晖自选集》，桂林：广西师范大学出版社1997年版，第208—305页。

2　如王铭铭：《逝去的繁荣：一座老城的历史人类学考察》，杭州：浙江人民出版社1999年版。

这些广泛意义上的文化研究，到了 1990 年代后期，很快面临着另一种同样有着深刻内在矛盾的论述的挑战。这一挑战的来临，最终表现为广为人知的"自由主义"和"新左派"对于中国发展道路的争论。之所以如此，显然是因为文化研究者在人文价值观念上怀有的对于"本土性"的强烈关怀，已经在认识论的总体特征上影响到了文化研究的领域之外，冲击了原来占据社会科学思想，尤其是政治经济进步论思想的核心地带。或许也正是因为这一点，现在一提文化研究，很多人就立刻会想到"新左派"这个标签（这无论在海内还是在海外都有一定的根据）。事实上，这个人们通常给予的标签，不应使我们忘记文化研究领域内部不同论点之间存在着的巨大派别之分。近年发表的中国文化研究著述表明，这一领域的研究者们基本上已经依顺实证主义的论述模式和批评主义的解释模式，走出了两条相当不同的学术道路。依顺实证主义的论述模式展开的研究，把文化事象的意义归结为现实社会的转变，尤其主张在 1980 年代以来国家、市场、社会之间关系的转型进程中考察当代文化的走向，而这里所谓"文化"，指的无非是潜在构成一种现代或后现代（往往即指"改革后"）总体生活方式的新闻、大众舆论、思想和符号消费模式及其"精神"。[1] 依顺批评主义的脉络，另一派的文化研究针对的恰恰不是这种新的总体生活方式的乐观前景，而是它背后潜藏的政治经济学问题。市场化、资本主义化、帝国主义化正是这里所说的政治经济学问题的核心内涵。持批评主义论点的文化研究者，借助西方马克思主义、法兰克福学派、东方论等概念框架展开

---

[1]　参见孟繁华：《众神狂欢：当代中国文化的冲突问题》，北京：今日中国出版社 1997 年版，第 43—46 页；刘建明：《天理民心：当代中国的社会舆论》，北京：今日中国出版社 1998 年版。

他们的解释。[1] 作为一个比较，倘若实证主义的文化研究强调的是
"改革后"（即改革后社会文化转型的乐观状态），那么，批评主义的
文化研究者，则应当被列为"后改革主义者"，因为他们所关注的，
就是中国"改革后"的时态中出现的、作为文化批评新对象的诸多
社会问题。

　　许多人误认为，新出现的、相对规范的文化研究派别，与 1990
年代前五年流行一时的中国文化研究（实为新儒学和新道学研究）
一样，强调的是本土性。也有许多人误认为，这些文化研究派别，
都可以被我们放置到追求本土性的论述体系中判定。于是，自由主
义和其他带"主义"的论者，抓住一些文化研究者强调的本土性不
放，指责他们的文化相对主义和文化多元主义，甚至对于这种文化
中心的研究所可能对现代理性在中国的再度启蒙构成的障碍，持极
为谨慎而防范的态度。[2] 假使我们真的能够观察到研究者心中怀有的
人文价值观念，那么，这样的谨慎而防范的态度或许就有一些实证
意义了。然而，事实却是，无论是实证主义还是批评主义的文化研
究者，都向来没有系统论述过文化本土性的问题；恰恰相反，他们
所论述的问题，是一种具有世界性意义的文化与政治经济学的新现
象。即使有个别文化研究者能够自觉地提出问题，他们所提的也无
非是针对"全球化中的"世界性市场所构成的世界性威胁。其实，
争论双方的唯一意见之别，只不过是对于现代性的"应然状"或
"现实状"二者之一的不同选择。批评主义的文化研究者所坚持的
是，现代性不仅在世界，而且在中国也已经成为一种不一定应然的

1　如汪晖、陈燕谷编译的《文化与公共性》（北京：生活・读书・新知三联书店 1998 年版）即
　透露出这种倾向。
2　参见万俊人：《现代性道德的批判与辩护》，《开放时代》1999 年第 6 期。

现实。实证主义者则坚持认为，现代性既然已是现实的，就一定属于一种应然的形态。因而，在我们判定文化研究在认识论和政治-伦理上是否存在问题以前，看来有一个更为必要的使命必须完成，这就是：现代性是否已经成为一个如此完整而坚固的"中国现实"，以致学者必须对其展开一种现实主义的文化批评？

　　尽管两种文化研究的立场之间确实存在着深刻的政治-伦理价值判断的观点对立，但两种立场的根基，似乎奠定在另一个论点的基础上，这一论点就是：现代性的问题已经成为一个重要的"中国事实"和"中国问题"。1990年代实证主义和批评主义的文化研究者，都以论述文化、人文精神、意识形态、观念、生活方式为自身的学术使命。但是，这两个派别的论述风格却又都鲜明或隐晦地将这些具有符号-精神涵义的领域归结为政治经济领域的附属产品。在实证主义文化研究者那里，可以观察和论证的文化变迁之所以呈现出来，其前提被归结为随着"改革开放"而来的"市场化"。在这批派学者看来，这个时代的文化多元景观，是政治经济转型的直接后果。[1] 相对而言，批评主义的文化研究者已经有一部分在认识论上关注到了观念形态和符号体系对历史发展过程的决定性意义，他们中的大多数又倾向于将作为观念体系和生活方式的文化视为现代性的核心内容。然而，在这批学者当中，对于自由主义政治经济学传统中"进化"观点的防范心态，以及在其具体的政治经济学思考中，对于西方资本主义生产和生活方式全球化的抵制心态，也促使他们自身将相当多的注意力转向世界政治经济体系的"中国问题"。显而易见，

---

[1]　在海外中国研究界，这种论点目前也已十分时髦。尤其是在美国汉学界，"改革后中国发生重大社会变动"这个词句更已成为大多数文章的开篇语。

在不同的表述方式中，这两条学术道路所依据的基本概念框架是一致的，对它们起着决定性影响的是一种潜藏的历史认识论模式。这个模式的核心要点，就是现代性概念；而它似乎可以用"文化 ＝ 现代性 ＝ 西方世界体系（资本主义）的全球化"来表达。

那么，现代性又是什么？它向来是近代发生的社会理论和社会科学研究的核心，此概念在 1980 年代以来之盛行，主要缘于 20 世纪后期的思想者对于原来被认定为"资本主义"的那种社会形态概念的重新理解。现代性概念针对的对象，是马克思的资本主义生产关系、韦伯的新教伦理和科层化、涂尔干的社会分工与结构转型理论。在一些论者那里，现代性概念之所以有意义，是因为它为我们理解现代社会提供一种综合了上述三种理论的框架；而在其他论者那里，现代性指代的那种历史感、政治经济及社会文化转型，正说明这三种宏大理论框架的不充分。不过，现代性概念对于大多数论者来说，似乎还有一层更为重要的认识论"革命意义"，而这一意义在于它与"现代化"概念的断裂关系。[1]时常运用现代性概念的学者，大抵都拒绝接收"现代化"这个概念。在他们看来，"现代化"这个概念曾经致使人们对现代社会抱持一种理想主义的情怀，致使人们将"现代社会"看成是一种好东西，而"事实上的"现代社会却存在着诸多违背人性的问题。于是，当法国社会哲学家福柯（Michel Foucault）刚刚指出现代社会是一种新的、更为整体的人身治理方式之时，大批社会理论家和文化研究者立刻为之欢呼；而与此同时，一些依然怀念启蒙和进步主义时代的思考者，极端恐惧而又怨恨地指责现代性理论所具有的这种认识论暴力。

1　如 Anthony Giddens, *The Consequences of Modernity*, Cambridge: Polity, 1990。

　　一些试图"否思"（unthinking）近代构建起来的现代社会科学
学科体系的学者，在 1990 年代后期感受到了文化研究对于现代性的
整体反思的力度。他们乐观地认为，这样一种跨越人文学科和社会
科学的论述类型，即将为社会科学的改弦更张起关键的作用。华勒
斯坦等人即列举文化研究中存在"非欧洲中心主义的性别研究""解
释学转向""对技术进步的价值的怀疑"等三大取向，认为这些新取
向的出现，严重挑战了现代社会科学的论述体系，进而挑战了我们
的学术认识论。[1]然而，我们不能过于乐观地看待这个认识论的概念
转变，因为无论是什么类型的文化研究，其所运用的核心概念性别、
解释学和技术进步怀疑论，都从一个相反的方向，复制着西方对于
性别、解释和技术进步问题的理论焦虑。这种焦虑可以被我们界定
为"现代性的焦虑"，它的背景仍然是一种强调现代-传统二分的单
线历史进化论。与现代化论者一样，现代性论者怀有一种对于现代
社会与历史之间断裂的极度关怀，他们的大多数论述围绕的也就是
"这个断裂是什么并是如何构成的"这一问题。作为一个例证，我们
的文化研究者关注的，就是文化断裂是怎么形成的这个问题。文化
研究的"文化＝现代性＝西方世界体系（资本主义）的全球化"等
式的具体论证，隐含着一种对于现代性如何经由"世界体系"变成
"我们的中国文化"这一过程的论述与评论。

　　事实是否真的如此？这是一个很难在实证的层面加以论证的问
题。正如文化概念一样，现代性概念对于所有观念体系、生活方式、
制度等等的概括，十分难以在经验的层面上得到全面把握。不过，

1　华勒斯坦等：《开放社会科学：重建社会科学报告书》，北京：生活·读书·新知三联书店
1997 年版，第 69—72 页。

实证主义的研究者，却发明了"消费主义"这个更为容易在日常生活中观察到的维度来解说他们的立场。目前在中国都市中林立的大商场、超级市场、星级宾馆、西式快餐店、卡拉 OK 场所、Disco舞厅、儿童玩具店、游乐场等等，以及诸如 MTV、Joy of Weekend等电视节目，给了文化研究者论述现代性的"消费主义"在中国蔓延的可供观察的证据。在诸多文化研究者看来，这些几乎全是属于"舶来的"享乐主义活动，在中华大地上已经占据了文化景观的核心地位，在它们的排挤下，那些传统的集体主义休闲方式已经退居边缘。研究流动农民工（尤其是青少年女性流动工）的文化研究者，在此基础上又关注到了流动农民工促成了现代消费文化在城乡之间流动的过程……一言以蔽之，尽管 19 世纪末 20 世纪初德奥和英国的文化传播论在我们的理论上已经退出了历史舞台，但这些实证的观察，再一次在不承认这一旧学说的地位的前提下，论证了它的这种解释力。因而，有学者一看到近似外国的东西，就认定它是西化和现代性的，是一种代表"非本土文化"的从外国——尤其是西方和日本——传播而来的新现代文化。相对而论，少数一些运用文化的生产制度理论的研究者，能够注意到文化产业内部转轨时期的制度交错问题；但即使是这样，他们对于文化事业从"宣传说教式"到"广告经营式"的演变赋予的解释，也充满着对于现代性直线上升的想象。[1]

　　问题是，我们不能简单地从都市文化新景观直接推论出一个有关现代性的结论。从表面上看，上述文化景观的组成因素，确实使

---

[1]　在一些论者那里，现代性被"流行文化"（popular culture）这个概念替代，但其内容实质也是指脱离了知识分子文化理想的消费主义文化和商品化。如 Wang Yi, "Intellectuals and Popular Televisions in China", *International Journal of Cultural Studies*, 1999, Vol.2: 2, pp. 246–259。

中国大地上的都市，失去了它们的本来面目，而新的文化因素又使它们表现出了一种具有强烈西方消费主义的特征。然而，那些住在星级宾馆、吃西式快餐、跳 Disco 的人，难道一定已经通过这些活动塑造了自身的现代性和消费主义人格？就以吃西式快餐论之，一度有论者认为，麦当劳在中国的出现，将意味着原来强调共同体（如家族、关系网络、团体等）认同意义的中国传统就餐习惯，被新式的强调个人方便、快捷、自我陶醉的新就餐习惯取代，而这一取代又意味着新一代消费者将促发一场巨大的文化转型。然而，倘若我们研究过麦当劳在中国的营销方式，就可以发现它们与在西方的同类相比，还是有着十分不同的特色。美国和中国的麦当劳，在管理理念上是雷同的，在促销方式上，也一样地采取吸引儿童及青少年顾客的策略。但是，对于美国的麦当劳消费者来说，这种场所显然不是情人幽会的"高雅场所"，而在中国的许多麦当劳中，已经设计出"情人角"这种东西来招徕青少年消费者。[1] 此外，在美国，也不存在像中国人这样的、把带小孩到麦当劳吃汉堡和便宜的薯条，当成改善家庭生活质量的办法和家庭荣耀的象征。显然，同样一种东西对于它的原产地和次生地，会有十分不同的意义，而我们似乎也可以将中国麦当劳的诸如此类的特殊性视为西来文化"本土化"的具体表现。同样的逻辑，对其他类型的消费文化，也同样有效。

　　通过西式生活方式来论述西方现代性全球化的学者，时常忘却除了"本土化"之外的另外两个重要的事实。其一，就所谓"现代世界体系"这个大的时间场景来说，西式生活方式的东渐，只不过是世界性的物质文化流动的一个组成部分，而不是所有的一切。有

1　翁乃群：《麦当劳中的中国文化表达》，《读书》1999 年第 11 期。

西方学者运用充分的证据指出，现在西方人喝咖啡和奶茶往往被人们想象为西方独特的生活方式的表现，但事实上咖啡是从中南美洲传到西方的，而茶则是从中国南方首先传到英国的。[1]诸如此类从非西方向西方的文化传播，更在当代西方大都市中非西方聚居区和商业区的集中发展过程中得到表现。例如，西方世界中的唐人街和中国餐馆，绝对不会少于中国当前西方居民区和麦当劳。其二，就中国这个空间范围而言，接受外来的文化，显然不是 20 世纪后期才出现的现象。汉唐、宋元时期的文化交流的广泛存在，促使我们的"中华文化"具有了许多外来的因素，从我们的乐器到我们的食品，都充满着"胡"和"番"的意味。这两个重要的历史事实，足以使那些急于论证中国正在遭到西方文化浸染的学者陷入解释的困境：他们的论证方式，显然是以制造一个"短时间"（如"改革以来"）、"二元化"（如"西方与中国"）为基础而构成的。

当然，我们的文化研究者似乎还必须面对另一个更为现实的现象，即，新文化景观的出现，显然并非一定伴随着传统文化的消亡。事实上，当所有一切被界定为"现代性的""西来的"物品流动于中国大地上的时候，以民族和社区为主体的自我文化的自觉的复兴，也在我们的土地上呈现为一个潮流。那些坚持儒学是现代化的本土资源的余英时们和杜维明们，先从海外到海内，再从海内到海外，不断地在重复言说非现代民族精神支撑现代物质-技术文化以至现代精神文化的理由。作为被我们认定为"生活方式现代化"表现之一的旅游业在中国之兴起，也无一不依赖华夏传统和少数民族传统的再创造。不可否认，在旅游景观的文化创造上，诸多域外文化因素

---

[1]　Marshall Sahlins, "Cosmologies of capitalism", *Proceedings of the British Academy*, 1988, Vol.74: 1, pp. 1–51.

已成为我们用以吸引游客的手段。例如，文化人将云南的某个美丽的山区论证为英美作家笔下的"香格里拉"，这里面或许有诸多口碑史和地理学的依据，但是更重要的却是这种旅游学的论证本身所怀有的将域外文人对中国人文景观的想象转变为本土文化自我认同的想象。因此，旅游不是现代性的表现，而是人们试图逃避现代性日常生活的表现，这个旅游社会学的观点，看来是符合事实的。[1] 旅游以本土而传统的胜迹的再现，提供人们暂时避开高速前进的时间带来的压力的时机。传统文化没有消亡这一事实，经常还可以在不怎么受学者关注的那些被称为"小农"的成千上万的村落区位中呈现。在这些地方，地域、村落和家族的神庙、祠堂的重建，也是中国 1990 年代的文化场景的重要组成部分。近年华南及华北村落的历史与人类学考察，都充分说明了这一事实。[2]

在这些事实面前感到无能为力的学者，可能立刻会转向利用电视和因特网作为他们的新论据来证实自身论点的有效性。电视和因特网，确实在 20 世纪下半期相继成为力量最大的世界性传播媒体，电子技术所带来的人类视觉和知识的变迁，确实也是十分巨大的。然而，当有人说这些技术正在使我们"走向世界""成为世界公民"时，我们是必须有所保留的。从技术论之，新的视觉和信息技术的发展，确实完全可能使我们超越地方感和民族-国家感给我们带来的时间和空间的局限，使文化之间的交流更迅速而有效地展开。不过，我们不能忘记技术无非是技术，技术的运用者才是文化的主体。美国应该说是电视传媒对公众舆论影响最大的国家。在这个国家里，

1　王宁：《旅游、现代性与"好恶交织"——旅游社会学的理论探索》，《社会学研究》1999 年第 6 期。
2　参见王铭铭：《前言》，载《村落视野中的文化与权力》，北京：生活·读书·新知三联书店 1998 年版。

利用电视来塑造美国军队的世界性的威严形象，利用电视来创造总统的英雄史诗，利用电视来推翻一个总统，利用电视来推销本来属于地方特产的产品，这些行为都说明电视的力量，但不能说电视即等于全球化。恰恰相反，电视与美国人的民族自我认同的塑造和自我推销，是密切相关的。在这个意义上，因特网或许是一个超越，因为它使得个人可以瞬间与非我的世界构成关系，而无须通过他人所掌握的媒体。然而，对因特网越熟悉的人越能知道，通过电子网络来构筑自身的共同体而非现代性的世界体系，才是"网虫们"的乐趣。这种网络是否能够使一些原生的民族共同体走向世界，也依然是一个大问题。我就听说，现在的爱斯基摩人就利用因特网传播的信息来确定社区捕猎的日程和方式，这种行为的目的在于保留民族共同体的生活方式，而非反之。

再来看看被社会学者和文化研究者当成打破旧有文化边界的新移民现象。从民族-国家疆界内部的乡村到城市的人口流动，是十多年来引起学界关注的话题。从社会学者的眼光看，国内的移民起着对旧有秩序的"解构"作用，它打破了户籍这种长期以来制约中国人的社会流动、维持着城乡之别的社会控制机制。从文化研究的角度，学者们也开始联想移民的文化后果。有研究者认为，国内的移民使当代中国都市的现代消费主义生活方式逐步从中心向边缘推进，冲击着乡土社会传统的生活方式，并将使之最终纳入现代性的轨道上来。针对跨国界的移民现象，研究者关注的是这种人口的移动如何冲击民族-国家的边界。他们认为，跨国移民与其他的跨国活动一样，化解着原来以国家和区域的固定边界来维系的文化特征，并促进着全球性的文化交往，世界的中心-边缘的文化差异逐步消失，更使移民的原发地的文化产生巨大变迁。然而，那些人身已经融入发达城市的乡民，却并没有在社会和文化上被他们新生活的情景吸收；相反，在诸如北京、上海、广州、深圳等国内大都市以及纽约、伦敦、巴黎等西方大都市中，来自边缘地带的移民在新的生活情景中一直在运用他们习以为常的观念来重新营造自身的生活氛围。无论是北京的浙江村、新疆村，还是西方的唐人街，所存在的都不是一种现代性的新生活，而是一种移民的原生地传统象征和生活方式的复制。从这些都市的地点暂时回到祖籍地的移民，可能出于面子的考虑而不断重复外面世界的美好，从而使没有离开边缘乡村的那些居民发生对现代文化的美好想象。但是，这种想象的存在，恰恰说明城乡距离感的加剧，说明都市的移民社区与他们的原生纽带的密切关系。一如一位美国人类学者萨林斯看到的：

> 所有这些描述所表达的，都是土著的家乡与大城市"外面的家园"之间的结构性互补，它们之间的相互依赖成为了文化价值与社会再生产手段的资源。符号象征上是集中在家乡，其成员由此可以导出他们自己的认同和命运，而跨地方的社区从策略上有赖于城市的流动者来获得物质的收益。乡村秩序本身扩展到城市，同时移民之间也依据他们在家乡的关系过渡性地联系在一起。作为移民的关系，亲属、社区以及部落的亲合获得新的功能，也可能获得新的形式：他们组织人口和资源的移动，照顾家乡的各种关系，为家乡的住房和就业提供帮助。由于人们想到的是他们的社会关系以及他们叶落归根时的景况，因此物品的流动一般都会偏向家乡人那一边。本土秩序通过从外国的商业区获得的收入和商品得到维持……跨越了传统与现代之间的历史性界限，跨越了中心与边陲之间的发展距离，跨

越了城里人与部落人之间的结构性对立，超地方的社区观念欺骗了一大批已经被启蒙过的西方社会科学家。[1]

从消费文化、视觉和信息技术、新移民浪潮这几个方面，从事文化研究的学者都试图提出一切围绕着传统性如何走向现代性、本土性走向全球性这个问题的论点，而我们面对的事实却是：文化研究者依据的那种历史解释模式，在现实社会生活的多样性、可变性甚至混乱性面前，显得十分无力。毋庸置疑，无论是声称将对社会生活进行"科学表述"的实证主义者，还是声称将对社会生活进行深刻反省的批评主义者，都不能把这里出现的问题归咎于社会生活本身。我们面对的问题，毋宁应当说还是对于我们自身依赖的解释和表述体系的自我反省。

文化研究者必须承认，我们时至今日还在依赖启蒙理性展开自我认识。启蒙理性首先为社会科学所有学门确定了实证主义的"社会物理学"和社会进化论的支配地位，使社会科学服务于民族国家一体化公民意识的"普遍知识"论证，接着又通过社会科学的历史知性来启发历史变动，诱导文化向一个世界的大同文化的进化。[2]优秀的文化研究为我们指出，两个世纪以来真正的帝国主义，本意并非是要减少被启蒙的西方与其他地方之间的对立，而是要启发失去生命力的"非西方人"接受现代化与发展的观念。但是，到现在为止，我们有多少人能意识到，对"依附"和资本主义"霸权"的批

1　萨林斯：《何为人类学启蒙》，1998 年北京大学社会文化人类学高级研讨班讲演稿。

2　诺贝特·埃利亚斯：《文明的进程》上卷，王佩莉译，北京：生活·读书·新知三联书店1998年版；诺贝特·埃利亚斯：《文明的进程》下卷，袁志英译，北京：生活·读书·新知三联书店1999年版。

评，事实上是在——尽管是从一个相反的方向——论证着西方现代性的力量和非西方传统性的无力。我同意一种观点，即"全球化"这个概念——无论是用什么东西为面纱——意味着历史向前的"文明布道"；而倘若文化研究一直要坚持以这样的概念为学术论证的潜在指标，那么，他们所从事的工作，也就一定难以与"文明布道"区分开来。有一部分的文化研究者，确实是在与启蒙主义的"文明布道"教条展开斗争。然而，由于他们在这个斗争中过于坚信这种教条的普遍影响（特别是坚信政治经济力量对于文化变迁的决定性作用），而没有看到这一教条之所以能起作用，是因为包括他们在内的知识分子对其效用一直给予太高的估计，因此，他们自身的研究也就无法避免批判的对象赋予的支配。

对于20世纪末期文化研究提出的上述反思，不应使我们失去对这个具有思想挑战意义的新式研究类型的信心。至少，在西方内部展开的文化研究已经逐步使我们认识到，在欧洲起源的现代性，不像以往的学者想象的那样，是人类文明进步史的最终指标。在文化研究系统出现以前，大多数社会理论家曾一致认定，现代文化实际上就等于"文化的丧失"，是一种物质主义生活方式取代精神主义生活方式的必然进程，是将人的精神过程完全投入客观的物质过程的必然进程，是共同体瓦解为零零星星的意象中的世界化国家认同的进程——总之，从欧洲起源的"现代化"，是一种注重"身外之物"的启蒙理性战胜"心灵迷思"的进程。在西方内部展开的文化研究，则让我们看到了另外一种可能性，现代性并没有使人类脱离"心灵迷思"，它所起的作用，无非是将人类引入一个自我解放的神话世界，它的核心内涵与所谓"传统"一样，也是一种充满神灵、巫术和象征的文化。随着近代世界的变动，这种西方现代时期独特的文

化，确实已经在世界范围内得以传播。但是，因为它无非也是一种
文化，所以它是否正在致使其他文化丧失其精神实质，抑或像古
代那样正在与其他文化之间形成相互交往（包括相互想象和相互误
解），就仍然应当是文化研究者必须面对的问题。

（本文曾发表于《南方文坛》2000 年第 3 期）

从关系主义角度看：
《中国新人类学》后记[1]

学科恢复重建四十年来，中国人类学诚然一直趋于繁荣。然而，它是否起到了真正的知识激发作用？是否取得了如此重要的突破，以至于我们有理由称之为"中国新人类学"（这一特辑的标题）？对于我们的西方同事而言，它是否真的有如此大的创造性，以至于在西方社会科学主场中工作的学人，也必须做好迎接它的准备，必须视之为对世界民族志学宝库的重要贡献？

在那些依托美式"神圣四门"（即，体质、语言、考古、社会）来重建人类学的大学中（如，中山大学），体质、语言和考古人类学仍继续得到研究和教习。然而，在多数其他教学科研机构中，人类学主要指对社会和文化的民族志研究。这个意义上的中国人类学中，近几十年已有许多优秀的当代问题研究，这些涉及城市化、移民、医疗、环境问题、艺术、灾害、旅游、景观、遗产等。

虽则如此，本刊所辑文章的作者们并没有讨论上述的新课题。

1　我在本文中回应的文章，包括：(1)Zhang Yahui, "The (Un) Consciousness of the Historical Anthropology of China"；(2) Xu Lufeng et Ji Zhe, "La redécouverte de la tradition française dans l'anthropologie sinologique"；(3) Liang Yongjia, "Culture, Tradition, Custom, Folklore, etc: Chinese Anthropology of Anything-but-Religion"；(4) Aga Zuoshi, "The 'Minzu' Conjecture: Anthropological Study of Ethnicity in post-Mao China"；(5) Chen Bo, "Chinese ethnography of foreign societies"。这些文章均见于汲喆、梁永佳主编：*The New Chinese Anthropology* (*Revue Internationale de'Anthropologie Culturelle & Sociale*, Paris: de l'université Paris Descartes-Sorbonne Paris Cité, 2018)。

与此相反，他们关注的是一组不那么新颖的课题[1]，包括历史（张亚辉）、文明（许卢峰和汲喆）、宗教（梁永佳）、民族（阿嘎佐诗）和海外社会（陈波）。对于那些更愿意追寻新时尚和"新出现的现实"的人而言，这些课题似乎过时了。但这一特辑的作者们认为，对学科的演进而言，重新思考这些老课题，意义更为根本。

这一特辑所收录的述评有个共同任务，即，总结上述几个重要领域的近期成就，并着重认识它们的创新性。要知道，这些述评的作者们并不是中国人类学的局外人，他们不是在远处观望，也不耽于浪漫幻想；作为局中人，为了增强其所在学科的知识势力，他们必须有所批评，或者说，有所自我批评。

从历史到文明

我们从人类学中的中国史研究说起。

张亚辉在他的述评中讲述了这些研究的发展过程。他在文章中谈到，一批专注于地方研究的历史学家们最早开始将他们的学科与人类学结合起来。他们（如，郑振满、陈春生、刘志伟、刘永华）几乎都来自南方的大学，专门研究传统（帝国）晚期的中国历史。他们与其国外同事们（如，丁荷生［Kenneth Dean］、科大卫［David Faure］和萧凤霞）一道，采用了如"家族／宗族""民间宗教／信仰／仪式"等人类学概念，以探讨乡民士绅化和士绅庶民化这两种"文明进程"。

1　他们的做法是有着充分理由的：大多数对新课题的研究，要么是为了跟随不断变化的西方——尤其是美国——学术时尚而从事的，要么是为了功利地完成国家社会科学"建设"或"挽救"项目而展开的，它们很少深入研究学科的认识论和政治性问题。

　　自 1990 年代初以来，越来越多的学者开始往返于历史学与人类学之间。前面提到的历史学家们继续基于文献（不少是田野工作中搜集而来的"民间文献"）展开地方研究，与此同时，另一批人类学家（包括我自己在内）则转向了历史民族志。在研究地方世界的社会生活、文化和行动主体时，他们发现中国各地的"地方性知识"是高度历史性的，而这一"历史性"是指"过去中的过去和现在中的过去"两种含义里的"先前性"。因此，他们不仅试图追溯前现代中国"文明进程"的轨迹[1]，同时也密切关注着"文明"的核心矛盾，即，地方社群中"后传统"（post-traditional）民族国家文化政治的拓殖，与当地"落后"民间传统的复兴，此二者之同时展开。

　　此外，在中国考古学和古代史研究中，也存在一定的人类学追求，沿着这一路径，越来越多的考古学家、历史学家和人类学家逐渐形成了一种对史前宇宙观以及它们从新石器晚期向早期"王朝"阶段转变的理解。

　　当今中国学界，几种历史人类学同时兴起，它们各有特色。虽则如此，"纵向"关系仍然被认为是这些不同路径的共同关怀。既有的历史人类学研究都集中关注社会文化要素在高等文化与"低等文化"之间自上而下或自下而上的循环（自上而下即"庶民化"，自下而上即"士绅化"），以及地方文化对中央政权的现代性"帝国"的回应，还有中国古代早期政治文化的变迁。

　　和西方的中国人类学研究一样，国内大多数研究都围绕着中国的"核心"群体（民族学所定义的"汉族"）展开，并一致关注着这样一个事实，即，这一"社会"被整体纳入到一个大型国家之中；

1　Wang Mingming, *Empire and Local Worlds: A Chinese Model for Long-Term Historical Anthropology*, Walnut Creek and California: Left Coast Press, 2009.

尽管历经了种种历史变化，这个国家的文明观念和广义的权力合法性仍旧绵续着。[1] 他们还十分敏锐地强调了文化"阶级关系"中的"纵向性"。

　　然而，由于其视野局限于我称之为"核心圈"的区域，大部分使用汉语的历史人类学者不可避免地遗忘了"其他中国"[2]——也就是所谓"民族地区"的这些非汉族群体。这些地区和群体是"多元一体"之中国的组成部分，通过与核心圈及边疆以外的族群之间的长期互动，在东亚大陆的历史中扮演了重要的角色。

　　我们若是将这些互动归类为"横向关系"（即，那些共在的地区、社群、"文化"和宗教之间的、跨越更广阔地理空间的互动）的一部分，那么，关于这些互动，我们还有很多研究工作需要做。

　　正如我所表明的，为了进行这类研究，马塞尔·莫斯所提出的"文明现象"[3]的观念至关重要，它可谓是对进化理论和国族观念的反动，因它主张，社会现象"是许多社会共有的，且或长或短地存在于这些社会的过去"。[4]

　　许卢峰和汲喆的文章主要涉及中国人类学中的法国因素，在文章中，他们扼要叙述了社会学年鉴派在中国传播的历史，接着花了好几页的篇幅讨论中国人（包括我）对莫斯"文明"概念的运用。

1　Charlotte Bruckermann and Stephan Feuchtwang, *The Anthropology of China: China as Ethnographic and Theoretical Critique*, London: Imperial College Press, 2016, p. 268.

2　Ralph Litzinger, *Other Chinas: The Yao and the Politics of National Belonging*, Durham: Duke University Press, 2000.

3　Marcel Mauss, "Civilisations, Their Elements and Forms", in Marcel Mauss, Émile Durkheim and Henri Hubert, *Techniques, Technologies and Civilisation*, Nathan Schlanger (ed. and intro.), New York, Oxford: Durkheim Press/Berghahn Books, 2006, pp. 57–71.

4　王铭铭：《超社会体系：文明与中国》，北京：生活·读书·新知三联书店 2015 年版，第 59—60 页。

许卢峰和汲喆指出，中国的文明人类学（承蒙他们述评了我对此的贡献）在知识上与法国学派紧密相联，它最初是基于葛兰言对中国历史的创新性研究[1]，但最终形成了一种更广泛的综合。它的概念基础仍然是葛兰言对中国的关系宇宙观与西方权力理论的比较，但它同时也从莫斯、梁启超、吴文藻、欧文·拉铁摩尔、费孝通以及许多中国民族学先驱的作品中得到了启迪。这个"文明人类学"根据历史和民族志的经验重构了"中国文化"的概念，使其成为一个更加复杂和动态的系统，称为"三圈"（核心圈、中间圈和外圈）。在这一综合中，中国文明被呈现为一个并没有那么受限、内部多样化、与外部相关联的世界。

在这样一个被重新定义的文明整体中，中国被再现为一个动态的社会世界，不同的"核心区位"、民族和宗教，相互之间有着复杂关系。要认识这一"超社会"体系，仅对"纵向"关系加以考察是不够的，我们还应对"横向"的圈子和网络加以综合研究。[2]

宗教和民族问题

与各种关系视角得以在"文明"概念下综合的同时，中国人类学涌现了一大批关于宗教和民族的新研究。出于对片面的"纵向"叙事之不满，汉学人类学在晚近阶段产生了自我反思，但这一点并没有被从事宗教和民族研究的人类学家认真考虑，这或多或少是自然而然的，因为他们的研究通常早已超出了"华夏世界"的范围。

1　Marcel Granet, *Chinese Civilization*, Kathleen Innes and Mabel Brailford（transl.）, London: Kegan Paul, Trench, Trubner and Co., Ltd. 1930.

2　王铭铭：《超社会体系：文明与中国》，北京：生活·读书·新知三联书店 2015 年版。

有一点也不令人惊讶，尽管宗教和民族问题与莫斯的"文明现象"概念密切相关，但很少有中国人类学家从这个角度来考察它们。

那么，中国新出现的宗教和民族人类学是什么样的？在介绍历史和文明的两篇文章之后，第三篇和第四篇述评给我们提供了概述。

梁永佳在他的文章中对"宗教复兴"的几种新方向进行了全面的概述。虽然他并没有声称穷尽了既有路径，但是他的文章实已涵盖全部主题。如梁永佳所述，中国宗教人类学之所以成为一门被深入研究的学科，其背景由两个因素共同构成，这两个因素是，"后文革"时期的宗教复兴，及社会科学各学科的恢复。在 1980 年代末至 90 年代初，几部民族志研究将宗教问题重新带回了中国人类学的视野。很快，"民间信仰"和制度化宗教的复兴催生了更多集中研究。这一问题最开始是在更全面的民族志田野工作中得到考察，后来，广义上的宗教逐渐形成了一个独立的研究领域。

随着国际学术交流的发展，许多新的西方概念得到引进。与此同时，那些根据儒学传统展开工作的学者们也发展出了一些具有中国特色的方法。

来自美国社会学的"市场理论"和儒学遗产中的"生态 / 平衡理论"就是中国学术"国际主义"和"本土主义"之间"兄弟之争"的一例。

其他宗教"人类学"也可以在"文化学"、民俗学和遗产研究领域中看到。

梁永佳对这些方法给出了积极的评价，但他也对其中一种潜在的倾向保留意见。他尤其担忧在这些新研究中暴露出的世俗主义倾向——对他来说，它们仍然是"研究其他任何事物而非宗教的人类学"。梁永佳认为，学术权力分配的官僚主义模式和"宗教"的政治敏感性可以部分解释中国宗教人类学的局限性。此外，他还提及了"'宗教'一词的舶来性"，以作进一步解释。

梁永佳对"'宗教'一词的舶来性"的重要反思令我印象深刻。他把这一批评和"生态／平衡理论"相联系，引出了一些从前现代东方的语境中引用"礼"来代替"宗教"一词的论述。然而，梁永佳对"生态／平衡论"中的儒学因素也抱着批判的态度。为了在东西双方之间保持平衡，他提出，如果中国宗教人类学想要改善其两难状态，便需要进一步综合两者："无论是英语世界的人类学还是中国古典经学，都无法独自帮助中国人类学家做出世界级的研究。"

阿嘎佐诗在她的文章中描述了中国"民族研究"（或译"民族学"）的概况。她认为中国的民族概念最早来源于日本对西方民族（nation）一词的翻译。20世纪上半叶，这一"猜想性的概念"引发了人类学家、社会学家、历史学家和政策研究者之间的热烈争辩。直到新中国成立后，辩论还在继续。新政权认为民族这一概念有益于"社会主义建设"，同时，为了杜绝西方帝国主义在东方的遗毒，它迅速废除了包括人类学在内的各类社会科学学科。然而，为了使新中国成为"社会主义大家庭"，新政权无意中在民族的概念里保留了大量人类学知识。结果，这一概念本身不仅对新的"多民族国家"制度的建设做出了很大的贡献，而且还为毛泽东时代过后的民族观和学科重建奠定了基础。

关于1990年代以来的民族人类学新研究，阿嘎佐诗希望我们关注年轻一代人类学家对于结合中西双方经验与概念的尝试。

如其所述，随着国际学术交流的增多，越来越多的西方新民族理论和民族主义批判开始进入我们的视野。但是年轻一代中国人类学家并未满足于此，而是试图在他们的民族学环境中对之加以"检验"。此时，前代人类学家费孝通在 1980 年代末提出的"多元一体"理念又回到了我们的视线中。费孝通的"中间性"概念已经被重新定义为中心与边缘之间的相互关系和中间圈的不固定性（我的理解）。与此同时，在更多关注政策问题的学者中，"融合论"与"建构论"之间的论战也引发了大量的关注。

经过一个世纪的"汉化"，民族一词已经无法再译回它的原始西方语言里，但吊诡的是，民族"认同"作为一个舶来的概念仍然在继续困扰着中国人类学家。

阿嘎佐诗清楚地表明，这个舶来的概念承载了许多源自西方的思考，并不像看起来的那样与中国紧密相关。然而，她又坚持认为，这个概念深深嵌入了学科史的构成之中，这门学科将民族当作一个"关键词"，并反过来，为重塑中华民族的"多元统一"做出了巨大贡献。

"过去中的过去与现在中的过去"

讨论中国学者对文明和民族之研究的两篇文章，谈到了学科传统，认为这是使中国人类学得以恢复活力的条件之一。正如许卢峰和汲喆所指出的，当下中国人类学对文明的研究不仅与最近被西方重新注意到的莫斯跨社会关系理论相关，还与学界对 20 世纪早期的中国社会学与民族学的一种"递归"有联系。阿嘎佐诗在对中国民族研究的综述中，重述了关于民族与国家之间关系的一系列不断变化的观点，其中，民国时期的学科传统是其中一个重要部分。

很显然，中国人类学的新成就并不是凭空产生的，而是与既有遗产息息相关（需要强调的是，当然，由于这些遗产是西方近代知识传统的转化版本，因此，它们以及它们的相关脉络不应该被视为"本土的"）。可是，这些遗产具体是哪些呢？它们从何种意义上可以被视作是开辟了先河的"过去"？

让我们简单地浏览一下这门学科在中国的历史变化。

众所周知，早在 19 世纪末，西方人类学就作为进化论的主要部分传入了中国，被严复、康有为、梁启超等帝国晚期的改革家们用以启蒙国人。随后，传播论的思想也被帝制末期的某些历史学家采纳，这些历史学家力图在东西方之间的那个板块寻找东西方文明的共同发祥地。然而，作为一门学科或一个学科大类的人类学直到 1920 年代末才成形。

中国人类学的"学科格式化"[1]始于民族主义在远东地区扎根的时期，并与国族营造工作紧密相关。

人类学史家乔治·史铎金（George Stocking Jr.）指出，西方人类学不能被看作单一的整体[2]。他说：

> 在欧美学统中，"帝国营造"的人类学和"国族营造"的人类学有所区别。英国人类学研究的风格首先源自与海外帝国中黑皮肤的"他者"之间的来往。与此相对的是欧陆的许多地区，在 19 世纪文化民族主义运动的背景下，民族认同与内部他者的关系成为一个更重要的问题。而且，民族学（Volkskunde）的强大传统与民俗学（Völkerkunder）的发展十分不同。前者或是对国内农民中的他者的研究，这些人构成了这个民族；或是对

1　Arif Dirlik, Li Guannan and Yen Hsiao-pei (eds.), *Sociology and Anthropology in Twentieth-Century China: Between Universalism and Indigenism*, Hong Kong: The Chinese University of Hong Kong Press, 2012.

2　George Stocking Jr., "Afterword: A View from the Center", *Ethnos*, 1982, Vol. 47: 1–2, pp. 172–186.

一个帝国中潜在的不同民族的研究。而后者则是对遥远的他者的研究，包括海外的和欧洲历史上的。[1]

近代中国人类学是由中国知识分子和政治家们设计的，旨在助力于用社会科学研究推进中国的现代化和国族化。他们从最初就是按照"国族营造人类学"的模式进行设计的。

中国人类学学科在两个主要的学术机构中形成：燕京大学社会学系（由吴文藻领导）和中央研究院民族学研究组（由蔡元培、凌纯声及其同事组成）。[2]燕大与中研院的人类学（又名"社会学"和"民族学"）都是为处理与"内部的他者"有关的问题而建立的，其中前者更关注"作为他者的农民"和他们的现代化，并且更多地依赖英美社会学和人类学；而后者试图帮助国民政府将非汉族纳入作为整体的中华"国家"之中，他们更倾向于采用欧陆民族学观点。

在民族志方面，燕京学派人类学家倾向于强调"社区研究法"，而中研院民族学家则提倡更大规模的历史民族志。

这两个学派都取得了重大的成果——燕京学派将罗伯特·派克的人文区位学、布朗的比较社会学和布劳尼斯拉夫·马林诺夫斯基的民族志方法相结合，开创了"社会人类学的中国时代"[3]；中研院利用欧陆民族学方法进行民族志和民族史研究，它对民族问题的相关研究做出了同样重要的贡献。[4]

1　George Stocking Jr., "Afterword: A View from the Center", *Ethnos*, 1982, Vol.47: 1–2, p. 172.

2　黄应贵：《光复后台湾地区人类学研究的发展》，《民族学集刊》1984 年第 55 期，第 105—146 页。

3　Maurice Freedman, "A Chinese Phase in Social Anthropology", in *The Study of Chinese Society*, G. William Skinner (sek. and intro.), Stanford: Stanford University Press, 1979, pp. 380–397.

4　王铭铭：《人类学讲义稿》，北京：世界图书出版公司 2011 年版，第 483—508 页。

抗战期间（1937—1945 年），燕京大学和中研院都迁入西南偏远地区。两派人类学家在此处进行了集中的交流（包括辩论）。如果给他们更多的时间，也许他们会允许第三种综合双方对立观点的学派出现（这多少会类似于我们现在所知道的"历史人类学"）[1]。不幸的是，抗战结束后不久，解放战争爆发，分别站在对立两党阵营中的学者们失去了进行这一整合的机会。

1949 年后，中研院的许多成员前往台湾，而燕京大学在 1952 年停止工作并废校，燕京学派的成员离开了他们原本的校园，在新政权的动员下加入了"社会主义重建"运动。他们的任务之一是通过民族志和社会经济史研究，确认现存的民族，并将其载入国务院的民族名录中。如阿嘎佐诗所述，当时西式的人类学、民族学、社会学学科都被废除，苏联式的民族志学则开始被提倡。为了完成"民族识别"工作，"旧社会"的人类学家和社会学家们组建了新的研究团队。

随后，这些研究团队扩大并容纳了大量历史学家、经济学家、语言学家、地方史学家和先驱者们快速训练出的年轻一代田野工作者，政府进一步委托他们完成记录各民族社会经济的历史情况的任务，这些族群"落后"的社会结构将要被迅速"升级"到"社会主义阶段"[2]。

在反思战后世界人类学的情况时，列维-斯特劳斯称之为一种悖论：

1　陶云逵：《车里摆夷之生命环：陶云逵历史人类学文选》，北京：生活·读书·新知三联书店 2017 年版。

2　土地改革运动迅速改变了各民族的内部结构，而民族志的完成则要慢得多。研究团队历时近十年后完成了第一组报告。1964 年时，完成了约三百四十份研究报告和超过十部纪录片。在此基础上，还编纂了约五十七部各民族简史和记录。

　　文化相对主义学说的发展源自对我们自身以外的文化的深刻尊敬。现在这一学说却似乎正是被它所维护的这些人视为是不可接受的，同时，那些醉心于单线进化论的民族学家们却从单纯渴望分享工业化利益的人群中得到了意想不到的支持，这些人更愿意将自己视为暂时落后，而非根本上不同的。[1]

　　文化相对主义最早在 1930 年代被介绍到中国，但从未被中国人类学先驱们完全接受。燕京学派和中研院的学者们对这一学说都有所了解，但他们置身于中国的现代化建设运动，均不认为这一"学说"有助于他们的工作（与此相反，他们选择了英美的普遍主义学说和他们自己版本的民族学）。

　　1950 年代间，情况发生了巨大的变化。这一时期，民族学走上了列维－斯特劳斯所担忧的方向（即，成为"土著民族"用以使自身现代化的知识－话语系统）。为了改变中国"暂时落后"的状况，中国的社科学者被赋予了用历史和民族志证据来证实汉和非汉民间文化都曾长期处在"迷信""封建"和"浪费"的文化状态之中的任务。

　　从少数民族地区的"民主改革"开始（1956 年）到 1970 年代中期，中国人类学家自身被划为"落后文化"的载体，经受了数次严酷的斗争，这些如"反右运动"（始于 1957 年）和"文化大革命"（1966—1976 年）。在这些时期，民族志知识被视为"反动"，此研究基本成了"禁区"。

　　新的中国人类学在学科重建二十年后开始发展。[2] 就其现有的成

1　Claude Lévi-Strauss, "The Work of the Bureau of American Ethnology and Its Lessons," in *Structural Anthropology*, Vol. 2, London: Penguin, 1973, p. 53.

2　如果说在改革开放的头二十年里，人类学充斥着对"基本"问题的讨论，如关于人类学的真正含义、如何与其他学科区分以及它能够对中国现代化做出的贡献等，那么，在过去的二十年里，它变得更具创造性。

果看，其凭靠的思想基础，已经与毛泽东时代所提倡的历史唯物主义有了一定距离。[1]

在中国，多数人类学家专注于研究汉人村落与少数民族地区中的"边缘小社区"，他们继续作为"国族营造人类学家"工作着。但新一代中国人类学家受到西方新功能主义、新结构主义和后现代主义的启发，已经能够发现早期民族志文本中的"错失"。他们放弃了历史唯物主义版本的进化论，这种理论曾给"内部他者"的文化带来过巨大改变。另外，他们尤其关注西方人类学的新潮流，有的也试图通过种种方式重新恢复所谓"民国学者"的实证主义社会学和历史民族志传统。

回顾"过去"是为了更好地延续，这与变化并不矛盾，而是恰恰相反，变化总是伴随着延续。

1990 年代以来，中国人类学家掌握了对历史、文明、宗教和民族的新认识，并成功地在旧瓶（社区和民族的概念）中装入了新酒。现在，被学者们考察的农民社会既包括历史悠久的"纵向"关系系统，也包括在时间中动态变化的传统（古代或现代）；民族已经不再被描述为等待国家来归类的"孤立社会"，或是"落后文化"的集中载体，而是从新的角度得到考量。

除了复杂的历史和学术政治因素，中国的历史人类学家和"民族学家"之间仍然泾渭分明：前者的视野总体上局限于"汉学"，而后者则多数将中国看作由众多民族组成的世界。不同"民族志区域"[2]之间的对话对中国人类学的进一步发展至关重要。在我看来，

---

1 二十年前，人类学家仍然在讨论路易斯·亨利·摩尔根的对与错，二十年后的今天，不再有人类学家提到进化的概念。

2 Richard Fardon, "General Introduction", in Richard Fardon (ed.), *Localizing Strategies: Regional Traditions of Ethnographic Writing*, Edinburgh: The Scottish Academic Press and the Smithsonian Institute, 1990, pp. 1–36.

这主要是因为不同知识亚传统之间存在竞争，如燕京学派的民族志社会学和中研院的历史民族学。但这并不是全部。

跨传统的转变并非不存在。

如今多数的历史人类学家来自南方，并且比多数其他社科学者更加历史化，但他们在其民族志研究中无意识地遵循着数十年前在北方发展起来的"社区研究法"；"民族学"最早在北方被重建，"圈"内的主要成员反而都直接或间接地师承燕京学派，而不是中研院的考古学、历史学、文献学和欧陆民族学训练，因此也很容易忽略民族叙事中的历史因素（1950年代的"民族史家"曾专攻此类研究，但他们现在已经被从"民族学家"中剔除出去了）。[1]

这一现象可以被描述为不同知识亚传统之间一种特殊的"习俗"转化[2]，它不是基于对旧模型的批判性重新理解，也不等同于交流对话。

这里我不拟详细讲述每个领域的继承与发展。我相信，上文内容已经足以表明，在过去的二十年中，存在着一种避开"后革命"进步话语的倾向，这一倾向，与新中国成立前对社会和历史的非进化论、非革命论的社会学和民族学叙述是一致的。很明显，如果可以说这是一种学术的复兴，那么，也可以说，它是在知识界对教条化的历史唯物主义之悄然抵制中发生的。这点，上文也已经清楚地说明了。然而，我还需要强调的是，如果这种复兴被认为是必然的、不可避免的，那么，为了批判性地重新思考旧的亚传统，并选择性地将它发展为新对话的基础，这种复兴必须变得更加自觉。

1　造成的结果是，历史人类学家实际上对民族学中的历史主义知之甚少，在田野作业时更像社会学家，同时，"民族学家"对文化史也兴趣寥寥。

2　燕京学派民族社会学在改革开放后数十年间的扩张导致了视角的单一化，这可以解释那种"无意识"的转化。

纵向和横向

许卢峰和汲喆在其文章中指出，中国存在文明人类学的这个新方向。容我重申，这个方向，与近期将民国社会学和民族学视角与莫斯跨社会体系思想相结合的努力息息相关。

我们的努力是在从"纵向"和"横向"来界定"超社会"关系复合体。如果说，在这方面，我们取得了某种成就，那么，这一成就便主要缘于对不同学术传统和视角所做的综合。

我们的观点很简单。它立足于整体主义，反对那种导致了非整体性乃至于非关系性解释的"劳动分工"方法。在我们看来，非整体性或非关系性的解释一旦被应用在历史，宗教和民族研究的领域里，就会导致对历史和现实的种种误读。因此，我们的观点不仅需要在不同的，甚至是对立的亚传统之间展开进一步对话，也需要进一步将本文所述的同时存在的当代视角相互关联起来。

让我根据中国历史人类学遇到的问题来阐述这一点。

如果说中国的历史人类学研究存在着问题，那么它们主要是来自将所选择的事实作为"物体"来考察的方法。在这些研究中，家谱、宗祠和地域性崇拜的寺庙都是被考察的核心现象。大多数中国历史人类学家都试图在论证中将这些"对象"和其他"对象"之间相联系（尤其是那些出现在社会经济和政治现象层面中的事物）。然而，这种努力在某种意义上是失败的，它没有产出有足够人类学意味的成果。问题的根源在于，学者们作为"外来者"或是"知识精英"，对他们所看到的"对象"，甚少从内部视角加以关注，因而，大抵忽视了所面对的事物——诸如族谱、祠堂、石碑和寺庙之类很大程度上属于社会生活中的"魔法"和"宗教"一类东西——的"灵验性"或宗教性。

在我看来，这体现了"本土人类学"的悖论：虽然它自称不同于研究异文化的人类学，但实际上它全然具备后者所被批评的旁观性。

和我们在此处讨论的内容更有关系的是，在所有这些"神圣的事物"中，"本土／民间的"历史视角显然也被铭刻其中。20世纪初以来，中国学者对居于霸权地位的线性发展时间观习以为常，但这种"本土／民间的"的历史时间模式，与此很不同，值得我们加以重点研究。

如果这种猜想是正确的，那么它的意思就很明确了：在我们从历史与宗教相结合的角度来思考这些模式之前，中国历史人类学的创造力将会持续受限。

反过来说也同样成立。宗教复兴和"民族问题"已经成为当今中国的两个热点问题，但当代问题不等于"非历史"问题，恰恰相反，当代问题的根源总是深植于过去的文明复合整体之中。

让我们根据莫斯的观点来讨论这个问题，从这个角度出发，宗教和民族可以被置于更广阔的历史"文明现象"的范畴中来考察。

纵观整个20世纪，汉学人类学一直有一种从中国性出发来理解中国或中华文明的倾向。这一文明本身无疑是存在的。在前现代时期，中国或中华文明是高度系统性的，它的"影响范围"远远超出了帝国的疆域，但这并不意味着没有反向的文化传播，其他文明在历史上也同样是扩张性的。各种各样的文明都在我们现在所说的"中国"里找到了它们的位置。佛教、伊斯兰教、天主教和新教等"大传统"都来自"中华世界"以外，但它们都传入了中国，造成了种种影响，其中之一，就是其所导致的汉民族和少数民族地域与族群的重组。在中国，宗教似乎成了一个介于"中心"与"边缘"、官方与民间之间的中间层。民族与地域的重组同时具备"整合"与"分裂"的功能——这并不总是"制衡"的。随着"中央"与宗教之间、统治阶级和民族之间关系的不断变化，情势也不断地复杂化（需要说明的是，中国历史上有几个时期，"中国"的统治者实际上来自汉族以外的民族，包括几个大型帝国时期，如，北魏［386—534］、元［1206—1368］、清［1616—1911］）。

在前现代时期的数百年中，中国不仅滋养出了自己的"宗教"，也接纳了种种外来的"世界宗教"。至于民族，我们不应该轻易否认它的现代性，但同时也必须承认，在现在被称为"中国"的这个国家里，"民族"的情况也与宗教相似。宗教与民族之间具有"横向的"关系，这是在广阔的地理空间中形成的。然而，它们也是"纵向的"，宗教间和民族间的等级秩序是模式化的，这不同于政权间与王朝间的关系。在关于等级关系的研究中，历史人类学的"士绅化"和"庶民化"视角如果能够被纳入帝国、宗教和民族之间的复杂关系之中，它会变得更具启迪和新意。[1]

内外之间

为了更加诚实地面对其反思性研究，中国人类学家需要完成

---

[1] 近期，关于中间圈问题已经有了一些重要的研究（如，舒瑜：《微"盐"大意：云南诺邓盐业的历史人类学》，北京：世界图书出版公司2010年版；郑少雄：《汉藏之间的康定土司：清末民初末代明正土司人生史》，北京：生活·读书·新知三联书店2016年版；王铭铭、舒瑜：《文化复合性：西南地区的仪式、人物与交换》，北京：世界图书出版公司2016年版），其中，一个古老的文明以及其中的区域性、等级性、宗教-宇宙观、民族多样性和对外关系都已经被重新建构为一个"体系"，它在现代世界的命运已经成为一个核心问题。

一个更进一步的任务：用区域和文明的视角来代替"国族营造人类学"。这个跨界的任务意味着要从关于更遥远的他者的人类学中获得更进一步的灵感，以此重塑对民族人类学的"自观"。但是，反过来说，这是否意味着现有的知识传统将无可避免地走向衰落或灭绝？更具体地说，"帝国营造人类学"，是否应该成为我们重塑中国人类学的全部基础？

为了回答上述问题，让我们根据陈波的论述来重新思考新近出现的"中国的海外民族志"。

令人振奋的是，在近十年间，不仅有更多关于中国境内地区的民族志专著出版，而且关于海外文化的人类学著作也越来越多了。如陈波所概括的，新"海外民族志"中的一部分是中国人类学视野"自然"延伸乃至超越"中间圈"的结果，而另一部分则源自对人类学的霸权风气——"一种从外部观察文化的科学"[1]——的追随。在这两个方面，中国人类学家都进一步吸收了史铎金所说的"国际人类学"内在统一的核心因素[2]——"reach into otherness"。

然而，这种新变化令陈波感到忧虑。他有力地说明，多数中国海外民族志并非建立在真正的参与式观察上，也没有对广义上的当地人际关系的整体理解。更糟的是，虽然这些专著都用中文写作，但除了少数例外（如，罗杨所著《他邦的文明：柬埔寨吴哥的知识、王权与宗教生活》一书[3]），它们都是西方海外人类学的低级翻版，既不是可靠的民族志研究，也没有独特的看法。[4]

1　Claude Lévi-Strauss, "The Work of the Bureau of American Ethnology and Its Lessons", in *Structural Anthropology*, Vol. 2, London: Penguin, 1973, p.55.

2　George Stocking Jr, "Afterword: A View from the Center", *Ethnos*, 1982, Vol. 47:1–2, p.173.

3　罗杨：《他邦的文明：柬埔寨吴哥的知识、王权与宗教生活》，北京：北京联合出版公司2016年版。

4　矛盾的是，中国关于海外社会的民族志与西方的又十分不同，因为它们被"束缚"在一种关于他者的古典概念下，认为他者是天然卓越、神圣且文明的，因而几乎不讨论原始人所经历的厄运。

中国海外民族志从某种程度上来看是很新的。然而，正如陈波所指出的，它们实际上已经早有先例。早在帝制时期，中国就已经有了关于外国社会的记录，到了 20 世纪初，一些人类学先驱（例如吴泽霖、李安宅）在发展他们的"国族营造人类学"的同时，也开始着手探索在先进西方国家和遥远的"原始人"社会中进行民族志研究的可能性。

陈波复述了我对的古代中国他者观的人类学相关性看法 [1]，我应对此稍加陈述。

大约从公元 630 年起，中国的书籍广泛开始按照四部系统分类。"经史子集"的四部分类法由唐代名臣魏徵等人发明。当然，这几种类别都不包括"人类学"这一子类，它是很久之后才由西方发明的词汇，代指一种研究文化的科学，包括民族志记述、民族学比较、社会理论或人文理论。然而，我们很容易在中国古典文献中看到这种"人类学性质"的表述。许多古代中国的叙述和概念都贴近现在被归为"人类学"的内容，并在古代中国知识分子间流传。也许甚至可以这样说，从中国出现书写系统以来，它就具备"描述他者"的方法和功能。很大程度上讲，特别是那些来自古代占星家和地理学家的作品（例如，《山海经》）和文人、道家或佛教的异域"神游"（例如，屈原的神山之旅、庄子和列子在天地之间的"神游"和法显的佛国朝圣）的文本都可以被解读为一种从知识上走近他者的方式。

与诸多现代人类学叙事相同，古代中国对他者的表述充满本源和原初的"浪漫"。如果我们可以将古希腊思想视为人类学的一个来

1　Wang Mingming, *The West as the Other: A Genealogy of Chinese Occidentalism*, Hong Kong: The Chinese University of Hong Kong Press, 2014.

源[1]，那么我们也能将中国古代对他者的表述当作人类学的另一个来源。

尽管如此，我们并不认为这些表述与现代人类学是相同的。

两者之间的区别之一是，一部分文本（如，《山海经》）将这种原始状态视为神话中人与非人之间的结合；另一些则将原始状态定义为天然卓越、神圣且文明的（如，神山、南天门和印度）。这两种叙述都没有将单一的"野蛮"概念放在他们叙事表达的核心位置。

古今传统之间还存在其他的区别。其中之一是：现代人类学高度依赖二元论[2]，而古代中国"民族志记述"则并不在自我与他者、"国家"与帝国之间划出清晰的界限。

在最高的层面上，这些记录的产生反映了天下之大。天下的世界秩序是一个多层次、等级化的地理-宇宙结构，而且是一个动态的关系系统。它是一种与国家完全不同的生活方式，并非立足于内外二元之分，而是发展为一种用于处理各个层级之间复杂关系的技术和智慧。[3]由于古代的"民族学记述"是构成天下这一整体世界的必需部分，它们本身就是对自我与他者之间相互关系的一种表达。

关系的概念可以是一种大规模、复杂性的"超社会体系"的地理-宇宙结构原则，但同时也可以是微观的，出现在地方社群中，甚至是个别人们之间。它不仅仅可以跨越阶层[4]，也可以跨越人、物和神灵之间的界限[5]。

1　Clyde Kluckhohn, *Anthropology and the Classics*, Providence: Brown University Press, 1961.

2　Johannes Fabian, *Time and the Other: How Anthropology Makes Its Object*, New York: Columbia University Press, 1983.

3　我们可以在这个系统中发现某种民族中心性，例如古代的五服宇宙-地理观，它是同心圆状的；有一个位于中心位置的核心，熟悉的他者位于中间，而"陌生"的他者在外圈。但是，中心性在知识上和政治上是可变的，尤其是当中心被边缘化而中间圈、外圈被"中心化"时。

4　Marilyn Strathern, *The Relation: Issues in Complexity and Scale*, Cambridge: Pickly Pear Press, 1995.

5　王铭铭：《民族志：一种广义人文关系学的界定》，《学术月刊》2015 年第 3 期。

当今中国的新海外民族志遵循着现代西方的二元论方法，将世界分为文化与自然、内部与外部、自我与他者、中国与外国，通过这种方式，所有的社会和文化变得"自成一体"。这些研究看似新颖，但正是这些新研究中包含着为"想象的共同体"[1]增加动力的可能性。在与"国族营造人类学"背道而驰的同时，它们实际上也冒着与关系性的感觉和图景相冲突的风险，这些感觉和图景不仅深植于中国传统文明之中，也与我们对当代人类学问题的重新考量有关——其中一个问题就是，所谓的"排斥"他者，在更广义上是民族学所谓的"融合"他者。

对于当今中国人类学的错位问题，一种解决方法是重新进入"古典的"视角。如果这种方案听上去过于"复古"，那么，一种更合适的选择是考量现代的民族学传统。

在20世纪初，中国民族学对汉族与少数民族之间的关系投入了很多关注。作为"国族营造人类学家"，中国民族学家不遗余力地与西方汉学家和民族学家争辩，后者认为中国边疆地区居住的边缘族群是"外族"。其间，他们某种程度上过度强调了中华民族的边界。尽管如此，在这一过程中，他们也提出了一种关于自我与他者的关系性视角。在很大程度上，他们所创造的民族史是对于他者"参与"自我的有效论据。从相反的方向来说，民族学的先驱们也发展了他们独特的"同化"路径，以此考察中华文明成为其他文化"内部"成分的方式。

中国人类学不应该被民族研究的常规做法限制。但这不是说我们

1　Benedict Anderson, *Imagined Communities: Reflections on the Origin and Spread of Nationalism* (rev. and ee.), London: Verso, 1991.

就不能从它们那里汲取新的灵感。如果关系民族学能够被地理-宇宙和"本体论"视角的生命力激活，它将会成为创造力的重要源泉。

在将来，新一代的中国人类学家将作为他们自己的"世界人类学"[1]的创造者，继续扩展他们的"走近他者"。由此，他们将会使他们的民族学区域更加多样化。传统的地缘政治学以核心和中间圈划分农民和民族中的他者，摆脱了这一限制后，他们可以在狩猎-采集社会、撒哈拉以南非洲人、美拉尼西亚人、欧洲人、美国人和其他亚洲人中进行田野调查。在每一个民族学区域中，他们不仅会遇到"当地人"，也会遇到其他来自本土社会和其他大陆的人类学家。他们可以和这些同行建立社会和知识的关联。让他者理解自己的观点将会成为这种关联的先决条件。但是，为了让这种关系建立在一个更长久的基础上，他们也有义务向人类学共同体贡献出自己的观念和范式。观点的交换能够令人获益良多，因此，他们会越来越需要在自己的经验和观点以及各种关系的图景之间往返，他们的先行者发展出了从文明到民族的人类学，后者正是在其中建立和重建的。

用区域和文明的观点来取代"国族营造人类学"不等于要简单地切断现有的传统，而且"帝国营造人类学"——它对他者的深入探索无疑对人类学思想产生了积极的作用——也不应该被看作是对当代中国人类学所遇到的问题的现成解决方案。在这两种人类学之间还有一个中间的层次，在此处，可以用历史的角度重新思考人类学的认识论和方法论问题。

对"纵向"和"横向"视角的综合要求民族志作者从"较小的

1　Arturo Escobar and Gustavo Lins Ribeiro, *World Anthropologies: Disciplinary Transformations in Contexts of Power*, Oxford: Berg, 2006.

社会区域"的民族志"扩大"到区域和文明意义上的跨文化世界。然而，我们通过扩大我们的民族志区域而获得的对跨文化实体——本质上是关联的——的理解不应该被认为与我们在"小型社会区域"中的民族志无关。将文明人类学缩小到常规的民族志区域中总是有可能，甚至是必需的，那种想象的"孤立"由此可以向它们原有的复杂关系开放。通过对更大规模的"超社区"和"超社会"体系的关注，我们可以更清楚地看到这一点。

结 论

作为暴力时代的产物，人类学之现代形态，要么是"使人类的一大部分屈从于另一部分"这一历史进程的结果[1]，要么是将"民族精神"或文化的自我意识转化为国家间互相孤立、歧视和敌对关系之运动的产物[2]。从20世纪初开始，出于对学科两种"命运"的反思，几代西方人类学家奋力寻找出路。尽管堪称完美的成果尚不存在，但西方人类学业已被广泛认同为一种基本合理的追求。在不少同人看来，这是一门致力于文化翻译的科学，一门关于其他"科学"的科学，一门对文明加以自我批判的学问。

然而，西方人类学家无法确保他们的非西方追随者采纳他们安排的路线，以规避他们自己曾经制造的裂隙和陷阱。

为了能够从文明的繁荣中获益，中国人类学家首先成国族营造

1　Claude Lévi-Strauss, "The Work of the Bureau of American Ethnology and Its Lessons", in *Structural Anthropology*, Vol. 2, London: Penguin, 1973, pp. 54–55.

2　Marcel Mauss, "The Nation", in Marcel Mauss, Émile Durkheim and Henri Hubert, *Techniques, Technologies and Civilisation*, Nathan Schlanger (ed. and intro.), New York and Oxford: Durkheim Press/Berghahn Books, 2006, pp. 42–43.

者，接着他们经历了学科数十年的式微，现如今，他们则在"国族营造"和"帝国营造"的人类学之间举棋不定。

然而，中国人类学仍然成功地保持着一定的创造性。这一创造性来之不易。人类学的"双重人格"源自上述的认识论悖论，这使中国人类学家展开其工作举步维艰。更有甚者，中国的学术工作处于特殊的政治本体论环境中，这给中国的人类学家带来了沉重的压力。学科重建后仅仅几年，文化人类学就担负过传播"异化"（如，无意义和空虚的感受）思想的罪名。也就是在二十多年前，人类学的话语也曾被怀疑带有某种"自由化倾向"。幸运的是，在过去的二十年里，中国人类学获得了一段平稳发展——或者说，过度发展——的愉快时光。但即使是在这段时间里，人类学在国家层面的处境也没有彻底改善。中国人类学家在东西人类学传统之间的"神游"中发现，不断更新的人类学知识令他们目不暇接，包括来自西方的，及来自中国历史上数量惊人的前人之学。给他们增加了更多困难的是，他们在进行研究时，必须使他们的课题和写作适应于不断变化的政策。近二十年间，国家的基本政策从经济主义转身而出，迈向"和谐社会"和"新时代社会主义"。每一个政治"概念"都是一种政治要求，因而也是一种负担，而且每一种要求或是负担都转而引出社会科学资源再分配的新方式，而无论这些新方式为何，实用主义始终是其特征。结果是：中国社会科学越来越依附于国家和它的号召。在这种环境里，学术很容易成为新科层制的组成部分，其与宣传之间的界限不易划清。

全世界人类学家都关注传统，而我们必须特别关注它们在中国反复变化的"命运"。在"文革"期间，它们全都被视为"落后"的标志而被轻率地铲除；但现在"文化"又迅速成为广受欢迎的政治事务。中国人类学家不再在"文化正在消失"的处境下工作，正相反，他们生活在新"文明"中，"文化类型和内容"的数量如 GDP 一样增长着。因此，许多中国人类学家感受到了使学术策略尽快适应政治文化的迫切需求，其方法是将"国族营造人类学"升级为文化遗产研究。

人类学存在的处境无论何时大多是不理想的，更不用说中国人类学的艰难生涯了。但同样真实的是，环境从来不是思维主体的知识根基，也无法阻止它们进入其他时空。

坐落在其中一个时空里，我们可以回望孔子关于学习的说法："志于道，据于德，依于仁，游于艺。"（《论语·述而第七》）

我们不应将关于道的古典哲学矮化为人文科学的一种方法，而应按照孔子本人的做法，在宇宙论和社会论的意义上，将"道"置于文明的文野之间。若是这样做，我们便会有所收获。因为，正是在文野之间，关系的概念得以生发。在文野之间，我们可以引申出一种见解，用它来表达人、物、神及其集合体之间相互关联的"道德"和"灵力"。我们还可以依顺这一见解，赋予不同传统——包括人类学诸传统和由作为思考主体的人类学家工作的情景构成的"传统"——之间的相互交流以相对确然的道德价值。

（本文以《后记：从关系主义看》为题，
发表于《人类学研究》第 14 卷，梁永佳主编，
浙江大学出版社 2021 年版）

从地理-宇宙形态、历史时间性看学术体系构建

有学者提出，构建中国社会科学学术体系的倡议，是一种自上而下的运动，与作为学术研究规律的自下而上模式有别。我也认为，学术体系往往是自然生成的，要守护它的成长，我们需要给学界自下而上悄然展开的自主积累留出更大空间。不过，按我的理解，构建中国社会科学学术体系的倡议，本意并不应是要否定学界自下而上积累的意义，这个倡议应是针对中国社会科学诸学科存在的缺乏"主体性"的现状提出的，它的出台应有自下而上的基础。

以下，我将先说说自己如何理解对学术体系的既有求索，接着，我将述及自己对"本土概念"、地理-宇宙形态和历史时间性之社会科学主体性价值的看法。

一、"学术体系"构建的既有求索

在过去四十年来，我们在学术体系的构建上，已取得相当成就，这些成就需要我们加以珍惜。

就我所在的社会学和社会人类学领域的情况看，其成绩便不可小视。比我晚一辈的"70后"学者成绩扎实深厚，他们有的已对既往学术积累进行了深入研究，有的则早已有意识地培养出了消化西学的能力，有的更将这两方面工作结合起来，形成了有系统的见解。这代人所正在完成的学术积累，令我感到振奋。我这代因经历的关

系，对"政治经济学原理"，以及对改革开放以来得到突出重视的韦伯理论，有些许感知，但对诸如社会学年鉴派（涂尔干学派）的著述，我们却了解得不系统。幸而，我们这个时代，有一批优秀后来者，费了二十年之功，对这个学派加以梳理，使华文世界对这个学派的整理水平远远超过英文世界。不少同人一面整理、消化西学，一面重视研究西学与所谓"国故"的"结合部"，其在这个中间领域的探索已初见成效，取得了与人文学领域对古史、仁学、生生论、天下论等方面的探索一样重要的建树。我做的这行具体是社会人类学，在同人们的共同努力下，西学译述、整理、消化工作得到了比此前更为系统的展开，相关的国内学术史研究成果也越来越多，这些对于"学术体系"的形成都是有贡献的。

上述成果牵涉到"学术体系"的"上层建筑"，在此之外，学界同时也涌现出了作为"基础"的优秀经验研究。在这方面，四十年来的人类学、历史学和社会学的结合研究，是颇有成效的。国内社会科学界"跟风"问题确实相当严重，我这行便有惟美国学术"转向"马首是瞻的倾向，但我们还是有不少扎实的学者，他们在历史、民族、宗教、文明诸园地努力耕耘，所做的研究，境界颇高。在这个领域工作，我深知，我们的关注点主要是"传统社会"，对于"新传统"，我们尚待研究。但社会学界新近出现的历史、制度、组织研究，已给予重要补充，这些补充，若是与对于1950年代"民族大调查"的反思性继承结合起来（对此，几个月前我便召集了一个题为"再思民族识别与少数民族社会历史调查"的学术工作坊加以讨论），便可能为我们形成某种"体系"创造知识条件。而与此同时，我们还看到，还有不少其他同人正在致力于赋予社会学式经验研究"中国古典学"意涵，这项工作很重要，牵涉到学术体系的历史与理论命脉。

我特别喜欢"科学的就是历史的"这句话,尤其相信,"创新"只有历史地界定、历史地形成方有真内容。我认为,要构建学术体系,便要承认学界所取得的成绩。我更认为,这些成绩,不是凭空得来的。改革开放四十年所取得的这些成绩,有其基础,与清末以后几个阶段的积累有着密切关系。

19世纪末,在中国传播这些学科的西方体系的先驱者们,其学养基本上还是本国的,自然带着其"本土性"来消化西学,他们的著述显然带有"学术体系"的不少因素。1926年以后的二十年,有两个中国社会科学的流派,取得了卓越的建树,这些建树都是学术体系方面的。一个是燕京大学社会学系吴文藻引领的"社会学中国学派",他们综合社会学和人类学的学理和方法,对中国传统社会现代进程展开系统研究;另一个则是中研院历史语言研究所,他们在蔡元培、傅斯年等引领下,做了大量民族史、考古学、民族志学方面的研究。在不同程度上,这些不同系统的研究出现于西学被选择来为当时的"国族营造"工作服务之时。如果说二者已是"学派",那么,这些"学派"首要的特征是,他们都旨在综合中国语言文字优势展开历史和社会科学研究。比如,"燕京学派"领袖吴文藻先生,就有用中国话来讲述、书写社会学的理想,他具有高超的学术综合能力,通过"中国化",结合了社会学、民族学和社会人类学的优点,其学术其实已相当有体系,水平已超过了当时西方的任何单个"学派"(当时西方的各个学派还是只做自己学派的东西)。人们熟悉的"史语研究"更是如此,可以说已是"学术体系"构建的工作了。令人感怀的是,在战乱期间,这一工作也还是在费孝通先生的"魁阁时代"和史语所的"李庄时代"取得了相当辉煌的成就。这些成就从1950年代起,为一个新的时代(这基本是以中央民族学院研究部的"民族大调查"为代表的时代）所替代，但回望其"风光"，我看到，它们存在许多值得我们珍惜的精彩之处。特别是在大陆局部地区得以绵续的"燕大学派"，它是在系统消化西学的过程中形成的"体系"，尤其重要。

二、"本土"概念与模式的社会科学价值

诚然，说中国社会科学在华"立足"过程中还是积累了不少经验，并不是要说，在"学术体系构建"这方面，我们已经无事可做了。而是说，构建中国社会科学学术体系这个倡议，应该让我们更自信地承认过去百年来学术积累的意义，也应该让我们认识到，至今，这个体系还不是完善的，存在一些有待学界进一步深究的问题。在众多问题中，突出地牵涉到概念和模式的特殊与普遍之辩证关系。

构建中国社会科学的学术体系这个倡议，首先让人联想到"社会科学概念的中国化"。

20 世纪前期，吴文藻先生在谈"社会学中国化"时，关注点主要放在讲述一门学科、陈述这门学科的"发现"所应运用的语言这个问题上。其实，在吴先生"中国化"倡议提出前后，西学里已有莫斯、埃文思-普里查德、格尔茨等陈述过社会人类学概念体系"本土化"的重要性，这些西学前辈主张用被研究的"文化持有者"自己的词汇（如莫斯笔下作为礼物之灵的毛利人之"hau"）解释其社会与文化形态。几乎与此同时，自 1930 年代起，学者们便开始探索"面子"之类的"特殊概念"了。后来，西学里出现列维-斯特劳斯等结构主义者，他们反对这种沉浸于"土著话语"的做法，主张探

寻"超文化语法"（这一"语法"也被理解为一种有别于自然和"民族精神"的人类文化）。经过1950年代至70年代的"普遍主义化"，海峡两岸先是在台湾地区出现了杨国枢、黄光国等对于同类"特殊概念"的学术解释意义之探索，在过去二三十年里大陆社会学界则不仅有相似研究，而且还有所拓展。

我认为，要形成自己的学术体系，便先要采用"本土概念"解释"社会事实"，要用被研究的"文化持有者"自己的概念来研究他们的社会，不要一味套用表面上有理论性的外来概念。在中国，社会人类学的主要研究对象是乡野中的人们，他们有一些自己对社会生活的表达，对社会生活、对生命、对死亡的理解的概念，要对他们加以研究，便要把握这些概念，解释和运用这些概念。

然而，西方人类学"从土著观点出发"的做法，及东方社会学家、社会心理学家和社会人类学家的对"土著概念"的挖掘，其实也有其问题。其复杂性部分来自结构语言学家和结构人类学家指出的"超文化语法"的实在，部分来自作为社会科学研究单元的"中国"自身的复杂性。在我看来，中国是一个纵向大小传统上下频繁互动、横向多民族内外关系复杂的"文明国家"，既往学界对于这个"文明国家"的"土著概念"的认识，其实有片面性。这一认识并没有包含来自汉人乡间"小传统"的众多"土著概念"与置身于文明"大传统"中的系统性更强的另一些"土著概念"的关系的梳理；另一方面，这一认识也并没有包含对"多民族国家"的关切。严格说来，将汉人"民间"的"面子""气"等"地方概念"等同于"中国概念"的做法并不妥当。作为一个文明体系的中国，是一个文明和民族意义上的"多元一体格局"，其所意味的"区域世界体系"存在着丰富多彩的"土著概念"。这些概念都是中国的，也都富有普遍价值。我们尚待对这些概念的多样性及相互之间的差异与关联，给予更多重视。

要重申，我并不反对"地方性知识"的主张，我甚至相信，在未来的一个相当长的历史阶段里，中国的社会科学研究者仍将有必要花费更多时间和精力沉浸于国内不同文明层次、不同人文地理区域中的"有特色概念"的深挖和整理之中，我相信，这样的深挖和梳理，是中国社会科学学术体系形成的前提之一。

然而，从学界广泛存在的将局部性概念"中国化"的做法中，我也想到了社会科学面临的一个危机。

美国著名的左派社会学家华勒斯坦对 19 世纪中叶以来的西方社会科学史做了清晰的阶段化勾勒。他认为，社会科学形成于 19 世纪中叶的欧洲，直到"二战"结束，长期以国族为旨趣与研究单元。到了 1945 年之后，随着美国系统的形成，社会科学才变得跨学科和区域化了，成为"区域研究"。到了现如今，人们对于美式的"区域研究"也不再满足了，人们转向"混沌理论""文化研究"等综合门类，而他自己主张，用历史社会学的办法展开"世界体系"研究。

新时代我国出现了新文明版图（如"一带一路"），随之，中国社会科学也出现了"区域与国别研究"的转向，这使我们的研究视野不再局限于作为国族的中国了。然而，不同于华勒斯坦刻画的西方社会科学，我们的社会科学诸学科，并没有像美国中心的社会科学那样，经历过战后的"巨变"，因而，长期保持着 19 世纪欧洲式的"国族关怀"。我们从"本土概念"社会学和人类学中感觉到的那种对文明层次性和人文–族群地理区域多样性的漠不关心的态度，及这一态度潜在的问题，都与这一"关怀"有关。如果这点属实，那么，我们似乎便也可以说，目前，我们的社会科学急需解决的问题，并不一定是"区域研究化"或"世界体系化",因为,在进入这两种"化"之前,我们先要通过清理上述"关怀"的"遗留问题",复原中国的"多民族文明国家"身份(从民族学角度看,这正是"天下"的本质内容),重视从国族与世界之间的领域,认识"多元一体格局"的本质特征。

对于这项工作,无论是更为传统的人文学诸学科,还是相对新创的社会科学诸学科,都有许多可为之处。我上面谈到的关于"土著概念"的"中国化"问题,便需要进一步深究。此外,在社会科学"体系"方面,我们要做的工作也不少。

社会科学是由社会与科学两个词组合而成的。到底"社会"与"科学"为何物?我们还是有待吸收既有的建设性批判加以解答。关于一个世纪以来成为理想之一的"赛先生",科技史、科学哲学近期的研究所给予的启发是根本性的。对于大社会学领域中工作的我们,对"社会"一词展开建设性批判,也有重大意义。有西方学者早已替我们指出,社会科学中"社会"两字,含义事实上就是国族,它并不是没有单独的意思(作为单独的意思,它基本上可以指作为国家的土壤的关系和德性体系),但它要起作用,经常要附属于国族。我并不是说,学术上我们应跟西方亦步亦趋,而只是说,这样一种"社会",这样一种国族下的"社会",对我们理解中国所起的作用其实极其负面。因为中国并不能用欧洲"社会"来形容,有人说这是个天下,有人说它是个文明国家,等等都可以的,不管怎么称呼,我们都应该认识到我们身处的这个国度,不能简单用国族意义上的"社会"来形容。那么,这个实体又是什么?我认为,我们还是有待从地理-宇宙模式的"特殊性"加以分析。只有在这个基础上,我们的"本土概念"才可能真正发挥其作用。

这些年，围绕中国地理-宇宙模式（这一模式亦可称为"天地模式"，它不仅牵涉到对传统政体的理解，而且也牵涉到对中国知识遗产的理解）的特殊性，我陈述了"三圈说""超社会体系"等看法。那么，使中国摆脱旧"社会科学"中的"社会"概念圈套，回归于它的"三圈""超社会"本来面目，是不是意味着要将中国特殊化？我认为并不尽然。最近我写了一系列论文表明，不满足于围绕"国族""社会""文化"等等来展开社会科学研究的做法，不是过去40年来的"新潮"，早在20世纪初的社会学年鉴派中，探索社会与世界之间的中间环节的工作已经展开。在我看来，这并不只是意味着社会学年鉴派的伟大，它还意味着"社会科学"中的"社会"二字的建设性批判，不仅有益于中国社会科学学术体系的更新，而且有益于世界社会科学的重建。在一个多民族的文明国家中工作，中国社会科学家本来应比生活在"经典国族"中的社会科学家对"社会"概念的局限性更敏感，我们所能做的工作，本来应有世界性的价值，也因此，倘若我们将自己的学术体系构建工作视作是将中国特殊化的工作，那便不符合我们的存在事实了。

对于中国社会科学学术体系的构建而言，历史时间性也是一个核心问题。一百多年来，我们的历史研究若不是用上古、中古、近代来划分我们自己的历史，便是用社会形态的阶段论来区分时代，我们的社会科学研究者则已经几乎完全习惯用传统/现代这样的二元对立论来化约历史进程。究其根源，这些历史时间性都与启蒙进步论有关，而这种进步论又有古希腊神话的种族-时代、基督教"累积性时间"之基础。在很大程度上，正是这样的历史时间性而不是别的，导致了过去一百多年来中国历史的断裂。此前，我们祖先的历史时间性以朝代轮替为特征，总体上又与"治乱"这个概念相联系。所谓"治乱"既指"治理"天灾人祸导致的"乱"，又指历史创造者和叙述者感知的历史时代特征的周期性轮替模式。无论是哪方面，"治乱"对于古代政事都有深刻影响。对于中国社会科学研究来说，这种历史时间性是否因为已经"过时"而毫无价值？人们给予的答案通常是肯定的，而事实上，我们不能否认，作为政治宇宙论的"治乱"和作为历史时间性的"治乱"，对于我们认识这个世界还是有许多参考价值的。我曾跟一位英国老教授谈起这个概念，他很兴奋，他说，"你这'治乱'很好，英国现在就处在乱世，我们希望有一个'治'，我们的历史理论里面没有这个东西，是我们的问题"。他的评论让我想到"人情""面子""气"之类的词。我上面谈到，这些也不是国内所有阶层、所有民族通用的概念，但它们的社会和文化特殊性并没有妨碍它们获得"超社会""超文化"的解释力（必须指出，来自不同民族的不少"土著概念"，也有这种特殊与普遍双重性）。我看"人情"的意思大抵与18世纪英文的"social""humane"这类词差不多，"面子"则跟"dignity"等的意思接近，"气"呢，则又像是特殊形态的"anger"。至于中国疆域范围内各民族、各文明拥有的许多人生观和宇宙观的概念和叙述，更是包含着大量的有普遍启迪的智慧。如果说学术体系构建不能流于空洞化，那么，对这些特殊含义的智慧加以挖掘将非常必然，我相信，我从事的社会人类学，对于我们展开这项工作会有相当重要的助益。

（本文曾发表于《中国社会科学评价》2019年第4期）

"家园"何以成为方法?

一

近来"xx 作为方法"一语频繁出现。其中的"xx"大抵是历史和社会科学研究的对象区域,规模大到亚洲或中国,小到国内的地区,最近它甚至缩小到"自己"了。"亚洲作为方法",由汪晖借自日本学者竹内好的叙述,用以还原一个超越国族疆界的、复合的认识主体地位(即,"主体间性")。[1]"中国作为方法"是日本著名学者沟口雄三提出的[2],在国内学界受到关注,指作为历史"内发动力"的中国本土思想。"xx 地区作为方法",似与"华南派"历史人类学家有特殊关系,指其长期研究的岭南区域的突出特征及其理论价值。[3]"自己作为方法",则出自近期项飙、吴琦的对话录的书名[4],这本书以项飙自己的学术人生为主线,牵出一连串对乡土、学界与世界的经历和看法。

无论是亚洲,中国,还是岭南,抑或是自己,都是局部性和特

1　汪晖、杨北辰:《"亚洲"作为新的世界历史问题——汪晖再谈"亚洲作为方法"》,《电影艺术》2019 年第 4 期。

2　沟口雄三:《沟口雄三著作集:作为方法的中国》,孙军悦译,北京:生活·读书·新知三联书店 2011 年版。

3　程美宝:《地域文化与国家认同:晚清以来"广东文化"观的形成》,北京:生活·读书·新知三联书店 2006 年版;王佳薇:《程美宝:岭南作为一种方法》,《南方人物周刊》2020 年第 33 期。

4　项飙、吴琦:《把自己作为方法》,上海:上海文艺出版社 2020 年版。

殊性的,除了"自己"之外,都约等于不同尺度的"家园"。加上"作为方法"四个字之后,这些概念便获得了某种超乎其本有存在范围的意义,让不同尺度的家园承载着思想交流的使命。

在这方面,说明性最强的似乎是上述四类"xx作为方法"之说中的那个"例外",即项飙的自传体叙述《把自己作为方法》。该书呈现了一位学有所成的学者之洞见如何从其成长、生活、求学、为学的历程中"生长出来",其认识又如何与其经历、观察、遭际、心境相关。故事的主角是特殊的,是一位来自温州的"绅士"的特殊生命历程的生动写照。但这个写照与作者对家国、天下的经历和见解相交织,这些经历和见解看法无一不是在社会互动和学术对话中生成的,也无一不具有超出"自己"的一般含义,与其他"作为法"的地理单元——地区、国家、洲,乃至世界——紧密勾连起来,表现了人类学研究最突出的特征之一,即,"持续地、辩证地往返于地方性细节的最地方处与全球结构的最全球处之间"。[1]对我而言,《把自己作为方法》最成功之处在于表明,众多"无我"的"客观表述"样样都"与我相关"。

相比于项飙的叙述,最近出现的那一连串关于亚洲、中国、地区的"作为方法"之说,相对要学究化一些。这些表述同样来自"与我相关"的家国、天下的"杂糅感受",但它们是对"客观事物"的刻画,是对超国族主体间性、中国思想、"国家意识与地方关怀双重奏"之类"超我现象"的叙述。

"xx作为方法"诸说,以含蓄的方式触及一个尚待明晰揭示的"方法层次"。

1　Clifford Geertz, *Local Knowledge: Further Essays in Interpretive Anthropology*, New York: Basic Books, 1983, p. 9.

亚洲，中国，诸如岭南之类的地区处在地理区域等级体系的不同阶序上。近代以来，它们与来自另一些区位的特殊性相遇，因"权势转移"[1]，这些被感知为"家园"的区位之特殊性往往成为世界化和国族化的代价。致力于把亚洲、中国、岭南"作为方法"的学者，不见得有必要承担改变那种以"另一个"（所谓"西方"）的认识习惯来观察、解释和规定其所在区位的责任——沉浸于这些不同尺度的区位之研究，以其作为学业的一切。然而，因诉诸"方法"一语，他们又都似乎在对人们发出呼唤，要求我们对"主体间性"、思想史意义上内发历史动力及地方特殊的"家国情怀"进行探索、给予表述。这无疑给了我们期许：由此，我们能由此从单一主体性、"冲击-回应模式"和那些以"朝代史"来抹杀国家-地方双重"情怀"的做法中解脱出来，返回"地方性知识"——"local knowledge"，指不同区位文化的特殊系统性和形态——的本原。

达成这个返回地方性知识本原的使命，是否便自动表明了亚洲、中国、岭南这些地理区位的区位特殊性可以是"方法"？若是我的理解无误，那么，"xx 作为方法"应有的含义是，经由深入某个有限地理单元（无论是区域还是国家）的地方性知识，我们能发现在思想上超越地方性知识的办法。换言之，如此"方法"意味着，做区域、国别或地区研究，首要的任务当然是辨析地方性知识的内力理路，但倘若学者的眼界仅止于这类"知识"——其实，它的含义是指传统人类学所说的"文化"——的特殊性，或者说，不怀认识和解释世界的雄心，那么，地方性知识的价值便难以实现。

1　罗志田：《权势转移：近代中国的思想、社会与学术》，武汉：湖北人民出版社 1999 年版。

总之，亚洲、中国、岭南作为方法，假如未曾预示"化特殊为普遍"这个方向，那其中的"作为方法"四字便毫无内容了。

二

各类"xx作为方法"的说法都是由规模不等的家园之"文化持有者"提出的（虽则他们借鉴了海外思想），而这些说法暗含的"化特殊为普遍"的号召，令人想起人类学大师格尔茨出于对世界文明不平等格局的反思而对特殊性与普遍性所做的论述。

四十年前，在一篇题为《从土著观点出发》的文章中，格尔茨表明，特殊性与普遍性之间的关系，牵涉到地方性和全球性这两个有深刻矛盾的方面。人类学家往返与二者之间。在相当长的时期里，他们中有不少人努力地将二者关联起来。从普遍主义理论诉求出发，不少人类学家形成了"反相对主义"的认识姿态，他们"化普遍为特殊"，用被误以为是最有全球性、普遍性、西方特殊的地方性知识来收纳乃至"征用"其他类型的地方性知识。出于跨文化的良知，格尔茨主张，往返于自我与他者间的研究者应如韦伯认识资本主义精神的新教特殊性那样，揭示普遍性解释的地方特殊性，搁置那些外在于被研究文化之外的概念，特别是成为科学"行话"的那些概念[1]，避免将"地方性细节"圈在"全球结构"的框架之中，从地方性知识内部认识其存在论和宇宙观的自洽性和完整性。

提出"xx作为方法"的学者们知识面是宽阔而杂糅的，兼备了

1　Clifford Geertz, *Local Knowledge: Further Essays in Interpretive Anthropology*, New York: Basic Books, 1983, p. 59.

不同文明要素（包括西方要素），但是在文化身份认同上，他们似乎将自己排在"地方性"这一边。他们的文化自觉有着接近于格尔茨自我认同的特征。特别是在谈论东渐的普遍性解释之局限性时，他们尤其如此，他们重视凝视不同尺度的区位的意义，所作叙述也因此存在着不少与格氏对西方文明特殊性的界定相通的内容。然而，他们那一"化特殊为普遍"的号召，却必然会引起格尔茨及其追随者的反对。

若是格尔茨在世，致力于反"反相对主义"[1]的他老人家必然会问，区位特殊性成为"方法"的主张，不正与西方普遍论者的想法殊途同归吗？所谓"作为方法"，是指某一地方性知识客体成为作为主体的我们审视和解释世界的工具。这当然也是一种普遍性解释意义上的"方法"。持有这一主张的学者，沉浸于地方特殊性之中，但更有志于通过往返于地方与全球、特殊与普遍之间，从地方性知识的"近经验"[2]身份中解脱出来，"把自己作为方法"，将尺度各异的家园——亚洲、中国、岭南等等——提炼为"远经验"（experience-distant，格尔茨用它来指传统上说的"客位观点"），升华为具有普遍解释力的思想。这显然有违格尔茨为他借助"理想型"发明的解释人类学之初心："把自己作为方法"，在"……把自身列于他人之中来反省其身"[3]的理想面前，确实少了一些文化上的宽仁，而多了一些易于引起人类学家们警惕的民族中心主义。

---

1 克利福德·吉尔兹［即格尔茨］：《反"反相对主义"》，李幼蒸译，《史学理论研究》1996 年第 2 期，第 96—105 页。

2 即"experience-near"，格尔茨用它来指传统上所说的"主位观点"，见 Clifford Geertz, *Local Knowledge: Further Essays in Interpretive Anthropology*, New York: Basic Books, 1983, p. 57。

3 Clifford Geertz, *Local Knowledge: Further Essays in Interpretive Anthropology*, New York: Basic Books, 1983, p. 16.

　　然而事情没有那么简单。我们不能总是用西方学术的规范和个别成就来衡量国人学术的得失，而要有所超越，看到内在与这些规范和成就的自相矛盾之处。比如，格尔茨本人并不是没有自相矛盾的。他一面防范着普遍主义者将自己的"近经验"化作他人的"远经验"，从而吞噬他人的"近经验"，一面在诸如《尼加拉》这样的杰作中用他人（巴厘人）对于国家的"近经验"（表演性国家）转化成刺激他反思自己的国家（欧美国家）"近经验"（作为权力汇聚体的国家）的方法。[1]他往返于远近之间，目的显然是双重的：一方面，他要"探究处于众多个案中的一个个别案例，洞识不同世界的一个世界所取得的成果"；另一方面，他也要达至"思想的宏大"，即"使我们把自身列于他人之中来反省其身"。[2]除了文化身份之外，其事业，其实与"把自己作为方法"的亚洲人、中国人、岭南人大抵相同，所不同的似乎是，在抵制普遍主义者（在他所在的领域，这些人多为英法派人类学家）"以自己化他人"的做法同时，他有意无意用"理想型"概念限定了不同世界的"地方性知识"之边界，使这些系统，既割裂于其他系统，又难以流动出家园而成为本来应有助于他实现"把他人作为方法"理想的方法。

三

　　若要理解身在非西方的学者缘何反复重申家园的认识论价值，

1　克利福德·格尔茨：《尼加拉：十九世纪巴厘剧场国家》，赵丙祥译，上海：上海人民出版社1999年版。

2　Clifford Geertz, *Local Knowledge: Further Essays in Interpretive Anthropology*, New York: Basic Books, 1983, p. 16.

便要理解从"理想型"概念园地里生长出来的解释人类学如何"无意地"导致上述后果,而要理解这个后果的悄然发生,勾勒近代中国历史时间性权势转移的轨迹无疑是有助益的。

清末民初,梁启超畅想新史学的可能及局限,他脑海里漂浮过两个历史时间性类型,其中,一个是基于基督宗教"累积性时间性"(cumulative time)生成的"文化共业"由小到大、社会体制由等级到平等的人类进化史历史时间性,另一个则是中国旧史家惯于运用的治乱轮替历史时间性。为了推动进步,梁启超致力于引导中国史家适应前者,借之替代后者。[1]

梁启超引入华夏世界的历史时间性,是泛人类时间,是超地方的"节律"。从格尔茨的解释人类学角度看,这个时间性代表的外来历法与中国旧史中的历史时间性一样,本都属于地方性知识(它们是地方性知识的关键内涵)。治乱轮替历史时间性是在古老的中国式宇宙观(如阴阳理论)土壤中生成的,其"本土性"毋庸赘述。累积性历史时间性的世界化程度越来越深,几近被彻底误认为是"自然时间",但有学者已表明,其立足的基础也是特殊的,是有特殊宗教性的。[2]

假如他有机会来考察两种历史时间性,以非西方为他者的格尔茨一定会选择对治乱轮替历史时间性加以深入研究——他会如同研究巴厘、爪哇、摩洛哥的人观那样[3],用心理解它,对它进行文化诠释,待到他对这个系统有整全领悟之后,他又会用或长或短的篇幅

1　梁启超:《新史学》,北京:商务印书馆 2014 年版。

2　Anthony Aveni, *Empires of Time: Calendars, Clocks, and Cultures*, New York: Kodansha International, 1995, pp. 85–166.

3　Clifford Geertz, *Local Knowledge: Further Essays in Interpretive Anthropology*, New York: Basic Books, 1983, pp. 55–72.

来从这个系统引申出对另一个系统（在这个语境中，即作为地方性知识的"累积性时间性"）的反思性比较。于是他也会发现，治乱史观充满着特殊内涵。确如他期望的，在这个中国旧史家贯通运用的模式里，历史既不以人类或民族的"文化共业"之累积性为主线，又没有被划分为上古、中古、近代等相续、"否定之否定"的时代，而仅是"二十四姓之家谱而已"。[1]

历史"一治一乱"，这可以被用来理解整部历史，也可以被用于理解局部。秦汉到隋唐，隋唐到明清，由统一到分裂（动乱）再到统一、再由统一到分裂（动乱）再到统一的两个历史大循环构成。[2]多数旧史家将统一与"治"紧密联系起来，将分裂与"乱"联系起来。但这种正统的判断常与相反的做法并存（对于分治王国的"中兴"，其实旧史家也有相当正面的评价）。治乱也可以被运用于个别朝代，用以形容其兴衰，而治乱的判断，通常也会引起朝代间的竞赛。[3]治乱确实与阴阳有着关联，也因此，时间的势之消长才是其规律，二分不是目的，而是为了说明消长的形态与限度。即使是对于治乱两字的内涵，人们也是有争议的，有的史家甚至反对将治等同于"条理状"，主张在治中加进"生生状"（往往被归于乱这边）的尺度。[4]

对于格尔茨而言，这围绕治乱的所有做法和争论都是有含义的，是一个相异于另一个文化的文化思考为政之道的办法，是其兴发生活意义的"剧场"。他会承认，这个"剧场"如同巴厘19世纪的剧场国家形态一样，有助于我们鉴知近代欧式实权国家形态的文化局限性。

1　梁启超：《新史学》，北京：商务印书馆2014年版，第85页。

2　如冀朝鼎：《中国历史上的基本经济区与水利事业的发展》，北京：中国社会科学出版社1981年版，第11页。

3　杨联陞：《国史探微》，北京：新星出版社2005年版，第14—42页。

4　罗香林：《中国民族史》，香港：中华书局2010年版，第48—49页。

　　然而如此解释并没能阻止一种"地方性知识"对另一种的替代：累积性时间性对治乱循环历史时间性的替代，进程已然完成，因而连那些自以为是在从现代性中拯救文明的中国国学主义者们，也都承认这一进程的"不可避免"，甚至旗帜鲜明地以之为史志学的叙述规范，不加解释地证实着累积性时间性的全球可适用性。

　　这里，梁启超便是个好例子。他是 20 世纪以来少有的相信治乱轮替历史时间性的普遍解释力的思想者。在《研究文化史的几个问题》一文中，他直接挑战了他曾致力于推广的近代历史科学归纳法、因果律、进化论，转而探索直觉、互缘、治乱轮替的历史时间性。有关治乱，梁启超说，"我们平心一看，几千年中国历史是不是一治一乱在那里循环？何止中国，全世界只怕也是如此"。[1] 也就是说，对他而言，治乱轮替历史时间性，不仅能够更好解释中国历史，对于我们解释世界历史也是有价值的。

　　在人类学经典著作里，我们可以找到支持梁启超这一看法的著作。比如，利奇《缅甸高地诸政治体制》一书。[2] 该书描绘了缅甸高原政治生活摇摆于等级与平权两种文化模式之间的动态，这便有些像治乱轮替。而作为著名的普遍主义者，利奇相信生活在不同文化中的人有许多相通之处。可以推测，在他的内心深处，他在缅甸高地看到的情况，与英国国内代表的两种"理想型"在两党间的"钟摆"是有相通之处的。两党之分的原型形成于 17 世纪主张限制王权、扩大议会权力、保护新贵利益的辉格（Whig，原指苏格兰强盗）与主张维护君权和旧贵族利益的托利（Tory，原指爱尔兰天主教歹徒），此后经历许多变化，但其平权、开明与等级、保守的区

1　梁启超：《中国历史研究法》，上海：上海古籍出版社 1998 年版，第 141 页。

2　Edmund Leach, *Political Systems of Highland Burma*, London: Athlone Press, 1954.

分，长期保留，颇似利奇笔下的缅甸高原政治体制的贡劳（反等级山官制度的平权主义）和贡萨（有等级的山官制度）之分。大抵正是因为有这类思索，利奇才在那个旨在关联贡劳与贡萨两种"理想型"的章节之开篇表明，共和制与君主制的原则，是西方政府理论的两个对照模式。[1]

辉格与托利，共和制与君主制，当然都不等于治与乱之分，但其对平等的生生状与等级的条理状的不同追求，似乎与治乱的含义是可比的。

饶有兴味的是，在其著作中，利奇强调指出，贡劳和贡萨都是"理想型"，也就是格尔茨后来将之描绘为地方性知识的东西，但理想不等于现实，就像共和制派系下的政治不等于共和制一样。在现实生活中，"理想型"并存、互动、轮替。如果说"理想型"是有别的，那么，也可以说，在不同文化情景下，它们的并存及因"权威"的行动而产生的互动、轮替则是历史过程的本质内容。如果利奇对理想与现实的区分合理，那么，我们似乎也可以引申说，治的条理状与乱的生生状也构成"理想型"，其并存、互动、轮替才是历史的真实过程。也就是说，利奇也许会承认，治乱这个复合意象，如贡劳与贡萨一样，是在"钟摆"中产生意义的，而其轮替的动态是政治生活的普遍现实。

进一步的研究似乎能够表明，梁启超有意无意暗含的围绕治乱轮替历史时间性展开世界历史解释的主张，是实有其据的。遗憾的是，即使是梁启超，也在行文临近完结时，话锋一转，确认了人类平等及人类一体观念及"文化共业"的进化性，一面承认众多历史事实必须

1　Edmund Leach, *Political Systems of Highland Burma*, London: Athlone Press, 1954, p. 197.

被"编在'一治一乱'的循环圈内",一面说"历史是进化的"。[1]

梁启超史志学理论的两面性,及 20 世纪"惟分新旧,惟分中西,惟中为旧,惟西为新,惟破旧趋新之当务"主张的后来居上[2],客观上导致了这样的后果:历史之直觉、互缘、治乱可能性几近彻底被忘却。其连锁反应是,他自己基于累积性历史时间性而拟制的新史学成了中国史研究的规范。这种归纳、因果、进步的史观,不仅导致了史志学的巨变,而且也导致了新史志学家向巨变的鼓动者这一角色转变。如此一来,"中国史"离开了它本来的治乱轮替历史时间性土壤,从事其研究,本身意味着对这个特定"对象"实施时间意义上的"他者化",随之,对治乱轮替历史时间性的"超地方知识"含义的求索便长久停顿了。

四

对历史时间性权势转移的轨迹进行追溯,不是为了表明一种时间性比另一种时间性更真切,也不是为了比较英法式普遍主义与德美式文化相对主义的优劣。我意在借以指出,权势转移的实质内容是:一种地方性知识在此过程中取得了超凡的世界解释力,由此成功地排斥了其他地方性知识,使之渐渐失去其世界思想的价值。[3]通过将包括近

1　梁启超:《中国历史研究法》,上海:上海古籍出版社 1998 年版,第 143 页。

2　钱穆:《现代中国学术论衡》,北京:生活·读书·新知三联书店 2001 年版,第 5 页。

3　这个意义上的"权势转移"行动当然首先在"殖民现代性"这方启动,但随着"殖民现代性"的"深入人心",在"另类"文化持有者中涌现出了文化转变的鼓动者,他们中的"文化英雄"变本加厉,把古今之变等同于他者的"地方性知识"对我者的同类系统的彻底替代。这类"文化英雄"显然是极端善于如西方现代人类学家倡导的那样,置身于他者中审视自身,但其他者通常只包括在世界权势格局中占优势的那些,而对自身的审视,通常并不是以通过比较来促成比较为目的,而旨在把自身当作古今之变意义上的"古",致力于对它展开替代行动。

代西方文明在内的所有"类型"特殊化，格尔茨（及他的同派前辈和同代人）提供了一种多元、平行的人文世界图式。这个图式被"事后诸葛亮"地用以限制处于权势高处的一种人文世界图式对处在权势低处的其他系统的入侵。然而这不是没有代价的：随着曾被特殊化为人类未来的"现代理想型"被降级为地方性知识，其他诸类地方性知识的普遍性也被否定了。[1] 其结果是，人文世界成了若干大小无别、相互无关的"俗民系统"，成为无思想的"生活世界"。[2]

将西方与非西方降低为无思想的"生活世界"，有助于学者们以优美的姿态逃避责任，无助于他们改变知识的状况。"xx 作为方法"，兴许正是因为国人看到了西学地方性知识提法的这一局限性才提出的。这些提法为我们在"化特殊为普遍"这个方向上做了重要开拓，但也令人心存疑虑：难道一旦我们将特殊性说成是非特殊性便能改变知识的状况？"化特殊为普遍"到底是不是凭着"更加理解自己"便可实现？

这些问题显然已引起学界的广泛关注，而正当年的人类学家梁永佳最近的两篇文章值得我们给予特殊关注。

在《超越社会科学的"中西二分"》一文[3]中，梁永佳发起了一场"思想战"。他将矛头指向最近中国社会科学研究出现的"中国中心主义"转向。从社会科学的普遍性追求出发，他批评了那些将中国与西方假想为两个固定的实体的主张。他指出，这个主张表现出一种将西方学术视为一个仅适用于欧美社会的知识体系的倾向。在

1　当这个图式被人类学家们奉为学科伦理标准之时，我们为此付出了巨大代价：我们丧失了通过相互解释而展开对话的机会。从而，既有的相互解释往往沦为概念、模式、理论的单向流动——比如，累积性历史时间性向本来习惯于治乱轮替历时间性的国度的单向流动。

2　王铭铭：《从"当地知识"到"世界思想"》，《西北民族研究》2008 年第 4 期。

3　梁永佳：《超越社会科学的"中西二分"》，《开放时代》2019 年第 6 期。

持这个主张的学者看来，西方学术是某种地方化的知识，引用它来解释中国等于是用一种特殊性扭曲另一种特殊性。在人为的中西二分框架下，他们进行非中即西的判断，总是将两种文明视作两种对立类型（比如中国的家庭、西方的个人）的对比。更甚者，基于学术水平的优劣判断，一些论者还主张，中国学术应摆脱水平不高的西方学术之局限。

"中国中心主义"倾向是对欧美学术的挑战，与 21 世纪学界对文化自主性的诉求紧密相关。对于这一诉求，梁永佳并不反对。但他认为，非中即西的观点导致了与中国、西方一样重要的那些非中非西板块在学术中的缺席。而这"第三方"的缺席是极其遗憾的，因为，它令学者过度热衷于以中国概念解释中国现象（即"以中解中"），失去了用中国概念对第三方加以解释并由此与"第二方"（欧美）展开对话的机会。一个令人担忧的后果是，我们与中国思想的普遍性擦肩而过。

梁永佳关注的并不是西方学者（如格尔茨）降低认识姿态以求平等的做法，而是相反，是中国学者的反向运动（提高自己的认识姿态）。他对这一运动的批评是，这不仅无助于中国学术走向世界，而且很可能使中国学术陷入自言自语境地中。为了把中国学术从"以中解中"的知识困境中解放出来，他倡议以中国概念解释非中非西的区域，以期让中国概念获得普遍性、通过认识其他文明返回中国传统、通过域外研究追求普遍性。

在前文之姐妹篇《贵货不积：以老子解读库拉》[1]一文中，梁永佳借助了一个经典民族志学区域的范例，揭示了中国概念发挥普遍

1　梁永佳：《贵货不积：以老子解读库拉》，《社会学研究》2020 年第 3 期。

解释作用的可能。这个经典民族志学区域泛而论之是美拉尼西亚，具体论之则是巴布亚新几内亚东部的马辛群岛，其库拉交换因得到现代人类学奠基人之一马林诺夫斯基的开创性研究及自莫斯至戴木德（Frederick Damon）的众多人类学大师的后续研究，而成为"现代人类学圣地"。

《贵货不积》并不是基于在上述民族志学区域进行的田野工作写就的，其基础是对这一区域的理论积累的反思性梳理。在文章中，梁永佳指出，这些理论积累之所以可能，应归功于莫斯对马林诺夫斯基民族志的再解释。莫斯将库拉纳入到"礼物"的比较社会学研究中，将之作为"前现代"总体呈现制度加以叙述。为了证实其与现代制度的差异，莫斯强调了其慷慨性和部落性，认为这是一种经济交往与其他社会交往交融的交换制度，不同于"脱嵌"了的现代法权制度。研究库拉的后世学者对莫斯提出的"礼物"概念有调整和修正，但他们没有摆脱莫斯的幽灵，而总是围绕着他提出的魔幻般的"礼物"概念展开诠释。这就使围绕库拉形成的西学理论积累不同程度地承载着莫斯的问题。

通过深究人类学著述里的相关资料，梁永佳发现，"礼物范式"对库拉的解释并不充分。一方面，在库拉圈流动的物品，并非一般之物，而是制造耗时、工艺精美、有灵性的物品。这种物品相比于一般之物是贵重的，可谓"宝物"。因"宝物"的存在，库拉起到了区分等级贵贱的作用，甚至不同范围的库拉也可用高低级序来区分。另一方面，在库拉圈流动的物品虽是宝物，却不能囤积，更不用说垄断，其存在的目的，不是为了交换财富，而是为了替交换者积累名望。而库拉名望的积累并无规律可循，而被认为是偶然发生的，它难以把握，效率低下。此外，这种积累被"土著"理解为会随着人的生命终结而"清零"（也就是说不会成为"遗产"）。而梁永佳还发现，在库拉交换中，磋商是重头戏，需要大量的说服、吸引、"魔法"工作，而这些都是在规避暴力冲突的情况下进行的，是抑制暴力的习俗。

有关库拉的以上民族志事实，既然并非"礼物范式"所能解释的，那么，替代的解释在哪里？在古代中国的思想中摸索，梁永佳发现，《老子》中的"贵货"和"不积"两个概念相加，才为我们理解库拉交换的本质与作用提供了良好的基础。《老子》反对"贵货"，反对给"难得之货"特殊待遇，目的是"使民不争"，"使民心不乱"，防止宝物的积累"令人心发狂"，产生欲望，不利于"无为""守静""居下"。这与老子不崇尚占有和支配有关。库拉与老子的道德主张相反，它显然是一种"贵难得之货"的系统，它既不是现代"商品"，又不是莫斯所说的原始和古代的慷慨的、部落性的"礼物"，而是能换取其他产品，并生产名望的"货"。库拉也含有与老子的另一概念相对应的要素。这就是"不积"。老子主张"圣人不积"，认为过度积累、拒绝给予违反"道"，而所"积"者本身终究还会失去。不仅如此，"积"还会导致偷盗、征税、剥削等将"货"据为己有的"乱"，会导致社会失序。老子主张"慈""俭""不敢为天下先"，反对上者对民众过分攫取，把"不积"当作美德推崇，认为这是圣人的玄德，有助于作为自发秩序的"道"的绵续。梁永佳认为，库拉宝物的不可囤积性，原理上与老子的"不积"主张暗合。也就是说，老子的"不积"概念更好地解释了库拉的所谓"慷慨性"。

缘何没有用在"礼"字上下了大量功夫的孔孟来化解"西儒"莫斯们的"礼物之谜"，而仅选择将老子思想作为方法来对库拉进行再分析？这有待梁永佳加以解答。然而，毋庸置疑，其《贵货不积》一文已达至一个令人羡慕的境界。这篇文章是对美拉尼西亚民族志学区域主要成就的精细、深入的述评，也是对中国思想的世界性可能的大胆求索。它替我们指出，不仅欧美社会思想有其普遍性，中国社会思想亦是如此，二者都植根于自身文明的特殊性，但其超区位解释力不容低估。这个看法对于反思和修正地方性知识的类型学划分有着重要启发。它告诉我们：所有地方性知识都富有世界性，含有人生、社会、宇宙意义上的普遍关切和见解，中国社会思想更不是例外。换句话说，无论是西方中心主义的中国特殊论，还是中国中心主义"以中解中"论，所起的作用不是别的，而正是消解中国思想的普遍性，阻碍它成为"方法"。

须承认，将区域性的概念、制度、社会形态视作"普遍原理"，在人类学里并不新鲜。诸如库拉之类来自美拉尼西亚的概念，来自非洲的"无政府有秩序"的制度意象，来自印度的"卡斯特"（种姓、阶序），来自南美洲、西伯利亚、环北极圈的萨满与季节性社会形态和萨满本体论，都属于地方性知识，但却同时也在人类学经典中成为比"普遍理论"（如种种有关经济、国家、个体、宗教等的理论）更有意味和根本解释性的词汇。正是因为考虑到这些，一些人类学同人才在后现代主义在美国刚刚流行之初便强烈指出，人类学家若不能理解其学者的理论求索，依赖的首先是来自民族志学区域的"声音"，那么，其所谓跨文化对话、"多重声音"的文化描述、世界体系下的文化批评、唤醒土著文化以反思西方理性主义的努力，便会迷失在西方与非西方的二元对立幻象之中，重蹈将自身界定为单一化的认识者并将之与单一化的被认识者对立 / 并置的覆辙。[1]

1　Richard Fardon (ed.), *Localizing Strategies: Ethnographic Traditions of Ethnographic Writing*, Washington: Smithsonian Institution Press, 1990.

梁永佳的探索，与上述"化特殊为普遍"的做法既一脉相承又有所创新。他所做的工作的新意在于，把中国思想的一个要素作为方法，解释对于欧美和中国文明而言都属于"异类"的库拉。在他的论文中，一个使欧美和中国与它们的第三方互动、对话的空间出现了。这个空间不同于欧美民族志学区域一词之所指，它以冷峻的姿态，为我们揭示了一种文明如何在"以普遍化特殊"（普遍主义）、"以特殊化普遍"（文化相对主义）为方式，独占了"方法"的时空，为我们克服自恋的"以中解中"认识惯习的弊端。

在欧美与中国之间，世界智慧应是互补关系，而不是取代关系。如梁永佳表明的，用老子的贵货和不积来重新解释库拉，并不是要彻底替代西学的"礼物范式"，而是要表明，可以借助欧美思想来理解中国，也可以借助中国思想来理解欧美，而欧美与中国都可以在作为第三方的非中非西区域获得珍贵启迪。对于其所从事的事业而言，这一探索为域外社会研究指出了立足中国社会思想的重要性；对人文社会科学界的总体关切而言，它则表明，"多重普遍论"——我猜想，其所用的英文为"multi-universalism"，这里的"multi-"更准确的华文表述应是"多类"，原因是"重"含有层次的意思，而这并不是梁永佳自己的理解——势所必然，在欧美特殊论与中国特殊论之外，可以有欧美普遍论和以华夏文明为基点的普遍论。

可见，"多重/类普遍论"这个概念指地方性知识的普遍性内涵与潜能，这也便是"xx作为方法"诸说所暗指的。

五

对"多重/类普遍论"这一叙述，我并不是毫无保留的。在我看来，它本既可指世界范围的"多元并存"，又可指在区位内部的同类现象；而论者集中于论述前者，基本未能触及后者。在论述中国思想的普遍性可能时，他从中摘取了老子思想，极少提到其他思想，更没有表明，普遍思想总是在特定范围内与其他普遍思想的互动之中产生的。老子想必是在争鸣中提出他的主张的，而争鸣之所以展开，显然是因为其他各家也都以各自主张为普遍，并且，其主张也具有普遍性。在诸多具有普遍性的理论中，必定存在一种让老子觉得正在把"天下"带入危险境地的思想。老子反对"贵货"、崇尚"不积"，显然有所针对（他所针对的，恐怕主要是那些宣扬"贵货"、鼓吹"积累"的学派）。

作为一位人类学家，选择老子思想是有理由的。一方面，长期以来，人类学家在认识习惯上往往倾向于小规模原始社会世界，在感情上往往出于对有帝国化潜力的欧洲绝对王权国家和民族国家的逆反心态而倾向于那些组织松散、规模有限的部落和乡民小传统。另一方面，相比于中国，马辛群岛再大也不过是小小岛国，接近老子的"小国寡民"。

然而，很显然，这些理由难以支撑"多重/类普遍论"。

事实上，库拉不只是指"礼物"的流动机制，而且还指一个定期复现的"圈"。据梁永佳所信赖的戴木德，相比于涂尔干意义上的"社会"，这个"圈"更像是个"世界体系"。

世界体系由不同的区位构成，这些区位劳动方式与文化价值不同，但正是这些相互有别的区位又共同在一个分等（ranking）制度下相互补充和关联着，形成一个规模超越共同体和"有机团结社会"的地理系统。世界体系常被用以描述近代西方资本主义世界格局，但它并不是近代西方独有的。在非西方诸地区，它也广泛存在着。

库拉圈便是一例。世界体系的首要特征是内部有区系（regions），
库拉圈也一样，含有数个分区（districts），其整体则是由不同区位
（共同体）劳动差序的相互补充中形成的。同样地，在库拉圈这个非
西方世界体系里，"个别社会单元是更大系统的关系产物"[1]，它们并
不自给自足。当然，非西方世界在与西方世界体系有以上相似性之
同时也存在其特殊性。相比于将物和金钱当作价值的西方世界体系，
非西方世界体系"与财富类比的形态，出现在人（persons）的类别
及其变相中"[2]，这就使人类学的视角——特别是戴木德偏爱的结构人
类学的视角——特别有用于分析这一系统的内在纹理。以库拉圈里，
在分区与区系之上，围绕着"宝物"制作的工艺及与之相关的名望，
一个分等制度得以形成。作为整体，这个制度及与之相关的区位之
间的关系体制，决定着个别区位文化精密化的特征。在西方中心的
近代世界体系里，成就以相较于他人的财富之获得为标准，而在美
拉尼西亚的库拉圈里，成就与表达劳动—工艺—名望级序的我他关
系直接相关，而这也表达为通过自己的物质损失（material loss）来
成就"功名"。[3]

　　戴木德对库拉圈所做的世界体系解释具有很高挑战性。既有人
类学经典早已出现的可数的"世界"（worlds）概念，但这个概念一
般被用来形容来自民族志学区域的"土著宇宙观"。[4]将"土著"的生

1　Frederick Damon, *From Muyuw to the Trobriands: Transformations along the Northern Side of the Kula Ring*, Tucson: University of Arizona Press, 1990, p. 11.

2　Frederick Damon, *From Muyuw to the Trobriands*, Tucson: University of Arizona Press, 1990, p. 222.

3　Frederick Damon, *From Muyuw to the Trobriands*, Tucson: University of Arizona Press, 1990, p. 223.

4　如福特（Daryll Forde）所编《非洲诸世界》一书，便以这个用法为主导（Daryll Forde［ed.］,
African Worlds: Studies in the Cosmological Ideas and Social Values of African Peoples, Oxford:
Oxford University Press, 1954）。

活世界当成是一个实实在在（practical）的世界体系，戴氏领潮流之先，他的做法，完全不同于既往人类学的"因小见大"。

在勾勒库拉圈世界体系的系统形态时，戴木德反思地继承了施坚雅的中国区系理论。[1]这暗示着，他对库拉圈与远东的相似性有着浓厚的兴趣：对他而言，如果库拉圈是个世界体系，那么，中国便更是如此，其整体的构成原理同样不是"有机团结"，而是层层叠叠的不同级序的区系分合动态。[2]

我们知道，新石器时代到"帝制晚期"，华夏区系持续为一个"多元一体格局"。[3]沿着长城这条过渡地带形成的"边疆"[4]，是这个格局的"夷夏互动要素"。[5]这个要素一方面与"华夏边缘"的诸较小共同体要素杂糅，另一方面也与跨越欧亚的诸"世界宗教"要素结合，给中国的历史时间性增添了一系列复杂的地理空间性界定。加之在前国族主义时期（亦即，帝制时期），只有核心圈、边疆中间圈与域外的层次性，而无中外二分的疆界，无论是在"实实在在的"层次，还是知识上的地理覆盖面上，他者与我者的"你中有我，我中有你"都实属常态。[6]

1　Frederick Damon, *From Muyuw to the Trobriands*, Tucson: University of Arizona Press, 1990, p. 11.

2　这个对于"非有机团结"的世界体系的论述，本质是对"超社会体系"（王铭铭：《超社会体系：文明与中国》，北京：生活·读书·新知三联书店 2015 年版）的解释，它拒绝将近代西方视作唯一世界体系，又拒绝将非西方区域视作"地方社会"，它试图在世界与社会之间寻找中间环节。

3　苏秉琦：《中国文明起源新探》，北京：生活·读书·新知三联书店 2000 年版；G. William Skinner, "Cities and the Hierarchy of Local Systems", in G. William Skinner (ed.), *The City in Late Imperial China*, Stanford: Stanford University Press, 1977, pp. 521–553；费孝通：《中华民族多元一体格局》，北京：中央民族大学出版社 1999 年版。

4　拉铁摩尔：《中国与亚洲内陆边疆》，唐晓峰译，南京：江苏人民出版社 2005 年版。

5　拉铁摩尔认为，华夏王朝与夷狄社会各有各的历史循环，前者虽摇摆在治乱之间，但总体趋势是乱世朝向和平的一统方向变化，而后者摇摆在战争与和平之间，其总体趋势是朝向战争的。尽管在二者之间存在着一个广阔的过渡地带，但这个地带的存在并没有为二者的冲突提供解决机制（拉铁摩尔：《中国与亚洲内陆边疆》，北京：中央民族大学出版社 1999 年版，第 346—349 页）。

6　王铭铭：《中间圈："藏彝走廊"与人类学的再构思》，北京：社会科学文献出版社 2008 年版。

与其世界体系的复合性相关，中国思想同样是多样的。古代中国"食货论"发达[1]，必定有其特殊的财富累积思想，这些思想必定含有一些与西方世界体系可比、与美拉尼西亚有异的因素。与此同时，如梁永佳指出的，中国也有"不积"的思想，这与戴木德所说的"物质损失"思想相似。加之，除了哲学思想中的"不积"外，还有流传于"四民"（士农工商）中的人情、面子等观念[2]，这些观念与库拉圈的名望观念颇可比，而与财富累积观念有别，这使中国具备了与库拉圈的思想世界相似的特征。其实中国的"礼"与库拉一样是基于"不积"的思想发展起来的。礼是一种不以投入产出为"计算方式"的制度，它不是为了财富积累而设的，而是以祭祀为方式消耗财富，通过"不积"构建人—神—物的关系体系、界定人的等级性，实现差序教化。因而礼在近代以来往往被与"浪费"等同视之。如果"浪费"是"不积"的一种，那么，这种"不积"并没有限制社会共同体的规模的作用；相反，帝制时期的礼，分布范围，与"天下"地理覆盖面的变化是相应的，在一些阶段会随边疆的外扩而扩张。也就是说，尽管"小国寡民"思想的确是内在于中国的，但"不积"的作用，也可以是文明体规模的扩大，而这与"物质损失"在库拉圈世界体系形成中的作用是一致的。

另外，"百家争鸣"中的"百家"一词深刻表明，除了"食货""不积"这些"学派"之外，还存在着众多其他"学派"。这些"学派"兴许会来源于处于不同自然地理环境的区系，而这些区系并不局限于华夏，其范围当然也包括了后来被称为"民族"和"边疆"

---

1 刘志伟：《贡赋体制与市场：明清社会经济史论稿》，北京：中华书局2019年版。

2 翟学伟：《人情、面子与权力的再生产》，北京：北京大学出版社2015年版。

的诸其他区系（特别是这些区系中的"原始宗教小传统"与"世界宗教大传统"及其在文献中的显现）。[1] 倘若我们可以一反人类学"因小见大"的常规而"因大见小"，那么，我们自然也会对戴木德的世界体系理论提出一个新要求：这个理论是不是也应该像置身于新几内亚内陆山区的巴特（Fredrik Barth）那样[2]，处理"土著"繁复的宇宙观内在差异与区系化"亚传统"问题？如果说巴特的做法与思想史研究的通常做法的确存在着明显的相通之处，那么，这是不是也会要求戴木德式的世界体系理论应求得与思想史的协调？

另外，与库拉圈内的那些共同体一样，中国的诸区域共同体有着严密的分工，它们在功能和区位上又是高低不平地分布着的。分工和等级阶序一样构成一个非财富积累式、非阶级性的分等制度。这增加了中国与戴木德笔下的库拉世界体系之间的相似性。戴木德用"广阔"一词来形容库拉圈的劳动分工和关系系统。我想，戴木德不会反对，我们用"广阔"这同一个词来形容中国的共同体、文明与思想的"多元一体格局"。我说"多重/类普遍论"既可以指全球范围的"多元并存"，又可以指在民族志学区域内部的同类现象，意思就是如此。

中西与非中非西的"第三方"，构成三个世界，各有自己的体系和内在分合动态。在一方的地方性知识既已通过传播或"被翻译"而成为"唯一普遍性"的时代，如格尔茨那样，平等看待三个世界固然有益，但似乎正是依赖"多重/类普遍论"概念才能真正

1　王铭铭：《超社会体系：文明与中国》，北京：生活·读书·新知三联书店 2015 年版，第 418—426 页。

2　Fredrik Barth, *Cosmologies in the Making: A Generative Approach to Cultural Variation in Inner New Guinea*, Cambridg: Cambridge University Press, 1987.

复原三个世界的世界性原貌。持"中国作为方法"主张的沟口雄三曾说,"实际上在中国思想中存在着不同于欧洲思想史的展开的中国独自的思想史的展开,而且在人类史上,在这个中国独自的思想史的展开和欧洲思想史的展开之间,能够发现也可成为人类的普遍性的共同性"。[1]沟口是在批判那种比对欧洲思想史来研究中国思想史的平凡做法时提出此说的。我们则在中国学术话语中听到了一种新的声音,这个声音代表着进入同一个题域的一个更有雄心的努力。在这一努力中,中国思想史"独自展开"之说暴露出了它的限度,我们亟待揭示这个"独自展开"的普遍性如何可以成为异域研究的理论解释体系。

　　然而,如我们在评析治乱轮替历史时间性时表明的,要展开这样的论证,我们不见得应必须将地理视野限定在第三方,因为,中国学与西方学同样能为我们的知识视野开拓提供基础和动力。在学界长期习惯"以西解中"的时代,"以中解中"是有价值的,而欧亚诸文明比较与关联研究的价值则更高。欧亚诸文明体各有其形态,但在历史中又是通过分布广泛的孔道频繁互动着的,对其差异与关联的研究能为我们定位自身、理解他者提供重要启迪。而我们仍旧有待展开"以中解西"。这一事业有着特殊的价值,只有当它得以开创,"以西解中"的单向理论传输惯性及作为其本质的权势局面才可能得到改变,欧亚大陆才可能真正实现文明相互鉴知的理想。在这些意义上,"化特殊为普遍"之说是普遍适用于三个世界体系的研究的。

　　要"化特殊为普遍",我们首先应承认"特殊性"的由来地的"世界体系性",接着还应鉴别不同世界体系一体化形成所共同

1　沟口雄三:《中国前现代思想的演变》,索介然、龚颖译,北京:中华书局1997年版,第3页。

依凭的分区、分等制度，及这些制度的多样性。以此为基础，我们可以看到，要认识所有的普遍思想都有"亚洲作为方法"之说意味的"主体间性"，便要认识到，"主体间性"不见得必须在国际间性（如，亚洲性）中寻找，它根植于所有各类区域性世界体系中，甚至诸如岭南之类的地区也是"主体间性"的，它除了集中表现了"华南派"历史人类学家关注的家国上下关系之外，还容纳了经过不同孔道流动的各种文明要素，而所谓"自己"也是一样，它形成于世界活动中，是"容有他者的己"。换言之，一方面，诸世界体系均已是"实实在在的"，不见得时时需要通过超越自身的边界来重构，另一方面，在分合动态同时展开的诸世界体系中，所谓"地方性知识"并不是指一个单一的思想，而是围绕一个"当地关切"（如，积与不积）展开的不同宇宙观"亚传统"（既包括地方性知识的区系类型又包括其中的学派）之间争鸣的过程与成果。可以认为，一场"亚传统"之间的争鸣，就是一种发生于不同普遍性之间的、一比高低的竞赛。

（本文曾发表于《开放时代》2021 年第 1 期）

作为世界的地方

开场白

贺桂梅 各位同学晚上好，我们现在开始"认识中国的方法"系列讲座课程的第八讲。我等会再介绍王老师，在上课之前我要提醒大家注意疫情防控的要求。大家知道现在疫情又挺紧张的，我们也专门请示过学校的教务部，像咱们这样的课，教室的容量还是可以的，学校主要是让咱们注意相关的要求。大家尽量不要挤得那么亲热，坐的时候可以隔开一点，最好是全程都戴口罩。在咱们这个教室只有王老师"有特权"，他是可以不戴口罩的。

好，咱们开始上课。在上课之前我还是简单地说几句。今天特别荣幸地邀请到了北京大学社会学系的教授王铭铭老师，我们先用热烈的掌声欢迎王老师！王老师是我们课程的第一位中文系以外的老师。我们在导论里面提到过咱们这个讲座希望一方面是跨专业，就是中文系的文学、语言、文献这三个专业边界都要打破；另外一个是要跨学科，也就是不能仅仅局限在中文系内部，而且要邀请（其他学科）相关的老师，这些老师当然同样是非常重量级的老师。

首先给同学们科普一下，王老师他是在社会学系，但其实他是一个人类学家，他所在的研究所叫社会学人类学研究所，大家可能注意到人类学研究在北大是放在社会学系的。大家知道19世纪以来六大社会科学，包括历史学、政治学、经济学、社会学、人类学和东方学。当然后来的社会科学又衍生出其他的学科，同时我们中文系所在的人文科学，在北大没有叫人文科学，它去掉了"科"字叫"人文学"，人文学当然就是以文史哲为主，也包括艺术系、考古系等等这些。之所以要提到这些，是因为我想王老师他作为一个人类学的研究者，为什么要给咱们中文系的学生来讲？因为人类学它虽然是社会科学，但它也是研究人的学科。特别是王老师的研究，我觉得它非常重要的一个特点，就是要打破社会科学和人文科学的边界，他的人类学研究视野非常开阔。当然人类学最重要的特点是田野调查，这也是我要邀请王老师的一个主要原因。因为咱们这个课还是要跟暑期思政实践相关，这个我一会儿再解释。总之，我希望大家在一个大的学科格局里面找到关于文学或者关于王老师要讲的人类学研究的一个大概定位。

我还是介绍一下王老师，他是 1981 级的大学生，比我们前面的陈平原老师、戴锦华老师略微年轻一点。他的本科和硕士都是在厦门大学读的，1987 年他到英国伦敦大学，1993 年获得了人类学的博士学位，他也在伦敦城市大学、英国爱丁堡大学从事过博士后研究。

1994 年他来到北京大学并且一直工作到现在。王老师的专业其实非常宽阔，我们这次微信推送主要是介绍了他的研究的四大块：一块是文化理论，一块是区域研究，一块是宗教人类学，另一块是欧亚文明比较研究。这是关于最近王老师的研究领域的一个介绍，其实王老师做的范围特别广。

王老师他的研究的特点我是这么来概括。第一个，他是一个特别高产的高质量的研究者。我作为一个中文系的研究者，我一直很关心社会科学的发展，其实我几乎把王老师的书都读过，我为什么要读王老师的书呢？当然是因为我一直关注中国研究和中国问题。

我最早读的是他的社会人类学与中国研究，后来是因为我要做赵树理（研究），赵树理被称为"农民作家"或者"乡村作家""民间作家"，实际上这背后涉及一个关于乡土中国的理解。我因为赵树理研究，开始读费孝通，把费孝通的书都大概读了一遍。我发现在关于费孝通的研究当中，王铭铭老师是做得最好的，所以我从费孝通再一次进到王老师的研究里面，他这方面的书我都读。

可能大家不大清楚，费孝通先生首先在 1990 年后期提出了一个非常重要的概念，叫"文化自觉"，而他的"文化自觉"的理解实际上是在一个全球的视野或者世界文明的视野下面展开的。到了 21 世纪知识界开始广泛谈论这个问题，出现有关文明论的研究，这也是我的一个研究的小领域。因此王老师的《超社会体系：文明与中国》，还有他的《中间圈："藏彝走廊"与人类学再构思》（都是我的阅读对象），当然就更不用说他的《人类学是什么》《社区的历程：溪村汉人家族的个案研究》等书。

今年王老师出了三本书，一本就是咱们在微信推送的《人文生境：文明、生活与宇宙观》，一本是再版的《社区的历程：溪村汉人家族的个案研究》，还有一本是《从东南到西南：人文区位学随笔》。王老师的研究特别前沿，同时有一个特点是它的理论性和实践性是结合在一起的。我刚才说人类学非常重要的特点是做田野调查，人类学学者一般不是坐在摇椅上的人，而是要到现场，住在村子里或者是小岛上去跟当地的人们生活在一起。这是人类学很重要的一个特点。王老师一方面有很多的实践，他从东南到西南，其实一直都在做田野调查，但是他另外一个更重要的特点是理论性非常强，而且这个理论是从介绍西方的理论到结合中国的实践转化出中国的人类学研究，所以他一直关心的是"人类学再构思"，也就是什么样的人类学可以把中国的特点阐释出来，这大概是我的理解。

另外王老师的研究其实非常适合做一个跨学科的讨论，也就是说他可以把人文、社会这些都打通。待会儿王老师要讲的"作为世界的地方"，它里面包含着对立性的一组范畴，一个是很大的叫"世界"，而另一个东西看起来很小叫"地方"，他说这两个东西不是隔离的，一个小的地方，它自身就是一个完整的世界，一个广义的人文关系体系。这是王老师的研究，如果有不准确的地方，王老师再说。

我要说一下为什么我要邀请王老师来我们这个课做一个讲座，主要是因为我担任职务以后，就参与中文系学生的暑期思政实践课。在2020年我去了吉林扶余，今年去了湖南常德。我们思政实践的地方一般都是基层的社会，包括县，包括乡，也包括村。我带着学生们到中国基层社会去走的时候，就发现中国基层社会变化非常大。与此同时，那些地方的社会形态、人际关系，还包括人们的精神状态，跟中国大城市、跟北大这样的学院有很大的不同。而且我们在跟那些基层的干部们、文化人聊天的时候，他们反复讨论的一个概念叫"社区"。我之前就知道"社区"这个概念最早是费孝通先生把它翻译过来的，费孝通先生最早是做"江村经济"，是以村为单位来展开一些个案式的研究。那时候我就想，如果要开这个课，我们要请一位学者来讲费先生的《乡土中国》。《乡土中国》这本书，实际上很多中学把整本书列为阅读对象，也就是中学生大概都会读这个书。

我当时还不认识王老师，我去跟李零老师商量，我说李老师我想请一个讲费孝通先生的学者。他说你就去找王老师，然后我就因此认识了王老师。当然我很高兴，因为我在这之前作为一个人文学科的学生和研究者，其实王老师的书都读过，但是还不认识他，所以这个课很好的一个好处，就是我认识了王老师。

后来跟王老师联系，我开始给他出了几个题目。第一个题目我想请他解读费孝通的《乡土中国》，比如说"乡土中国"的特点，什么是"差距格局"等等，但是王老师觉得没多大意思。然后我又给王老师出了一个题目，就是他 2018 年出的新书叫《刺桐城：滨海中国的地方与世界》，其实也是世界和地方的关系，王老师也不大乐意。他说我给学生们讲讲我的新书，因为今年他出了三本新书嘛，最后他选定的就是《人文生境：文明、生活与宇宙观》这本书，他给定的题目就是"作为世界的地方"。其实我们在认识中国的时候，地方的问题一直是一个非常关键的问题，同时我们到底怎么理解世界，怎么理解一个大的体系和一个具体的生活空间、生活结构或者社区单位之间的关系，这其实一直是一个问题。所以我特别高兴王老师给了一个这么好的题目，我还不大清楚今天王老师要讲什么，我就不啰嗦了。大家如果有什么想法，王老师讲完以后，大家可以跟王老师互动一下，我们就请王老师开始演讲，谢谢！

主讲环节

王铭铭　非常感谢贺老师的邀请！大家一定发现，我现在有点拘谨。这是第一次来给中文系的老师和同学做讲座。中文系是有名的，有好多"小鲁迅"这样一种人物的存在。这一般会使外来的人非常担忧。我就是这样，担心讲一些肤浅的东西会遭到批评以至围攻。幸亏是贺老师邀请的。我很感谢她，她在书里评论了我的一些粗浅看法，给我不少安慰，而她刚才的介绍也似乎表明，我不应该紧张。反正吧，虽然有些紧张，但是还是可以在这个场合把想讲的（其实贺老师已经讲得差不多了）稍微说说。

"文化自觉"下的"中国热"

我们这门课叫作"认识中国的方法"，我想它是属于"文化自觉"下"中国热"的一个部分。刚才贺老师已经谈到"文化自觉"这个概念。这是费老大概 1996、1997 年的时候跟北京大学校长先谈起来的，然后在我们第二届社会文化人类学高级研讨班上，他进一步做了具体阐述。它指的是我们中国的知识分子，特别是北大的知识分子，应该不只了解西方文化，而且要对自己的文明传统有相等的认识，要有自己的"自知之明"。与此同时，费老主张，我们也要知道和欣赏别的文明的优点，最后能够通过欣赏不同文明的优点形成我们对世界的看法，以贡献于世界的和平，这费老称之为"和而不同"或"天下大同"。

现在"文化自觉"已经被做了各种各样的解释。那么，它这个原意为什么我还要重申？是因为它的原意大家基本忘记了，我们有这样一个"文化自觉"的失忆症。

"文化自觉"虽然是费老概括的，但是很早就出现了，我想起码一百多年前这个很强烈的感觉就出现了。梁启超先生曾经对中国有这么一个论述：认为上古的中国属于自己的中国，跟别人没啥来往，国家也比较小；中古的中国属于亚洲的中国，这个时候汉唐疆域都很大，跟周边的其他亚洲社会来往很多；到了近世，也就是我们今天说的近代，中国就成为世界的一部分，成为"世界的中国"，这个时候我们意识到我们并不是世界上唯一的国家，而是世界上的万国之一，我们同时也想知道这个世界到底是什么样的。正是在梁启超说"世界的中国"这样一个阶段，中国的文明自我意识就越来越强了。因为我们跟别的民族、国家来往多了，特别是面对着欧洲、东洋来的各种军事、政治和商业势力的挑战，更想知道我们原来是怎么样的，现在到底是在什么样的处境中。

你们中文系的老师有一些是研究梁启超的史学思想的，他们指出，梁先生提出了一个"中国史"的概念。这值得玩味：据说我们在西周的时候已经出现了中国的概念，但是中国史的概念居然还是出现得这么晚。不过以前的历史，梁启超指出，都是私家的、朝代的，都是一朝一代、某一姓统治的他们自己的历史，而不是一个近代的"民族史"，因而很难算得上是"中国史"。经过很多努力，梁启超把中国"民族史"当成我们历史研究的重点。他采用西方的进步论重新设计出一种历史的时间感，认为以前的历史时间感是朝代从兴起到中兴，然后走向衰亡的轮替，而"中国史"应该不同。梁任公用进步论使中国的历史可以追溯成一条像欧洲一样的时间线条。这是一条从古到今直线向前的线条，而不是那种周期轮替或者轮回式的"圈子"。

与"中国史"相关的"中国热"非常厉害。一个证据是，现在比较热潮的，就是中国史的书。它们应该是最好卖的，是吧？你要卖别的行（专业）的，像人类学的书，除了搞一些耸人听闻的题目，一般是没人要的，是吧？"中国史"有各种各样的通史，一般的通史之外，还有其他形形色色的，比如说物质文化上的通史，在这类通史里面，每一个器物都可以构成通史的对象，比如说中国青铜鼎，或者是筷子，等等。还有制度，各种各样的精神，等等，也是一样。我觉得这是一个表现，我们希望通过分门别类的通史研究来恢复整个中国传统。

李学勤先生（这位应该是跟中文系的李零老师交往比较密切的前辈）提出"走出疑古时代"，对顾颉刚等人曾经对于上古史文献的怀疑提出了批评。在这个精神指导下，现在考古学做"三代"考古是很主导的。不少学者相信，三代的研究能够把中国文明的起源、原来的形态、最初的变化呈现和复原出来。我觉得这是"中国热"的核心组成部分之一。

现在宋史研究也是其中一个核心。那么宋到底是不是完整的中国？对一些学者来说，这是可疑的，因为宋、辽、金基本上是差不多时间存在的，因而也有学者认为几个朝代的共存才是中国。但是因为他们感觉宋最像我们华夏的文明，所以很多学者对这个很关心，而且他们相信，宋有一个特点跟别的朝代不大一样，如钱穆先生早就说的，它的"文治"很强，特别重视"文"的这一面，各种品位很高，文学各方面的成就、美术的成就很高，极其风雅。

"天下"这个词也时髦很久了，这一两年随着"疫情"的到来，好像谈的人少了。因为可能正是"天下"规模的大流动跟"疫情"的爆发是有关联的，而且最近中外的一些关系比较微妙。但是前些年对"天下"的探讨很多，从其对民族国家现代性的反思作用来看，还是很重要的。这个我没必要多谈，只需要说，这个也是重新领悟"什么是中国"的一个方面。

社会科学的"中国"同样非常多，也可以讲很久。社会科学也有一种"中国观"，但是社会科学的"中国观"是从欧洲这些国家传来的，它的社会和国家概念容易使人把中国当成是只有一个民族的社会或国家，就像欧洲的"一族一国"情况那样。近代化的欧洲，每个国家内部理想的大众认同都是它的民族或者称之为国族。如果没有这个，社会科学似乎是不可思议的。所以 19 世纪中叶社会科学兴起到 20 世纪中叶，这个阶段有很多关于中国的研究，但主要是集中在中国的主体民族——汉族的研究。这样的社会科学慢慢地（或者当时就已经）遇到了一些问题。主要是什么问题呢？就是：中国不仅是由汉族构成的，我们历史上长期以来有"夷夏"的互动，相互的关系融合也好，冲突也好，"夷夏"都是并存共生的。实际上早已有不少人指出了中国是由不同的民族构成的。费孝通先生的老师——吴文藻先生留学美国期间（1926年）写了一篇（文章）叫作《民族与国家》，我觉得这篇文章非常重要，它系统地讲了中国这样一个多民族国家跟欧式民族国家的不同，这个不同意味着我们建立一个现代国家的时候，要考虑到我们多民族的特点。兴许也正是因为他的这篇文章，费孝通先生才在六十年之后的1988年写了《中华民族的多元一体格局》。吴、费两位先生的多民族国家观点，实际上在社会科学诸学科都没有被真正地实践过。虽然梁启超说有一个"中国史"，"中国史"要超越原来的王朝史，他自己做中国史的时候很讲究各民族融合的历史的研究。但是因为社会科学一向跟欧洲的主权国家、民族国家关系很密切，所以时至今日我们在谈中国、"中国热"的时候，基本上还是一个单一民族的思想。这点很遗憾。

最近"中国热"还表现在别的方面。比如说在哲学界，最近李猛先生提出一个叫"新中国形上学"的概念，他认为我们这个时代的中国有一批学者，像丁耘、吴飞、杨立华（前面一个是上海的，后面两个是咱们北大的）等等都在苦苦求索一个问题：在一个新时代，怎么样回到中国原来的传统，从而提出一个有普遍意义的哲学、形上学？现在还有很多关于"山水"的论述，我想很快贺老师也许也会涉及。我们系的渠敬东先生，一直主张把山水画当成中国的超越性的、中国文明的超越性的一个核心表达。

对于国内的"中国热"在"文化自觉"之下出现的情形的梳理工作很多，我只是简单提提。

海外汉学 / 中国学

说"中国热"不能不也说说"中国学"。

过去几百年来东西洋的中国学是相当发达的。这一发达首先来自于天主教传教士来到东方，他们看到很多不一样的思想、习惯和传统，于是想：到底这些传统天主教应不应该接受，或者说应如何改变？对此天主教学者做了很多不同乃至对立的思考，他们所属的教会有时候比较温和，有时候很粗暴，对中国的礼仪、中国的一些观念，态度摇摆，而他们也差不多，有的是很恶意地去写中国，有的是很善意地去写的。但是不管是什么态度，还是产出了很多很重要的中国学著作。传教士学者都是敬业的，不像我们现在的很多学者，因为作为传教士他们似乎没别的事情可干，而现在特别是我们北大的学生有太多事情可干，就不会那么敬业，是这样的吗？我是这么怀疑。总之，那时传教士没什么事干，除了完成他们的使命之外，他们想的很少，于是他们的钻研有很多不错的成果。

文艺复兴到启蒙，中国也是占了相当重要的份额。那个时候不少西方的哲人试图越过中世纪回到上古时期的状态，也就是回到基督教成为支配力量之前的状态，由此来重造欧洲文明。当然西人不是每个人都这么想的，他们的哲人中还是有一些教徒的，他们的"启蒙"跟宗教有复杂的关系。我们只是说大约是这样：近代思想出现时，其中有一些哲人论述古希腊罗马的时候，也会提到东方的一些相似情况。在很大程度上东方和希腊经常被看成是很相似的，如果说东方和希腊有什么不同，那就是古希腊后面跟着的所谓"西方"是中世纪那个阶段，而东方没有。

无论怎样，此后汉学或中国学就兴起了。18 世纪的时候，它主要关注语文、语言文字，这些在传教士时期就已经很发达了。很多传教士为了传教，必须研究被传教的人群的语言，甚至为他们设计文字。像傈僳族就有基督教为他们设计的文字，有的人以为是傈僳族的原始文字，其实不然。我是福建人，我知道传教士也编了闽南话的《圣经》，就是用闽南话的音来解《圣经》，不然那些老头老太太不识字就不大好办。

他们对"文明"也很重视，这个词后来越来越少人用，但是汉学最早很重视。"文明"指的是一个民族的文化的所有成就。那个时候的中国学想总体地来把握这个。

史学也得到了重视。东西方在同一个阶段都出现了，刚才贺老师谈到"东方学"，西方的我们比较熟悉，因为三联书店曾经出版了萨义德的名著《东方学》。不过日本自从自以为成了西方的一部分之后，也创造出一种"东方学"。日本的"东方学"指的不是对日本的研究，而是对中国、印度乃至俄罗斯、土耳其、波斯的研究。其实我觉得这个非常荒诞，因为日本是最东方的，他们的"东方学"指的是他们的西边。

经典的社会科学在 19 世纪中叶出现，每个学科分门别类对中国都有涉及。1945 年以后，美国式的区域研究在社会科学占主导地位，使得社会科学家在研究同一个区域的时候，必须采取不同学科的综合。美国现在的中国学仍然具有很明显的区域研究的综合性，在他们的区域研究里面，中国是一个区域。宗教史和哲学的成就就更多了，西方人的中国学有很多这方面的研究，甚至有一些人写得比我们国内的都要好。他们那些研究古代中国宗教和哲学的人穿戴的甚至比我们更像我们的佛教徒或道教徒，有的甚至很像孔子，他们走路总弯着腰、抱着书，非常客气谦卑的样子。有个我认识的爱丁堡大学汉学家，他的姿势在我看来是最像西方中国学家的。他习惯弯腰走路，说话小声，几乎都听不见。而且他的特点是，到七十来岁还没有申请副教授。他觉得做人不能那么功利，要像儒家那样很无私仁义。不申请高等级职称，他是以讲师身份退休的。他认为自己是儒家，因此他就必须这么做。我们现在这种人已经没有了，大家都要争提职称。

最近还有很多点，比如说新清史导致的一些讨论，关于这些，我想贺老师一定会请人来讲。

总的来说，我觉得认识中国的方法很多。我们这堂课本来是可以回应这些方法，但我只简单地罗列，有国内的和国外的。其实你要仔细想的话，我们国内"中国热"的历史时间的长度是大大短于外国"中国热"的长度。现在我不知道中美的关系会不会引起一些变化，但是美国的区域研究往往是这样的，就是当它把对方视作敌人之后，就会大量投资，让学者来研究。但是这次跟中国关系的紧张好像并没有导致这样的一个变化。比如说他们对阿拉伯世界、对伊朗的研究、对近东的研究往往是因为有战略的需要。而这次我觉得是很奇怪的一件事，好像大家都很沉默。

社会人类学的他者主义

总的来说我觉得"中国"是热点，大家都把中国当成一个整体来看，但到底中国是一个什么样的整体，这却是有争论的。我对这个问题也非常感兴趣，但是不幸的是，就像我现在讲的内容一样，我学的学科和我做过的事情，其实使我没有办法直接跟前面全面概括的那些论述产生直接的对话。

我们这门学科叫做人类学。人类学有各种各样的理解和定义，我做的那些工作是在社会人类学的领域里展开的，所以在北大被放在社会学也是我们的命。社会人类学的特点是研究"他者"。特别是在英国这个"岛夷"（我们古人叫他们"岛上的蛮夷"），他们国家小，海外事业对他们的国家来说是很核心的，不像中国，欧亚大陆的东部几乎全部是中国，我们似乎没有必要跟那些海外产生什么太多的关系。因为英国在 19 世纪是一个大帝国，他们人类学的任务就是研究被他们征服的原始人和农民这些社会。他们慢慢地产生某种他者主义的人类学观，认为人类学等同于研究英国以外的那些文化或者社会。

我先是在厦门大学读人类学的，关怀不一样，但是毕竟博士论文是在英国写的，受到的是英国的人类学的训练，所以一定是有他们的他者关切，也特别想为一种中国的海外研究事业做贡献，更相信我们也应该去研究外国。

这个我想现在是可能的了。几年前我降落在伦敦的希思罗机场，要入境的时候，在我前面排队的是两三个十来岁的小男孩，他们结伴到英国去旅行。因为要过安检 X 光机，看有没有藏毒品之类的，英国海关官员就让他们把皮带解下来。那三个小男孩很不解，他们就用很流利的英语表达不同的看法，最后跟英国海关官员争论很久。中国的年轻人现在遍布全世界，对这个世界有他的好奇心，跟我们这代人不一样。可能我们这代人还有那种改变鸦片战争以后多少年受侮辱命运（的想法）。现在的年轻人很不一样，他们没有觉得要改变他的命运，他觉得他跟他很对等，你为什么叫我脱下皮带？等一下我裤子掉下去怎么办？他们在街上逛的时候，给我的印象就是他们很自如、很好奇地在了解英格兰的一些情况。我有一次去苏格兰北方，想看看是不是能够找到一座遇不到任何一个中国人的城镇。我到了因弗内斯，那应该说是英国最北的城镇，我以为那里不会有我们的同胞了，结果我一下车满街都是华人年轻人。

我们今天已经构成一个很好的基础，大家也有好奇心，能够像英国人当年那样研究他者，当然这个事也有很多复杂（之处），我讲不清。

按说我读博时也很想做这种工作，比如说我觉得自己应该可以研究印度、英国或者非洲，不一定要研究中国，我觉得要解救中国，只能颠覆我们已有的悲惨命运，这个命运就是只能研究自己。我觉得知识分子应该把中国的学术变成一个世界性的学术，但是我没有实现我的梦想。如果对我有所了解，大家会知道我的起点是做家乡区域的人类学。这个非常荒诞，因为我的家乡并不是我的他者，从我们学科来说构不成我的一个很好研究对象。人类学为什么要研究他者？因为他跟你有文化上的距离，你看问题能够看得更清楚，这是大家的一般信仰。然而虽然我也是社会人类学研究者，我做过的主要研究却是主要在"家园"中展开的。

在中国的"东南一隅"（"边陲"）

我为什么会"沦落"为研究家乡的社会人类学者？一个原因是，我的家乡对于我的英国老师们来说是他者。作为留学生，那时我的"命不好"，仅仅被看成是英国知识的信息提供者、关于中国的信息的提供者。但不管怎么说，我还是很认真，花了很长时间做博士论文，到博士后到我成长的一些年，大概是从1989年到2000年，我一直游荡在《泉州府志》的"泉郡五邑总图"描绘的那个区域里。除了泉州古城，我还有三个田野点，一个田野点在海边，有个田野点在山里边，还有一个田野点在海峡对岸的台湾。

这个区域并非自古是中华文明的核心地带，甚至可以说，它是一千多年前才开始成为中华文明的一部分的。它的疆域当然是不好说，《禹贡》里面说扬州就包括了这带，而具体的历史表明，我的家乡以前住的不是我们华夏人，而是闽越人，是百越民族的一种。我们这些华夏人，是东南沿海的后来者。据说北方动乱的时候，有一些华夏人往南跑，最早是晋代的永嘉之乱，往南跑的人都是比较有钱、有面子、有文化的，叫作"衣冠"，他们是大家族，他们逃到南边去，在南边有发展。唐中叶的安史之乱，还是有人逃到南方去了，此时，除了前面说的"衣冠"之外，估计更多的是平民，史书上会说他们是"农民起义军"，这些人跑到南边去占领一些地盘。

五代的时候尽管叫分裂时期，但是移民过去的那些汉族都十分高兴，觉得机会来了，可以有自己的发展道路，特别是"闽国"，很重视利用这个地方吸引北方的人才，而且向海外拓展，形成"以海为田"——把海洋看成农田——的习惯（现在福建依靠海边滩涂养海鲜谋生的人还有很多的，他们还是"以海为田"，他们中也是还有一些行船的人，他们的生计也是靠海洋，不过规模似乎不如古代了）。在这样的基础之上，由于宋和元对这个区域经济政策比较开放，所以它就变成了一个很"现代"的样子了。有个荷兰的老师把它称之为"世界货仓"，意思是说，这个区域汇集了全世界各种各样的货物。当然不止如此了，那边也汇集了世界上各种各样的宗教。

泉州今年被列入世界文化遗产名录，就是利用宋元时期的"世界货仓"理由来申请的。刚开始有些外国人反对。反对的背景应该蛮复杂，但他们提出的理由之一是，古代中国的一个地方难以真的有文化多元主义。也许在他们的想象里，古代中国只可能有暴君和农民，怎么可能还有伊斯兰教徒，有犹太人、意大利人、印度人？他们觉得不可思议，认为完全没有证据。有各种各样的宗教？他们都觉得没有，如果有，那就不符合欧洲人对世界史想象。"货仓"的概念，多元文化的概念，"世界宗教博物馆"的概念，这些都不是世界史叙述的常规。但是现在情况有变，泉州作为"宋元中国的世界海洋贸易中心"获得了世界文化遗产的称号。对此，我觉得还蛮高兴的，原因估计首先是因为这个地方是我老家，其次是，这除了现实意义外还有学术意义，特别是，这将有助于我们破除世界史的西方中心主义观点。学界流行的观点是，世界是欧洲人通过对世界的征服带来的，好像在欧洲人征服世界之前，只有地方，而地方只是自我封闭的小小社区，不能有像泉州那样的"海洋贸易中心"。

我觉得家乡的"宋元"这段历史很重要，但要充分理解它的当代意义，我觉得我们必须考虑到，在宋元这段历史之后，欧洲萌生资本主义，中国东南沿海的地方社会和政治产生了很大的变化，摇摆在我称之为乡村主义的"条理"状（这个是指明朝的礼教，明朝比较排外）和清初盛世的"生生"状之间。所谓"条理"就是讲秩序，不讲享受，只讲社会秩序，要大家都乖乖的、不能乱跑。当时朱元璋最喜欢的就是我们南方人，最好是像那些有文化的人那样在家里头不断地只做两件事，一个叫耕，一个叫读。到清初的时候情况有些变化，这个区域生动活泼的局面——宋元的那面重新恢复了。我觉得这种"摇摆"，是我们老家人的文化性格双重性的历史来源，也是值得研究的。我觉得我们不应总是停留在回忆"宋元"的美好往事，而完全不理睬费老用"文化自觉"想指出的"自知之明"。

1999 年我写了一本书（《逝去的繁荣》），2018 年再版（《刺桐城》），讲的是上面的这个历史，想通过上面我研究的区域的大历史，来回应社会科学的问题。我想在座的（同学）如果有去想的话，就会想到我刚才说的跟我们课上学的世界史是相当不同的，是一个地方中心的世界史。而且这个世界史所讲的历史规律远远超出我们课堂上愿意告诉我们的什么上古、中古、近代，是吧？近代就是欧洲怎么怎么样，对吧？我们在中古的时候是有"世界货仓"、多元宗教那样的情况的，而这种"开放性"也不是我们文明的所有内涵，我们的"中古"完全不同于欧洲"黑暗的中世纪"，但也不是完全倒过来的。

"城市中心主义"

我今天的题目之所以叫"地方作为世界"，原因跟我不喜欢研究农村有关，而这点很可能又跟农村住起来并不舒适有关。因为我们这行要做田野调查，如果是做本土社会，那要求起码是要有一年，如果在农村住的时间相当长还蛮辛苦的，是吧？我自己在 1999 年带三个博士生在云南调查，他们每个人从我这里获得六千块钱的资助。到了农村以后，在云南的农村包吃包住一个月是三百五十块钱。但是住在什么地方？有的是认房东为爸爸，叫干爹，之后他的住房就提升了，但是有的性子比较"隔"，一说话，就像是"北大人"似的，爱教别人，农民估计不大喜欢，就会把他安排住在猪圈的隔壁那间……研究农村的确是很辛苦，好像选择在城里研究是有这个原因，但是我研究城市还是有我自己一点学术上的思考的。

就目前的证据来说，史前中国一般是以乡野为主的一种社会。所谓"史前"，原来是指没有历史文献记载的。中国历史文献的记载到底是甲骨文还是金文是有争论的。有不少学者认为甲骨文不是一种记录性的文字，它是占卜性的，它是宗教的，算不算"史"。我不是专家，但是大概商周以前也可以说史前，乡野是为主的，后来慢慢有城市、宫廷，这个是历史的大致。我们从考古学和文献来说这是个大致的规律。

我们现在进入的地方社会，我刚才说我研究泉州，我们老家的"有史"的历史最早可以追溯到晋的永嘉之乱，之前的那些都是靠文献上的只言片语来猜测的。永嘉之乱也没有那么长，那个时候在中国大地上从乡野到城市的转变已经完成了。而且，在这个过程当中，经典传统也得以建立，有很多书变成英语所说的"sacred books"——神圣的文本、圣书，圣书出现了，所以我们进入的时代是这些都完成了之后的一千多年甚至两千年。

如果我们为了研究中国，就把中国当成乡村，然后不断地重复研究中国不同的农村，我觉得是有毛病的。中国文明的城市部分怎么办？所以我综合一些东西来考虑这个问题。比如说我们行的两个老祖宗，他们虽然是调查乡村和城市的民间文化，但是他们读了很多经典，比如《礼记》《史记》这一类古代的书，试图在这两者之间找到一个关联的环节。比如说我对费孝通先生写的很多书并不是特别感兴趣，而对《中国绅士》这本书情有独钟，这是因为，这本书考察的是中国社会上下关联的中间环节——士绅或者绅士，在这本书里费老谈到了城和市这两种传统怎么样在中国合并为一个。大家有空可以去买，这本书原版是芝加哥大学1953年的英文版，后来被翻译成中文。

我也对美国汉学人类学家施坚雅的著作感兴趣，这个人的著作以研究中国为主，他认为中国的基层社会不能定义成村庄，因为村庄构不成他所称的中心地方（central places）。什么叫中心地方？它的存在必须使别的地方服从于它的动员，这个动员是广义的，不是政治动员，包括物资上、交通上的动员，所以他把中国的中心地方排成一个级序，比如说标准集镇、城镇、地方性城市、都会、帝都（也就是像我们现在的北京）。标准集镇相当于我们今天的乡镇一级。

我更感兴趣的是钱穆先生对整个中国社会学的批判，他认为中国的社会基础不是农村，而是城市。乡村只是城市核心地点周边其他的三个元素的一个部分。我们研究中国社会必须以城市为中心，而不能像社会学家那样以农村为中心。

总之，我对这些很感兴趣，我觉得自己是个"城市中心主义者"，认为中国是由城市构成的，而不是由乡村构成。这点当然跟我研究过"宋元中国的世界海洋贸易中心"有关。应该说，泉州虽然是个地方，但作为城市，作为一个"中心"，它是有世界性内涵的。我觉得这点跟我上面想要说明的中国文明中城市的重要地位的观点也是相互呼应的。

"不得已"的村庄研究，及中国观的巨变

然而我其实还是写过关于农村的书的，书也是关于同一个区域的，就是东南沿海语言文化区或者讲闽南话的地方，这本书（《村落视野中的文化与权力》）旧版有五篇文章，新版有十篇文章。

要承认，研究农村是出于"不得已"，为什么研究农村？我前一段（时间）刚跟我们系、我们专业的学生讲，那是出于"不得已"。"不得已"也不是那么一个太"不得已"的感觉，而是我获得了不少经费去研究中国乡村。我的"不得已"是说因此我要放弃我的"城

市中心主义"理想，"谋得"某些科研经费。那么，为什么科研经费会往中国农村倾斜？（这）有一段漫长的历史，我甚至觉得我自己有责任来写一个有点像福柯那种的知识考古学，对中国的乡村主义进行考据。

　　假如真写了这部书，那它的一个核心的环节便是明恩溥这个人。我想大家对这个名字还都比较熟悉吧？一些年前有学者编了一套书，叫"西方的中国形象"，里面有收录他的著作，大家可以关注一下。我觉得他之所以重要是因为他是一个传教社会学家，他先是在山东传教，那个地方是恩县庞庄，你们有人爱搞思政教育应该去看，村民现在搞旅游开发，肯定把这个人的老底挖出来了，用来吸引旅游，虽然不是红色旅游，但也是近代史上的一个重要人物。他在那传教，建学校、医院，这个人有一本书 *Village Life in China: A Study in Sociology*[1]，我觉得这本书改变了整个西方对中国的看法。这本书出版以前，很多西方人写中国都只写大城市，他们游历过大城市，以那个为重点来写"中国"。但是出了这本书之后，大家的兴趣都往农村去了。这本书宣称要真正地理解中国，就要通过村庄，这个有点像在窗户上捅一个洞，然后往中国这个屋子里窥探，村庄（就）是那个洞。你到农村，不是窗户纸一捅就是一个洞，你往里窥视。明恩溥认为村庄就是这么一个洞，你可以通过它看到整个中国，由此（他）转变了西人曾经持有的大中华意象。中华书局出了一套明恩溥之前的人写中国的游记，你们仔细看，会发现他们很多是讲大中华大城市、大板块。明恩溥这个人改变了这个，我觉得他很重要。这个是 1899 年，也就是 20 世纪来临前夕。

1　Arthur H. Smith, *Village Life in China: A Study in Sociology*, Chicago: F. H. Revell Company, 1899.

　　20 世纪来临不久，明恩溥这个人还做了一件重要的事情，推动美国退还我们中国人赔给他们的钱——庚子赔款。一半，大概还是蛮多钱的，是吧？1161 万，主要是建立了清华留美预备学校，也就是现在的清华大学，那边派去好多中国学生，我们社会学的很多前辈，正是拿的庚子赔款去的。一战爆发前他返回美国。

　　我觉得主要是因为明恩溥这个人的著作和他的作用，我常列的这些前辈，如吴文藻、费孝通、林耀华、许烺光等，后来才都自然地主张研究村庄与窥视中国的。他们都没有直接引据此人，只有潘光旦先生在谈论中国人性格的时候，讲到明恩溥的一些看法。而1930 年代一大批中国的社会学家和人类学家成长以后，他们其实都是直接或间接地受益于庚子赔款，而且他们的观点也受益于基督教教会文教分支所崇尚的新式社会科学。这种社会科学特别重视、特别鼓励小规模的亲自收集的第一手材料，反对道听途说。

　　这个是一个阶段，我觉得跟明恩溥的观点是相续的，而好像习惯形成以后，就变成大家都在不断重复做的事情。比如说 1966 年，大陆"文革"爆发，老外就彻底不能来做社会调查了，这个时候他们必须去台湾和香港新界的农村做调研。他们很多人研究亲属制度或民间宗教，采用的方法仍旧是明恩溥到吴文藻、费孝通、林耀华、许烺光（许烺光到后来去美国就有变化了）这些人的方法，就是研究农村的小地方，以窥视中国。1980 年代以来，中国已经从"土改"和"公社化"进入了"家庭联产承包责任制"，这个时候我们的经济变迁引起了国外的兴趣。政治变迁也引起了国外的兴趣。那个阶段，在我 1987 年到伦敦读书的时候，关于中国最时髦的书并不是《江村经济》，而是一本叫《陈村》的著作。[1] 这本书主要是

1　Anita Chan, Jonathan Unger and Richard Madsen, *Chen Village*, Berkeley and Los Angeles: University of California Press, 1984.

由一些外国人（有的是美国人，有的是澳大利亚人），他们在香港采访从广东农村移民到香港的知识青年，根据他们的采访写出了这个村庄在新中国成立后的历史。英语叫 *Chen Village*，我们有一个学者叫刘东的，但凡是外国有关于中国的著作，他都会安排人去翻译，我想这本书应该也是有翻译的。通过移民到香港的一些广东知识青年，来复原广东一个村庄的情况。在此之后又有稍微晚我一两年留学的一些我称之为乡土主义者，他们这批人都出了英文书，都是写农村的社区。

那么我为什么会写那十篇关于闽台农村的文章？是因为我不能幸免于从明恩溥之后、20世纪以来对中国的成见：你要了解中国就要看农民，而你要了解农民，一定要在农村跟他们住在一起。

我想文学界也是这样，我不知道赵树理是怎么弄的，但是现在一个著名的文学家叫作梁鸿，对于她的老家她好像是已经写了三本书了，她说她一辈子都会写下去……

大传统"下沉"于小传统，
全球化"冲击"了小地方？

我要生存，我必须适应潮流，做乡村研究，但是在这个过程中也看到一些问题，这些问题其实早已得到说明了。

比如，有个芝加哥大学的人类学家叫雷德菲尔德，他提出"大小传统"说法，我觉得他对我们的启发是提出农村社会不是一个整体社会，它是一个真正整体的社会的局部，所以他还提出要研究农村社会，便不能不先研究整体的大社会。所谓的"大小传统"指的就是研究这二者问题的一种观点。我们后来的华南学派我觉得是在这个脉络下成长的，但是他们不涉及雷德菲尔德的书，就不知道自己的来源了，实际上他们研究的是这个问题。

又比如，世界体系理论。这个理论是华勒斯坦——一个写世界史的社会学家提出来的。在他之前就有很多研究中南美洲的，提出过依附理论等等，但是他用布罗代尔、马克思的观点，认为近代以前的世界是由不同的有限的板块构成的，这个世界不是一个整体，是由不同的世界构成的一个世界，而近代以来，这个世界真正地变成了"世界性的世界"。也就是说，以前可能是区域性的世界，实现世界性的世界的理想的就是资本主义。资本主义的理想，理想不一定是好的，对吧？不要一看到这两个字就是正面，华勒斯坦实际是批评这种的。这个也说明我们前面说的"乡村主义"是有问题的，因为它无法反映这个更现实的历史进程——世界如何从区域性的世界演变成"世界性的世界"，而我们研究今天的时代，必须面对这样的一个问题。

在比如闽南这个案例，我刚才讲的地图上所形容的那个地方，它经历过区域性的世界进入"世界性的世界"的转变。原来叫作"世界货仓"的那些年代里，它是个区域性世界的中心。这个范围相当广阔，后来它面对的问题就是鸦片战争以后的"五口通商"，厦门和福州成为"五口通商"口岸之后，当"世界性的世界"来了，这个区域性的世界就萎缩了。要了解这个历程，如果只研究农村，我觉得是不大够的。也因此，1990年代以来才出现很多对社会学和社会人类学传统方法的纠正，提出了全球化，全球地方化，以至于有一群人研究麦当劳在东亚的传播，编著《金拱门东进》论文集，该书作者看到的就是世界对各个地方的冲击，及各个地方的回应。

1990 年代，我当了北大教授，这以后看到的主要理论就是全球化理论，我面对着一个问题是全球化概念本身。1987 年到 1994 年我在留学这几年间很少人谈全球化，回国没到几年，大家都谈全球化。像我刚才说的麦当劳的研究里面的核心成员阎云翔先生，他是贵系的"叛徒"，本是写东北农村的，到了 1990 年代后期他转向全球化。我对这些同行"敬而远之"，但是也有一些批评。这批评相当贴近于他们的问题，我觉得这个问题是，因关注外部力量对本土社会的影响，而不充分关注本土社会对外部社会的影响。我觉得关注外部力量是正确的，但必须指出，外来影响这件事情不是最近才出现的，所以不要拿麦当劳东进这个当下的情况来说这个事。在历史上，比如明清的泉州可能是有这样一个摇摆，在明朝的礼教和清朝的地方主义，或者明朝的"条理"状和清朝的"生生"状（就是生动活泼的社会面貌）这两个之间。在这个过程当中，它的上下关系，它和朝廷的关系并不是唯一的关系，经常交织在内外的关系里面。比如说清朝的"生生"状，我称之为地方主义，但实际上这种地方主义的很多成分却来自这个地方的海外移民，而这是内外关系，是本地的福建人移民到外面，然后他会反过来贡献于闽南地方的地方主义。所以上下关系是有内外关系作为添加的。

我觉得这个还比较容易理解，不好理解的是为什么我说不要只是看到西方帝国主义"五口通商"对中国沿海的冲击。我觉得其实类似冲击早就在中国内部展开了。比如泉州最有名的东西叫作船帮，也就是船民构成的"帮"，他们的影响相当广泛，在近代就抵达了山东海岸地区，跟德国等帝国主义国家竞赛。这个我觉得也是现有的全球化理论没有重视的。

我调查研究的过程当中，会知道从民国到毛泽东时代，核心的历史进程是"进步文化"的到来，我们没有放弃过相信进步这个概念的积极性。如果说你主张退步肯定不行的。什么东西即使是退步也要用进步来形容。难道不是吗？比如说我们刚才提到某种说法叫"新中国形上学"，其实它的具体内涵指的是旧中国的哲学传统。如何回归于它，然后对我们时代有一个新的贡献？这个虽然是退步，但是你必须说它是进步，我们已经成了一个道德伦理了，这的确是这样的。

改革开放以来四处都看到传统的复兴，这个复兴不是人们一般想的，像是农民怎么抵抗，它有很多因素有待我们研究。比如我觉得最重要的就是明清时期迁移到海外和台湾的那些当地人，他们很可能是 1980 年代传统复兴的最主要的推手。所以它由外面的人回来推动，这些东西是全球化理论没有看到的。像我研究的村子有的村子有一半人口是华侨，而且这些华侨还在本地有户口，他们去世的话尸体不少都会运回来葬在村边。你阅读他的族谱，会发现他们对移民是有一个传统的规定、制度。比如说谁不应该留在家里骚扰父母，他必须到外国或者台湾去，而迁移会影响到地方上的分家制度，或者说，可以按地方上的分家制度来安排。

世界化的地方：三点观察

1. 巴黎的浙江化：地方的全球化

东南沿海传统上的"上下内外关系"让我想很多。想的过程中，我意外跟乐黛云、汤一介老师有了点缘分。1996 年，他们给我打电话，说有叫德罗塔的西班牙教授要来合作，他背后有一个法国人叫李比雄，负责欧洲跨文化研究院，他们建议我参与。关于这个，我可以花很长时间来讲，但是没有时间了，简单说，因为参加乐黛云、汤一介先生介绍的研究院的一些活动，我就频繁地出没于欧洲，比如说巴黎。我在巴黎很有感触的一点就是法国特别反对讲英语的人，他们很恨讲英语的人。你们知道法国人有这个特点吗？因为我讲英语还有一点闽南腔，但是他们误以为我是英国腔的，然后我那些法国朋友就很恨我，说"You're not Chinese, you are English"，就很歧视我。英国人已经很不喜欢麦当劳、肯德基这些东西了，但是英国中心街道都有麦当劳、肯德基，但在巴黎你就会发现抵制是有效果的，麦当劳、肯德基是没有的。所以美国人主张的通过麦当劳、肯德基来全球化的事业在法国受到阻碍。

我在伦敦如果喝可乐的话，我的一个爱英国的师兄迈克·理查森（是个口吃，但也是个重要的超现实主义者）骂说：你是美国帝国主义，不应该喝可口可乐，你一喝了就支持帝国主义。巴黎人更是这样，那里金拱门总是不会放在显眼的地方。但是我发现有一个有意思的现象，当地没有快餐，那怎么解决，他就很信赖我们浙江农民开的那些餐馆。我们经常几个朋友去巴黎开会，找不到麦当劳，不得已只好去吃这些浙江菜馆的垃圾食品，其实我们更喜欢吃麦当劳。他们骗法国人，春卷两三根就五欧元，炒一个面没几根面条五欧元。法国人就特别傻，说他可以拿二十欧元来买四盘小菜，因为中国食品在法国还是有名望的，回家可以跟老婆孩子说，我们今天吃中国食品，其实就是中国的快餐。浙江人很聪明，设计了一种比麦当劳要有多样性的快餐，我发现这种快餐当时已经占领了巴黎所有的街头巷尾。

在研究全球化的人的眼中，只有麦当劳而没有这些浙江的小餐馆，我觉得这显然不仅是经验上的错误，而且是理论上的失误：我们过于相信全球化的美国根源了。而事实呢？事实要复杂多了。

你到米兰去，会发现，米兰虽是世界的时装之都，但是摊贩卖得最多的衣服都是从义乌去的烂衣服，对吧？我自己去过，有时候还想给家人买点裙子，可在米兰根本就买不到意大利产的东西，只有浙江义乌的。那些乱七八糟穿两天就坏掉，但还是很多意大利人在买，因为它很便宜。听说义乌有一列"一带一路"的火车，是义乌直达伦敦的。这个也是中国中心的全球化。前些年"疫情"之前我经常去伦敦，伦敦人的穿戴都已经中国化了，说得难听点，有很多时装很像我们福建著名的时装鞋业之都——晋江的。晋江产的服装在我看来是很不大方的，憋屈的，那种裤腿很瘦的东西外国人根本不合身，但是现在你到伦敦街头一看，穿得很多是这类的，真的很像晋江人。

我一些年前常去杭州（我当过中国美院的客座教授），常去农村看，我发现浙江农村的电视天线全都长得像埃菲尔铁塔。据说他们有一个农民已经成了制造埃菲尔铁塔的名人了，他现在好像是非遗传承人之类的。

对全球化下面的"世界相对于地方"的错误观点，我觉得我从这个现象看到很多。

2."方言世界体系"

另外一个现象是让我想得比较多的。你们系有老师专门研究方言的，好像下一次还有人要讲方言。其实在我看来，从某种角度看，方言的流传范围很可能比普通话要广。但是为什么我们把方言叫作 local dialect，地方上的 dialect，而且不是 language。比如闽南话，我们有一个核心的圈，以福建的漳州、泉州、厦门为中心，这是闽南话的核心圈。但是，还有一个由浙江南部、广东东部和整个台湾构成的中间地缘范围，也多数是讲闽南话、以闽南话为母语的，普通话是后来的。还有一个外圈，主要是东南亚，但是曾经可能远到日本，甚至欧洲。那更不用说讲广东话的人了。

我举一个例子，我在伦敦是很穷的，我有一些穷的同学会请我去叫作 SOHO 的地方，你们去过吗？我指的是那里的唐人街，我们去那里吃饭。印象中唐人街里面的员工全部不会讲英语，而且，里面有一个著名的便宜餐馆叫"旺记"。你们去旅游一定要去参观，为什么要去参观？因为那里面有一个现在估计有七十岁的男服务员，他是出名的凶。我们知道外国人在周末礼拜之后都会去吃个饭，然后他们会跟我们成一伙。我交往的都是没有钱的，他们要去"旺记"吃个炒饭，一盘两英镑。别的人炒盘面都五英镑，他炒个饭很好吃，两英镑，但是他的态度很坏。"旺记"的服务员，出来服务的路上就把这里面的教徒骂一圈，他只会一句英语"Quick！ Quick！ Don't pray！"。只有这句话"快！快！不要祈祷！"。因为那些信徒吃饭前都要说，"谢谢上帝给我这盘吃的"。可在广东籍服务员眼里，你这个祈祷就浪费了我的时间，对吧？我们下一拨还要吃呢，对不对？广东话在伦敦的市中心才是流行的，外国人都听不懂，他们用广东话骂，很粗俗的，我在广东半年，我都听得懂。我的意思是，广东话流传得更广。

在巴黎我碰到一个柬埔寨的潮州人，他有一套中国观：国家领导人最重要的就是不能讲外语。那天我们去找他聊，他就在那骂街，说谁讲什么外语……他在那个地方会讲潮州话、普通话和法语，他的孩子是当律师的。他是在那边的柬埔寨的华人，他对这个世界有一个他的看法，而且认为就是要讲你自己的话才是领袖。在外国人面前你讲什么外语是吧？所以我听了他讲话感到很安慰，因为我一直很自卑的是我的英语很烂，带着很浓烈的闽南话口音。他这一讲，好像本来地位高的人就应该这样。

3. 西部地方的上下内外关系

我还有很多东西来回应世界和地方、全球和地方的二元对立。我做了家乡的研究之后，大概1999年开始就慢慢地移到西南了，一到西南就组织了一些研究，涉及一些我觉得有趣的话题。比如在抗战时期，咱们学校费孝通先生带了一批人去云南大学，他在云南大学当系主任，做了一个田野工作站叫"魁阁"。大家可能不知道，我很希望年轻的学生能够知道"魁阁"这个词。费老在那建了一个"魁阁"田野工作站，所谓"魁阁"就指农村的拜魁星老爷的小庙，费老把它转化成一个像研究所一样的机构，带出一些人。1999年，我开始带学生去那里，希望培养出一代有抱负的中国人类学徒弟，希望他们能到那么艰苦的地方去，去看看"魁阁"，了解为什么它能产出很多世界一流的作品，让他们去当地看，跟着做研究，看会有什么体会。之后我又更多地读费老。刚才贺老师说我研究费老师是最好的，我很喜欢听这句话，我自己的研究可能很烂，但是我很喜欢说我对费老师是最理解的。费老提出"藏彝走廊"，所谓"藏彝走廊"就指西南地区民族"你中有我、我中有你"的这种民族身份的感觉和当地的特定的历史的关系。因为特定的地理和历史过程的关系，所谓"藏彝走廊"就是古代很多人、物品、意象、传说流动的地方。这个地方北到甘肃、青海，南到藏东南，穿过四川和云南这个通道。文明是多样的，没有一个民族不带有别的民族的成分，每个民族都有别的民族的文化成分。所以费老提出这个很重要，我们花了十几年，做了很多研究，我提出栖居与流动是同时展开的（这个地方也基于我在东南的经验）。我们不能把中国形容成只有栖居，等到外国人来了以后我们才流动起来。我觉得那个是不对的，原本就是双重的。西南地区很大，我们认为历史上西南地区都是很偏远的，但是实际上它自古就是双重的。有一个例证是那边的土司。那些土司往往是特别传统、又特别善于接受现代文化的人，他们最早建立现代学校、佩戴现代枪支等等，有这样一种复合的情况。因此我就写了《中间圈："藏彝走廊"与人类学的再构思》（2008）、《超社会体系：文明与中国》（2015），刚才也提到，我们再广告一下，但是印的很少，已经买不到了，所以广告没有用，这些书就对这个状况进行了一个学术性的探讨。

在"中间圈"，地方的山水给我很多深刻的印象，所以我认为那地方的人民不仅是像费老师所言那样，生活在彼此之间，而且他们还生活在上下之间，就是老天和他们的土地之间。他们的生活一定是在这个中间展开的，那地方的山和水是很核心的，在我们北京看不到那么核心了，以前北京也是一样。你能很容易从他们的宗教体制、诗歌、神话找到天地之间的山水这样一个意境。

所以我不觉得我们研究一个地方，非要把它描述成只有农民生活，非要否定上面这些流动感，非要只描述分析少数民族那些落后的经济生产方式、社会关系等。我觉得被我们研究的地方人生活在这广阔的世界里面，他们的文化成就正是在一个很大的范围里面取得的。

迈向作为世界的地方

除了东西部的地方与世界，关于地方概念，后来我在理论上做了不少思考，时间关系，就谈不了太多了，不过有一点还是要解释的：我是围绕"地方"这个词来做这次讲座的，在西学里面，这个词大抵如何理解呢？

我比较喜欢现象学家 Edward Casey（爱德华·凯西）的定义。他说：

How to be in place is to know, is to become aware of one's very consciousness and sensuous presence in the world.[1]

这句话意思是：在地方中存在就是在地方中变得对自己在世界中的地位、在世界中存在这个事实有更明确的意识。前面说的是脑子里世界的意思，后面是"sensuous"，是包括身心感知上在世界中出现的意思。Casey 认为，是这两方面共同构成了地方感，需重申，这两个方面之一是指我们对自己在世界中的位置有明确意识，之二则是指我们存在于这个世界上的一种实际感知上的"presence"。

我们以前老是把地方看成是跟世界对立的，所以会犯我前面试图指出的那些错误。这个现象学的思考，以"世界感"来形容"地方感"，有助于我们做些改变。不过我为什么会喜欢这种现象学？并不是因为它是现象学，而是因为它可以跟咱们"地方"这两个字的含义联系得比较好些。如果用社会认同的看法，将地方-全球看成是对抗的，那我们就总是会采用所谓"声音理论"来说"local"是一个"voice"，而什么叫"voice"？它就是指，在被压抑中想让外面的人知道"我"的存在，要人们"别忘记我"。这种观点在人文地理学、新马克思主义的文化批评及人类学"后学"中都很时髦，但我觉得都不大符合我的想象。

1　Edward S. Casey, "How to Get from Space to Place in a Fairly Short Stretch of Time: Phenomenological Prolegomena", in *Senses of Place*, Steven Feld and Keith H. Basso (eds.), Santa Fe: School of American Research Press, 1996,

　　我的想象更像是现象学的，但也不完全是。我觉得我的想象有些"本土形上学"因素。中国的"地"和"方"这两个字实际上是有很强的世界观内容的。因为"地"不简单是指泥土（如费老在《乡土中国》中形容的那种从泥土里长出庄稼的感觉），而是指对元气的分层。古人说："元气初分，轻清阳为天，重浊阴为地。"也就是说，地是某种重的东西下降而成，天是某种轻的东西上升而成的，上升的是阳的，下降的是阴的，阳的虽然是支配阴的，但是不是永远如此，起码阴的比阳的要重。那么"方"又是指什么？关于这个字的起源，前人做了不少推测。比如，于省吾先生因袭《说文》，将"方"的意象起源解释为"象两舟总头形"，而徐中舒先生则认为，方"象耒形"。这些推测都有具象主义倾向，当然有其合理性，因为我们的文字有突出的象形特征。但这些具象的推测不应排斥抽象的解释。其实在古人那里，"方"这个字有抽象意涵。从甲骨文到金文都指方国、方向。这个"方"原来指的硬翻成英文便是"orientations""directions"，并不是实体性的，它是"orientations"，是指向外部的。它也不一定是小的，可以是相当大的，比如说"方国"。它还可以指方和圆，我们经常把方圆看成是地方的面积，实际方圆这两个字还有很多别的含义。

　　我说得很乱，但意思好像并不模糊，我的意思是说，"地方"在古人那里相对抽象而宏大，有某种世界感，但这种世界感与现象学说的那种意识和感知不大一样，似乎有更实质的内涵。

　　我们以往把地方看成小，世界看成大；地方看成内，世界看成外；地方看成下，世界看成上；地方看成前，世界看成后。我们习惯用下面这个二元对立"表格"来看问题：

地方	世界
小	大
内	外
下	上
前	后
特殊	普遍
封闭	开放
共同体	文明

　　我认为这种看问题的习惯是不好的，我相信我们要把这种习惯性思维摧毁掉，否则难以重建认识中国和世界的方法。

　　这里边是有奥妙的。为什么地方不是小的？原因很简单，它就是大的，因为它就像"地"和"方"这两个字表明的那样，它涉及天地、方向、中心和四周的关系。它为什么是大呢？比如说宋元时期的泉州虽然是一个地方，但由于它是"世界货仓"，它是"世界宗教博物馆"，所以它基本上是等同于世界之大。倒过来看，现在很多地方看起来虽然都要比以前大很多，但是因为它没有内涵，所以它其实是很小的，它自以为是天下，其实很可能是坐井观天。我讲前和后，我们在学术上经常把地方看成历史上的社会存在，而把世界看成是现代化以来的成就，我觉得这也是一个错误。我们很可能在历史上已经取得了世界的成就，但是随着现代化的到来而被地方化了。这是可能的。

　　总之我的意思是说这个要用辩证的看法，这不一定是哲学上辩证，它很简单，意思是说，我们不要把地方轻易地等同于特殊，等同于封闭，等同于共同体，要看到，情况很可能恰恰跟这些都相反。我做那么些研究，如果有一个认识中国方法上的追求的话，那么，它就是旨在打破地方和世界的二元对立。关于这点，我写了很多乱七八糟的书，《人文生境》这本书是最新的，我认为这里我是在说这件事，里面的表述可能牵扯到各种花样，但最后我是说我前面说的那些。

是不是已经讲清楚了？我并不知道，但是差不多就是这样。好，谢谢大家。

提问环节

贺桂梅　特别感谢，也辛苦王老师！其实他用短短两节课的时间，把他一些基本的思考都告诉大家。他一开始是在讲我们到底怎么理解中国，实际上在我们中国自身"文化自觉"的意识下，关于中国的理解形成了很多认识方法。海外的汉学和中国学，他们也会有很多相应的方法。

之后我觉得他对自己整个的研究都做了一个总论式的（梳理）。从他研究东南大家已经听出来了，他自称是"城市中心主义"，对人类学和社会学研究方法中的乡土主义有很多不满意的地方。其实他也不是对乡土主义本身有什么看法，而是认为中国就等于乡村这种思维方式（不合理），他真正要打破的是把城市和乡村对立起来。然后还有全球和地方、全球的地方化和地方的全球化，他举的这些例子都非常有意思。他也谈到他的西部的那些研究，包括像"藏彝走廊"这样的多文明、多语言、多民族交汇的这些区域。

最后王老师总结，他核心的意思就是要打破全球和地方在我们脑子里定型的看法。我们总是会觉得地方小、地方是封闭的，或者地方是特殊的而世界或者全球可能是大的等等，他要打破这样的一个二元对立，然后把小和大的关系、文明和生活的关系落到一些更具体的讨论当中。他的企图非常大，他说我们要打破这些二元对立，来重新构造我们认识中国的方法，这是我的理解。

后面的时间我想就交给同学们，你们有什么想法都可以跟王老师交流，特别是王老师在咱们中文系交流，这个机会特别难得。

提问一　老师您好，今天我想请教您两个问题。第一个问题是刚刚您提到全球化的研究就是要消除地方与世界的二元对立，想请问您怎么看待"后疫情"时代的逆全球化潮流？第二个问题是您提到的乡土主义和城乡建设方面的内容，想问您怎么看待在1930年代梁漱溟先生在山东邹平进行的一些乡村建设行为以及理论？他设立了一些讲学机构来教化村民，使其成为一个团结性的共同体。他的理论您觉得是否过于理想化？

王铭铭　"后疫情"怎么样，我自然没有能力知道，每天都在家里看新闻，但是都不知道会是怎么样啊，抱歉。"后疫情"时代会不会再出现全球化，我们的希望当然是这样，但是这个希望里面包含着我们在世界上还是要有一定的发言权。所以这种全球化应该是（用一个我不大喜欢的词）叫各种声音的"conference"，一个会议，有各种声音，那才是我理解的任何时代的全球化，不可能说是单向的。全球化研究者也很深刻地意识到这个，比如我刚才带有一点讥讽的口气说的麦当劳全球化的那个，其实很多研究者都指出麦当劳到了北京以后，产生了很重要的地方化。所以你要不研究北京的地方上的人怎么感受、怎么样生活，你就很难理解麦当劳的全球化。比如说1990年代，北京很多人（像你们这么小的孩子）跟对象表白的一个手段，就是请人家到麦当劳去吃个汉堡。这个是书里面写着的，现在当然不这么表白了。所以我觉得这个情况是永远如此的，全球化有你说的"逆全球化"。我刚才讲到现象学，说人类自古而然是那么生活，他必须通过地方甚至通过家来构造世界的秩序以及他在秩序中的地位。

那么我讲讲第二个问题。梁漱溟，我很喜欢他的哲学，但是他的乡村建设思想专家研究很多，要基本上理解他，要看很多二手的研究，不然人家可能会骂我们。猜想有可能那代人都不同程度地认为中国农民有这种"己中心主义"，自己的主义。所以中国要成为一个社会实体，必须要么破除"己中心"，要么给它增添一种社会的凝聚力。那么手段很多，有通过教育，通过宗教的传播，通过工厂的建设等等很多看法。我觉得中国农民历史上是否就真的是"己中心"的？我们知识分子就是救世主？我觉得这个二元对立也是不大合我的胃口。猜想可能我们缺乏的是传统上的、历史上的所谓士农工商他们所具备的那种社会的气质。可能北大的孩子们更像当年梁漱溟之类想象的农民？因为他们很"己中心"，我这个话有没有得罪人？我看现在很多徒弟很难带，因为他"己中心"。我们会把这种责任推给农民，当然梁先生不是这么简单的，我是说这种做法已经一百多年，我们看这些书要谨慎。

提问二　老师您好，我的母语其实也是闽南话，我也是泉州人。

我刚才有一个疑惑，老师提到西方社会学研究的他者主义，对于我一个泉州人来说，其实我并不感觉非常了解自己所处的这个地方，可能我们对于自己日常生活的（就是那个"日用而不知"的）环境、语境，对它的体认反而并没有像站在客体的角度那样客观而清晰。老师您反过来做了自己家乡的研究，您在这过程中觉得这种研究跟西方人的研究方式有什么差别？您有什么体会？

王铭铭　你这个问题特别好，因为我也是有同样的感觉的。我花很多时间去做调查、收集文献、认真地分析之前，我对老家可以说一无所知。它就像一个陌生的世界，对我而言甚至比伦敦大学还要陌生几万倍。我在伦敦大学找本书、见个人，朋友不少，我跟英国的中产阶级知识分子来往频繁，但是我在老家能来往的就是那些亲戚。有的有钱，有的穷，对他的生活也不是特别了解，只有通过调查研究才能了解。

　　也就是说以前对异文化和本文化、自我和他者这样一个两分也是错误的。你如果没有研究家乡，家乡对你来说就是他乡。那么你怎么样把他乡化成家乡？这是你做人类学研究的一个过程，把他乡化为家乡，跟做别的民族、别的地方的研究，我觉得是同理的。比如读人类学，我们读了很努尔人这一类的书，我们对努尔人的了解，远远超过对我们老家的人的了解。

　　所以你这个问题特别重要。也因此，从认识论上说，除了认识中国的方法（我们今天讲的主要是这方面），我们在人类学上也有既有的成见，而且这些成见已经被"迷信"为科学了，我觉得这也是需要去破除的。不只是人类学，社会科学各门类，这些从西方传到全世界，有点像宗教一样控制着各种现代的大学、中学、小学。我们都应该重新来想。我的意思是这样。这包括了消灭人类学一些不对的信仰。西方人类学现在还被奉为圣经，所以我想你提得很好。

提问三　老师您好，我大概也有两个问题。第一个问题，您提到您可能是一个"城市中心主义者"，然后提到可能乡村并不能算是中国的一个中心，感觉跟我既往的认知有一些冲突。我之前一直觉得中国很长时间内是一个农耕文明的社会。这种农耕社会的看法和城市为中心的看法，它们是冲突对立的，还是说它们可能是从两个不同侧面去说？

还有第二个看法，是关于中文系的，北大的中文系大家都说是宇宙第一系，说是世界最好的一个，但是我有时候会听到一些同学的看法，比如说去交换，特别是到国外交换，他们就会说北大的中文系是最好的，哪有必要到其他地方去？

我觉得这里就涉及一个问题，虽然我们学中文、学我们自己的文化好像有一些优势，但是我们是否不需要去看、去学习别人是怎么看待我们？

王铭铭　第二个问题，我还是要很正面的回答，我们需要了解别人怎么看我们，也需要多观察别的文化，这是无疑的。但是这些都不能妨碍我们每个专业去完成自己的使命。

比如说中文，你刚才讲得非常好，说宇宙第一中文系那就是北大中文系。但是我觉得这个不如我们系，我们系是西学，我们社会学系，我们是宇宙第一社会学系，这个比中文系厉害。你本来就是中国人，你就讲中文，你就研究中文，但社会学不一样，我们社会学系学的是西学，有人说，今天已经只有北大社会学和非北大社会学了。

比如我们现在的古典学很可能是世界第一的。我觉得外国的古典学已经都不行了，我看伦敦大学古典学系主任是研究黑白电影里的罗马人的形象，这个叫什么古典学吗？我们现在古典学很厉害，我们有很多很荣耀的东西，中文在我看来显然还不是那么荣耀。

我觉得最重要的是我们的文学家远远比学者的作品更具有世界影响力。

我们这些社会科学家要把自己作品让西方人知道，经常要申请十万块钱的国家资助，然后求人家翻译，找一个烂出版社出版，是吧？反正他化成英文就叫作有外文著作了，是吧？中国的作家他不一样，现在梁鸿的书，我刚才提到，马上就有 Verso 版了，那是新左派顶级出版社。所以文学还是很厉害，这是我们的荣耀。至于中文系，我觉得不如社会学系。

第一个问题我居然忘了。我举一个小例子就行。我调查的福建山里头的一个村子，1950 年开始"土改"，我们党就把他们村的土地全部收起来，准备每家每户都平均分给他们。结果分的时候发现很困难，因为那个村的很多人是搞运输的，他在河流上划船运人和运东西，有很多人跑到厦门去做小买卖。那么这土地就没人要，所以最后我们的工作队把他们给请回来，然后把土地分给他们。他们有几年的困难时期，是因为他们根本不会种地，他们解放后最早的困难是不会种地，并不是别的。

这个事情说明我们有很多想当然的看法，我不是说它就彻底有问题，而是说如果我们能更多了解实际情况，然后再得出结论会比较好。我刚才那个例子没有别的含义，只是说那个村里其实很多是商人，甚至历史上有过士大夫。它最早来源叫军户，他们是当兵的，我们新疆兵团那个意义上的军户。所以很多具体情况你要到农村了解。现在我为什么要说这个呢？很多孩子搞调查到农村去，重复传统上的那套农耕的想象，不管你去什么地方出来的田野报告，那都是一模一样。我没有别的意思，只是说大家去那个地方还是把那个世界完整地把握一下，好吗？

总结致辞

贺桂梅

　　大家都已经自动鼓掌了，说明王老师今天讲得特别精彩，要特别感谢王老师！王老师特别有勇气，他在我们中文系的场子里面说他们社会学系是最厉害的。我希望大家回去以后好好整理王老师的讲座内容，要好好读他的书，然后用他的方法来挑战社会学系。好，那我们再次用掌声感谢王老师。

　　（文本系作者在北京大学"认识中国的方法"系列讲座活动中所做的演讲。该演讲于 2021 年 11 月 17 日夜间举行，由贺桂梅主持。）

人类学与区域国别研究

开场致辞

昝涛　今年 4 月 12 号是北京大学区域国别院成立五周年。去年底教育部发布了新的学科目录，在交叉门类下新增了区域国别学一级学科。我们借这个契机，设计了一个计划，请北京大学各领域专家进行一些自己原有学科和新兴学科的相关讨论。第一讲我们非常荣幸地请到著名的人类学家王铭铭教授，来给我们做关于人类学与区域国别研究的讲座。

主讲环节

王铭铭　感谢昝涛老师的邀请，也很高兴看到章永乐等老师在场。

其实我从未在"区域与国别研究"名义下做研究，本来没有资格谈它，所以我在讨论主题上挂了个"人类学"名号，这样自己觉得舒适一些。

我想说的第一点，涉及一些个人在"国际经验"上的经历和观感。

我跟在座很多人一样曾是留学生。1987 年我去英国伦敦大学亚非学院攻读人类学博士学位，1988 年开始做选题，那时我曾想去做印度或者是非洲的研究。这两门学问在我们学院是顶级的，也是英国最强的。而且学人类学，老师们都要求要研究异域社会，这些也既是英国的异域，也是我们的异域，符合这个要求。所谓的"异域社会"，往往指英国的旧殖民地。西方人类学的"对象区域"与殖民地的这种关系特别值得重视。英国人研究马里的人就比较少。那个地方曾是法国殖民地，直到当地的学者和军人用毛泽东思想武装了自己并推翻了法国殖民主义，那个地方基本上都是由法国人类学家来研究的。对于英国人类学，非洲、南亚、澳大利亚及其周边则最重要。在课上读到许多相关于这些区域的书，我很受吸引，很想去做研究。但是我申请了好几次没有得到批准。当时的系主任说：一方面你去调研，要学两年语言我们才会放你走，而你的奖学金只有四年，这样就不够用了。另一方面，做研究要经费，你作为一个中国人，要拿英国的经费去研究非洲或印度，逻辑上恐怕说不通，基金会恐怕是不会给予支持的。最后我放弃了，还是保持老做法，像老一代留学生那样，我在西方学习洋学问，回中国做"本土研究"，致力于"家乡人类学"。

我要说的另一件小事发生在上世纪末。

记得那些年我们研究所的同事和应邀的国内外同行曾跟随费孝通先生回吴江考察。费先生当时还很健康，精神得很，他带着大家也走了他老家很多地方，跟我们讲他自己的人生经历，说到他为什么会以"绅士"自居，说他一生都是秀才，不是当官的，他最喜欢做的不是官，而是北大教授……

费先生在东西方都很有名望。记得有次同去的有许多来自东亚各国和区域的学者，如台湾的庄英章，韩国的金光亿，英国的Stephan Feuchtwang（王斯福）、Charles Stafford（石瑞），日本的有横山广子等。

我这里要说的小事跟横山老师有关。她是研究大理的，是日本大阪国立民族学博物馆的老师。关于这座博物馆我要多说几句。我十多年前曾作为访问教授去访学，看到她在大理收集的文物。一进馆，我先是见到波利尼西亚，经过许许多多文化区，才看到大理和汉人文化，最后"到了"日本。日本的民族学似乎跟我们的很不一样，在他们的人文地理次序上，先出现的是遥远的"他者"，日本学者似乎还认为，在次序上，大理比汉人文化区位离日本更远一些，所以优先在民族学博物馆里展示。横山很早就是研究大理的，她的研究有点像我们现在称之为文化遗产学的东西。我这里要说的那件小事与她直接有关，但也与英国 Feuchtwang 教授的晚辈 Stafford 有关。

Stafford 是个在英任教的美国人，跟我大抵属于同代。他研究台湾的绿岛，后来写了一些蛮出名的书《中国童年之路》。印象上，与他老师 Maurice Bloch（莫里斯·布洛赫）（这位老师曾应我的邀请于1998 年访问北大）有传承，倾向于"认知"的研究。Stafford 当年很年轻低调，但现在担任了伦敦政治经济学院院长，他能当上 LSE 的院长，我觉得有些怪。以前我在伦敦的时候，当时的院长是 Anthony Giddens（安东尼·吉登斯），是社会学家兼思想家、英国工党精神领袖，现在这个院长好像没有什么大的思想影响力了，是不是说明大英的知识分子传统进一步弱化了呢？我有些疑惑。

话说回来，记得有次横山、Stafford 和我从江苏返回北京，一起去机场，飞机延误，我们就聊起天来。一开始说话，直爽的横山老师就开始挑战我。她说：你们这些中国留学生怎么回事儿啊？出国留学不研究所在的那个国家，还回来研究中国。你们留学生是不是对外国的事不感兴趣？你们是不是民族主义者？那时我年轻气盛，沉思片刻便把持不住了。我想起我在英伦的经历，勃然大怒。我博士期间想做域外研究，结果也是洋老师说不合适，没经费，要学两年语言，你没这本事，现在你这帝国主义者又跳出来谴责我，太没有道理！Stafford 当时见状有些恐慌，坐在旁边一句话都没说，旁听着我和横山的争论。

一想到区域与国别研究，或者美国学界曾经叫作"international studies（国际研究）""area studies（区域研究）"之类的东西，我就会想到上面两件小事。不管客观上它们意味着什么，我都觉得其背后还是有蛮深的"根源"的，将其与当下的情状联想起来，其意涵好像还更深刻。

这些年我也经常出国，有时是去旅游，有时是去讲学。路上也会碰到一些事。2000 年前后我经常去法国，路上跟我同班飞机的，都是浙江村子里的农民为主，他们主要在巴黎等地的华人餐馆工作，无需足够的外语修养，本都是农村人，保持着乡民的习惯，上了飞机找不到可以吐痰的地方，就非常不自在，骂骂咧咧，而一下飞机，他们便即刻消失了，不跟别人交往。后来再多次去欧洲，我渐渐发现，同坐飞机的人越来越不同了。他们比以前年轻得多，而且外语水平相当高，显然都是有一定积蓄的家长送他们出去旅游或上学的。

前些年，我在清华新雅书院代课，起初以为只有我自己出过国，于是就跟学生显摆说：你们要是去伦敦的话，一定要去 LSE（伦敦政治经济学院）看看，要去 SOAS（伦敦大学亚非学院）。结果他们说，"我们都去过了"。怎么回事呢？原来学院每年都让学生组团到牛津和伦敦经济学院上课。我有一次在伦敦就发现我在新雅教的那些学生在发朋友圈，他们也在牛津！

现在有很多学生出自有钱人家，其成绩不好，家里积蓄多，就去读个英国硕士。我曾为几个认识的写推荐信，对情况有所了解，而据我在伦敦的朋友说，他们不少花钱特别大手大脚。有一个人类学同行跟我说："王老师，你都不知道如今在英国的留学生是怎么样的了，你完全是不知道情况了。"据说，他有一次跟一个女孩子上街买鞋，买了一双七百英镑的皮鞋，走几步试穿一下，她觉得不合脚，然后就直接把那个鞋扔在垃圾桶了。他说这个女孩子是一个高官的女儿，特别浪费。

中国人现在花在国际活动上的钱很多，花在留学上的也很多。我的老师之一David Parkin（大卫·帕金）先生1996年到牛津当人类学所所长，几年前我去拜访他，他跟我说："我一直在等日本的学生来留学，但是等不到他们，等来的全是你们中国的留学生……可有意思了，他们特别有钱，有个一下飞机就去买了别墅和汽车。"

有次我和家人十几年前去英国旅游，租了一辆车，开向苏格兰最北边的一个城镇Inverness（因弗内斯），以为在那里我们可以看到纯"土著"，可我们一到，那满街都是华人年轻人，都拿着非常豪华的相机，开着很豪华的车。

我们现在变得很自信了，在海关经常会碰到年轻小孩子，不像我们那时候。我们大学时学英语，读的是《新概念英语》，记得里面有一篇说，你到海关面前，海关的官员他抓的都是好人，因为坏人很自在，像我们这种好人当然就会很紧张，一紧张他就觉得你是坏人，他就会给你拖时间什么的。我就属于那种通关不顺的好人。现在的中国孩子不一样了，他们的英语非常流利，面对海关官员完全是很自信的，完全没有恐惧感，好像我们是在他们之上的，他们甚至会批评海关官员"不合法"什么的。比如，我就在伦敦希思罗机场海关见到一个十来岁的自信孩子，海关官员让他脱皮带，他就硬不脱，还问"为什么"。如果是我不想脱皮带，我只会说，如果脱，我裤子会掉下来。而那个孩子却在那跟海关官员讲法律，给我留下的印象很深。然后在巴黎、伦敦、芝加哥这些地方，我都发现用中国的微信是能打车的，太方便了。

其实现在外国人最怕的就是我们的自信和我们的"方便"，中国人到哪里都能打到自己的车，用手机可以打任何电话，外国人很震惊，也很惧怕。

相比于不久以前，我们拥有了高得多的国际旅行条件了，在老外面前，我们也自信得多了。可是，这些有没有给我们带来世界知识和世界活动的增长呢？我发现好像没有。如今在世界各地旅行的孩子们好像对各地情况都很懂，但是他们的知识似乎局限于从百度或者是 Google 来的这些信息。他们手中拿的那个旅游册可能是他们最关心的，除此之外他们对外国当地的事并不是很关心。结果就是，我们中冲破那些殖民主义人类学设的域外社会研究门槛的人极少，我们并没有在行动上否证横山先生对我们这些"留学生民族主义"的指责。我们北大人类学现在招生，很多都是从英国回来的人来报考博士，一查他们的履历，他们多半是读"比较视野的中国"的。我碰到一个法学家，他读的就是这个项目，而且他读了以后觉得法学没什么用，还是人类学的中国研究比较有意思。二十年后我又负责北大人类学专业，我得招贤纳才，找新教师，我很难找到研究域外的留学生。似乎只有一个刘丹枫，她是伦敦政治经济学院的，她的导师跟我说，丹枫的脑子特好使，而且很坚定，她去德国，研究他的巴伐利亚家乡。除她外，其他人好像全是研究中国的，跟我当年差不多。美国回来的博士多数也是研究中国的，然后有时候谈起政治上的事还带着美国的价值观，用美国价值观衡量中国。留学生好像还没有在用中国的价值观去衡量世界、作为世界的尺度。

假如"区域与国别研究"是指"域外研究"，那么，我并没有系统地从事过它，而尽可以说是有不少关于它的经历和观察。这些经历和观察表明，这类研究对我们是有意味和价值的，但其意味和价值事实上尚未跟我们的积蓄和"方便"的增长成正比。

以上是我今天跟大家讲的第一点。

我讲话比较跳跃，要讲的第二点我要跳到中国史和世界史势力的彻底不平衡，及我们时代"世界观"的吊诡。

中国史应该是属于人文社会科学。历史本属于人文，后来社会科学化很严重，因而也是最规范的社会科学，于是常常出"学术警察"。像我是做社会科学的，但是我经常会把自己称为历史人类学家，因为我也想综合历史的优势，而且中国人传统上重经史，在经史里，史很重要，是我们思想里很核心的成分。最近几年我发现国学、中国史都特别热，使我感到紧张。历史学出版的东西为什么让我们紧张呢？像三联《当代学术》这套书里，有一本教材《近代中国社会的新陈代谢》，那个书多次重印，极为畅销。相形之下，我写的历史人类学书《刺桐城》则印得不多。这差距一方面来自自己的书没写好，另一方面恐怕来自"人类学"这个概念之缺乏历史气质的事实。

中国史的书畅销不是特例，我想其他中国史的书也一样。我偶尔也跟做生意的老乡来往，我发现，他们一旦发了财便会到北大、厦大管理学院去上很贵的 EMBA 课。你跟他谈对 EMBA 怎么认识，他们往往会说，那玩意儿没啥意思，他们基本上无需知道，自己是实践家，去上课主要是去交际，他们感兴趣和知道的更多是哲学和历史方面的东西，特别是所谓"国学"和中国史（这方面，你给他们做讲座要很慎重，他们知道的比我们细致）。

如今商业人士和一般读者都很喜欢中国史。当然也不是说他们对世界史没有感觉，也许他们没多大兴趣是因为我们教世界史的人没讲得特别好，或者没有机会讲得特别好，于是受众都被讲中国史的人夺走了。我去成都见到一个前学生，他在社会科学里混得非常不顺，最后选来选去，意识到川大对他好的人只有世界史教研室的，所以他就把整个人类学所搬到了世界史教研室下面，在里面他过得非常滋润，因为世界史的人认为中外历史的研究也不要分得那么清楚。这个前学生是个藏学家，藏学的历史研究针对的可以是欧亚诸文明之间的一个状态，而且他也懂西学，因此世界史的人就对他不错。

历史学中，世界史地位卑微，中国史因满足文化自我眷恋而成了"暴发户"，似乎是我们目前的心理境况。我不反对中国史，我也很热爱它，但我觉得，目前学科地位的不平衡是个值得思考的问题。

区域国别研究，是跟着"一带一路"的号召一起成长的。"一带一路"刚提出来的时候，我特别兴奋。那时我已经花了很多时间研究民族问题，觉得所谓"民族地区"的问题，一定要看的广一点，甚至应该用国际关系的理论处理才会比较容易。"一带一路"中"一带"是指陆上的，它一开始提的时候让我觉得蛮有利于民族问题的处理的。我的感觉是，把中亚这个地方的国际关系搞好，定当有助于国内相关区域的问题之化解。但是在学者们的阐述下，"一带一路"似乎变得有些偏狭了，常常被界定为单向的文化传播，并且，有些接近德国意义上的"文明"，即铁路、机器等等的大扩展。

"一带一路"似乎带来了区域国别研究，但是它的发展似乎并没有带来我们对于陆路和海路沿线的国家的自然和人文地理方面的知识以及历史、文明、民族志等方面知识的发展。

情况跟我在伦敦了解的不一样。我有一个日本博士同学，她留学的经费是日本一个石油公司给的。日本石油公司支持人类学博士到英国读博士，是为了让她到石油公司上班，做他们的发展官员。她研究阿富汗，读到哲学硕士（相当于苏联的副博士）就回国了。

她后来有很多困惑，因为阿富汗历史、语言和文化都错综复杂，要研究它，功底要很深，她自己一直写不好。尽管她放弃了，但不少日本留学生仍旧借助公司经费去留学。看来，我们东边的日本，跨国公司是知道人类学知识的必要性的。

相比之下，国内即使是大企业，对这类调查研究也是没有太大兴趣的。我们的域外开发似乎并没有调查研究先行的习惯，我们经济力量往外扩，好像并没有带来"一带一路"沿线自然、人文和社会知识的增长。

与此同时，在理念上，我们似乎也面临着一些问题，其中最突出者，关涉到"传播"这个词怎么理解。

"传播"是 communication，这指的是双向的流动，但是我们的许多传播学院教出来的学生把 communication 误解为向外输送我们的东西的单向过程。

这种单向的传播论，并不新鲜，过去西方人常用它。举个例子，我留学用的费用有一部分就是"庚子赔款"，它也含有单向性。1900年，清政府战败，八国联军要求赔款，本钱加利息九亿多银元。那时有一个传教士社会学家叫明恩溥（Arthur Smith，他应该是开创了中国社会学的外国传教士，备受燕京学派重视），他跟美国总统说，庚子赔款不公道，无助于西方在华的形象和利益，因而，最好要利用这个赔款来培养中国的新一代，让他们能接受西方的未来愿景。不久，美国政府将这笔"庚款"用来资助中国学生留美。英国把这个钱多数用在中国建铁路，但是也有一部分钱是用来像美国那样鼓励教育，我留学的时候还剩不少钱，所以就设立了中英友好奖学金。这里头的意图就是某种单向传播，旨在让我们去学习西方文化，用以服务自己家园的"开放"（殊不知古时的中国之开放性是我们尚待复原的）。与此相关还有许多事，比如，我们所在的燕京大学校园，建筑风格是东方化的，但内在追求则是向中国输送西方新社会科学思想。

回忆往事可知，我们在这个时代反过来做"传播"也并非是没有理由的。国力强了，我们也可以搞一个燕京学堂之类的机构来向外传播一些我们的主张和愿景。这本来说不上有什么错，但如果一味是这样，那它会怎么样呢？好像它的意思就跟"一带一路"的历史传统有了差别甚至矛盾了！"一带一路"本来就是双向的，我们不可能单方面给人家送丝绸和陶瓷，没有得到任何反馈或回报，人家接受我们的丝绸和陶瓷，也会跟我们有交往。所以传播（communication）本身等于 exchange，如果不讲 exchange，不讲往来，那我们的文明元气的恢复便会有问题。对于一个伟大的文明来说，"讲好自己的故事"很重要，但与此同时，文明的本质是兼容并蓄，兼容并蓄，便包括"讲好别人家的故事"，这同等重要，甚至更重要。

现在世界上有不少与我们相关的似是而非的事情，比如，有些欧洲人提出"global China"，用来形容"一带一路"的中国，于是我们有些学者在欧美用这个名头去忽悠研究经费，殊不知对西方人来说，"global China"是相当令他们惧怕的，正因为惧怕它成为现实，他们才觉得要费心、费力加以研究。也就是说，他们并不主张"global China"，而是主张将中国保持在所谓"地方性知识"的层次上。对这点，我们的学者似乎应当多加注意。

我当然并不认为，二元对立地看待中国与世界是正确的。

举一个例子，1980 年代有一套书叫作《文化：中国与世界》，功德无量，对此后的思想界刺激很大，造就了一个时代，于是我一直信仰这套书的主编甘阳老师，以他为精神导师。但我暗中一直觉得这个称呼不大对。难道中国与世界是二元对立的吗？我们常将世界当作是指外国乃至西方的概念，由此，世界大抵成了从古希腊到近代欧洲的西方的代名词，里头夹杂一点点美国哲学和社会科学。然而要知道，世界其实也是我们的，是包括我们在内的世界，并不是外在于我们的。

我有时候讲课也讲点历史，古人写的史被梁启超批评为帝王自己的族谱、王侯将相的私人史，而不是真正的历史。梁启超提出"新史学"，说真正的历史应当是"民族史"而不是"私家谱牒"。这是我们的近代学术前辈对二十四史的文化自我批评。但我感到，这个文化自我批评有些过了。实被梁启超识别为"私家谱牒"的东西本"无外"，是世界性的。古时的历史学家，在写历史的时候并没有觉得他们在写中国史，一方面他们写自己的历史，第二方面他们写的历史是全世界的，至少就他们自己的感觉而言是这样的。所以我斗胆说《史记》之类书，就是司马迁们眼中的世界史，里面含有很多世界史的内容，并且，其作者并没有把中国排除在世界之外。他们有的把中国当作唯一世界，这就有点像美洲印第安人的观点了。你问他们是什么民族的时候，你永远得到的只有一个答案，这就是：我们是人（意思是说"他们"不是人）。就是这么一个很简单的区分。我们当年的那些历史学写的是人类的历史，那些不是人的、不太像人的人在我们这个历史当中出现的时候，他们往往来朝贡或者来制造"乱"。这样的"世界观"当然是以自己的文明为中心的，但它同时也是世界性的，它比"民族史"要让我更宽慰些。中国与世界之二分，从 20 世纪初中国的"自觉"中得来，这个"自觉"我们应该带上引号，因为它有"不自觉"的本质。

几年前我去德国参加一个题为"后殖民主义与中国"的学术会议，听了不少有趣的论文。比如，有篇论文关于我们的东方歌舞团，它将之与我们以前的后殖民主义联系起来。这个歌舞团跳的舞、唱的歌全是亚非拉的，呈现的是毛主席当时的世界概念。论文提交者说，这种观念是后殖民主义的，我看这看法没有什么大错。我们翻翻以前的杂志，比如有一本《世界音乐》，一看全是第三世界各民族的音乐，在"世界音乐"这个词里面世界是等于第三世界，我们当时之所以是后殖民主义的，是因为，我们把发达国家都当成世界之外的。发达国家如今变成了有伟大文明遗产的"西方"，而毛主席曾经把它排除在外，因而，当年，世界音乐里不能有西方音乐，这很有意思。

相比于这种所谓后殖民主义"世界观"，我们时代的"中国与世界"这个二元对立"世界观"似乎普遍流传。与之相关的有一个现象，就是我们这代人成长过程中看到的纪录片。某部纪录片把中国和世界分成两种颜色，一种黄色（黄土地），一种蓝色（海洋文明）。这个区分跟改革开放的思想是相关的，它预示着，黄土地要向海洋的蓝色开放。蓝色意味着先进，黄色意味着落后，这个区分跟在座的博士生周颖计划研究的梅棹忠夫文明生态学所做的区分一模一样。那个已故日本人类学家将一个欧亚大陆分为大陆和海洋文明，将后者称之为"一区"，前者称为"二区"，后者保守，前者开明。

新中国有过"三个世界""中国与世界"之类的世界观。现在的"一带一路""区域与国别""全球化"等概念也代表某类世界观，其旨趣似乎在于使此前的三或二的区分模糊化。我自己的理解是，要善加模糊化，我们需要关系主义的态度，谈文明时既要注意"自我认同"，又要注意"他者认同"，谈"一带一路"时要注意传播的双向性，特别是其"礼尚往来"的双向性。如果不是这样，那么我们的

"新世界观"便没有什么新鲜感可言了，而它在现实上是站不住脚的。

从这点回头去看中国史与世界史的发展不平衡，我觉得会有很大启发："一带一路"时代，我们本来是需要大量世界知识的；我们的"中国热"本来可以与此不相矛盾，就像古代的"中国史"可以同时是"世界史"一样，但至今它给人的印象依旧是"文明自我中心"的。这与区域与国别研究这个名号有不小矛盾。

我要谈的第三点终于直接一些了，它将涉及作为域外研究的区域国别研究。

前面提到，我是在伦敦大学东方非洲学院（亚非学院）读的博士。这所学院所含的系是依据人类学、地理学、历史学、考古学、艺术学等学科来区分的，与此同时，它也用区域研究来统合不同的学科，形成研究中心。我读的是人类学，在学期间并未领会它的区域国别研究实质。这所学院最早是培养殖民地官员的，二战快爆发时，它的方向有所调整，至今仍是英国唯一一个区域国别研究机构。这点与我们不同。我们一提出这个概念，好多学校都建立相同的机构，但很少重视内部的细致设置，甚至空洞无物。我们养了无数个类似的机构，其中不少缺乏学术性。如何对这些机构加以学术优化？这是一个大问题。

"area studies"本是美国二战后的一种学术战略或"阴谋"。二战后，美国人为了把自己的学术和政治理想推到全世界，建立了这类学术。大家都很了解这个历史。大家所不甚了解的是，事实上，在美国的教学科研机构里，"area studies"跟学科化的布局依旧是两相配合的，也没有说每个大学都要搞一个"area studies"，比如，很多好的大学就有人类学系、社会学系、历史系、语言系，它也会有诸如东亚研究这样的系，它们就是从事"area studies"的。这有些像伦敦大学东方非洲学院，它的系之外有研究中心，这些是跨系的，主要协调不同学科，把不同院系的人汇合在一起，展开专门的区域研究。

要把"area studies"化成自己的东西，当然要跟它的原版学习了。1945 年以来，"area studies"走到现在有一些经验，主要是跨学科研究的经验，有值得我们学习的方面。但是我们重走它走过的路，是为了以此显示别人有的我们也有，还是为了创造别有特色和贡献的观点？我看这个问题很重要。

举个例子，美国人战后向法国社会学输送社区研究法。法国原来的社会学和人类学是世界一流的，1890 年代至 1940 年代，虽有战乱，但是一直保持先进。这个学统到了战后出现了瓦解的迹象，与美国人改造年鉴派社会学，代之以芝加哥学派的做法有关。后来法国社会学也出现了许多做社区研究的人。原来年鉴派的社会学是很广博的，有一大半是做古代文明研究的，这很像后来美国的"area studies"。像莫斯领导下的对印欧、闪米特、华夏、日本、美洲、太平洋地区等等古代文明的研究，对象是超社会的、跨国的，本属区域研究，在法国本构成一个强大的学统，并且，由于它有文明的人文地理学观点，它实际比后发的"area studies"要实在而有趣得多。美国在战后推广到欧洲的"area studies"，方略反倒是比法国落后得多，它的"区域"概念，只是在战略和方法上界定的，它有人文社会科学的综合性，但缺少"精气神"。在人类学里，这服务于使民族志从印第安学、英国式的海洋岛屿研究进入到一个"大传统"和乡民社区并存的国际性文明比较研究。我觉得这方面法国社会学和民族学的前辈早就做得很好了。早在美国模式到来之前，法国人已扩展了社会范畴的边界，其研究兼备由不同社会构成的体系或区域，这些体系或区域各自的特征、分布面、边界等等。有关于此，最近一些年我写了不少文章。我没有将之联系到"area studies"，但我悄悄认识到，它更有意思。我暗自发现，美国学界直到 1990 年代才由 Samuel Huntington（塞缪尔·亨廷顿）在法国社会学年鉴派的著述里重新发现这种人文地理的文明界定，并将其运用于国际政治局势的分析。就社会学和人类学而言，美国借"area studies"之名在法国社会学里推广的，主要是社区研究法，而并不是"area studies"本身。但这后果很严重，战后不少杰出法国学者坚守自己的学统，对世界社会学和人类学做出了巨大贡献，但多数其他学者并不大明白他们有过自己的研究传统，即使是对他们的先贤耗费大量心力构建的古代文明研究学统，他们也多数一问三不知。

我也曾以社区研究、地方性研究为主展开经验研究。但我深知，这类方法不是我们的发明，不是我们学派的特点，它是随着美国引领的社会科学"area studies"时代的来临传播而来的。美国社会学家在呈现社会科学的历史时，往往将"area studies"当成一个批评欧洲学科主义的美国时代，而我的印象是，它并没有带来学科主义的消失，它主要带来的美式调查研究方法的扩散。也就是说，我们还真的是有必要在这样一个特殊条件下思考一下我们的学术如何真正获得文化自主性。

至于其"幕后"，大家知道，美国的"area studies"是在三大基金会的资助下展开的，而且这些基金会都是私立的，它们是福特、洛克菲勒、卡内基。三大基金会里，洛克菲勒先在燕京大学，接着在战后的法国推行芝加哥学派。上世纪末，福特基金会还很活跃，他们当时支持很多社会学、人类学类的研究，但有一个条件，你的研究题目必须有四个字——"市民社会"，显然福特那时仍然在做以前他们美国人习惯做的事。为什么美国人专门靠私人基金会？我觉得有他们狡诈的一面，这就是"私立"相对容易服众，容易让接受者觉得这是"他 / 她自己的事"。

以上个人描述了自己对英美"区域国别研究"及其影响的印象，这些仅仅是印象，但我觉得含有一些启发。

比如，亚非学院的例子告诉我们，这类学院可以是极少数，只有是极少数它们才能变得重要。在我想象里，假如我们北大区域国别研究院是中国唯一的，那我们中国区域国别研究的前景似乎会更好。我不是"洋泾浜"，并不主张外国怎样我们就要怎样，我仅是相信，重复建设不仅意义不大，而且害处颇多，容易使机构变成"待遇"及求利的场所；减少数量，把优秀的留下来，才会有好效果。另外，通过建设少数，我们才有办法充实实体。假如我们的学院变成一个大学规模的学院，像亚非学院那样，那就是它下面便应有各种专业的人，各自教各自的课，但是它会有一些效果，通过跨学科的研究中心，大家慢慢会有所交流，甚至汇合成一个真正的学术团体，也只有这样，学派才能得到孕育。

区域国别研究院也要研究真的学术问题。"真的学术问题"是什么？我觉得区域国别研究就是跨文化研究，是"cross-cultural studies"，要做这类研究，以"己"为出发点是必要的，如果没有这个出发点，我们就无法"跨"。这个出发点是什么呢？是我们文明中的理念、价值、概念范畴，它们是我们跨出自己的文化、"美人之美"的准备。我认为这是"真的学术问题"中首要的。

我们人类学、社会学一行里的最大问题，就是所有的概念和价值观都是西来的，尽管文章是用汉字在写的。我自己是一个例子，我很符合被如此批评的条件。我刚回国写了两三本书，拿去送给费孝通老先生，结果他花了好几个月看。为什么呢？他后来批评我说，他在意念上先把它翻成英文才看懂。显然，我的逻辑都是英语逻辑。费老说："我一生写文章，农民里边的干部都看得懂，你的东西我都看不懂。"

按说这情况好像还不是那么糟的，只是语言问题，现在问题好像更大：很多人一方面要搞"文化自信"，另一方面用的概念、范畴、价值观全是从帝国主义那里学来的，没有独特性。

我这句话有点过，但是大家仔细去分析，我们很多论述背后的理念，经常让我想起基督教，而我们却宣称它是纯中国的。

无论如何，我觉得区域国别研究第一个使命是要探索我们自己有哪些概念、哪些价值值得用来做国际研究。当然，我们有很多学者研究中国概念、中国历史、中国时空观、中国制度，但这些里面有哪些东西是值得用来比较、关联和"普遍性想象"的？我觉得这是值得我们探讨的。有些东西被认为是我们中国独特的，但是兴许恰恰是最普遍的。前一段我们讨论过"大一统"的概念，这固然是中国独有的，但是这种观念形态不一定不能用在研究外国。当年章永乐老师讨论康梁的著作提到，梁启超在欧战过后想到的解决"二十世纪战国时代"问题的方案基本就是国联，而他觉得国联跟我们的天下是一码事，当时欧洲的问题来自"新战国"，跟我们两千年前的问题是一样的。梁启超意思是说，两千年前的历史经验可以用来解释当代世界矛盾的，两千年前的理想也可以用来探索化解矛盾的办法。我觉得他提的那些东西，到费孝通所论述的文化自觉的一套说法，构成一个跟文明冲突论不同的世界政治论述。

"超越新战国"的思想当然有一部分是理想主义的，它太历史、太文化，Huntington（亨廷顿）虽然是谈文化，但是他满脑子都是看人怎么斗。与他不同，从康梁到费老，我们的前人似乎抱有一种世界理想，它看起来好像不如文明冲突论有用，因而不如后者容易被接受，但它毕竟是古老的理想，毕竟"很中国"，有助于我们借以展开比较和综合，提出我们的观点。

从宏观的到微观的，比如说研究为人的不同看法和做法就可以有用。我们那些跟"人情""面子"等概念有关的"为人之道"，往往被韦伯之类社会学家描述成跟先进的资本主义相对立的东西。然而，2000 年，我去法国调研，深刻感到，在这些方面，他们跟我们太像了。他们也送礼、好面子，也为了关系和面子闹别扭，比如，喜欢背后说人家坏话，你做讲座，只要你的观点跟他不一样，他马上离开。英国人也有像我们的地方，英国人那种吝啬比很多中国农民有过之而无不及，另外，尽管他们有新教，但这并没有彻底洗清原有的风土，他们的"为人之道"仍旧是我们的"人情""面子"这些东西的，我们不要以为他们是纯理性的动物。我们也有我们的风土，也一样面临着新"文化霸权"的冲击，在这种情况下，我们特别需要理解混融杂糅的现实，特别需要懂得，我们那些"独特的"东西，其实是相当普遍的，是"人之常情"，有助于我们畅想从自己这里出发展开区域国别研究的可能。

钱乘旦院长指出，我们的区域国别研究存在着一些问题，包括力量分散于不同学科、对象不匀（什么叫"对象不匀"，这个有点深，指的是对某些地方、国别研究的人才缺乏）、语言能力有待提高等。其中，语言能力这个我看倒不必太焦虑，我们有许多外语学院，北大各种语言学科都很强。问题可能在于语言能力与科研能力如何平衡吧？在这方面介入的学科不多，我看本来也不是问题。比如，我们人类学专业是拼命想介入的。钱院长做英国史，一定懂人类学，因为在英国近代史中，人类学是核心。他说，了解他者的思想和生活方式有很高的难度，你要真正去了解另一个民族的思想、另一个民族的生活方式有很高的难度，我们能不能承受这个难度？我觉得钱院长这一点提得非常好。我前面说"一带一路"在知识上的结局是我们根本不在乎别人的思想和生活方式是什么。所以我想，症结可能在于我们"不在乎"，要改变，我们便要"在乎"。而要"在乎"，要了解更多的文化、更多的思想和生活方式，便要有一套研究方法。对此我相信掌握不同方法的不同学者都会有各自贡献。社会科学有一百五十年的学科史，会有一些积累。一百五十年是社会科学整个历史的长度，社会科学就是从1850年代开始才慢慢建立的。关于社会科学的阶段，美国分法也是不对的，他们认为在1945年以前的社会科学是学科划分的，他们的"area studies"出现后学科的疆界得以打破。我觉得1850年到现在变化其实不是很大。在西方，人类学跟其他社会科学，历史、经济、法学、社会学本来就不一样，前面这些学科研究的都是国内事务，人类学和东方学早就是研究非本国的其他区域和其他文明，人类学的主要责任是研究原始社会，东方学研究文明社会。这门学科从一开始就有这样的关切，它跟别的社会科学不一样。这个不一样兴许解释了缘何在一战与二战之间，法国社会学年鉴派有可能通过综合人类学、东方学及"西方学"提出其文明的新界定，用地理意义上的文明替代历史意义上的文明，对那种将文明等同于历史进步的观点展开批判。有这样的历史，人类学对区域国别研究充满热情是必然的。

讨论环节

昝涛　听了王老师的演讲，我感觉到很受启发。演讲涉及非常多的问题，王老师娓娓道来，很多时候是悄悄突然触及一个巨大问题，比如涉及不同的文化传统和研究的传统，尤其是中国本身的传统。王老师提出来说我们中国自古以来就有我们自己的区域国别的研究，《史记》就是中国自己的区域国别研究传统，而且这里面有我们自己对于世界的认识方法，中国是在世界当中的。而梁启超近代以来以国家为中心的这个认识反而打乱了这样一个传统。然后王老师也涉及美国的传统、法国的传统、英国的传统，及各个传统之间的关系。这里面还谈到有组织的科研，就是科研怎么组织的问题。美国是以三大基金会来组织，实际上有它高效的地方，同时可能也潜藏着"阴谋"，对此，我们是需要去了解的。最后就是方向性，如何发扬光大中国的传统。在引入西方其他国家整个区域国别研究方法的同时，有我们自己的问题意识，有我们自己的研究议程。这里我就想起一个很有意思的"留学生"，唐僧，这个"留学生"去印度留学，回来他干两件事。第一件事搞了《大唐西域记》。《大唐西域记》是什么呢？它其实是个内参，领导特别喜欢这个内参。后面中国整个进入中亚的过程当中，《大唐西域记》发挥了很大的作用。直到今天，印度还用《大唐西域记》来写他们的历史。第二就是翻译佛经。我个人觉得，唐僧写内参在当时就非常成功，翻译佛经方面更好，把梵文翻译成汉语，又把汉语翻回去，最后形成对照。他是忠实地传授了他老师在印度的佛教教派，玄奘讲的大乘佛教还是带有印度教种姓色彩的，传了几代之后就没有人跟随了。

　　我和王老师都是留学生，王老师有一个特别强的自觉，他想：留学回来之后是忠实地翻译，还是扎根于中国的传统，然后长出一个和别人不一样的东西？他和我们的文明传统、文化传统有一个非常深入的对接。今天我听了之后，觉得这个自觉是特别重要的，尤其对于我们在座的博士生，大家以后都要出去，这个自觉很重要。

章永乐　北大人类学有源远流长的一个传统，我们的区域国别研究特别需要这方面知识的资源。今天王老师、张帆都在，我们以人类学去研究域外，跟我们区域国别研究有一个高度的结合，我觉得在未来是非常有必要的，所以非常欢迎王老师，我们以后多多交流。

昝涛　最近我读了一本书，内容主要是洛克菲勒基金会在杜鲁门主义和马歇尔计划及之后长期对土耳其援助过程当中，改造土耳其的人文社会科学。当然包括"area studies"，是其中的一章。对于刚才王老师讲的内容，我深有感触，我读的那本书是一个土耳其学者用英文写的，它主要的资料也都是英文的，主要是这几个基金会的法案，其实在社统这一块，虽然是被放到了新冷战史的文化人类学转向的一种研究范式里面，但是跟今天王老师讲的联想起来之后，我就有很深刻的感受。原来我的提法，就是有中国特色的区域国别研究如何建立它的德性，这是我个人提的，这个文章发在《光明日报》教育版。我是从土耳其研究这个角度来说的。中国对土耳其研究的传统，第一个传统其实就是司马迁，即《史记》里讲匈奴的传统。第二个实际上就是民国时期，也就所谓西立东建的背景下，中国人在不了解、不懂对象地区的语言文化的情况下，如何西学？就是以英文、法文为主，这些西学研究土耳其的传统和文化产品如何进入到中国的知识领域。当然有关怀，这个关怀是很现实的，就是政治上的关怀，因为它需要寻找一个不同于已经被中国人很忌惮的日本，以及很仰慕的伪西方，在这样的情况下要找一个镜子，找到的是土耳其。

第三个是王老师刚才重点提到的，毛泽东时代关于土耳其、亚非拉论述的一个传统。中国搞"area studies"，我想就是要"三统"，也是回到甘阳那去。这三个统，我想可能是普遍的，就是在中国这个场域里面有这么三个传统。王老师也是这个意思。

问答环节

提问一　刚才您提到，我们现在学的一些概念都是从西方帝国主义学来的，没有独特性，而且学科的研究方法和概念问题是政治和话语权问题。刚才您提到的一个例子，"大一统"这个概念。您说，这是中国独特的概念，但它也可以用于研究国外。这样会不会带有一种中国式的意识形态的问题？我们去研究区域国别的话是要避免这样的问题，还是说可以提倡以中国的框架想法去研究？

王铭铭　现在的很多研究连任何内容都没有，空洞无物，如果说有点什么，那都是搬用外国的。我们把中国化当成区域国别研究的第一个阶段，实际是为了知识的积淀。每个人都要有自己的特点，更不用说一个国家，里面的人都没有任何特点，那还做什么学问。我们写一本书，使它在某一个点上跟前人所言有不同，而且这个不同，我相信它是很重要的、有含义的。我们中国做区域国别研究也恰恰是这样，不能只是说，所有一切都是服务于某种很实际的东西，因为那样会空洞化，最后对国家也没有帮助。我说我们需要探索有中国内涵的区域国别研究，意思不是别的，而正是这点。但是，我们未来能不能过渡到一个开明的世界主义？这个问题蛮重要，值得思考。

提问二　人类学有很多很多不同的分支，所有的领域都可以涉及，比如在人类学前面加两个字，法律人类学也是人类学。现在如果在区域国别视野下，想要去从事人类学的研究，是否有一些领域是我们需要先去关注的、去介绍或者去理解对方的文化，或者是发展历程。

王铭铭　目前这个现象我个人觉得很糟糕，啥都挂"人类学"这三个字，有千万种，但没有内容，形同虚设。原因何在？我觉得是研究传统的丧失。历史上人类学家做任何问题的研究，都要让它有特殊色彩。人类学的基本功就是两个，一个是亲属制度研究，另一个是宗教研究，这两方面给了学科"特殊色彩"。亲属制度这方面大家应该了解的，它大抵是指社会组织的自然状态。而这里"宗教"是广义的，基本上是所谓"世界宗教"以外的那些"宗教"，或者说，"信仰和习俗"。我认为人类学任何分支领域都必须有这两个东西。想从人类学进入区域国别研究，比如说做印度法律的研究，那么你还是要先受宗教和亲属制度研究的规范。道理并不复杂，"法"

严格说来跟这两个领域是紧密关联着的，是这些东西构成的系统的一部分。

（本文系作者于北京大学区域与国别研究院"建院五周年系列活动"中所做的演讲。该演讲于 2023 年 3 月 31 日上午举行，由昝涛主持。）

从文化翻译看"母语"的地位问题

一

探寻"标识性概念与自主知识体系"的任务指向自我认识的解放。但这项任务却不止关乎于"己"。一方面，唯有与"非我"相比较，方能廓清我们的概念和体系的特殊性。另一方面，文化自识并非"孤芳自赏"，而是在人—我之间生成的，"我"与其他社会共同体在世界中存在、思考和想象的事实和形式互相交织，因此，其观念形态总是"有他"，其意义总是溢出于"我"。因而，要思考"识别性概念和自主知识体系"，便要超越"己"，进行广泛的比较和联想，在跨文化研究上做文章。

"跨文化研究"[1]的重点是域外。内外之分无疑是相对的，但为叙述之便，可以说，这一领域的知识主体是"己"（内），对象是"他"（外），其工作与"表述"均处在文化之间，是文化间信息和思想的流动，我们可以将之视作"文化翻译"。

"文化翻译"可以泛指社会共同体上下和内外的信息、物、制度、思想等的"跨界运动"。但在我们所关注的层面上，它主要是指在"内外"轴向上展开的"翻译"，意味着把我们自己的语言、概念

1　20世纪，"国际文化学""跨文化学"先后在美国和欧洲得到提倡，近三十年来则以"跨文化对话"名义在国内出现，这里的"跨文化研究"与这些都相关，但主要指包括区域与国别研究在内的异域研究。

及观念用于"化"我们试图理解的与"己"相异的文化。

二

"化"是古人用于解"译"的字，它也常与"诱""讹"等字交互使用。如钱钟书先生所言，这些古字"把翻译能起的作用（'诱'）、所向往的最高境界（'化'）、难以避免的毛病（'讹'），仿佛一一透示了出来"。[1]

关于"翻译"，不易找到比古人更高明的解释。但这不表明我们无需借鉴。"文化翻译"概念，便出自必要的借鉴。

此语原文为"cultural translation"（文化翻译），是 1950 年由杰出的英国人类学家爱德华·埃文思-普里查德在一次讲座上提出的。[2]关于其含义，这位先贤言曰：

> 他[3]到一个原始民族中，生活上几个月或数年。他尽可能密切地生活在他们当中，学说他们的语言，用他们的概念去思考，用他们的价值观去感知。然后，用他自己文化的概念范畴和价值观，概括他接受训练的一般知识体系，带着批判性和解释性，他重新实践经历。换句话说，他将一种文化翻译成另一种文化。[4]

1　钱钟书：《七缀集》，北京：生活·读书·新知三联书店 2002 年版，第 77 页。
2　爱德华·埃文思-普里查德：《社会人类学：历史与现状》，载《论社会人类学》，冷凤彩译，北京：世界图书出版公司 2010 年版，第 99—112 页。
3　人类学研究者。
4　爱德华·埃文思-普里查德：《社会人类学：历史与现状》，载《论社会人类学》，冷凤彩译，北京：世界图书出版公司 2010 年版，第 106 页。

　　埃氏措辞上没有跳脱出"原始民族说"俗套，但他心中实亦怀有"复杂文化"研究理想[1]，"以旧瓶装新酒"，他赋予了人类学以新意涵。他把在异域展开的田野工作描述为通过生活于其中进而去理解被研究文化的过程，把学术论述（在人类学中这主要是指民族志或田野志）形容为用研究者自己的概念范畴和价值观对其在异域的"发现"进行的"翻译"。

　　所有"译者"都可能怀有法国哲学家保罗·利科（Paul Ricoeur）数十年后揭示的"双重构建梦想"："这一梦想……鼓励着这样的野心，要将待译作品所用的译出语的隐蔽面暴露于阳光之下；与之相对地，还有着去除母语的乡土色彩的野心，要求母语自视为诸多语言中的一种，甚至是将自己作为'异'来进行感知"。[2]埃文思-普里查德不是例外。他是享誉世界的田野工作者和田野志作家，他带着"双重构建梦想"中的一重，致力于把握被研究者的语言、概念、实践和价值观，他将其田野之所闻见与自己谙熟的西学语汇相对应，怀着"去除母语的乡土色彩"的目的，"以己化他"。

　　不过，"文化翻译"恰恰又是为了约束野心而提出的。它的意思是"用'我们的'语汇来掌握'他们的'观点"。[3]"我们的"词汇来自"母语"，这是与"完美语言"[4]相异的"自然语言"，它是特殊的、局部的、地方性的，但相比于自居为高于一切特殊性的普遍性"完

1　爱德华·埃文思-普里查德：《社会人类学：历史与现状》，载《论社会人类学》，冷风彩译，北京：世界图书出版公司2010年版，第112页。

2　保罗·利科：《保罗·利科论翻译》，章文、孙凯译，北京：生活·读书·新知三联书店2022年版，第68页。

3　克利福德·格尔茨：《地方知识》，杨德睿译，北京：商务印书馆2014年版，第16页。

4　Umberto Eco, *The Search for the Perfect Language*, James Fentress (transl.), Oxford: Blackwell, 1995.

美语言"[1]，它的"乡土色彩"使它提供的"翻译"因难以彻底"忠实"而更富韵味。

埃氏以文化翻译思考人类学跨文化研究，旨在指出，这项事业的实质内容在于文化的转化，而不是一种语言和文化对另一种语言和文化的吞噬，其叙述不是"真理"的"解答"（explain），而是观念的"解释"（interpret）。[2]

在他看来，跨文化研究之所以必要而可能，不是因为研究者持有放之四海而皆准的"理论"，而是因为无论是认识主体还是认识客体都生活在世界中，在其各自所在的区位上认识、感知和解析着各自的生活和世界，其相互之间之"异"呼唤着交流。文化中的概念范畴和价值观，是不同区位的人们借以"解释"和"想象"他们的生活和世界的"语言"。跨文化研究者自己的"语言"并不是例外。若说它有什么不同之处，仅在于这种"语言"肩负了翻译的使命，必须"以母语化他语"。这里的"化"，如同艺术或哲学，不以"完美"表现本相为宗旨，含有"讹"的成分，属于想象的造物，它有"诱"的作用。这些使得跨文化研究有别于"科学"。

三

埃氏文化翻译说发表后，西学中出现过仿效其典范的作品[3]，也

1　正是由于有"母语"，研究者方能把诸如努尔人的神谱与祭祀之类想象之产物从远方带到近处。

2　爱德华·埃文思-普里查德：《社会人类学：历史与现状》，载《论社会人类学》，冷风彩译，北京：世界图书出版公司 2010 年版，第 109 页。

3　Clifford Geertz, *The Interpretation of Cultures*, New York: Basic Books, 1973.

出现过对它的质疑。[1] 数十年后重温它，不是为了仿效它，同样也不是为了要在他人的批判上"补上一刀"，而是鉴于它与我们时下的学术反思紧密相关。

此说激励我们从自己的概念范畴和价值观出发踏上为学之路，它提示我们，若是没有具有"母语"特殊性的概念，我们便难以作他我之辨，更无以做跨文化研究，无以"解释世界"。

这一激励和提示，已深藏于学术史的地表下，但一经发掘，它却对我们产生了莫大刺激。

我们先说说背景。

作为我们域外研究对象的社会共同体有很多，相关的第一手和第二手资料极为丰富，这些资料为越来越多的学者提供了名目繁多的学术素材。来自越来越多区位、数量与日俱增的研究成果无疑给我们带来了新知，但它们也将一个问题带到我们面前：为了赋予叙述以"学术性"，我们中的大多数人习惯于诉诸研究（翻译者）与被研究（被翻译者）两者之外的"第三者"。这个"第三者"本也属于一种"地方性知识"[2]，它是"东渐"的西方社会科学概念范畴和价值观，它本也是在西方他者的"方言"土壤上生长出来的，但我们自觉或不自觉地几乎将它完全当作了我们的"母语"来展开"文化翻译"。[3] 作为结果，我们的许多文本虽是用中文写就的，但中文本来应代表的视角却不来自我们自己的概念范畴和价值观，也不来自我

1　Talal Asad, "The Concept of Cultural Translation in British Social Anthropology", in James Clifford and George Marcus (eds.), *Writing Culture*, Berkeley: University of California Press, 1986, pp. 141-164; Talal Asad, *Genealogies of Religion*, Baltimore: Johns Hopkins University Press, 1993.

2　Clifford Geertz, *Local Knowledge*, New York: Basic Books, 1983.

3　学术上的借鉴是合乎情理且有重要意义的，但不自觉地将"东渐"概念范畴和价值观延伸于域外，并不是借鉴。

们所翻译的文化,而是来自那个"第三者"。

对过去一百多年来我们所用的"关键词"[1]展开"概念史"研究能表明,这个"第三者——那套被我们误当"母语"的词汇——其实是自清末起经过"东洋"流传而来的。经过两度转化,它的"关键词"的确已经与西文原词在意义上产生了不同,并且,由于其一开始翻译时用的多数是汉字,必然兼带汉字的文化特殊性。不过,意义转化并没有催生另一套概念范畴,西来的"关键词"持续地在东方起着割裂古今的作用。这一作用是一种"诱",它将这些"关键词"定位在我们学术界最显耀的地位上,使社会科学和人文学,都位居它们之下,以其为"模范"。

我们还应关注到,在"域外社会研究"和"区域与国别研究"之说提出之前一个世纪,我们的人文社会科学研究谈得上原创的,绝大部分都是关于自己的社会和文化的。

19世纪末到20世纪最初二十年的那段光阴,尚有康有为、梁启超先后用"大一统""天下"等来自华夏世界的"母语"去"翻译"部落-国族主义的欧洲世界。[2]其作品并不完美,却能表明,我们的某些概念范畴,既有助于展现我们"家园"的特殊性,又有助于我们实现其超出于"己"的价值。[3]可惜的是,这一立足中国的文化翻译之近代契机昙花一现。此后,在西学的大本营中,尚有学者为了"求同",继续将"礼""阴阳"等词化成用以解释原始社会和

---

1 内容上它们基本与雷蒙·威廉姆斯的《关键词》一书(Raymond Williams, *Keywords*, London: Fontana Press, 1983)所呈现的相对应,在数量上它们却可能比其列出的词条多出很多。

2 王铭铭:《升平之境:从〈意大利游记〉看康有为欧亚文明论》,《社会》2019年第3期,第1—56页。

3 王铭铭:《"家园"何以成为方法?》,《开放时代》2021年第1期,第25—38页。

古代文明的社会组织和宇宙观念的"科学概念"。[1]相比之下，国内学界对世界诸文化进行的越来越多的研究，却越来越少起到"以己化他"的作用了。

与观念的"异化"（即"以他化己"）同时展开的，是研究对象的"己化"（即"以己化己"）。"己化"的心态结果是：我们宁愿将中国当成纯然的被研究对象，而不愿在我们的国度里寻找"解释世界"的观点。我们做得最多的工作，是以西方概念范畴和价值观解析我们自己的文化，这堪称一种"另类文化翻译"，其内容绝大多数与西方汉学或中国学对应，随着实证主义规范的普及，其形式也越来越与之神似。[2]

不用"母语"，满于"以他化己"，缺乏"以己化他"的关切，我们的学术情景与同是形成于清末的法国社会学年鉴派构成了巨大反差。

从1890年代起，法国社会学年鉴派的成员和英国古典人类学派成员一样特别热衷于跨文化研究。特别是其第二代领袖莫斯，他的社会学和人类学著述中将美拉尼西亚的Mana、波利尼西亚的Hau等难以译为西文的"土著概念"展示在西文"母语"中，这些"土著概念"都来自人类学研究的第一个环节（田野工作）。然而，对比莫斯的论著与语言学家本维尼斯特（Émile Benveniste，1902—1976）的《印欧概念与社会词典》[3]，可以发现，莫斯所做的工作还是文化翻

1　王铭铭：《从礼仪看中国式社会理论》，载《中国人类学评论》第2辑，北京：世界图书出版公司2007年版，第121—157页。

2　一个例外是20世纪末出现的费孝通"文化自觉"理论，它以"各美其美，美人之美，美美与共，和而不同"十六字诀来表达（费孝通：《论人类学与文化自觉》，北京：华夏出版社2004年版），含有把文化的自识、他识及共生看作"文化翻译"之条件的看法。这一看法表明，要展开跨文化理解，"第三者"兴许是必要的，但它不应当阻碍理解的此方与彼方主体自主性与"主体间性"视野之展开。

3　Émile Benveniste, *Dictionary of Indo-European Concepts and Society*, Elizabeth Palma (transl.), Chicago: Hau Books, 2016.

译。在译释 Mana、Hau 等"他者"概念时，他将这些概念与"母语"中的相关概念联系起来，特别是用后者中有关宗教、法律、等级、亲属关系、经济等体制的传统观念来译释"土著语言"。为了对"母语"进行追根溯源，他还努力将其与古印度、古希腊-罗马及欧亚大陆"西部"其他民族语文关联起来。

埃文思-普里查德提出"文化翻译"之说时，将莫斯和他所在的学派放在"科学人类学"的范畴内，这没有大错，莫斯的确常将自己的跨文化研究界定为"宗教的科学"。然而，莫斯具体所做的工作带有极其浓厚的"文化翻译"色彩，这却是不可置疑的。

自称为莫斯之徒的结构主义大师列维-斯特劳斯批评莫斯说，他的作品保留了太多"土著语言"和与之相随的原始民族"家乡模式"，这使他未能借助"土著语言"抵近人类的"元语言"。[1] 其实，莫斯的作品中保留得更多的，是被他当作"母语"的印欧语概念。这些作品展现出了一幅"他语"与"母语"并置交错、相互映照的景观。[2]

1　Claude Lévi-Strauss, *Introduction to the Work of Marcel Mauss*, Felicity Baker (transl.), London: Routledge and Kegan Paul, 1987.

2　以其《礼物》（马塞尔·莫斯：《礼物》，汲喆译，上海：上海人民出版社 2002 年版）为例，莫斯的关切点是其"母语"中的交换与契约概念。在莫斯看来，交换和契约的观念显示了经济与宗教、法律、道德的"混融"本质，而这一本质古今均以礼物交换为形式得以表达。在古希腊、德意志、古印度和闪米特人等的语言中都有"礼物"的对应词，这些词汇与无货币的市场、合约、销售形式紧密相关，表现着交换的道德和经济双重作用，其基础为权利和利益规则，这一规则在现代西方仍旧绵续着。可以从礼物馈赠的义务性回报来审视权力与利益规则，但推动回报的力量却难以言明，它似乎是神秘性质的。鉴于正是这一难以言明的神秘力量维系着社会现象的"总体性"，莫斯致力于摸清这一力量的本质。为此，他对"原古"、古代及近代诸社会的相似概念与习俗进行了研究，特别是以毛利人的 Hau 这一指不随礼物之流走、总是留在送礼者这一方的"精神力"（pouvoir spirituel）概念来说明那个神秘力量。莫斯这个做法确有"以他化己"的色彩，但与此同时，就莫斯对 Hau 的翻译来看，他所用的语言、概念和价值观都是印欧和西方的，他也在做"以己化他"的文化翻译工作。

四

可以认为，跨文化研究是为克服认识主体的"异化"和认识对象的"己化"问题而设的。吊诡的是，国内学界涌现的以此为名的研究，却似乎无此旨趣。这些研究用以展开文化翻译的"语言"不是"母语"，便是"外来语"，当中强一些的是"母语"中的"外语成分"（这些有的是经过"本土化"的），弱一些的则是新流行的西学"行话"。这些研究持续地将我们所在的语文系统"异化"，甚至导致我们中不少人把自己定位成在域外研究区位中引申"东渐"概念范畴和价值观的"中间者"。

这种"错把他者当我者"的惯性，兴许是我们文化中"他者为上"的传统倾向使然。[1] 不过，对其形成起更大作用的动力，恐怕应当在我国的"近代命运"中寻找：近代以来，那个"异化"力量，已经成为一种我们信奉的"异中之异"，一种"超文化科学"。正是这种"超文化科学"使我们在"崇新弃旧"中淡忘了自我。

文化翻译的条件是，研究者将自己的叙述仅仅当作"解释"，将之与科学法则的"解答"区分开来。用"翻译"或"解释"替代"解答"，意味着要用节制的跨文化研究替代不节制的"超文化科学"。[2]

正是于此，埃文思-普里查德与其撰文之前一百年的西方人类学划清了界限。

1　王铭铭：《西方作为他者——论中国"西方学"的谱系与意义》，北京：世界图书出版公司2007年版。

2　一如所有的理解都含有误解，所有的翻译都会触及"难译"乃至"不可译"层次，在文化翻译中，译者所译，都不是"完美语言"，这更在所难免。

1850 年代起，为了重构文明进化的进程，人类学家从启蒙运动继承了"社会可以简化为一般规则的自然体系"的假设，带着这一假设搜罗各种"证据"，他们对观念、习俗和制度的进化进行了自然史的论证。遗憾的是，他们的自然史最终停留在假设之中，其所搜罗的证据沦为了历史幻象的牺牲品。[1] 20 世纪前期，鉴于自然史构想的严重危机，人类学家纷纷转向功能主义。他们同样以"科学家"自居，相信复原社会的"自然体系"是其使命。但不同于进化人类学家，他们声称在这个体系内找到其各部分相互关联依赖的"必然联系"就足够科学了，为此，人类学家无需求助于历史。[2] "忽视制度的历史不但妨碍功能主义者研究历时性问题，而且妨碍检验他们认为最重要的真正的功能性建构"[3]，功能主义以不现实的"无历史人类学"告终。

进化人类学与功能人类学，各有难以否认的功德建树，但它们一前一后，一个悖谬地先将历史转化为进步的幻象，一个将文化和社会对立于历史。知识状况之所以如此，原因在于所谓"科学"表达的不过是西方人类学家自己的野心。这种"野心"实质上是一种"反翻译"，它追随启蒙路径，"树立放之宇宙而皆准的目标，梦想着建造一座图书总馆，借着积累把总馆化成大写的唯一的'书'"。[4]

直到"二战"后，西方人类学家才开始感到，要说服自己、赢

1　爱德华·埃文思-普里查德：《社会人类学：历史与现状》，载《论社会人类学》，冷凤彩译，北京：世界图书出版公司 2010 年版，第 102 页。

2　爱德华·埃文思-普里查德：《社会人类学：历史与现状》，载《论社会人类学》，冷凤彩译，北京：世界图书出版公司 2010 年版，第 104 页。

3　爱德华·埃文思-普里查德：《社会人类学：历史与现状》，载《论社会人类学》，冷凤彩译，北京：世界图书出版公司 2010 年版，第 106 页。

4　保罗·利科：《保罗·利科论翻译》，章文、孙凯译，北京：生活·读书·新知三联书店 2022 年版，第 68 页。

得信任，他们面临着一个自我重新定位的新使命。"文化翻译"一词指向的，便是这种重新定位。在埃文思-普里查德看来，它的含义是：人类学所做的工作既不是其现代形式的开创者马林诺夫斯基和布朗所谓的"文化的科学"（science of culture）和"社会的科学"（science of society），也不是其古典派的守护者弗雷泽（James Frazer，1854—1941）集其大成的、作为科学的"智识自然史"。人类学本应与史学更接近。与史学相似，它致力于将一种情状转述（翻译）为另一种情状，二者的差异仅在于，史学关注的情状是历时性的，属于过去的，人类学关注的则是共时性的，属于现在的"另一区位"。"文化翻译"这个概念表明，人类学不是科学而是人文，它既同史学一样，又与艺术和哲学相似，不以"真相"或"真理"的显现这一不现实的目的为追求，而是把社会当成一个道德而非自然体系来认识，并承认知识的客观限度和主观诉求。

文化翻译的关键是学者在文化间的往返。其所"往"者是异域的相异文化，其所"返"者是"我们的文化"。

在文化翻译中，理解被翻译的文化的重要性显而易见，但倘若作为"译者"的人类学家以"科学家"自居，他便需要成为"没有自己的概念范畴和价值观的人"，而成为这种人之后，他便瓦解了自己的立足点，其在文化之间的往返也不再有出发点了。

埃文思-普里查德认为，他的老师辈们大多是这样的人。这些前辈曾围绕法权、"灵魂"、图腾、"交感巫术"、神王、亲属制度等等进行"文化翻译"，但一心想着为西方文明编撰那本"大写的唯一的'书'"，他们不承认自己的学术是以"自己文化的概念范畴和价值观"为出发点的。

一个值得玩味的事例是"基本社会结构"，这个在人类学里流行半个世纪、对其他领域影响巨大的概念,听起来是彻底"中立"的,不带任何文化属性,所指的均纯属"自然体系"。然而,这个人类学家所致力于抵近的层次,无论是被研究的土著人还是一般的非土著人,其实都不易领悟。如埃文思-普里查德指出的,个中原因是:与"原始民族"的神谱一样,"它是一套抽象的事物,每一个,尽管都来自对可观察行为的分析,但从根本上说是人类学家自己想象的构造物"。[1]

"比启蒙运动更古老的传统用不同的方法研究人类社会"[2],而人类学家自觉或不自觉地受实证哲学支配,在从事跨文化研究时以自然科学为模型,背弃了依靠经验、不随意采取僵化程式的人文传统。

"文化翻译"是针对作为"科学"的人类学提出的,但其提出者不会反对我们用它来形容后者。

作为"科学"的人类学在天文学、地质学、生物学的"层累"基础上产生。它自视为"超文化"的"纯粹"或"完美"语言[3]的具体实现,否认自身是一套有特殊性的文化概念范畴。然而,事实上它也是特定文化概念和价值观的产物,它所发挥的作用,同样是将一种文化翻译成另一种文化[4],所不同的无非是:作为"后中世纪神学"的产物,它所在的文化是自然主义的(否认造物主的存在,将

1　爱德华·埃文思-普里查德:《社会人类学:历史与现状》,载《论社会人类学》,冷凤彩译,北京:世界图书出版公司2010年版,第107页。

2　爱德华·埃文思-普里查德:《社会人类学:历史与现状》,载《论社会人类学》,冷凤彩译,北京:世界图书出版公司2010年版,第111页。

3　保罗·利科:《保罗·利科论翻译》,章文、孙凯译,北京:生活·读书·新知三联书店2022年版,第77—79页。

4　无论是进化人类学家(如弗雷泽)还是功能人类学家(如马林诺夫斯基),都经历过文化翻译阶段,也相当有"文艺范",但他们并不满足于此,而试图说些有关"大写历史"和"结构"的"大话"。

本被神学视作同为上帝的造物的自然与文化对立看待），此文化与人类学致力于研究的，与在另一些历史时代和地理区位流传的泛灵论、图腾论、"交感巫术"、类比论不同，后者将自然与文化关联看待。[1]由于所谓"科学"有"孤芳自赏"的属性，它"很容易导致误导的伦理"[2]，这种伦理其实与"信仰"无异。

五

　　文化翻译之说为我们提供了从"后启蒙"返回"前科学"的理由，为"母语"进入学术话语世界打开了通道，指明了释放生活世界中的特定经验和思想的要义，其影响深远，但不是没有问题。

　　不同于旨在"以一化多"的"普遍科学"，文化翻译侧重于"异"。"异"的存在既使文化翻译成为可能，也使它成为必要，正是因为"有异"，"译"才有"化"的境界（翻译所向往的"以己容它"的境界）、"诱"的作用（翻译能起的接近文艺的作用）及"讹"的"宿命"（翻译难以避免的"扭曲"）。然而，假如文化之间仅是"有异"，文化又何以转化（翻译）？假如真如埃氏在其名著《努尔人的宗教》中暗示的那样，"前启蒙"的欧洲"母语"可以用来翻译非洲部落社会的思想、习俗和仪式[3]，那么，二者之间若不是"同"大于

1　Philippe Descola, *Beyond Nature and Culture*, Janet Lloyd（transl.）, Chicago: The University of Chicago Press, 2013.

2　爱德华·埃文思—普里查德：《社会人类学：历史与现状》，载《论社会人类学》，冷凤彩译，北京：世界图书出版公司 2010 年版，第 111 页。

3　在该书中，埃文思—普里查德用西方经书（《旧约》）中的神话意象去解析努尔人对神、精灵、象征、灵魂、鬼、罪、祭祀等主题的理解（E. E. Evans-Pritchard, *Nuer Religion*, Oxford: Oxford University Press, 1956）。

"异",那么二者之间的翻译又何以可能？埃氏想到了这一吊诡，但其为克服它所择取的路径（"宗教人类学"）把他引向了一个疏离了自己的经验主义主张的方向，使他甚至有些像等待着"弥赛亚式纯语言"的本雅明（Walter Benjamin）。[1]

另外，如果文化间的相似性确实存在，那么，它到底是"偶然相似"（即不来自历史中的文化接触的文化相似）还是"必然相似"（即来自历史中的文化接触的文化相似）？这个纠缠过人类学奠基者的老问题又会再度施展其魔力，甚至与结构主义的力量结合，逼着我们为了"元语言"（这当然）而舍弃兼容他、我的热望，而"元语言"正是埃氏不愿接受的。

以上学理问题还相对容易处理（反诘、质疑差异抹杀者的办法有很多），比较难以处理的是，文化翻译之说的确缺乏对"权力现实"的关照。

古今之社会共同体都有规模和势力的大小之别。不难想象，在"超社会体系"（包括古代文明和近代"世界体系"）阶序中，它们会形成某些形质不同的"上下之别"。那么，在这一关系体制里进行文化翻译，如何兼及阶序性差异？这类"翻译"会不会因此不再是"翻译"而是"支配"？或者说，"诱"的作用和"化"的理想会不会演变成服务于支配的"讹"的催化剂？[2]

"重访"一个渐去渐远的历史方位，可以发现，思想者为了新范式而对旧范式进行全面清理，此锐气使其别有建树，但同时也引他

1　本雅明：《译者的任务》，载保罗·利科：《保罗·利科论翻译》，章文、孙凯译，北京：生活·读书·新知三联书店 2022 年版，第 147—168 页。
2　王铭铭：《文化翻译中的"诱""讹"与"化"》，载《西方人类学思潮十讲》，桂林：广西师范大学出版社 2005 年版，第 173—190 页。

矫枉过正（其批判的进化和功能人类学其实都有值得重新认识的优点）；也可以发现，在随后的历史方位上生发的反论，也并非出自"无理取闹"。

然而，这些都不应妨碍我们出于自己的旨趣对它加以引申。

为了抵近跨文化研究的知识境界，我们"翻译"了"文化翻译"。这样做难免要"以他化己"。我们将文化翻译之说变成一面"他者之镜"，用以照出我们长期信奉的单一普遍主义的本质，用以指出，它是一部碾磨文化差异的巨大理论机器，它是我们"以他化己"的习惯的由来，它的"超越性"使我们误以为我们的"母语"不如它，最好变成它。

但我们并没有把"以他化己"作为目的；正相反，我们的目的是"以己化他"，我们意在借助"转化"，让一个远方之见成为近处之"觉"的一部分，于是我们将视野转向自己文化的概念范畴和价值观。

我们将跨文化研究重新界定为"母语的演绎"，而非"纯语言"的阐扬。[1] 我们表明，要做文化翻译，便要有自己的"母语"，或者说，要有自己的"标识性概念"。"母语"或"标识性概念"可以有很多，如哲学界和社会学界关注的道、生、性命、仁、礼、义、财、面子、家、人情、食货等等。它们既可以是此类"古语"，也可以是

---

[1] 为了避免自然语言之"异"引发的问题，本雅明将聆听"纯语言"的天籁当成是"译者的任务"。但必须指出，"纯语言"不是实在的语言，它近乎是由神秘性（这便是悄然影响着本雅明的古代神秘主义和希伯来卡巴拉哲学所指向的）所担纲的互惠的"总体形式"。如意大利思想家艾柯（Umberto Eco，1932—2016）所言，其意象"令人感到是神圣语言之幽灵的降临，令人想到五旬节教派的秘密天使和鸟的语言"（Umberto Eco, *The Search for the Perfect Language*, James Fentress [transl.], Oxford: Blackwell, 1995, p. 345）。

带有我们文化特征的"今语"。一个例子是《乡土中国》[1]中的"差序格局"概念。这个概念是在现代社会学里提出的，带有"翻译腔"，但它是从我们社会的基本气质之研究中得出的，彰显了我们文化的关系主义特点，因而有其"标识性"。

"标识性概念"来自我们文化的特殊性，在文化自识上自然有其价值，但这样的概念，不仅有用于文化自识。[2]

再以"差序格局"为例，它无疑是从对以亲属制度为基础的关系主义的"为人之道"的解释提出的。这个"道"最能表现我们社会生活的特殊性，但我深感，它与西方人类学家从欧亚大陆"核心圈"之外的圈层带回来的、关系性的"人论"[3]，其实有着相似性。这一相似性或许表明，除了我们的文化，"差序格局"也是可以用来"翻译"异文化。

另外，为了锻造"标识性概念"，费孝通先生诉诸"理想型"对比法，拿基督教下的西方"团体格局"来反照我们的处世之道，但他并没有说，其得出的概念不能倒过来标识"团体格局"的特殊性，更没有说，除了"团体格局"，西方人的生活便毫无其他特征了。

费先生的师弟之一杨戈（Michael Young）1950 年代曾在伦敦东区展开过一项社区研究，他表明，那里的老百姓原来也是生活在有人情味的家庭和邻里关系中的，他们后来变了，但"变"不是他们

1　费孝通:《乡土中国》，北京：生活·读书·新知三联书店 1985 年版。

2　对此，怀有"包容他者"之心的西方人类学家们一向是关注的。他们在以我们的"面子"概念去解"人论"、以我们的"仁"和"礼"去解"道德"和"仪式"之后，现在甚至以老子"道"与"名"的关系论去解超越物我的"本体论"（Roy Wagner, "Facts Force you to Believe in Them; Perspectives Encourage you to Believe out of Them: An Introduction to Viveiros de Castro's Magisterial Essay", in Eduardo Viveiros de Castro, *Cosmological Perspectivism in Amazonia and Elsewhere*, Manchester: Hau Masterclass Series, 2012, pp. 11–44）。而我们自己却似乎没有这一"自信"。

3　如 Marilyn Strathern, *The Gender of the Gift*, Berkeley: University of California Press, 1990。

自己的选择，变化的动因在于政府的新都市规划。[1] "差序格局"是否能"解释"他们老宅所在社区的社会生活？新都市规划下新居所（大楼）是否象征着"团体格局"？问题不易"解答"，但可以"解释"：与"差序格局"相关的"人情"概念，虽是我们"母语"里的，但它也存在于西方人的社会生活中，其现代遭遇，兴许与我们近代以来的文化遭遇是可比的，甚至是相似的。

即使是在伦敦这个西方现代大都会中，也有我们文化的对应物，这表明"他中有己"的事例很多。

倒过来的情况也可以想象："差序格局"虽是从我们文化得出的"理想型"，但在我们这个文明体的漫长历史经验中，它所代表的生活形态与"团体格局"代表的形态长期互动，使我们"己中有他"，兼有"团体格局"的因素。倘若我们毫无"团体格局"的传统基础，那么，我们又如何解释近代以来我们社会"凝聚力"的重建？

在我们的文明中共处数千年的诸社会共同体对"容有他者的己"的经验[2]，兴许是跨文化理解、比较和联想的文明条件。这一条件是珍贵的历史财富，其当代价值有待认识。

如何协调共同生活与语言和文化差异之间的不对称关系？在当下世界，这个问题变得越来越亟待解决。解释和处理这个问题，是跨文化研究担负的任务。

跨文化研究是我们能重返"走向世界"道路[3]的一种方式。我们借文化翻译之说对它进行了思考，强调了出发点的识别对于踏入这

1　Michael Young and Peter Willmott, *Family and Kinship in East London*, London: Routledge and Kegan Paul, 1957.

2　王铭铭：《超社会体系：文明与中国》，北京：生活·读书·新知三联书店 2015 年版。

3　钟叔河：《走向世界：近代中国知识分子考察西方的历史》，北京：中华书局 2000 年版。

条道路的意义,指出了在"解释世界"中自己的概念范畴和价值观的价值。这一主张听起来是有些"自我",其实不然。文化翻译旨在解释"其他民族的创造如何可以既彻底属于他们自己,同时又深深地成为我们的一部分"[1],其起点是自他之辨,但其志向在于文化的转化和互惠。我们借助一位人类学先贤的言辞对人为的"完美语言"展开批判,既意在使我们更开放地面对世界的经验,又意在使研究者的"母语"与被研究者的"母语"共同从凌驾于其上的"双重建构梦想"中解放出来,或者说,意在为"母语"(或我们的"自然语言")与另一些"母语"(或另一些"自然语言")的共处与互惠创造条件。

复原"母语"在跨文化交流上"容有他者的己"的本色,旨在表明:(1)若无本土便无域外(反之亦然),跨文化要有"跨出"的方位,其出发点正是本土;(2)"跨"这类研究是"以己化他"的过程,其"出发点"是"母语"之"异",但指向的是"和而不同"。

我们的"母语"除了用"诱""化""讹"等字呈现翻译的"杂糅"属性之外,还将"译"界定为"传四夷与鸟兽之语"。[2]把语言的作用当作通达物我的"道",先人们早已开拓了一种"多物种本体论"视野,这不同于近代西学,后者持续像钟摆那样,摇摆在"科学化约法"(物中心世界观)和"神学升华法"(神中心世界观)两种使人和世界"同而不和"的"完美语言"之间(埃文思-普里查德之学不是例外)。[3]返回"前启蒙",以先人的这一"传"的观点展开跨文化理解,意义必定是双关的:它揭示出西学对"完美语言"的

---

1 格尔茨:《地方知识》,杨德睿译,北京:商务印书馆 2014 年版,第 88 页。

2 钱钟书:《七缀集》,北京:生活·读书·新知三联书店 2002 年版,第 77 页。

3 王铭铭:《人文生境》,北京:生活·读书·新知三联书店 2021 年版。

期许实出自其"双重构建梦想",而由于这一"语言"业已被我们误以为是"母语",它也揭示出我们的"误解"之由来。20世纪中叶"远西"先贤提出文化翻译之说时,身边没有"和而不同"的意象,无以触及"不和"的根源("同"),但其借助科学的节制展开的想象,已为我们走出误区做了必要的准备。

（本文曾发表于《开放时代》2023年第1期）

附录：
从世界观看人类学的历史

　　一门学科的历史，重要性显而易见：假如我们不了解所学学科的由来、现状和未来，或者说，昨天、今天、明天，那我们便无法了解学科本身。不了解一门学科的历史，等于不了解这门学科。了解学科的历史对于学习一门学科很关键。

　　可惜一谈到学科的历史，我们便遭遇到一些难题。以"人类学的历史"为例，我们知道得最多的是这门学科的西方史。我们之中是有研究这门学科的国内史的，不过他们也经常是以"反证"西方的学科史为追求的。可是西方的学科史并不等于学科的所有历史。人类学的历史在世界的很多地方展开过，到现在，各地仍然活跃着各种人类学。每种文明、每个民族、每个国家、关于人为何物、人在世界中的位置、"他者"为何，都有各自的思想，它们本各有自己的"人类学"。可惜的是，这些对我来说都是难题。要有对各种"人类学"的了解，首先要对世界各地的语言有所把握，否则难以知道不同区域、国家、文明中的学者用他们的语言文字写出的东西到底是怎么样的、他们各自进行的历史梳理又是怎么样的，而我并不是语言天才。

　　我的意思是说，世界上有各种各样的人类学的历史，西方人类学的历史不过是其中一种，所以，要把"人类学的历史"讲得全面，实在是项难以承受的艰巨任务。

接着的困难与区域有关。人类学是以其民族志的区域研究传统为特点的，人类学家提出过不少有影响的理论，但他们最关心的其实并不一定是这些。他们即使谈一般性的理论，也往往是在集中阐述所在民族志区域的"特殊智慧"。这样一来，人类学这门学科便有了漫长的区域史。不仅每个区域有这门学科的历史，沉浸在区域研究中的人类学家也都创造了各自的历史。比如说，人类学家有研究非洲的、研究美洲的、研究美拉尼西亚的、研究印度的、研究波利尼西亚的等等，这些地方都出了很多有普遍价值和影响的理论。可是，它们的历史是在这些区域内部展开的，所以每个区域，比如说印度人类学，可以写一个很长的故事，人类学关于非洲的研究也可以写一个很长的故事。这些构成了我们讲"人类学的历史"的第二个难题。

再接着，人类学是一门专题研究领域严重分化的学科，每个领域都会对某个专题得出各种各样的结论，每个领域都有它的历史。比如说，亲属制度研究会有关于亲属制度的漫长的研究历史。有些新的论题也是如此，比如说，艺术人类学和时间人类学，乃至本体论人类学，都已有专题性学术史了。这些专题史内容细腻复杂，不是我轻易可以兼容的。

钻研非西方人类学、区域民族志和专题领域人类学，对构建一部全面的人类学史是极其重要的。而关于这三个给我今天"难题"的方面，人类学界的同行也完成了不少值得称道的研究。假如我不是在这门课上做讲座，而是在参加学术研讨会，那么，我宁愿集中审视这三个方面。但我毕竟是在这里做讲座，面对的学生是初入人类学的门槛的，甚至有不少是站在门槛之外犹豫的，如果直接进入这些方面中的某个，那就更不容易全面了。

　　那么，如何给一般的读者、听众讲一个所谓"全面"的人类学历史？或者说，如何给大家一个人类学"大历史"的感觉？没有办法，只能知难而上。我做出的选择是"老调重弹"，绕过以上三个重要方面，谈谈作为一门西学的人类学的历史。我也会兼及国内的相关发展。

一、广义的他者

　　先谈谈人类学的对象。

　　没有一门学科的教授能够用一句话道出他从事的学问是什么。关于人类学，我想了很久，只想出了这么一段含混的话："人类学是一门研究'他者'及其与我们之间的关联、对我们的启迪的学问"。

　　之所以给"他者"带上引号，是因为这个"他者"与人们说的"他者"不同。1980 年代以来，不少人类学的历史研究专著和反思性著作都用到"他者"，基本上指的是"其他社会共同体"，而"其他"就是不同于人类学所在的西方文明这一"自我"的那些文明。这种"他者"的一般界定，有它的根据。但是我认为它是有问题的。我把"他者"重新定义成"非我"或"非己"，使这个概念超越人意义上的他我之别。

　　用 20 世纪初的某种进化论哲学观之，可以把存在的序列分成这四类：**物质、生命、精神、神圣（天地）**。

　　进化论是关于这个世界和人类是怎样递进的学说。进化论哲学家们把历史看成是由上面这四类事物的相续演化构成的。科学家证实了最早这个世界只有物质，接着，慢慢地生成某种条件，使得生命得以出现。起初，生命比较简单的，随着进化的展开，它变得越来越复杂。生物学家把哺乳动物看成比其他的动物高级，更接近人类，就是这个道理。到了第三个阶段，人类出现，随之慢慢（发展）或者突然会有不同于所有物质和生命的，叫作"精神"的东西。到底精神是不是人类独有的？极难回答。西方人并不否认人类也是有生命的物质，但还是相信，我们是唯一有精神的。这与我国古人的思想似有不同：对我们的先民来说，人类的灵魂来自物质世界，在死亡之后会返回到物质世界。但西方进化论哲学比较重视精神的人类特殊性。这个哲学还给精神之上加了一个阶段，称之为"神圣"。它主张，这个阶段只是一个境界，人只能接近，不能进入，像理想，不是实在，但感召着我们。很多宗教学家则把神圣说成是"绝对他者"，看作是有别于所有其他存在者的。

进化论哲学的旨趣在于求索人从其他物、其他生命意义上的他者演化而来并趋向绝对他者（"神圣"）的过程。在这个观点下，无论是无精神的生命还是无生命的物质，都被认为是低于我们的，神圣则被认为是高于我们的。我感兴趣的是，不是进化的差序，而是被列为差序的那些存在形式如何在平面上构成不同的"他者"：假如人类是一种有精神的生命的话，那么，他的"他者"就有这些：有人们熟知的"他人"，还有无精神的生命，及物质和神圣。这些基本上形成了"他人"、无精神的生命、物质、神圣距离远近不等的差序。

人类学的"他者"意思也差不多。人类学家主要研究有精神的生命，为了研究这种生命，他们也要研究作为这种生命的广义他者的"物质世界"或者是"神圣世界"。

也就是说，"他者"本来不局限于人的他者，是广义的，这种广义的他者观，在古人那里是易于理解的。中国古代没有"他者"这词。汉代和汉代之前，人们经常更多用的是另外一个"它"，现在用来指动物的那个"它"。这个它是与"己"相对的。但两者"它"和"己"在形态上非常相似。《说文解字》作者许慎说，这两个字一个像蛇的样子一个像人的肠子，但是代指我的"己"是指内在于我们的那个消化系统，而"它"指的是像蛇那样令汉代的人觉得恐惧的存在。饶有兴味的，是这种恐惧的形态跟人的内里（"己"）的形态相似性。这里含有某种巧妙的辩证法，可以启发我们"物、我、人、神关系"。我认为上面说的介于物质与神圣之间的精神，兴许便可以被认为是它／己相对性的核心领域。

人类学就是研究这么些事，它围绕自我与他／它者的关联，通过研究他者会对我们认识自我有什么启发，形成了一个学科系统。

人类学有生物或体质的方面。这些有的是跟地质学学习的，依据化石证据来研究进化，以及他者和我们的进化性历史关联。用化石证据做生物人类学或体质人类学，揭示人慢慢从物的世界分离出来的历程。有的则用动物学来做人类学研究。近代西方人似乎没有古代人那么富有想象力，他们不大会通过植物来看自己，他们只会选一种跟人类相近的，形态上和（被我们猜测的）内部结构上跟人类相近的动物，特别是像黑猩猩这一类在很长的阶段里被动物学家和人类学家共同关注的动物。他们相信，通过研究这种高级生命体就能知道我们原来是怎么样的、后来如何慢慢变化发展的、如何成为人的。比如说，黑猩猩到底有没有使用工具的智慧？有的话，能有到什么程度？它们的语言是怎么回事？如何交流和学习？此外，也还有一种生物或体质的人类学，其名作是《自私的基因》。"自私的基因"意思大致是：人是生物，活在世上，有活就有死，命定会化为无生命之物，于是我们对死亡很恐惧，但我们本不应该如此，因为深藏在我们存在的最深处的基因是永存的。基因很自私，总是守护着自己的生命，它通过生育永续地传递着。人们总以为人的社会本质有颠扑不破的基础，这就是亲情，如亲子之情。但这种"情"正表明基因是自私的，因为，最纯粹的亲情是由共同基因导致的，而这种"情"又是保障基因永存的保障。"自私的基因"可以这么理解：基因是人克服其死亡命运的内在性的东西，是一个"元因素"，这个因素是我们和内在于我们的那个物质之间的历史性关联。《自私的基因》的确是"己中心主义"的，但它这个"己"是深深扎根于我们体内的"它"。

生物或体质人类学讲的是科学，是人的普遍实在，但它也有他者意识。前面谈到黑猩猩研究，必须看到，爱黑猩猩的动物行为人类学家很多，他们觉得黑猩猩教给我们很多东西，它们的淳朴和智慧、语言能力、身体语言、动作等等，一方面表明这些"他者"与我们的亲缘关系，另一方面表明它们比我们更高贵，有感情、社会等人自以为独有的东西。

如此一来，即使是动物学式的人类学研究，也有文化学的意味，一样是以他者视角来启迪自我，使之有"自觉"。

人类学的文化学方面，比如说考古、语言、社会这几个方面，其所研究的"他者"就是我们在前面批评的那种。考古学告诉我们，到我们站在这个地球上的时候，我们下面踩着多少个文化层。什么叫文化层？它不是自然层，而是由人活动导致的地层。"文化层"是文化意义上的时代，生活在其中的不是我们，而是"他们"。人类学里研究语言的学者很多。历史语言学有些人是在研究语言的起源。到底人类什么时候开始会讲话？有些人在19世纪得出结论说人类很早就开始会讲话，但是他们的话很简单、接近于动物呼唤的声音。慢慢地，语言才脱离动物性。也有一些研究语言的传播。以前唐朝的普通话，怎么传到福建变成福建话，或者传到广东变成潮州话，然后再得以留存。原来的中原普通话已经不在了，但是边缘地区的普通话现在还在，但是现在它的命运就是成为当下的普通话的方言，这样的研究也有一些。结构语言学的研究也有很多，涉及这样的问题：到底最早的人类是不是需要语言才能思考？这是一个非常难办的问题，或许无解，但这样的大胆想象，令人类学家特别重视研究一些奇怪的东西，令他们想通过这个来找我们以前的生活（跟现在的不一样的状态）如何一步一步演变。

另一些呢，则视"不同"为研究目的本身，认为不一定要寻找历史的关联。这点在社会、政治、经济、宗教诸方面的研究表现得更为显然。在这方面的研究里，人类学家致力于在最原始的状态中挖掘我们的文明的根源，也致力于将这种根源性的东西当作我们的社会、政治、经济、宗教体制的"他者"，由它返身于"己"，达成人自身的"他者认识"。

在文化学方面，考古学往下挖掘时间的纵深，语言学和其他领域往外扩展空间的视野，以不同方式寻找着"其他社会共同体"，或构想这些他、我之间的关联，或超然于我者之外找寻"其他智慧"——古人的智慧。

二、缘起：宇宙观和本体论的"去魅"

人类学是研究他者的"科学"。从其最初版本看，这里的"他者"并不局限于上世纪末人们说的别的社会、别的文化、别的人群，它除了包括"别人"，还包括"非人"，如"物"，及代表神圣世界的、跟神圣世界接近或者是被认为是来自于神圣世界的"神"这三类存在。人类学研究多数是关系主义的，它把关注点放在人、物、神三类存在者之间的差异与关系，而人类学这门学问自身也诞生于这三类存在者之间区分和关联的重组进程中。

在西方，人类学是产生于科学时代。科学是对物、人、神之间关系的新界定，是我称之为"广义人文关系"（物—人—神三者之间的关系）的新形态。

欧洲有个别哲学史家把我宁愿叫作"广义人文关系"的系统直接写成"人类学"，并说在古希腊，人类学就有了，因为，那时也有对于人在世界中的存在的看法。对这个看法，我很欣赏，但我相信，我们不能因此轻易否定人类学的近代性，不能简单将它说成是古希腊就有的。

我们一般讲的人类学是一种"科学"，人的科学，文化的科学，社会的科学。

科学的首要特点是将既有的神中心世界观当成是研究对象，而不是原理。什么叫神中心世界观呢？它是指那种将世界视为由神创造或围绕着神形成的看法。在这种世界观里，物和人都是附属于神的。人类学的生成，至少就西方的历史来看，与欧洲致力于摆脱这种神中心世界观的知识运动紧密相关。中世纪末以后一段时间，出现了这一运动，它导致的结果就是致使人们怀疑神的存在和"造作"。将神的决定性排除出世界之外以后，知识分子无需诉诸世界的创造者（神）这个类别，他们可以将神化作被研究者，还可以集中研究物和人的关联、人和人的关联。他们否认了世界和人的被创造性，承认了它们的"自创性"。

近代科学人类学在西方的出现，固然有专业人类学史家重点考察的那些具体的历史，但要理解人类学的总体历史，首先要理解中世纪末起欧洲人对于人、物、神三者之间关系的新看法的出现。在此前，历史是神中心的历史，在此后，这种神中心的历史被另外一种历史取代，这种新历史是非神中心的历史，是人中心的历史和物中心的历史。值得强调的是，非神中心的人类学并不反对考察神人关系，相反，它很重视它，重视的原因并不是为了说明神真的存在，而仅仅是为了说明神的幻象对于人类创造自己、创造世界是有决定性影响的。有一个写世界城市史的人类学家认为，最早的城市都是因为仪式的需要而产生的，并不是因为政治经济的或者帝国统治的原因而产生的。如果做仪式是人和神处理关系的一个手段，如果城市诞生于这样一个手段之中，那么，可见古人对神的幻象是有很强的历史创造力的。

科学人类学是带着双重性来到这个世界的。一方面，它信守的世界观是非神性的，是去魅了的（disenchanted），另一方面，它呈现的民族志世界又是充满神性的、魅惑的（enchanted），与真实的世界构成对照，是一种幻象。它将神中心的世界对象化，主张重点研究关于神创造世界和人类的故事，深信这些故事构成了与自然秩序对应的心灵秩序，是物和人、理和心的双重本质的内在组成部分。将人神关系放在心灵秩序里头解释，既有助于否定了神的本质性创造力，又有助于为研究人如何借助于神的幻象来创造自己、创造世界提供宇宙观和本体论条件。

三、科学与"后中世纪"

人类学有非西方的历史，但是其霸权性的（hegemonic）"大历史"还是来自西方的。关于西方的人类学，以上所言意味着，它是后中世纪的产物。世界上别的地区，古代史很难用"中世纪"这个词来形容。"中世纪"是欧洲这个特殊地区的一个特殊的年代。在这个年代里，也有人类学，但那时的所谓"人类学"是一个神中心主义的人类学。那时人们都必须自愿或被迫地相信，世界上存在一种绝对他者，一个高高在上的神圣，它不仅是世界和人类的创造者，而且是真善美的化身。

必须认识到，神中心世界观，总是跟另一个世界观套在一起，否则无法产生效果。

这另一个世界观就是人中心的世界观。人、神、物这三类存在者，不同文明、不同时代对这三者之间的差异与关系有不同的界定。神中心世界观是以神为宇宙的决定因素，在其中，世界好像是神为人而设的，物质世界也是神创造出来服务于人的。这种世界观为什么必须要有人中心的世界观来搭配呢？因为它一方面必须让人和物在上帝面前失去能动性，另一方面它又必须使得人有充分的自由去行善、犯罪、作恶。有善有恶，也就是有充分的自由。所以也有学者称，"黑暗的中世纪"才能真正谈"自由"这个词。自由意味着人有充分能动性，这有点像人中心的观点。但上帝之所以给人"自由"，让人有充分自由去作恶和行善，是因为只有当人有了这种自由，上帝的惩恶扬善行动才是有针对性和目标的。

这肯定不是很准确的一个概括，但基本能形容中世纪世界观的大体形象。

在人类学产生的 19 世纪中叶以前那三百多年里，欧洲的科学家在教堂内部工作，他们相继用天文学、地质学和生物学来论证物的自在、自创和"自动"。这在当时就惹得相信神创说的教会不高兴了，所以不少科学家过得很不顺，他们是冒着遭受教会迫害的危

险进行研究和思考的。教会不高兴也没法子，这些科学家的思想的
革命性很强，他们孕育了一个跟前面讲的神中心世界观不同的看法。
这个看法后来被称为"科学"。天文学最早，哥白尼、伽利略等等对
它有革命性的贡献。接着是地质学，研究这个地球怎么在物质宇宙
的氛围下演变的。然后是生物学，研究生物是怎么样慢慢从无生物
的世界出现的，它们的分布如何，历史如何，云云。正是天文、地
质和生物这三个"物自创"的观点使科学成为可能。它们相继表明，
这个世界是自创而不是他创的。如果"他创"的那个"他"指的就
是绝对的他者（神），那么，"自创"指的就是物自身的演化。

　　科学家把作为世界和人类的创造者的神摘掉以后，这世界就剩
下了两个东西，一个是自然，一个是人文。从启蒙运动开始，很多
国家的科学家和哲学家都是二元论的。他们认为在科学和哲学的视
野里，只有自然和人文这两个元素，而且这两个元素是根本不同的，
并没有共享"上帝的创造性"，不是他的"作品"。

　　科学的二元论，替代了神学的神、人、物三元论，把神这一元
驱逐出了世界，保留了人文世界和自然世界这二元。

　　在物和人之间做了截然的二分，成就了一种现在被称为"自然
主义"的新世界观。目前不少人类学家说这是一种自然主义的世界
观。我不觉得自然主义是个恰当的形容，因为二元论还是含有对人
文世界的看法的。我宁愿把它看成是物中心的，所谓"中心"，不同
于"主义"，它可以兼及其他，特别是人中心。

四、二元论与精神论—物质论的对峙

　　把人、物、神三元中的神虚化以后，这个世界就只剩下人和物

这两种实在了。最近好多人在批判西方的宇宙观和人类学，说它们是近代的自然主义。我觉得事情比这个要复杂一点。可以说，"他者"其实是多样的。我们一开始就接触到物质、生命、精神和神圣这四个进化的环节。必须重申，这些个个都能构成"他者"。但是神圣被舍弃以后，物质、生命、精神三元其实很容易变成只有二元，因为"生命"摇摆在物质与精神之间，叫作自然与文化也好，叫作物和人也好，就只剩下物质和精神二元了。中世纪的宗教把神圣当成是绝对他者，科学则把物质当成绝对他者，剩下的"生命"到底属于哪边便易于引起歧义。有的人觉得它与物质比较靠近，不同于与神圣比较靠近的"精神"，有的人相反，觉得它比较接近精神性。生命就此被不断地割裂为两种对立的东西，然后，学者再持续进行二元论的反复思辨。19 世纪欧洲的学术又是好辩论的，这样的话，因为只有这两个东西存在，就容易分出物中心的世界观和精神中心的世界观，而这两种东西又会变成唯物主义和唯心主义。不管人类学家有没有信仰，这个内部的分歧构成了 19 世纪人类学的重要辩论。

要了解 19 世纪的人类学，就要先了解消除上帝以后带来的二元论。二元论是有优点的，但同时又是有代价的。优点是摆脱了幻象的支配，代价是使欧洲知识分子的思想永远"钟摆"，永远要选择阵营。

以英国为例，19 世纪这个国家信教的人还很普遍，其人类学的先贤多数出生在教徒甚至教士的家庭里。不过，即使保持基督教的教籍，19 世纪的英国人类学家绝大多数都会选择站在科学这边，或者反对基督教，或者有志于改良基督教对宇宙、人和历史的叙述，或者要跟这种叙述保持距离。有些人彻底站在了科学这边，以科学家自居，也能用科学的"理"去分析宗教这种文化现象，另一些人虽然还是相信神中心的世界观，但是受科学启迪，有了用科学来改良《圣经》的企图。他们有的更愿意从物质这端来看问题，另一些人更愿意从精神那端来看问题。

19 世纪的英国人类学主要是由两大支脉构成，其中一支接近于"宗教的科学"。这支上当年有几个英国的人类学大师：泰勒、麦克伦南（John Ferguson McLennan）、罗伯逊·史密斯（William Robertson Smith）和弗雷泽。在这些人当中，最前面的泰勒不愿意保留教籍，自认为是"人的科学"的实践者，但他对精神领域的事关注最多，企图在原始万物有灵论与基督教乃至近代科学之间找到连续性。他也述及物质文明的进化，但写得最有心得的，是那些关于"宗教的科学"的篇章。对英国人类学有最大贡献还有苏格兰的麦克伦南、罗伯逊·史密斯和弗雷泽。但这三个苏格兰人分成两派，如，史密斯追随麦克伦南，重视图腾制度中的物中心世界观，试图把《圣经》记述的早期宗教制度追溯到原始图腾制，而且还试图在物的图腾中窥探人类最早祖先对自己的物质由来的信仰；弗雷泽思想摇摆不定，最终追随了泰勒，重视心灵、精神和理性的历史。

像罗伯逊·史密斯那样保留教籍的学者，尽管受基督教会的迫害，但没有放弃教会成员资格，还是喜欢在基督教内部去谋求改良。但他的思想已经特别科学化了，他不认为历史的原动力是来自神，而是受物质主义思想影响，他认为这个动力来自人与物的"社会关系"。更多的人类学家是反教会的，他们不认为存在一种有意设置文明的力量，认为历史是由偶然的发明和进步构成的。他们很多把包括精神、物质、制度在内的文明之演进史当成是一个偶然的"自动"过程，否定超越性的外部动力的存在。

为了证实偶然性对于历史的决定性，人类学勤奋耕耘，审视很多现象，有世界各地的风俗习惯，有各地技术文明，有制度。他们赋予这些现象的历史解释总是跟"自动"一词延伸所指的那种过程有关。

也因此，他们也反对主张历史必然性的基督教传播论民族学。在人类学产生之前，基督教的生物学和民族学都已经得到了发展。哥白尼发现太阳的中心性，哥伦布发现了新大陆。在新大陆，哥伦布们发现有一些动植物跟在欧洲看到的动植物有不同，但是很相似。为什么会很相似呢？他们采用了动植物的传播论观点，认为那些物是历史上迁徙到新大陆的，也因此，新大陆的万物，符合《圣经》的分类。一样的，哥伦布们也做民族学，也用传播论来解释人种和文化。他们看到很多稀奇古怪的部落社会，返回来看《圣经》或者跟《圣经》相关的记载，发现它们之间有相似性，就会认定是从《圣经》记载的那个文明世界传播过去的。动植物学的传播论，及文化的传播论，在泰勒等人看来是不对劲的，因为这是自我中心主义，好像世界都是从欧洲传过去的，其实不然，不同文化会"自动"发展，在特定时空环境下，会表现出相似性，这种相似性并非传播使然。

19世纪进化人类学还有第三个特点，即其将偶然相似作为文明进步的原因的主张。文明史为什么会有偶然相似的进步呢？进化人类学家坚信，原因不在于全世界的人都是上帝的子民，也不在于文明播化的推动，而只在于人类脑子里的智力、感情的一致性。他们坚信，通过还原这个一致性，人类学能还原先进的文明人与原始人之间的历史关联，包括历史从无知变成有智、从功利变成有德性这类的关联。

五、思想–知识积累

有专门做人类学史研究的专家反复申重说，人类学有自己思想演变的规律，不能总是把人类学的思想演变跟自然科学的思想演变联系在一起。这些人类学史研究很重要，但我觉得它们将人类学与自然科学分开讨论的做法是不对的。我觉得科学的确给了人类学一个新的世界观基础，有了这个，人类学才特别重视具体历史地理生境。

19 世纪后半期的人类学是奠定在天文学、地质学和生物学的知识积累的基础上的，它的历史地理观，则往往来自于启蒙运动的哲学，但它更像科学，比启蒙运动的哲学家更重视经验事实的收集和论证的严谨性。

我们经常会说，19 世纪的人类学家不做田野，现在的人类学家都做田野，最早的人类学家叫作"摇椅上的人类学家"。但实际上，仔细看我刚才列的那几个人，由于要以身作则地表现重视经验事实的态度，他们都喜欢做田野，只不过他们做的田野跟后来的不太一样。比如说泰勒是因为去墨西哥旅行，所以认识到了古代文化对于现代知识分子的重要性。弗雷泽是一个古典学家，他也喜欢去希腊、罗马，特别是会去罗马考察。罗伯逊·史密斯是研究闪米特人的，他认为最典范的闪米特人在阿拉伯世界，所以他也会阿拉伯语，也去阿拉伯世界做过调研。美国的摩尔根对田野调查更是非常重视，而且我觉得他做的田野非常接近我们今天的理想，他为了调查方便，被易洛魁人收为养子。

所以我们可以说，19 世纪人类学还有个特点，这就是，它很重视论证，致力于发现和积累各种各样的科学证据来论证它们对历史的看法，认为它们对历史的看法是有证据的。

六、历史乐观主义者的"他者为下"心态

不过 19 世纪人类学的确是个偏思想性的学科，没有落实到大学

这类组织里面去，很多人类学家形同一般知识分子或思想家，幸运一点能在博物馆做事。许多也不是用人类学家这个身份来谋生计的，特别是那些研究亲属制度和"习惯法"的人，多数是当律师的，不靠人类学吃饭，不像我们今天这些教人类学的。

那代人类学家都博学、勤奋、尊重他们看到的事实。个别人是在圣经学的内部工作，比如史密斯，他所做的就是圣经学，他把《圣经》当成一个观察审视的对象，想在不舍弃《圣经》的同时对它进行科学和进化人类学的补充。但大部分人是在圣经学的外部工作。他们都非常认真，努力用科学去纠正基督教文明的自我中心主义。他们并没有由此根绝欧洲文明中心主义，他们有了新的文明中心主义，这就是启蒙运动教给他们的那种以科学为名的文明中心主义。启蒙运动也使一些人重新焕发了对基督教的信仰，他们在宗教里展望了世界历史进步的未来。另外，虽然人类学奠基者都很包容，甚至对他们反对的传播论亦是如此，但他们特别重视发明、进步、创造的全球性偶然相似性。他们为了反对基督教民族学的传播论，过度重视偶然相似性而忽视了对历史中社会和文明之间的互动关系的研究。

这个问题，加上前面说的新文明中心主义，使得那个时代的西方人类学有文化帝国主义特征。它认为欧洲是其他区域的未来，认为欧洲的今天代表世界的其他地方的明天，认为欧洲虽然不大，但代表人类智识的最高发展水平。尽管那时的人类学家都是很伟大的，但是我们必须指出，他们的观点并不反映欧洲人的现实，因为欧洲人不可能是理想的人，他们也会出现一些问题。

不管是教徒还是非教徒，那时人类学家都自视为科学家。然而他们的"人的科学"最终很难用"科学"这两个字形容，它带有各种各样的价值判断，其中许多是错误的，特别是其中透露出的对古今欧洲文明的高度赞赏，颇像文明自恋这种集体心理。

启蒙中的反启蒙局部，也影响了很多进化人类学家，使他们带有一股自我反思的劲头，令他们甚至可能在进化人类学里包含反进化的观点。但他们似乎并没有改变当年主流人类学的文明中心主义，反倒是作为"思想营养"被后者汲取了。

七、帝国主义及其预料之外的后果（民族主义）

更严重的是，随着科学人类学的出现，西方的"坐北向南""坐西向东"方位权势就得到了"科学支持"。什么叫坐北向南呢？就是把欧亚大陆特别是欧亚大陆的西部看成是作为科学家的人类学家的文明所在地。这个地方的南边，也就是南半球全都被当成缺乏文明而充满民族志素材的版块。那么，坐西向东呢？跟这个的效果差不多。在这个方位权势格局下，人们认为自己在欧亚大陆的西部向东看去，自己才是认识者，这里才是产生知识分子的地方，东方则不产生知识分子，特别是现代知识分子，他们只能当被研究者，而不能当研究者。因为科学就在西边和北边。

包括我在内，现在有很多老师想复兴古典（19世纪）人类学的一些因素。但我们不应忘记，那种人类学的这种坐北向南、坐西向东的认识姿势导致了一些严重的文化后果。

其中一个就是地球南部的对象化和原始化。南部本来有自己的知识分子，只不过他们的身份往往与巫师、祭司、头人不分。人类学家往往关注这个广大区域的各种作为"地方性知识"的文化，却没有关注文化持有者的内在层次阶序及"原始哲学家"对其文化的贡献。这种用民族志方法抹杀南部思想的倾向，还常常与欧洲国族之间的权势消长相结合。人类学在英、法、美发展起来之前，已经有拉丁语系的"移民学者"长期在南部地区做研究。进化人类学出现后，这些研究失去了声色，拉丁美洲的白人学者曾经做过的贡献被抹杀了。人类学不仅抹杀了"原始哲学家"的贡献，也抹杀了其先驱的贡献，此后，就剩下了一些像英联邦的法属殖民地民族志，及沙俄民族志，这些国度的人类学家俨然成为认识者，而别人成为被认识者。

在南北之间发生的是一种文化帝国主义，在东西之间发生的则要复杂一些。欧亚大陆东部面对西部的新理论的反应是特别的。比如，日本和中国的知识分子都相继把进化人类学当成探测民族的文明未来的手段。比如《文明论概略》的作者福泽谕吉，及《天演论》的译者严复，都有此倾向。那时东方有些人在引进进化论，另一些人在引进传播论，他们用前一种思想来畅想民族的未来，用后一种思想回望自己的历史的文明性，以增强民族的自信。近代日本学界很久以前便有将自身与"东方"区分开来的做法，他们有"东方学"，研究的却是分布在日本西方的亚洲，似乎它自己是西方。而清末，我国也有"中国文明西来说"，它认为中国文明和西方文明来自同一个源头，我们的文明也是从西边来的，是一样的文明。这一说法表面上是在探讨传播论，但本质上是在说中国文明和欧洲的文明有同样的高度，而原始文明低于中国文明和西方的文明。这使得前面我们提到的福泽谕吉、严复乃至康有为、梁启超的进步主义复杂化了。

进步主义、进化论对自我/他者的二分，给东方带来一个并不容易说清的后果。东方人在过去的一两百年里面，熟悉了进化论，纷纷想放弃落后的自我。这个理论在欧洲是为了增强文明自信，在东方则变成文明自卑，激发着用西方他者的文明来替代东方我者的文明的思想和政治运动。这些运动一般以"现代化"为名。

从西方人类学"古典时代"（1850—1910）到后来形成的坐北向南和坐西向东的格局，导致地球的南半球被对象化，甚至是早一点到南半球的欧洲人也被对象化。一个后果是，现在说葡萄牙语和西班牙语的人类学家面子不大，而他们做的研究其实不仅不比讲英语的、讲法语的同行差，而且还常常更好。可惜的是，甚至连东方的日本和中国，我们太迷信西方，因而没有给南部思想足够的承认。我们在这里讲人类学的历史，没有涉及他们的贡献，也可以归因于此。

中国呢？中国各种各样的文明自我认同问题在很大程度上也跟进化主义的历史观有关。进化主义历史观当然是有好处的：它把"黑暗的中世纪"那个创造一切又能判定人间善恶的"终极判官"排除在科学之外了。但是它也带来一些后果，这个后果在我们亚洲地区要比南半球要复杂得多，其复杂性与我们曾经身处其中的"半殖民地、半封建"状态兴许是有关系的。

八、两战之间的思想和方法革命（"民国学术"）

"两次世界大战之间"有"之间"两字，本来应该是指1918年到1938年，但我们用它来指一战爆发前夕到二战结束，也就是相当于1913年到1945年。这个时期几乎是20世纪整个上半叶。那时世界很不安宁，处在"乱世"阶段，为此，西方人类学家想了很多，悄然制造了一场学术"革命"。他们看清了传播论和进步论各自的问题。传播论人类学的观点是，时代越古老，文明就越高，文明中心性就越强；进化论另外一种看法，主张时代越古老，文明就越低，边缘性就越强。这两种观点在两次世界大战之间的不少人类学家看来是非常无聊的：为什么越古老就越高？为什么越古老就越低？此时人类学家觉得这个时候欧洲很动乱，觉得世界的中心很可能不是在欧洲，也不是基督教的古代，而是在遥远的地方，也因此，特洛布里恩德岛就是马林诺夫斯基的"桃花源"。他们对这两种进化人类学理论批判得更严厉，对传播论还留一手，甚至延用它来解释文化接触对于变迁的作用。

可以把这两种理论看成是两种时空体，像巴赫金说的chronotope。传播论是一种时间观，也是一个空间观。进步论，是一种时间观，也是一种空间观。传播论认为越古老，就越高，进步论认为越古老就越低，这个高低跟他者文化距欧洲文明中心的距离有关。时间和空间套在一起构成世界文明史的时空体，这个时空体到了 1910 年代遭到了否定。

"人类学革命"把时空中的"时"消灭掉，只剩下"空"。他们认为空间的问题、中心和边缘关系的错误认识，是由时间维度导致的。所以那时候就出现了种种把时间维度摘掉的做法。甚至美国的历史特殊论也是一样的：这个理论里，有"历史"这个词，但是这种"历史"实际上基本是空间性的，是指文化的区域分布情景。

像英国现代人类学的传奇人物马林诺夫斯基，在他研究的那些自然天成的岛屿"分离群域"（isolates）中看到了巨大的方法学启示，认为这个区域无论在自然上还是在社会上都与外界关系不大。当然他讲的库拉圈是一个宏大的关系体，但是它自成一体，它是个空间上的东西。我们无需追究这个岛的历史时间流变，只需了解文化满足人和他们的社会生活的需要这件事。

结构-功能主义跟法国社会学思想关系很密切。法国社会学原本很重视进化的研究，基本上是用它来展开社会学理论思考的。但到了英国人类学，它却成了结构-功能主义人类学，其自担的使命在于还是要讲平面上的或者立体上的结构和功能关系，这也是一个空间系统。结构-功能主义的代表人物拉德克利夫-布朗经常引到很多古典文献和古史材料，他的文章看起来相当"历史"，但其中的时间性其实是不重要的，他要探究的是社会构成的古老宇宙观基础。

总之，两战之间，英、法、美国的大人类学家们似乎都感觉到历史时间性这个维度害人不浅，于是急着要把它当成一个恶魔驱逐出学界。

那时还有一些有意思的争论值得我们回望：到底人类学应该是科学还是人文？我想多半人类学家还是用"科学"这个词。马林诺夫斯基讲"文化的科学"，侧重于从个人理性来探究这个科学的原理。他这个文化的科学到底是什么意义上的科学？就是把文化当成观察分析对象的科学。布朗说人类学是"社会的科学"，是与马林诺夫斯基说的"science of culture"对着的"science of society"。这个"社会的科学"是怎么回事？就是把社会当成观察分析对象的科学。但是如果仔细考究的话，文化之于马林诺夫斯基，社会之于拉德克利夫-布朗，都是他们的理想。那时候在法国社会学里，早已出现"宗教的科学"的称呼，这种科学带有对集体凝聚力的某种诉求。涂尔干把社会学做成科学和良知的融合体，有贯通自然与人文的旨趣。与之有别，同时代，美国的人类学家波亚士则用科学来理解体质人类学，但反对用它来研究文化人类学，不大情愿用科学贯通自然与人文。

所以那个时候，一方面，不少大人类学家还是保留"科学"这个词，但"科学"的意思已经很不一样，另一方面，关于人类学是科学还是人文，人类学家开始有了一些争论。

　　回到消除"时"这件事：在视野上只留存空间的维度之后，西方人类学家就必然将世界进行二元对立式的划分。他们把世界划分成自我与他者两种，二者都是人类，只不过这个他者是在遥远的地方，即使是欧洲内部的村庄也可以被认为是一个空间上遥远的地方，它跟自我的关系不是历史性的，而是空间上的距离本身，甚至是无关系，以及这个空间上的距离本身所含有的其他内容。他者是远在的。人类学家认为研究这些他者的意义不在于攫取某种对于他们把握历史时间关联有用的证据（这是古典进化和传播人类学所关注的），而在于为他们提供"启迪"，这个"启迪"，在英法人类学里，基本上是有关人之本性的，所谓"启迪"便是通过审视他者获得对我者之人性的把握。研究人的本性的，这种都叫作"普遍主义"，其意思就是说全世界的人都差不多，他者与我者无别，若是有别，那差异也仅在于他者更淳朴地展示着人性。有别的，则似乎是人类学家自身，他们此时分成了社会学主义与个体-功利主义两派，一派主张人性的社会的、相互的，另一派主张人性的个人主义，原始人与现代人都一样。此外，还有一种文化相对主义的看法，它主张，他者因为在很远的地方，所以我们去远方能够从他们身上学到一些我们平时在自己所住的地方不容易得到的智慧。这种看法不触及人性，甚至以文化为人性，特别关注文化差异。

　　两次世界大战之间人类学的这些变化，概括起来有几点：（1）人类学家放弃了欧洲中心主义，特别是欧洲中心主义所赖于存在的历史时间线、进化的历史时间性；（2）他们将时空体化为空间体，确立自我／他者二元对立格局，借此进行人性、普遍性与特殊性、跨文化"智慧"的摸索；（3）开始思考到底科学为何、何为的问题，包括科学可不可以既是自然科学，也是能够研究人的问题的人文科学？这个科学要不要带有伦理的内涵？

上面提到的那些学派和学术领袖，我们国内的前辈早就很熟悉了。两战之间这个时段，基本上与"民国时期"对应。就像进化人类学一样，此间的各种人类学（时常与社会学和民族学难以区分）对我们的前辈都产生过重要影响。经欧美留学归国的学者分别传播，它们在国内都各有立足之所。如果说有"民国人类学"，那么，它的内容是很丰富的，有社会学年鉴派因素，有功能主义和结构-功能主义的社会人类学和社会学因素，也有德国民族学和美国文化人类学因素。而这些因素也染上了"本土色彩"。清末接受进化人类学时，学者有用中国古代之"经"来化西来之"史"的倾向，他们的书写，似乎在东方重新将经验主义的进化人类学推回到启蒙的哲学人类学那里去了。两战期间的"民国人类学"，则有点不同，那时"经"已不是很时髦，学者在这方面的训练也不如他们的前辈了，但通过读一些书我体会到，替代"经"的地位的，似乎是"史"。传统的"史"，其实有点接近西方的经验主义，但与其同时代的结构、功能、文化的经验主义有所不同。那时中国各种各样的人类学中的"史"的因素，既指经验研究，又含有历史时间性的意思。也许正是"史"的因素之绵续，使那时的中国人类学比较少有西方人类学自我／他者二元对立化的毛病。

九、战后西方人类学的宗教与科学及非西方人类学的入世现代主义

二战以后的英法人类学出现了神学和科学两种不同的人类学观。这不算太新鲜。前面提到，19 世纪后期，在史密斯与其他英国人类

学大师之间，已经有了这个分歧。然而，二战以后出现的分歧，有不同以往的内涵。此时，一些人类学家信奉科学，另一些则走向了神学。神学表面上只是指对神明世界的关注，这并不刺激，因为，对人—物—神关系体的关注，一向是人类学的关怀。比较刺激的是，战后西方人类学家关于人类学应该以宗教为出发点还是以科学为出发点，产生了严重分歧。对于这点，我们关注得还很不够。

比如说，1946 年以后英国"社会的科学"看门人拉德克利夫-布朗的继承人埃文思-普里查德就公然提出一种神学的人类学观。他认为，尽管我们不能通过客观的历史来论证《圣经》里面的信息的实在性，但是《圣经》里面对世界的描述、对道德的形上学界定、对工具和人之罪等等的解释，是可以被拿来做比较研究的。在他看来，人类学研究的使命在于展开一种"文化翻译"，而对西方世界而言，文化翻译只有一种办法，就是用自己神学传统里面的概念去翻译原始民族的文化。他甚至皈依了天主教。与此同时，在法兰西，出现了结构人类学大师列维-斯特劳斯，他跟英国人类学有根本分歧，这大家都了解，所不了解的兴许是，他特别反对埃文思-普里查德式的宗教或神学人类学。对世界宗教，他只对佛教有些许好感，他相信科学还是人类学的使命，他提出很多对人类的思维、语言结构的这些看法，从一个新角度定义了科学人类学。

其他人在科学与宗教方面并没有埃文思-普里查德和列维-斯特劳斯那么旗帜鲜明。比如说利奇和特纳（Victor Turner），他们都对政治和象征仪式感兴趣，既保有英国传统，也吸收列维-斯特劳斯的一些理论因素，与之不同的是，两个并没有重新皈依基督教或天主教的英国人类学家对宗教仪式更感兴趣，对他们而言，列维-斯特劳斯从神话里面发现的思维逻辑若是有什么价值，那主要也在于启发仪式和象征体系的解析。特纳在描绘仪式的时候经常赋予其一种正面乃至革命的情调。他不是个信徒，更像艺术家，"以美育代宗教"，他更想用进入宗教内部，以展开深入人类学解析。利奇更重视政治过程，但在有关仪式的论述中，甚至也像埃文思-普里查德那样重视比较《旧约》与其他文化。

以往我们对英法人类学的这一对立了解不够，可能是因为太习惯于从美国了解西方了。在同一个时期，像英法这样思考宗教与科学何者为重的问题的美国学者很少，更主流的，似乎是得以重现的科学主义。莱斯利·怀特重返进化论，斯图尔德（Julian Haynes Steward）做文化生态学，这些研究都是比较接近于科学人类学的。身在美国人类学界，这些世纪中期的大师，关心的不直接是宗教与科学的关系，而是文化如何重新进行决定论的解释。然而，在美国以外的西方，埃文思-普里查德代表的宗教或神学这一派，列维-斯特劳斯代表科学另一派，及特纳、利奇等代表的、从涂尔干科学-良知不分的"社会学"引申出来的、介于科学和伦理之间的第三派，构成了战后一个相当长的阶段（延续到1970年代）西方人类学的壮景。

英法的这些人类学成就，很快吸引了不少美国同行，将包括格尔茨、施耐德（David Schneider）、萨林斯在内的新一代人类学家吸引到诠释、象征和结构等概念构成的一个新潮流里。

十、三个世界理论

战后30年里英法和美国人类学取得的成就，特别吸引我。我认为，贡献了这些成就的那一二代前辈用厚重的作品为世界各国的后来者求索了学科的本质性问题，包括：（1）跨文化解释是否必然从学者所在文明（如《旧约》代表的文明）为出发点？（2）科学是否可能提供一种超越研究者不同文明出发点的共同"语言"（结构）？（3）人类学如何能比19世纪更好地处理科学与宗教、科学与艺术及人文之间的关系，并基于"混合"确立更有效的描述、分析和解释框架？我觉得，当下我们若不依旧继续追问这些问题，那这门学科乃至整个人文科学便是无望的。与此同时，我也深感，要把握和解决这些问题，不认清这门学科的"西方性"是不大可能的。

战后三十年间解释、结构和象征的人类学之所以有新意，是因为它们处理了哥白尼革命—地理大发现—启蒙到进化论时代人类学家对人、物、神关系的"粗暴"处置。科学取代神学的代价之一，是世界被形容成相互隔离的自然与文化两个"自动"发展的部分。如果这可以说是二元论，那么，二元论所易于导致的物质决定论"自然主义"及"人类中心主义"问题是很严重的。这里头的"天人相胜"观点，既有害于"生态"，又有害于人文，对二者生命力之维系，都是不利的。解释、结构和象征的人类学，兴许正是对这一严重问题的隐晦回应，如果是这样，那它们的价值就不应低估。

然而，这些类型的人类学毕竟也是西方的，有国内学者指出，此类反思流于"文字游戏"，而事实上，人类学早已是一个由不同国族和文化构成不平等世界的一部分了。

由"不平等世界"角度观之，1970年代中期来自我国的"三个世界理论"是伟大的。这个理论的提出，有特定的国际政治背景，与1970年代初美苏较量有关，与中国的国际政治"谋略"有关。三个世界理论的确是某种战略。不过，它的含义仍然是深刻的。三个世界指的是什么呢？就是苏联和美国两个是霸主，是第一世界，然后好一点的是第二世界，包括欧洲的一些国家、日本等，第三世界就是除了日本之外的亚洲所有国家、非洲、拉丁美洲等。在这三个世界里，中国选择站在第三世界这边，将自己区别于第一第二世界之外。甘做"落后国家"，中国取得了来自许多正在争取从殖民统治和"落后面貌"中挣脱出来的民族的认同，对这些民族的反殖民斗争，起到了重要作用。对第三世界各国的历史和未来，中国的态度是进步主义的，但这并没有妨碍它珍视第三世界各民族的传统。其实，在三个世界理论提出之前，国内已重视亚非拉文化的研究和展示，到 1970 年代，这方面的成果已使我们的文化景观表现出一种不同的国际性。

这个"国际性"基本上与西方人类学他者的分布范围一致，但我们当时并不喜欢人类学这个词，我们认为它是与第一第二世界的支配性有关的。的确，如我前面所言，在作为科学的人类学兴起于西方之后的一百多年里，一个认识–权势格局生成了：人类学发达国家是第一第二世界国家，它们自居为人类学认识的主体，而第三世界则是人类学的研究对象，被认为（误认为）是被动的，缺乏独立思想的。

第三世界理论之所以是个战略，是因为其指向包括认识–权势格局在内的世界性不平等，并指明改变这种不平等的道路。这个理论可以说是为了还原身处第三世界的人类学研究对象的认识–权势主体性而提出的。对于这点，我们需要更多重视和研究，我们还应当注意到，三个世界理论也对第一第二世界学界起到了潜移默化的作用。

十一、东方学、南方人类学、"写文化"

1960 年代至 1970 年代法国、拉美的一些"左倾"人类学家基于殖民地研究提出依附和低度发展理论，这些与三个世界理论神似。稍后，西方还于 1978 年出现萨义德的《东方学》，该书批判了西方人表述东方的方式，揭示了西方话语的权势性，有相当大冲击力。同时，南半球的很多国家提出了新人类学主张，认为西方那种将南半球人当作他者来研究的人类学是殖民主义的，唯有研究自己社会的人类学才是殖民地、新国家人类学的未来。1990 年代，有墨西哥人类学家把这个东西概括为"南方人类学"，称其特点是：研究者是他所研究社会的公民。

比这些新主张出现早一些时候，1960 年代，列维-斯特劳斯就预感到这种人类学会出现，并且他很担心这种人类学的出现。他为什么担心呢？因为他相信，一旦自己的研究对象是自己的社会，而且是殖民地新国家这种社会，学者会过度追求现代主义，对自己的传统不抱敬畏之心，甚至很痛恨被西方人类学家珍视的原始、古代文化。他担心，如此一来，人类赖以还原自身本来面目的"范例"都会随着后殖民时代的来临而消失，人类学也会因之消失。

对西方人类学家这种珍惜土著文化的情怀，"南方人类学家"最不喜欢。他们认为，将他们社会原有的文化收集为人类学证据，是不重要的，重要的是欧洲人没有看到的土著文化的进步潜力。

南方与北方的争议，是是非非，现在只有个别学者在关注。不过，1986 年美国出现的《写文化》，倒似乎是西方人从他们的视角对问题做的交代。

《写文化》是白种人特别是美国人写的一本书。这些美国人自己认为自己能够看清所从事职业的不合理性，及其被某种"体制"所控制的那一面，于是才写了这本书。所以说，"写文化"指的是人类学家在写作文化，因为是写作，所以不见得是客观的，文本不是科学，写作本身也是一个文化现象，这个现象背后有话语体制。《写文化：民族志的诗学与政治学》要实现同时形容这个双重"写作"的目的，以此为方式回应"南方人类学"和《东方学》的责难。可惜的是，这书也是败笔。它把世界分成白种人的自我和有色人种的他者，讨论的主要是白种人写他者时遇到的政治经济、科学及伦理问题。这显然是幻象。所有社会共同体都有各自的他者，每个人都生活在众多他者之中，《写文化：民族志的诗学与政治学》把世界想象得太简单，好像只有白种人才有他者似的。

《写文化：民族志的诗学与政治学》的作者，有的不满足于《写文化》的"抱怨"，于是后来又写了《作为文化批评的人类学：一个人文学科的实验时代》，认为作为科学的人类学已经完蛋了，现在要把人类学看成艺术，而且是有意识形态主动性的艺术，接近于我们说的"宣传"，是主观选择的"文化批评"。这个听起来不错，有号召力，但也有不幸之处。

列维–斯特劳斯早就在 1955 年的《忧郁的热带》里预感到这种潮流的出现，且认为那会是一个很可悲的事。他说，不少人类学家以为应在别人的社会中保持中立，甚至以他者为上，同时应在自己的社会充当批判者或改革者。这表面上是很可取的，有良知的，但很容易导致起码的科学准确性的丧失。更严重的是，这种观点易于使人难以看清社会的普遍现实：所有社会都有优点也有缺点，我们既不能妄想自己社会的优越性，也不能幻想能在他者的世界里找到理想社会。所谓的"文化批评"指的大抵就是列维–斯特劳斯不想看到的后一种，列维–斯特劳斯认为，其代价在于使我们失去科学的冷峻，而且取消知识和学问，将导致无法真正理解他者和人自身。

十二、全球性、超级多样性、地方性

1980 年代初，结合政治经济学和传播论，沃尔夫（Eric R. Wolf）对忽视自我与他者之间历史地理关联的人类学提出了严厉批评，他勾勒出文化与社会之间关系的图谱，重新叙述了世界史。他的理论与现代资本主义世界体系理论相续，也部分来自依附理论和低度发展理论。到底沃尔夫有没有受来自中国的三个世界理论影响，从书上看不清楚，但他是有三个世界区分的。所不同的是，他审视的是近代转型，而不是 20 世纪的三个世界。在他的名著《欧洲与没有历史的人民》里，他把欧洲与它剥削和支配的他者世界看成两个世界，并强调，二者之间还有一个"中间世界"，它起着替欧洲向外传播权势、向欧洲输送资源的作用。由其三个世界理论，沃尔夫表明，每个世界都包含不同的社会、文化和国家，近代以来，这些曾是社会科学研究单元的区位都不再是自立的，它们成了资本主义世界的一部分，还要跟另外两个世界产生关联。

沃尔夫的著作让坚持现代人类学传统的同行感到郁闷。比如萨林斯，他便觉得，这只不过是列维-斯特劳斯《忧郁的热带》的政治经济学版本，没什么新鲜；此外，它弄错了现代世界中的土著文化之运途。在萨林斯看来，沃尔夫的政治经济学"悲歌"是没必要的，因为，土著文化依旧存在于现代世界，并且，还采用现代世界提供的技艺增强着自身生命力。

不过沃尔夫的世界史式历史人类学还是深有其启发的，它指出，进化人类学家将西方描述成非西方的未来，并给这个未来一个光明的形象，其实，这个形象不过是西方将世界纳入自己的功利-政治经济秩序之野心的遮羞布，它透露出 19 世纪西方人的文明自恋。它还指出，现代派人类学家将他者描述成自在的社会或文化系统的做法也是有问题的，因为，在这种人类学成长的 20 世纪，自在的社会或文化系统早已被西方中心的资本主义世界体系腐蚀了。

当然，萨林斯的"反论"也不是无理的，因为，我们的确不应通过反复批判西方支配来变相地将西方当成世界史的马达。

1990 年代以后的十几年，很多人类学家研究移民，研究全球性和超级多样性。移民研究并不是这个阶段才出现，但是这个阶段特别重要。欧美国家特别需要移民劳动力，但与此同时，他们又特别担心移民给国族疆界带来复杂问题，所以他们给人类学家研究移民的经费是非常多。同时，在这个阶段人们感觉到"冷战"好像过去了，红色和蓝色的政权之间有很多经济、文化、外交的往来。于是，全球性这个概念很受重视。

不过，就像沃尔夫的世界体系理论一样，在人类学界，全球性理论很快也过时了，因为，不少学者看到，与全球性一起到来的，还有更多的文化多样性。在政治学界，人们相当重视亨廷顿提出的文明冲突论，这个理论，按说也是关于全球化时代的文化多样性，但人类学界更多讨论大都市的超级多样性。

超级多样性概念跟移民研究有关，它被用来表明，全球化不等于同化，相反，它意味着，随着移民的到来，欧美大都市出现了空前的语言文化多样性。移民很多不仅是双语的，而且还带来家乡的行为举止方式。

至于全球化浪潮是否会冲垮地方，人类学家很早就对这个问题采取模棱两可的态度，他们发明了诸如"globalocal"（全球地方性）这样的怪词，也有人类学家很早就开始研究非地方的空间。不过，从小地方看大社会或大问题，既已是人类学的方法传统，但似乎是因为这个原因，目前重新重视地方性的同行也很多。

十三、我们对世界人类学会有什么贡献？

人类学家总是用"世界观"来形容其所研究的文化。回顾学术史可以发现，这门学科本身也是世界观这东西。在西方，它经过了若干变化，先是一种"去魅的世界观"，将神创论化为被研究对象后，它自身陷于二元论，摇摆在物质主义与精神主义、自然主义与人类中心主义之间。其思想和方法革命及 20 世纪中叶以来的宗教与科学之争、跨文化关系的政治经济学与文化学之争，都带有这个摇摆的"惯性"。

最后要谈的，涉及我们对世界人类学的可能贡献。前面讲的以西方为主，中间议论到"南方人类学"和中国三个世界理论的情况，现在回到我们这个地方，看看我们的处境。

前面已经提到一些情况，如严复、康有为、梁启超那代人对进化人类学思想的吸收。这些前辈特别反感白种人在写文明论时把中国人说成古代的、半文明的、只是比黑种人强一点的。但他们基本上还是把进化论当成展望未来的手段。

如果说他们构成了我国人类学的第一个阶段，那么，第二个阶段便可以从 1926 年算起了。这个阶段延伸到 1949 年，期间虽然有战乱，但是成果丰硕。1926 年开始筹备中央研究院，蔡元培设想了民族学的架构，而那个时候，年轻的吴文藻思想也差不多开始走向成熟了，他们对中国人类学的学科化贡献很大，也引领了一系列早期的民族志调查研究，水平很高，值得怀念。

1949 年以后，留在大陆的人类学家、民族学家和社会学家得到政府重视，参与到少数民族识别、社会历史调查等"民族工作"中去。他们的身份是民族研究者，在高校、研究机构乃至政府部门得到干部待遇，带着这个待遇进行"民族大调查"。这调查属于团队作业，不同于西方人类学家单打独斗的田野工作，不过其积累甚至更为深厚，有成堆的民族志和社会历史文献素材。

比较遗憾的是，此时学科不再重要，重要的是问题研究——"民族问题研究"。而大约十年后，即使是这类研究也停办了，直到 1978 年才开始复兴。1978 年，不少老先生恢复了名誉，他们重新活跃在学界。他们有的重视学科建设，有的重视"问题学术"，作为学科复杂关系历史的亲历者，他们克服了种种困难，恢复重建了包括人类学在内的诸社会科学学科。

到 1980 年代初中期，国人有些对人类学产生了兴趣，但大部分还是认为这玩意儿没啥用，但学科毕竟是重建了，南方甚至有了系、研究所和博物馆，田野工作和理论研究也开始得到重视。1995 年，经过几年学科沉默期之后，北京大学在费孝通先生的领导下恢复了社会文化人类学，创办了高级研讨班，连续办了五六届后，人类学在社会科学里获得一席之地。原来人类学到底属于人文还是科学并不明确，在南方一方面属于人文（特别是历史），另一方面采取美式"神圣四门"（即，体质、考古、语言、社会）套路。高级研讨班使人类学和社会学的关系亲密了起来，当然也兼容了民族学和民俗学的成分。也是在这个研讨班上，费孝通先生正式提出了他的"文化自觉"理论。

2000 年以后学科是有一些起伏的，但现在人类学发展速度飞快，专业学位点大量扩张，论文论著大量增多，国内外培养的博士生数量飞升，翻译作品质量大大改善，"业余"人类学家涌现，国际国内影响力大幅度提升，经验和理论研究的学术水平大为提高。我看我们离对世界人类学做出重要贡献的日子并不遥远。

当然，我们也存在危机。比如，现在做学问有追风的习惯，外国人搞点什么风吹草动我们就前赴后继跟着搞点什么。这本来不是什么大问题，因为，掌握前沿思想是学术所需。但是，这个习惯似乎已经排挤掉了主动界定问题意识的习惯。我觉得时下大量所谓"学术创新"跟追风关系更大，这是我们学科的一大问题。

另外，我们取得了一些突破，但这些突破似乎有流于形式的问题。比如，我们在经验研究上突破了过去的区域局限，现在除了做汉人和少数民族研究，也做域外研究，突破了研究原有的地理界限。然而，很少人认识到，突破地理界限本来并不是什么新鲜事，因为，自古以来，致力于"世界活动"的中国人就很多了。关键的似乎应该是"心"的世界活动，而这种特殊的世界活动是需要主体的。我们有没有真的做域外研究，取决于我们是不是有自己的"心"。但我们似乎存在"无心"的问题，因而并没有做出内涵上不同的建树。

又如，我们在研究主题上似乎也突破了人类学的传统界限。以前做社会人类学，便要做亲属制度、交换、地方政治、信仰和仪式-巫术的研究，这些都是传统的。现在很多研究，突破了这些，特别是超越的人文世界，进入了多物种民族志和自然人类学领域。领域是新了，但我们用的绝大多数是本土案例，在研究专题上突破传统了，但研究区域并没有突破，思想更不一定有什么新鲜感。我们似乎仍然在给西方人类学贡献本土案例，而没有自己的"说辞"。

我们对世界人类学能有什么样的贡献？我们的贡献是一些案例，还是一些思想？我们在思想上如果要有贡献，那么，是不是还是要有自己的"心"？

以本体论转向为例，这个转向 1990 年代后期出现在西方，21世纪到来后，影响面扩大了，国内 2010 年左右就有越来越多人谈起了。本体论转向这个东西有几个阶段的发展。第一个阶段是萨林斯对人性进行的重新定义。西方的人性论基本上把人性当成兽性来对待，像心理分析学那样认为兽性决定了人性。萨林斯则认为种种民族志事实表明，人性不应该被界定为兽性，反而是兽性和人性都应该被界定为文化性，文化性因而是人性，是普遍的人性。第二个阶段我认为是将普遍文化性扩展到自然界。比如，巴西人类学家韦维罗斯·卡斯特罗（Eduardo Viveiros de Castro）便认为，在美洲印第安人的思想中，物我是相通的，其中的通性并不是近代西方哲学和人类学告诉我们的物性，而是灵性。他把这个东西叫作"泛灵主义"，认为其内涵是，精神的才是普遍的，身体性的都是特殊的。这完全和启蒙运动以来的二元论相反，这样就导致巨大冲击。

无论是萨林斯的，还是其他本体论者，都很像 16 世纪的基督教里的泛神论。泛神论是什么意思呢？是指人和万物当中都有上帝，上帝并不是外在于人和万物的，他也没创造什么，而只是内在于人和物的。万物有灵论里当然没有上帝这个类别，据卡斯特罗等人的定义，"灵"指的是物我之间的精神通性而已。不过如果把上帝换成精神通性，其实万物有灵论与泛神论的差别并不大。

我的意思是说，本体论转向背后的东西也是有很明显的西方文明传统的。它在中国人类学中现在有很广泛的影响，有些影响是好的，比如，让建筑师有能力意识到景观和建筑是活的而不是死的。但我们好像还是缺点什么。我觉得我们缺对各种理论背后的"观念形态"的追问，缺独立思考。我觉得这点对于我们反思现在流行的多物种民族志，也是有利的。这类民族志现在特别时髦，我都看不懂了，什么人啊、动物啊、狗啊、猫啊，都成了我们人类学的"他者"。这本来是有意思的。如我所言，20世纪西方人类学的总问题是将他者规定在人类范围内，而事实上，他者从来都包括非人类的物和神。我也很喜欢研究狗和猫，我甚至鼓励我学生研究这个宠物医院。宠物医院现在搞得比人类的医院还要高档，但是它是完全模仿人类的医院来建制，是把人的意象套在动物身上的表现，它也是奢侈的，费用很高，与"高级资本主义"相关，很值得研究。而植物上，松茸、蘑菇，很多讨论，大家都玩得很高兴，但是我们能对本体论有何自己的说法呢？有待思考。

很多方面我们还可能会很有贡献，我们有很多区域上的贡献。比如，华南、东南、江浙的汉人研究就是如此。在华南，学者们做宗族和民间信仰研究。在东南，他们做宗族和跨境网络研究。在江浙，他们做制度变迁研究。民族地区方面，西南研究似乎最活跃，特别是西藏，现在的西北也开始有不少成就。海外，像东南亚，现在研究的越来越多，研究西欧的风气也产生了。这些都很令人乐观。但是在这些研究区位，一样存在前面讨论的那个问题。因而，最近有学者写文章提出，我们是到了返回中国的轴心时代去寻找赖以进行跨文化研究的思想资源的时代了。所谓"轴心时代"，大抵就是春秋战国时期，那时百家争鸣，各种思想都得到系统表述，有些的确是可以运用来研究域外的。对于这一论述，我有所保留（相信它应更多考虑"一般思想"和"小传统"），但对其前景，我是乐观的。如我在前面不断重申的，西方人类学有它的"根系"，它的确产生过重大的世界观变革，但也跟这个"根系"藕断丝连。在相当大程度上，这个"根系"是对"广义人文关系"的一种有其特殊性的界定，它也是一种"地方性知识"。那么，像我们的传统里存在的那些"地方性知识"，是否能培育另外一些人类学种类？我总是想，严格说来，神中心世界观在中国并没有取得过像欧洲中世纪那样的支配地位，因而我们也不曾经历后中世纪科学的震荡。这样的文明会不会有它自己的精彩？会不会成就一种新科学、新人类学？我特别期待答案是肯定的。不过，肯定的答案是不是也有它的问题？返回文明自身的出发点，我们会不会犯一种埃文思-普里查德用《旧约》"翻译"非洲仪式的毛病？我不知道，但想知道。

另外，我们也不一定老想着自己有什么贡献。人类学在中国正在成为很多人想了解的一门学问。现在不少小说家恨不得学习人类学。这种情况到底是好是坏？反正我们写作是不如小说家，因此我们人类学的书不如小说家畅销，但他们对人类学的介入是好是坏？我不知道，但想知道。受人类学影响的除了作家外还有艺术家和其他"家"，他们对人类学有这么多的了解，对我们当然不一定全是好事，有些同行便担心他们跟我们抢饭碗。但是不管怎样，他们好像使人类学成为一种热门。现在甚至有一种主张，认为人类学应该成为国人的核心涵养。我私下一向也是这么相信的，不过，我觉得更重要的问题是如何使人类学成为国民的涵养的一部分？这个我也不知道，但想知道。

（本文为"人类学专题讲座"第一讲内容，该讲座于2022年9月14日夜间举行，由王铭铭、张帆共同主持。讲座内容后经整理发表于《广西民族大学学报》[哲学社会科学版]2022年第6期）

参考文献

中　文

戴维·阿古什：《费孝通传》，北京：时事出版社1985年版。

诺贝特·埃利亚斯：《文明的进程》上卷，王佩莉译，北京：生活·读书·新知三联书店1998年版。

诺贝特·埃利亚斯：《文明的进程》下卷，袁志英译，北京：生活·读书·新知三联书店1999年版。

爱德华·埃文思-普里查德：《社会人类学：历史与现状》，载《论社会人类学》，冷凤彩译，北京：世界图书出版公司2010年版。

E. E. 埃文思-普里查德：《努尔人：对尼罗河畔一个人群的生活方式和政治制度的描述》，褚建芳、阎书昌、赵旭东译，北京：华夏出版社2002年版。

德尼·贝多莱：《列维-斯特劳斯传》，于秀英译，北京：中国人民大学出版社2008年版。

本雅明：《译者的任务》，载保罗·利科：《保罗·利科论翻译》，章文、孙凯译，北京：生活·读书·新知三联书店2022年版。

滨下武志：《近代中国的国际契机：朝贡贸易体系与近代亚洲经济圈》，朱荫贵、欧阳菲译，北京：中国社会科学出版社1999年版。

冰心：《我的老伴：吴文藻》，载吴文藻：《吴文藻人类学社会学研究文集》，北京：民族出版社1990年版。

蔡元培：《蔡元培民族学论著》，台北：中华书局1962年版。

蔡元培：《蔡元培选集》下卷，杭州：浙江教育出版社1993年版。

曹锦清、张乐天、陈中亚：《当代浙北乡村的社会文化变迁》，上海：远东出版社1995年版。

陈国强：《上下而求索——林惠祥教授及其人类学研究》，《读书》1983年第7期。

陈国强:《中国人类学》,中国人类学会 1996 年版。

陈理、郭卫平、王庆仁主编:《潘光旦先生百年诞辰纪念文集》,北京:中央
　　民族大学出版社 2000 年版。

陈其南:《台湾的中国传统社会》,台北:允晨丛刊 1987 年版。

程美宝:《地域文化与国家认同:晚清以来"广东文化"观的形成》,北京:
　　生活·读书·新知三联书店 2006 年版。

储安平:《英国采风录(外一种)》,长沙:岳麓书社 1986 年版。

戴裔煊:《西方民族学史》,北京:社会科学文献出版社 2001 年版。

杜赞奇:《文化、权力与国家:1900—1942 的华北农村》,南京:江苏人民
　　出版社 1994 年版。

路易·迪蒙:《论个体主义》,谷方译,上海:上海人民出版社 2003 年版。

费孝通:《复兴丝业的先声》,《大公报》1934 年 5 月 10 日。

费孝通:《美国与美国人》,北京:生活·读书·新知三联书店 1985 年版。

费孝通:《乡土中国》,北京:生活·读书·新知三联书店 1985 年版。

费孝通:《江村经济:中国农民生活》,南京:江苏人民出版社 1986 年版。

费孝通:《武陵行》,载《行行重行行:乡镇发展论述》,银川:宁夏人民出
　　版社 1992 年版。

费孝通:《逝者如斯》,苏州:苏州大学出版社 1993 年版。

费孝通:《人的研究在中国》,载北京大学社会学人类学研究所编:《东亚社
　　会研究》,北京:北京大学出版社 1993 年版。

费孝通:《学术自述与反思》,北京:生活·读书·新知三联书店 1996 年版。

费孝通:《开风气,育人才》,《北京大学学报》(哲学社会科学版)1996 年
　　第 1 期。

费孝通:《从实求知录》,北京:北京大学出版社 1998 年版。

费孝通:《费孝通文集》第五卷,北京:群言出版社 1999 年版。

费孝通:《芳草茵茵——田野笔记选录》,济南:山东画报出版社 1999 年版。

费孝通:《中华民族多元一体格局》,北京:中央民族大学出版社 1999 年版。

费孝通:《师承·补课·治学》,北京:生活·读书·新知三联书店 2001 年版。

费孝通:《推己及人——费孝通先生谈潘光旦先生的人格与境界》,《北京日
　　报》2004 年 2 月 28 日。

费孝通:《经济全球化和中国"三级两跳"中的文化思考》,载《费孝通论文

化自觉》，呼和浩特：内蒙古人民出版社 2009 年版。

费孝通：《禄村农田》，北京：生活·读书·新知三联书店 2021 年版。

费孝通、林耀华：《中国民族学当前的任务》，北京：民族出版社 1957 年版。

费孝通、王同惠：《花篮瑶社会组织》，南京：江苏人民出版社 1988 年版。

费孝通、张之毅：《云南三村》，天津：天津人民出版社 1990 年版。

费孝通、吴晗等：《皇权与绅权》，北京：生活·读书·新知三联书店 2013 年版。

米歇尔·福柯：《疯癫与文明》，刘北成、杨远婴译，北京：生活·读书·新知三联书店 1999 年版。

莫里斯·弗里德曼：《中国东南的宗族组织》，刘晓春译，上海：上海人民出版社 2000 年版。

冈田宏二：《中国华南民族社会史研究》，赵令志、李德龙译，北京：民族出版社 2002 年版。

克利福德·格尔茨：《尼加拉：十九世纪巴厘剧场国家》，赵丙祥译，上海：上海人民出版社 1999 年版。

克利福德·格尔茨：《地方知识》，杨德睿译，北京：商务印书馆 2014 年版。

沟口雄三：《中国前现代思想的演变》，索介然、龚颖译，北京：中华书局 1997 年版。

沟口雄三：《沟口雄三著作集：作为方法的中国》，孙军悦译，北京：生活·读书·新知三联书店 2011 年版。

顾炎武：《日知录》，黄汝成集释，长沙：岳麓书社 1994 年版。

郝瑞：《中国人类学叙事的复苏与进步》，《广西民族学院学报》2002 年第 4 期。

何联奎：《蔡子民先生对民族学之贡献》，载蔡元培：《蔡元培民族学论著》，台北：中华书局 1962 年版。

贺雄飞：《潘光旦：拄着双拐的学者》，《中国民族报》2009 年 8 月 14 日。

塞缪尔·亨廷顿：《文明冲突与世界秩序的重建》，周琪等译，北京：新华出版社 1998 年版。

胡鸿保主编：《中国人类学史》，北京：中国人民大学出版社 2006 年版。

胡寿文：《做人与做士》，载陈理、郭卫平、王庆仁主编：《潘光旦先生百年诞辰纪念文集》，北京：中央民族大学出版社 2000 年版。

华勒斯坦等：《开放社会科学：重建社会科学报告书》，北京：生活·读书·新知三联书店 1997 年版。

黄淑娉主编:《广东族群与区域文化研究》,广州:广东高等教育出版社
　　1999 年版。

黄应贵:《光复后台湾地区人类学研究的发展》,《民族学集刊》1984 年第 55 期。

黄应贵:《导论:从周边看汉人的社会与文化》,载黄应贵、叶春荣主编:
　　《从周边看汉人的社会与文化——王崧兴纪念论文集》,台北:“中央研
　　究院”民族学研究所 1994 年版。

黄兴涛:《“民族”一词究竟何时在中文里出现》,《浙江学刊》2002 年第 1 期。

克利福德·吉尔兹[即格尔茨]:《地方性知识:事实与法律的比较视野》,
　　邓正来译,载梁治平:《法律的文化解释》,北京:生活·读书·新知
　　三联书店 1994 年版。

克利福德·吉尔兹[即格尔茨]:《反“反相对主义”》,李幼蒸译,《史学理
　　论研究》1996 年第 2 期。

冀朝鼎:《中国历史上的基本经济区与水利事业的发展》,北京:中国社会科
　　学出版社 1981 年版。

蒋炳钊:《前言》,载林惠祥:《林惠祥文集》上卷,厦门:厦门大学出版社
　　2012 年版。

江应樑:《论人类学与民族史研究的结合》,《思想战线》1983 年第 2 期。

拉铁摩尔:《中国的亚洲内陆边疆》,唐晓峰译,南京:江苏人民出版社
　　2005 年版。

埃马纽埃尔·勒华拉杜里:《蒙塔尤:1294—1324 年奥克西坦尼的一个山
　　村》,北京:商务印书馆 1997 年版。

保罗·利科:《保罗·利科论翻译》,章文、孙凯译,北京:生活·读书·新
　　知三联书店 2022 年版。

克洛德·列维-斯特劳斯:《人类学讲演集》,张毅声、张祖建、杨珊译,北
　　京:中国人民大学出版社 2007 年版。

李绍明:《论武陵民族区域民族走廊研究》,《湖北民族学院学报》2007 年第 3 期。

李亦园:《凌纯声先生的民族学》,载《李亦园自选集》,上海:上海教育出
　　版社 2002 年版。

李亦园:《民族志学与社会人类学——从台湾人类学研究说到我国人类学发
　　展的若干趋势》,载潘乃穆等编:《中和位育:潘光旦百年诞辰纪念》,

　　北京：中国人民大学出版社 1999 年版。

梁启超：《中国历史研究法》，上海：上海古籍出版社 1998 年版。

梁启超：《新史学》，北京：商务印书馆 2014 年版。

梁漱溟：《中国文化要义》，台北：五南图书出版股份有限公司 1988 年版。

梁漱溟：《东西文化及其哲学》，北京：商务印书馆 2005 年版。

梁治平：《礼法文化》，载《法律的文化解释》，北京：生活·读书·新知三
　　联书店 1994 年版。

梁永佳：《超越社会科学的"中西二分"》，《开放时代》2019 年第 6 期。

梁永佳：《贵货不积：以老子解读库拉》，《社会学研究》2020 年第 3 期。

林惠祥：《厦门大学应设立"人类学系""人类学研究所"及"人类博物馆"
　　建议书》，首届全国人类学学术研讨会论文，1981 年。

林惠祥：《文化人类学》，北京：商务印书馆 1991 年版。

林惠祥：《林惠祥文集》上、下卷，厦门：厦门大学出版社 2012 年版。

林耀华：《凉山彝家》，北京：商务印书馆 1995 年版。

林耀华：《金翼：中国家族制度的社会学研究》，北京：生活·读书·新知三
　　联书店 2000 年版。

林耀华：《义序的宗族研究》，北京：生活·读书·新知三联书店 2000 年版。

林耀华：《从书斋到田野》，北京：中央民族大学出版社 2000 年版。

林耀华、陈永龄、王庆仁：《吴文藻传略》，载吴文藻：《吴文藻人类学社会
　　学研究文集》，王庆仁、索文清编，北京：民族出版社 1990 年版。

凌纯声：《松花江下游的赫哲族》，南京：中央研究院 1934 年版。

凌纯声：《中国边疆民族与环太平洋文化》，台北：联经出版事业股份有限公
　　司 1979 年版。

凌纯声、芮逸夫：《湘西苗族调查报告》，北京：民族出版社 2003 年版。

刘建明：《天理民心：当代中国的社会舆论》，北京：今日中国出版社 1998
　　年版。

刘志伟：《在国家与社会之间：明清广东里甲赋役制度研究》，广州：中山大
　　学出版社 1997 年版。

刘志伟：《贡赋体制与市场：明清社会经济史论稿》，北京：中华书局 2019
　　年版。

罗红光：《不等价交换：围绕财富的劳动与消费》，杭州：浙江人民出版社
　　2000 年版。

罗香林:《中国民族史》,香港:中华书局 2010 年版。

罗志田:《权势转移:近代中国的思想、社会与学术》,武汉:湖北人民出版社 1999 年版。

罗志田:《天下与世界:清末士人关于人类社会认知的转变——侧重梁启超的观念》,《中国社会科学》2007 年第 5 期。

罗杨:《他邦的文明:柬埔寨吴哥的知识、王权与宗教生活》,北京:世界图书出版公司 2016 年版。

吕文浩:《潘光旦图传》,武汉:湖北人民出版社 2006 年版。

吕文浩:《中国现代思想史上的潘光旦》,福州:福建教育出版社 2009 年版。

乔治·E. 马尔库思、米开尔·M. J. 费彻尔:《作为文化批评的人类学:一个人文学科的实验时代》,王铭铭、蓝达居译,北京:生活·读书·新知三联书店 1997 年版。

马林诺夫斯基:《序》,载费孝通:《江村经济:中国农民生活》,南京:江苏人民出版社 1986 年版。

马凌诺斯基［即马林诺夫斯基］:《西太平洋的航海者》,梁永佳、李绍明译,北京:华夏出版社 2002 年版。

马戎:《民族社会学》,北京:北京大学出版社 2004 年版。

毛丹:《一个村落共同体的变迁:关于尖山下村的单位化的观察与阐释》,上海:学林出版社 2000 年版。

孟繁华:《众神狂欢:当代中国文化的冲突问题》,北京:今日中国出版社 1997 年版。

马塞尔·莫斯:《礼物》,汲喆译,上海:上海人民出版社 2002 年版。

纳日碧力戈:《现代背景下的族群建构》,昆明:云南教育出版社 2000 年版。

派克:《论中国》,载北京大学社会学人类学研究所:《社区与功能——派克、布朗社会学文集及学记》,北京:北京大学出版社 2002 年版。

潘光旦:《检讨一下我们历史上的大民族主义》,载《潘光旦民族研究文集》,潘乃穆、王庆恩编,北京:民族出版社 1995 年版。

潘光旦:《人文科学必须东山再起——解蔽》,载潘乃谷、潘乃和编:《潘光旦选集》卷三,北京:光明日报出版社 1999 年版。

潘光旦:《开封的犹太人》,载《潘光旦文集》第 7 卷,北京:北京大学出版社 2000 年版。

潘光旦：《1956 年 6 月实地访问所得》，载《潘光旦文集》第 10 卷，北京：北京大学出版社 2000 年版。

潘光旦编著：《中国民族史料汇编：〈史记〉、〈左传〉、〈国语〉、〈战国策〉、〈汲冢周书〉、〈竹书纪年〉、〈资治通鉴〉之部》，天津：天津古籍出版社 2005 年版。

潘光旦编著：《中国民族史料汇编：〈明史〉之部》（上、下卷），天津：天津古籍出版社 2007 年版。

潘乃谷：《读潘光旦〈论中国社会学〉的体会》，载陈理、郭卫平、王庆仁主编：《潘光旦先生百年诞辰纪念文集》，北京：中央民族大学出版社 2000 年版。

潘乃谷：《抗战时期云南的省校合作与社会学人类学研究》，《云南民族学院学报》2001 年第 5 期。

潘乃谷：《潘光旦先生和他的〈中国民族史料汇编〉》，《历史档案》2005 年第 3 期。

潘乃谷：《情系土家研究》，载张祖道：《1956，潘光旦调查行脚》，上海：上海锦绣文章出版社 2008 年版。

潘乃谷：《费孝通先生讲武陵行的研究思路》，《中国民族报》2009 年 1 月 9 日。

潘乃谷、王铭铭编：《重归"魁阁"》，北京：社会科学文献出版社 2005 年版。

潘乃穆等：《回忆父亲潘光旦先生》，《中国优生与遗传杂志》1999 年第 1 卷第 4 期。

潘年英：《扶贫手记》，上海：文艺出版社 1997 年版。

钱穆：《国史大纲》，北京：商务印书馆 1999 年版。

钱穆：《现代中国学术论衡》，北京：生活·读书·新知三联书店 2001 年版。

钱钟书：《七缀集》，北京：生活·读书·新知三联书店 2002 年版。

钱杭、谢维扬：《传统与转型：江西泰和农村宗族形态——一项社会人类学的研究》，上海：上海社会科学院出版社 1995 年版。

乔健编著：《印第安人的诵歌：美洲与亚洲的文化关联》，台北：立绪文化事业有限公司 1995 年版。

乔健：《中国人类学发展的困境与前景》，载乔健主编《社会学、人类学在中国的发展》，香港：中文大学新亚书院 1998 年版。

全慰天：《潘光旦传略》，《中国优生与遗传杂志》1999 年第 1 卷第 4 期。

任道远、孙立平:《中国农村社会调查》,载李培林等:《学术与社会:社会学卷》,济南:山东人民出版社 2001 年版。

马歇尔·萨林斯:《何为人类学启蒙》,1998 年北京大学社会文化人类学高级研讨班讲演稿。

马歇尔·萨林斯:《陌生人-王,或者说,政治生活的基本形式》,刘琪译,载王铭铭主编:《中国人类学评论》第 9 辑,北京:世界图书出版公司 2009 年版。

折晓叶:《村庄的再造:一个"超级村庄"的社会变迁》,北京:中国社会科学出版社 1997 年版。

史铎金:《人类学家的魔法:人类学史论集》,赵丙祥译,北京:生活·读书·新知三联书店 2019 年版。

施坚雅:《城市与地方行政层级》,载《中华帝国晚期的城市》,叶光庭等译,北京:中华书局 2000 年版。

施联珠:《潘光旦教授与土家族的识别》,载陈理、郭卫平、王庆仁主编:《潘光旦先生百年诞辰纪念文集》,北京:中央民族大学出版社 2000 年版。

舒瑜:《微"盐"大意:云南诺邓盐业的历史人类学》,北京:世界图书出版公司 2010 年版。

松本真澄:《中国民族政策之研究》,鲁忠慧译,北京:民族出版社 2003 年版。

宋蜀华:《潘光旦先生对中国民族研究的巨大贡献》,载陈理、郭卫平、王庆仁主编:《潘光旦先生百年诞辰纪念文集》,北京:中央民族大学出版社 2000 年版。

宋蜀华、陈克进主编:《中国民族概论》,北京:中央民族大学出版社 2001 年版。

苏秉琦:《中国文明起源新探》,北京:生活·读书·新知三联书店 2000 年版。

苏力:《送法下乡:中国基层司法制度研究》,北京:中国政法大学出版社 2000 年版。

爱德华·B. 泰勒:《人类学:人及其文化研究》,连树声译,桂林:广西师范大学出版社 2004 年版。

汤志钧:《近代经学与政治》,北京:中华书局 1989 年版。

陶云逵:《车里摆夷之生命环:陶云逵历史人类学文选》,杨清媚编,北京:生活·读书·新知三联书店 2017 年版。

斐迪南·滕尼斯:《共同体与社会》,北京:商务印书馆 1999 年版。

田汝康:《芒市边民的摆》,重庆:商务印书馆 1946 年版。

田心桃:《我所亲历的确认土家族为单一民族的历史进程》,载谭微任、胡祥华主编:《土家女儿田心桃》,北京:民族出版社 2009 年版。

万俊人:《现代性道德的批判与辩护》,《开放时代》1999 年第 6 期。

汪晖:《科学的观念与中国的现代认同》,载《汪晖自选集》,桂林:广西师范大学出版社 1997 年版。

汪晖:《如何诠释中国及其现代》,载王铭铭主编:中国人类学评论》第 1 辑,北京:世界图书出版公司 2007 年版。

汪晖、陈燕谷编译:《文化与公共性》,北京:生活·读书·新知三联书店 1998 年版。

汪晖、杨北辰:《"亚洲"作为新的世界历史问题——汪晖再谈"亚洲作为方法"》,《电影艺术》2019 年第 4 期。

王沪宁:《当代中国村落家族文化:对中国现代化的一项探索》,上海:上海人民出版社 1991 年版。

王佳薇:《程美宝:岭南作为一种方法》,《南方人物周刊》2020 年第 33 期。

王建民:《中国民族学史》上卷,昆明:云南教育出版社 1997 年版。

王建民、张海洋、胡鸿保:《中国民族学史》下卷,昆明:云南教育出版社 1998 年版。

王建民:《论中国背景下人类学与民族学的关系》,载王铭铭主编:中国人类学评论》第 1 辑,北京:世界图书出版公司 2007 年版。

王明珂:《华夏边缘:历史记忆与族群认同》,台北:允晨丛刊 1997 年版。

王明珂:《羌在藏汉之间——一个华夏边缘的历史人类学研究》,台北:联经出版事业股份有限公司 2003 年版。

王明珂:《导读》,载黎光明、王元辉:《川西民俗调查记录,1929》,台北:"中央研究院"历史语言研究所 2004 年版。

王明珂:《华夏边缘》,北京:社会科学文献出版社 2006 年版。

王铭铭:《社会人类学与中国研究》,北京:生活·读书·新知三联书店 1997 年版。

王铭铭:《社区的历程:溪村汉人家族的个案研究》,天津:天津人民出版社 1997 年版。

王铭铭:"前言",载《村落视野中的文化与权力》,北京:生活·读书·新知三联书店 1998 年版。

王铭铭:《逝去的繁荣:一座老城的历史人类学考察》,杭州:浙江人民出版社 1999 年版。

王铭铭:《人类学是什么?》,北京:北京大学出版社 2002 年版。

王铭铭:《无处非中》,济南:山东画报出版社 2003 年版。

王铭铭:《溪村家族:社区史、仪式与地方政治》,贵阳:贵州人民出版社 2004 年版。

王铭铭:《社会人类学与中国研究》,桂林:广西师范大学出版社 2005 年版。

王铭铭:《西学"中国化"的历史困境》,桂林:广西师范大学出版社 2005 年版。

王铭铭:《文化翻译中的"诱""讹"与"化"》,载《西方人类学思潮十讲》,桂林:广西师范大学出版社 2005 年版。

王铭铭:《所谓"天下",所谓"世界观"》,载《没有后门的教室》,北京:中国人民大学出版社 2006 年版。

王铭铭:《走在乡土上:历史人类学札记》,北京:中国人民大学出版社 2006 年版。

王铭铭:《从江村到禄村:青年费孝通的"心史"》,《书城》2007 年第 1 期。

王铭铭:《村庄研究法的谱系》,载《经验与心态:历史、世界想象与社会》,桂林:广西师范大学出版社 2007 年版。

王铭铭:《25 年来的中国人类学研究》,载《中国人类学评论》第 1 辑,北京:世界图书出版公司 2007 年版。

王铭铭:《从礼仪看中国式社会理论》,载《中国人类学评论》第 2 辑,北京:世界图书出版公司 2007 年版。

王铭铭:《从"当地知识"到"世界思想"》,《西北民族研究》2008 年第 4 期。

王铭铭主编:《中国人类学评论》第 5 辑,北京:世界图书出版公司 2008 年版。

王铭铭:《中间圈:"藏彝走廊"与人类学的再构思》,北京:社会科学文献出版社 2008 年版。

王铭铭:《超社会体系——文明人类学的初步探讨》,载王铭铭主编:《中国人类学评论》第 15 辑,北京:世界图书出版公司 2010 年版。

王铭铭:《民族地区人类学研究的方法与课题》,《西北民族研究》2010 年第 1 期。

王铭铭:《人类学讲义稿》,北京:世界图书出版公司 2011 年版。

王铭铭:《谈"作为世界体系的闽南"》,《西北民族研究》2014 年第 2 期。

王铭铭:《民族志:一种广义人文关系学的界定》,《学术月刊》2015 年第 3 期。

王铭铭:《超社会体系:文明与中国》,北京:生活·读书·新知三联书店 2015 年版。

王铭铭:《升平之境:从〈意大利游记〉看康有为欧亚文明论》,《社会》2019 年第 3 期。

王铭铭:《"家园"何以成为方法?》,《开放时代》2021 年第 1 期。

王铭铭:《人文生境:文明、生活与宇宙观》,北京:生活·读书·新知三联书店 2021 年版。

王铭铭、舒瑜:《文化复合性:西南地区的仪式、人物与交换》,北京:世界图书出版公司 2016 年版。

王铭铭、王斯福主编:《乡土社会的秩序、公正与权威》,北京:中国政法大学出版社 1997 年版。

王宁:《旅游、现代性与"好恶交织"——旅游社会学的理论探索》,《社会学研究》1999 年第 6 期。

王筑生主编:《人类学与西南民族》,昆明:云南大学出版社 1998 年版。

翁乃群:《麦当劳中的中国文化表达》,《读书》1999 年 11 期。

吴文藻:《现代社区实地研究的意义与功用》,《社会学研究》1935 年第 66 期。

吴文藻:《吴文藻人类学社会学研究文集》,北京:民族出版社 1990 年版。

吴文藻:《〈派克社会学论文集〉导言》,载北京大学社会学人类学研究所:《社区与功能——派克、布朗社会学文集及学记》,北京:北京大学出版社 2002 年版。

吴文藻:《论社会学中国化》,北京:商务印书馆 2010 年版。

吴毅:《村治变迁中的权威与秩序:20 世纪川东双村的表达》,北京:中国社会科学出版社 2002 年版。

吴泽霖:《美国人对黑人、犹太人和东方人的态度》,北京:中央民族大学出版社 1992 年版。

吴泽霖:《〈中国境内犹太人的若干历史问题〉序》,载潘乃穆等编:《中和位育:潘光旦百年诞辰纪念》,北京:中国人民大学出版社 1999 年版。

夏鼐:《真腊风土记校注》,载周达观、耶律楚材、周致中:《真腊风土记校注・西游录・异域志》，北京：中华书局 2000 年版。

项飙、吴琦：《把自己作为方法》，上海：上海文艺出版社 2020 年版。

向达、潘光旦：《湘西北、鄂西南、川东南的一个兄弟民族——土家》，载潘
　　光旦：《潘光旦民族研究文集》，北京：民族出版社 1995 年版。

谢泳：《逝去的年代》，北京：文化艺术出版社 1999 年版。

徐杰舜主编：《本土化：人类学的大趋势》，南宁：广西民族出版社 2001 年版。

许烺光：《宗族、种姓与社团》，黄光国译，台北：南天书局 2002 年版。

阎云翔：《礼物的流动：一个中国村庄中的互惠原则与社会网络》，上海：上
　　海人民出版社 2000 年版。

杨堃：《中国社会学发展史大纲》，载《社会学与民俗学》，成都：四川民族
　　出版社 1997 年版。

杨联陞：《国史探微》，北京：新星出版社 2005 年版。

杨清媚：《最后的绅士：以费孝通为个案的人类学史研究》，北京：世界图书
　　出版公司，2010 年版。

杨圣敏：《中国民族学的现状与展望》，载王铭铭主编：《中国人类学评论》
　　第 1 辑，北京：世界图书出版公司，2007 年版。

杨圣敏：《研究部之灵》，载潘乃谷、王铭铭编：《重归"魁阁"》，北京：社
　　会科学文献出版社 2005 年版。

杨雅彬：《近代中国社会学》上卷，北京：中国社会科学出版社 2001 年版。

杨雅彬：《近代中国社会学》下卷，北京：中国社会科学出版社 2001 年版。

叶钟玲编：《林惠祥南洋研究文集》，刘朝晖译，北京：民族出版社 2009 年版。

曾少聪：《林惠祥对南洋马来人的研究》，《世界民族》2011 年第 6 期。

翟学伟：《人情、面子与权力的再生产》，北京：北京大学出版社 2015 年版。

张冠生：《费孝通传》，北京：群言出版社 2000 年版。

张乐天：《告别理想：人民公社制度研究》，上海：东方出版中心，1998 年版。

张星烺编注、朱杰勤校订：《中西交通史料汇编》，北京：中华书局 2003 年版。

张祖道：《1956，潘光旦调查行脚》，上海：上海锦绣文章出版社 2008 年版。

赵世瑜：《狂欢与日常：明清以来的庙会与民间社会》，北京：生活・读
　　书・新知三联书店 2002 年版。

赵旭东：《权力与公正：乡土社会的纠纷解决与权威多元》，天津：天津古籍
　　出版社 2003 年版。

郑大华:《民国乡村建设运动》,北京:社会科学文献出版社 2000 年版。

郑少雄:《汉藏之间的康定土司:清末民初末代明正土司人生史》,北京:生活·读书·新知三联书店 2016 年版。

郑振满:《明清福建家族组织与社会变迁》,长沙:湖南教育出版社 1992 年版。

中根千枝:《绪言》,载北京大学社会学人类学研究所编:《东亚社会研究》,北京:北京大学出版社 1993 年版。

钟叔河:《从东方到西方》,长沙:岳麓书社 2002 年版。

周大鸣、郭正林:《中国乡村都市化》,广州:广东人民出版社 1996 年版。

周文玖、张锦鹏:《关于"中华民族是一个"学术论辩的考察》,《民族研究》2000 年第 3 期。

庄孔韶:《银翅:中国的地方社会与文化变迁》,北京:生活·读书·新知三联书店 2000 年版。

庄孔韶等:《时空穿行:中国乡村人类学世纪回访》,北京:中国人民大学出版社 2004 年版。

庄英章:《家族与婚姻:台湾北部两个闽客村落之研究》,台北:"中央研究院"民族学研究所 1994 年版。

外　文

Ahern, Emily Martin 1974. *The Cult of the Dead in a Chinese Village*, Stanford: Stanford University Press.

Ahern, Emily Martin 1981. *Chinese Ritual and Politics*, Cambridge: Cambridge University Press.

Anderson, Benedict 1991. *Imagined Communities: Reflections on the Origin and Spread of Nationalism*, London: Verso.

Appadurai, Arjun 1988. "Introduction: Place and Voice in Anthropological Theory," in *Cultural Anthropology*, Vol. 3: 1.

Asad, Talal 1986. "The Concept of Cultural Translation in British Social Anthropology", in James Clifford and George Marcus (eds.), *Writing Culture*, Berkeley: University of California Press.

Asad, Talal 1993. *Genealogies of Religion*, Baltimore: Johns Hopkins University Press.

Aveni, Anthony 1995. *Empires of Time: Calendars, Clocks, and Cultures*, New York: Kodansha International.

Baker, Hugh 1969. *A Chinese Lineage Village: Sheung Shui*, Stanford: Stanford University Press.

Barth, Fredrik 1987. *Cosmologies in the Making: A Generative Approach to Cultural Variation in Inner New Guinea*, Cambridge: Cambridge University Press.

Benveniste, Émile 2016. *Dictionary of Indo-European Concepts and Society*, Elizebeth Palma (transl.), Chicago: Hau Books.

Brook, Timothy 1985. "The Spatial Structure of Ming Local Administration", in *Late Imperial China*, 6 (1).

Bruckermann, Charlotte and Stephan Feuchtwang 2016. *The Anthropology of China: China as Ethnographic and Theoretical Critique*, London: Imperial College Press.

Casey, Edward S. 1996. "How to Get from Space to Place in a Fairly Short Stretch of Time: Phenomenological Prolegomena", in *Senses of Place*, Steven Feld and Keith H. Basso (eds.), Santa Fe: School of American Research Press.

Chan, Anita, Jonathan Unger and Richard Madsen 1984. *Chen Village*, Chicago and London: University of California Press.

Chun, Allen 2000. *Unstructuring Chinese Society: The Fiction of Colonial Practice and the Changing Realities of "Land" in the New Territories of Hong Kong*, Amsterdam: OPA.

Cohen, Myron 1993. "Cultural and Political Inventions in Modern China: The Case of the Chinese 'Peasant' ", in *China in Transformation*, Weiming Tu (ed.), Cambridge, Massachusetts, and London: Harvard University Press.

Damon, Frederick 1990. *From Muyuw to the Trobriands: Transformations along the Northern Side of the Kula Ring*, Tucson: University of Arizona Press.

Descola, Philippe 2013. *Beyond Nature and Culture*, Janet Lloyd (transl.),

Chicago: The University of Chicago Press.

Descola, Philippe 2013. *The Ecology of Others*, Genevieve Godbout and Beniamin Puley (transl.), Chicago: Prickly Paradigm Press.

Dirlik, Arif, Li Guannan and Yen Hsiao-pei (eds.) 2012. *Sociology and Anthropology in Twentieth-Century China: Between Universalism and Indigenism*, Hong Kong: The Chinese University of Hong Kong Place.

Duara, Prasenjit 1999. "Local Worlds: the Poetics and Politics of the Native Plcae in Modern China", in *Imagining China: Regional Division and National Unity*, Shu-min Huang and Cheng-kuang Hsu (eds.), Taipei: Academia Sinica.

Dutton, Michael 1988. "Policing the Chinese Household", *Economy and Society*, Vol. 17.

Eco, Umberto 1995. *The Search for the Perfect Language,* James Fentress (transl.), Oxford: Blackwell.

Elias, Norbert 1983. *The Court Society*, New York: Pantheon House.

Elias, Norbert 1994. *The Civilizing Process*, Oxford: Blackwell.

Elman, Benjamin 1990. *Classicism, Politics, and Kinship: The Chang-chou School of New Text Confucianism in Late Imperial China*, Berkeley and Los Angles: The University of California Press.

Escobar, Arturo and Gustavo Lins Ribeiro 2006. *World Anthropologies: Disciplinary Transformations in Contexts of Power*, Oxford: Berg.

E.E. Evans-Pritchard 1962., *Social Anthropology and Other Essays*, New York: The Free Press.

Fabian, Johannes 1983. *Time and the Other*, New York: Columbia University Press.

Fardon Richard(ed.) 1990. *Localizing Strategies: Ethnographic Traditions of Ethnographic Writing*, Edinburgh: Scottish Academic Press, Washington: Smithsonian Institution Press.

Faure, David 1999. "The Emperor in the Village: Representing the State in South China", in *State and Court Ritual in China*, Joseph P. McDermott (ed.), Cambridge: Cambridge University Press.

Faure, David and Helen Siu (eds.) 1995. *Down to Earth: The Territorial Bonds in South China*, Stanford: Stanford University Press.

Fei, Hsiaotung 1951. *China's Gentry*, Chicago & London: The University of Chicago Press.

Fei, Hsiao-Tung and Chih-I Chang 1949. *Earthbound China: A Study of the Rural Economy of Yunnan*, London: Routledge.

Feuchtwang, Stephan 1992. *The Imperial Metaphor*, London and New York: Routledge.

Feuchtwang, Stephan 1996. "Local Religion and Village Identity", in *Unity and Diversity: Local Cultures and Identities in China*, Taotao Liu and David Faure (eds.), Hong Kong: The Chinese University of Hong Kong Press.

Forde, Daryll (ed.) 1954. *African Worlds: Studies in the Cosmological Ideas and Social Values of African Peoples*, Oxford: Oxford University Press.

Freedman, Maurice 1963. "A Chinese Phase in Social Anthropology", *British Journal of Sociology*, Vol. 14.

Freedman, Maurice 1974. "On the Sociological Study of Chinese Religion", in *Religion and Ritual in Chinese Society*, Arthur Wolf (ed.), Stanford: Stanford University Press.

Freedman, Maurice 1979. "The Politics of an Old State: A View from the Chinese Lineage", in *The Study of Chinese Society*, G. William (ed.), Stanford: Stanford University Press.

Giddens, Anthony 1990. *The Consequences of Modernity*, Cambridge: Polity.

Gernet, Jacuqes 1972. *A History of Chinese, Civilization*, Cambridge: Cambridge University Press.

Granet, Marcel 1930. *Chinese Civilization*, Kathleen Innes and Mabel Brailford (transl.), London: Kegan Paul, Trench, Trubner and Co., Ltd.

Granet, Marcel 1932. *Festivals and Songs of Ancient China*, E. D. Edwards (transl.), London: George Routledge and Sons, Ltd..

Guldin, Gregory (ed.) 1997. *Farewell to Peasant China*, Armonk: M. E. Sharpe.

Harrell, Steven (ed.) 1994. *Cultural Encounters in China's Ethnic Frontier*, Seattle: University of Washington Press.

Harrell, Steven 2001. "The Anthropology of Reform and the Reform of

Anthropology: Anthropological Narratives of Recovery and Progress in China", *Annual Review of Anthropology*, Vol. 30.

Hsu, Francis 1948. *Under the Ancestors'Shadow: Chinese Culture and Personality*, London: Routledge and Kegan Paul.

Hsu, Francis 1963. *Clan, Caste, and Club: A Comparative Study of Chinese, Hindu, and American Ways of Life*, Princeton, NJ: Van Nostrand.

Hsu, Francis 1999. *My Life as a Marginal Man*, Taipei: SMC Publishing.

Huang, Shumin 1989. *The Spiral Road: Changes in a Chinese Village through the Eyes of a Communist Party Leader*, Boulder, San Francisco and London: Westview Press.

Jing, Jun 1996. *The Temple of Memories: History, Power, and Morality in a Chinese Village*, Stanford: Stanford University Press.

Jing, Jun 1999. "Villages dammed, villages repossessed: A memorial movement in Northwestern China," in *American Ethnologist*, Vol. 26.

Jordon, David 1972. *Gods, Ghosts, and Ancestors: Folk Religion in a Taiwanese Village*, Chicago and London: University of California Press.

Kluckhohn, Clyde 1961. *Anthropology and the Classics*, Providence: Brown University Press.

Leach, Edmund 1954. *Political Systems of Highland Burma*, London: Athlone Press.

Leach, Edmund 1982. *Social Anthropology*, Glasgow: Fontana Press.

Lemoine, Jacques 1989. "Ethnologists in China", in *Diogenes*, Iss. 177.

Lévi-Strauss, Claude 1973. "The Work of the Bureau of American Ethnology and Its Lessons", in Claude Lévi-Strauss, *Structural Anthropology*, Vol. 2, London: Penguin.

Lévi-Strauss, Claude 1987. *Introduction to the Work of Marcel Mauss*, Felicity Baker (transl.), London: Routledge and Kegan Paul.

Li, An-Che 1937. "Zuni: Some Observations and Queries", *American Anthropologist*, Vol. 39.

Litzinger, Ralph 2000. *Other Chinas: The Yao and the Politics of National Belonging*, Durham: Duke University Press.

Liu, Kwang-ching (ed.) 1990. *Orthodoxy in Late Imperial China*, Berkeley and Los Angeles: University of California Press.

Liu, Xin 2000. *In One's Own Shadow: An Ethnographic Account of Post-reform Rural China*, Berkeley: The University of California Press.

Madsen, Richard 1984. *Morality and Power in a Chinese Village*, Chicago and London: The University of California Press.

Marcus, George and Fischer, Michael 1986. *Anthropology as Cultural Critique*, Chicago: The University of Chicago Press.

Mauss, Marcel 2006. *Techniques, Technologies and Civilisation*, Nathan Schlanger (ed. and intro.), New York and Oxford: Durkheim Press/Berghahn Books.

McDermott, Joseph P.(ed.) 1999. *State and Court Ritual in China*, Cambridge: Cambridge University Press.

McKnight, Brian 1971. *Village and Bureaucracy in Southern Song China*, Chicago and London: The University of Chicago Press.

Mueggler, Eric 2001. *The Age of Wild Ghosts*, Berkeley: University of California Press,

Parkin, David and Stanley Ulijaszek (eds.) 2007. *Holistic Anthropology: Emergence and Convergence*, New York and Oxford: Berghahn Books.

Pasternak, Burton 1972. *Kinship and Community in Two Chinese Villages*, Stanford: Stanford University Press.

Potter, Sulamith and Potter, Jack 1990. *China's Peasants: The Anthropology of a Revolution*, Cambridge: Cambridge University Press.

Redfield, Robert 1941. *The Folk Culture of Yucatan*, Chicago: The University of Chicago Press.

Sahlins, Marshall 1988. "Cosmologies of capitalism", Proceedings of the British Academy.

Sangren, P. Steven 1987. *History and Magical Power in a Chinese Community*, Stanford: Stanford University Press.

Sangren, P. Steven 2000. *Chinese Sociologics: An Anthropological Account of the Role of Alienation in Social Reproduction*, London: Athlone Press.

Schein, Louisa 1999. *Minority Rules: The Miao and the Feminine in China's Cultural Politics*, Durham: Duke University Press.

Shue, Vivienne 1988. *The Reach of the State: Sketches of Chinese Body Politic*, Stanford: Stanford University Press.

Shirokogoroff, S. M. 1934. *Ethnos*, Beijing: Qinghua University.

Shirokogoroff, S. M. 1935. *Psycho-mental Complex of the Tangus*, London: Kegan Paul, Trench, Trubner and Co., Ltd.

Siu, Helen 1989. *Agents and Victims in South China*, Yale: Yale University Press.

Skinner, William 1964-1965. "Marketing and Social Structure in Rural China", *Journal of Asian Studies*, Vol. 24.

Skinner, William 1977. "Cities and the Hierarchy of Local Systems", in *The City in Late Imperial China*, G. William Skinner (ed.), Stanford: Stanford University Press.

Smith, Arthur H. 1899. *Village Life in China: A Study in Sociology*, Chicago: F. H. Revell Company.

Stocking, George Jr. 1974. *A Franz Boas Reader: The Shaping of American Anthropology, 1883-1911*, Chicago: The University of Chicago Press.

Stocking, George Jr. 1982. "Afterword: A View from the Center", *Ethnos*, 1982, Vol. 47.

Strathern, Marilyn 1990. *The Gender of the Gift*, Berkeley: University of California Press.

Strathern, Marilyn 1995. *The Relation: Issues in Complexity and Scale*, Cambridge: Pickly Pear Press.

Yan, Yunxiang 1996. *The Flow of Gifts: Reciprocity and Social Networks in a Chinese Village*, Stanford: Stanford University Press.

Wagner, Roy 2012. "Facts Force You to Believe in Them; Perspectives Encourage You to Believe Out of Them: An Introduction to Viveiros de Castro's Magisterial Essay", in Eduardo Viveiros de Castro, *Cosmological Perspectivism in Amazonia and Elsewhere*, Manchester: Hau Masterclass Series.

Wang, Mingming 1995. "Place, Administration, and Territorial Cults in Late

Imperial China: A Case Study from South Fujian", in *Late Imperial China*, Vol. 16.

Wang, Mingming 2001. "Le renversement du ciel", in *Tranculturael Dialogue (2)*, *Alliage*.

Wang, Mingming 2005. "Anthropology in Mainland China in the Past Decade", *Asian Anthropology*, Vol. 4.

Wang, Mingming 2009. *Empire and Local Worlds: A Chinese Model for Long-Term Historical Anthropology*, Walnut Creek, California: Left Coast Press.

Wang, Mingming 2014. *The West as the Other: A Genealogy of Chinese Occidentalism*, Hong Kong: The Chinese University of Hong Kong Press.

Wang, Mingming 2018. "Afterword: A View from a Relationist Standpoint", *The New Chinese Anthropology, cArgo: Revue Internationale de'Anthropologie Culturelle & Sociale*, Paris: de l'université Paris Descartes-Sorbonne Paris Cité, 2018.

Wang, Yi 1999. "Intellectuals and Popular Televisions in China", *International Journal of Cultural Studies*, Vol. 2.

Watson, James 1993. "Rites or Beliefs? The Construction of a Unified Culture in Late Imperial China", in *China's Quest for National Identity*, Dittmer, Lowell (ed.), Ithaca: Cornell University Press.

Williams, Raymond 1983. *Keywords*, London: Fontana Press.

Wolf, A.(ed.), 1974, *Religion and Ritual in Chinese Society*, Stanford: Stanford University Press.

Wolf, Eric 1982, *Europe and the People without History*, Berkeley: University of California Press.

Young, M. and Peter, W. 1957. *Family and Kinship in East London*, London: Routledge and Kegan Paul.

图书在版编目 (CIP) 数据

人类学在中国：从过去寻找未来 / 王铭铭著 . —北京：
商务印书馆 , 2024
ISBN 978-7-100-23570-9

Ⅰ.①人… Ⅱ.①王… Ⅲ.①人类学—研究—中国 Ⅳ.
①Q98

中国国家版本馆 CIP 数据核字（2024）第 062304 号

人类学在中国

从过去寻找未来

王铭铭 著

———————————————————————

商 务 印 书 馆 出 版
（北京王府井大街 36 号 邮政编码 100710）
商 务 印 书 馆 发 行
南 京 新 洲 印 刷 有 限 公 司 印 刷
ISBN 978-7-100-23570-9

———————————————————————

2024 年 6 月第 1 版 开本 880×1240 1/32
2024 年 6 月第 1 次印刷 印张 17

定价：108.00 元